程序员书库

现代C++编程实战

132个核心技巧示例

（原书第2版）

[罗] 马里乌斯·班西拉（Marius Bancila） 著

连少华 骆名樊 吕凯阳 译

Modern C++ Programming Cookbook

Second Edition

机械工业出版社
CHINA MACHINE PRESS

图书在版编目（CIP）数据

现代 C++ 编程实战：132 个核心技巧示例：原书第 2 版 /（罗）马里乌斯·班西拉（Marius Bancila）著；连少华，骆名樊，吕凯阳译 . —北京：机械工业出版社，2024.3

（程序员书库）

书名原文：Modern C++ Programming Cookbook, Second Edition

ISBN 978-7-111-75010-9

I. ①现… II. ①马… ②连… ③骆… ④吕… III. ① C++ 语言 – 程序设计　IV. ① TP312.8

中国国家版本馆 CIP 数据核字（2024）第 038470 号

机械工业出版社（北京市百万庄大街 22 号　邮政编码 100037）
策划编辑：刘　锋　　　　　　责任编辑：刘　锋　　张秀华
责任校对：李可意　陈　越　责任印制：李　昂
河北宝昌佳彩印刷有限公司印刷
2024 年 4 月第 1 版第 1 次印刷
186mm×240mm · 34.5 印张 · 749 千字
标准书号：ISBN 978-7-111-75010-9
定价：139.00 元

电话服务　　　　　　　网络服务
客服电话：010-88361066　机　工　官　网：www.cmpbook.com
　　　　　010-88379833　机　工　官　博：weibo.com/cmp1952
　　　　　010-68326294　金　书　网：www.golden-book.com
封底无防伪标均为盗版　机工教育服务网：www.cmpedu.com

C++ 是一种非常流行且被广泛运用的编程语言，30 多年来一直如此。C++ 专注于性能、效率和灵活性，结合了诸如面向对象、命令式、泛型和函数式编程等范式。C++ 标准由国际标准化组织（International Organization for Standardization，ISO）制定，在过去的十年里经历了巨大变革。随着 C++11 的标准化，这门语言进入了新的时代，这被称为现代 C++。类型推导、移动语义、lambda 表达式、智能指针、统一初始化、可变参数模板和许多其他特性改变了我们用 C++ 编写代码的方式，以至于它几乎看起来像一种新的编程语言。随着 2020 年 C++20 标准的发布，这一变化正在进一步推进。新标准包括 C++ 语言的许多新变化，例如模块、概念（concept）和协程，相应的标准库也发生了变化，例如 range、文本格式化和日历。

本书将主要介绍 C++11、C++14、C++17 以及 C++20 标准。本书按照条目（recipe）⊖的方式编排，每一个条目包含一个特定语言或库特性，或者 C++ 开发人员面临的常见问题及其现代 C++ 典型解决方案。通过 130 多个条目，你将掌握核心语言特性和标准库，包括字符串、容器、算法、迭代器、流、正则表达式、线程、文件系统、原子操作、实用程序和 range。

本书中 30 多个新的或更新的条目涵盖了 C++20 的特性，包括模块、概念、协程、range、线程和同步机制、文本格式化、日历和时区、即时函数、三元比较运算符和新的 **span** 类。

本书中的所有条目都包含展示某个特性使用方法或某个问题解决方式的代码示例。这些代码示例使用 Visual Studio 2019 编写，但是也可以使用 Clang 和 GCC 进行编译。这些编译器在逐步支持更多的语言特性，所以推荐使用新版本的编译器，以保证书中的示例都可以通过编译。在撰写这篇前言时，新版本为 GCC 10.1、Clang 12.0 和 VC++ 2019 14.27（Visual Studio 2019 16.7）。尽管这些编译器完全支持 C++17，但是对于 C++20 标准的支持因编译器而异。请参考 https://en.cppreference.com/w/cpp/compiler_support 来检查编译器对 C++20 特性的支持情况。

⊖　大约每一节一个条目，每个条目介绍一种核心技巧。——译者注

读者对象

本书面向所有的 C++ 开发人员，无论他们的经验水平如何。一般初级或者中级的 C++ 开发人员可以通过本书掌握新特性，并成为经验丰富的现代 C++ 开发者。有经验的 C++ 开发人员可以时不时地通过本书查阅 C++11、C++14、C++17 和 C++20 标准的新特性。本书包含 130 多个简单、中级或高级的条目。然而，它们都要求读者具备一些 C++ 知识，包括函数、类、模板、命名空间以及宏等。因此，如果你不熟悉该语言，建议先看入门书来熟悉一下核心知识，然后再继续阅读本书。

本书内容

第 1 章介绍现代 C++ 语言的核心特性，包括类型推导、统一初始化、作用域枚举、基于 range 的 for 循环、结构化绑定、类模板参数推导等。

第 2 章讨论数值和字符串之间的相互转换、伪随机数生成、正则表达式以及各种类型的字符串，同时也探讨如何用 C++20 文本格式化库格式化文本。

第 3 章深入探讨实现默认函数和删除函数、可变参数模板、lambda 表达式和高阶函数。

第 4 章尝试从各个角度介绍编译过程，例如条件编译、编译时断言、代码生成和用属性提示编译器[○]。

第 5 章介绍几种标准库容器、算法以及编写自定义随机访问迭代器的方法。

第 6 章深入讲解 chrono 库，包括 C++20 对日历和时区的支持，any、optional、variant 和 span 类型，以及类型特征（type trait）。

第 7 章解释如何把数据写入文件流，如何从文件流读取数据，以及如何使用 I/O 操作符来控制文件流，并探索 filesystem 库。

第 8 章介绍如何使用线程、互斥量、锁、条件变量、promise、future、原子类型，以及 C++20 的 latch、barrier 和 semaphore。

第 9 章主要探讨异常、常量正确性、类型转换、智能指针和移动语义。

第 10 章涵盖各种有用的设计模式和惯用法，例如 pimpl 惯用法、非虚接口惯用法和奇异递归模板模式（Curiously Recurring Template Pattern，CRTP）。

第 11 章介绍 3 个广泛使用并且可以快速上手的测试框架，即 Boost.Test、Goolge Test 和 Catch2。

第 12 章介绍 C++20 重要的新增特性——模块、概念、协程和 range。

○ C++11 之后的版本引入了一些属性用于提示编译器，如 noreturn、deprecated、nodiscard、likely 以及 assume 等。——译者注

充分利用本书

虽然我鼓励大家自己尝试录入本书的示例代码，但是本书的示例代码可从 https://github.com/PacktPublishing/Modern-Cpp-Cookbook-Second-Edition 网站下载。在 Windows 平台上，需要用 VC++ 2019 14.27 编译，在 Linux 和 Mac 平台上，则需要用 GCC 10.1 或者 Clang 12.0 编译。如果你没有新版本的编译器，或者想尝试其他的编译器，那么可以使用在线编译器。虽然网上有很多平台可供我们使用，但是我推荐 https://wandbox.org/ 网站上的 Wandbox，以及 https://godbolt.org/ 网站上的 Compiler Explorer。

下载示例代码及彩色图像

本书的示例代码及所有截图和样图，可以从 http://www.packtpub.com 通过个人账号下载。

本书的代码也托管在 GitHub 上，网址为 https://github.com/PacktPublishing/Modern-CPP-Programming-Cookbook-Second-Edition。本书中使用的屏幕截图或图表还可从 https://static.packt-cdn.com/downloads/9781800208988_ColorImages.pdf 下载。

本书约定

本书使用了许多文本约定。

CodeInText：表示文本中的代码、数据库表名、文件夹名、文件名、文件扩展名、路径名、用户输入和 Twitter 句柄。

代码块约定如下：

```
static std::map<
  std::string,
  std::function<std::unique_ptr<Image>()>> mapping
{
  { "bmp", []() {return std::make_unique<BitmapImage>(); } },
  { "png", []() {return std::make_unique<PngImage>(); } },
  { "jpg", []() {return std::make_unique<JpgImage>(); } }
};
```

当希望读者特别注意某段代码时，相应的代码会高亮显示，就像下面这样：

```
static std::map<
  std::string,
  std::function<std::unique_ptr<Image>()>> mapping
{
```

```
  { "bmp", []() {return std::make_unique<BitmapImage>(); } },
  { "png", []() {return std::make_unique<PngImage>(); } },
  { "jpg", []() {return std::make_unique<JpgImage>(); } }
};
```

命令行的输入和输出如下：

```
running thread 140296854550272
running thread 140296846157568
running thread 140296837764864
```

代表警告或重要提示。

代表小窍门和技巧。

Contents 目 录

第 1 章 *Chapter 1*

现代 C++ 的核心特性

随着 C++11 以及 C++14、C++17 和 C++20 标准的开发和发布，C++ 语言在过去的十几年里经历了翻天覆地的变革。这些标准引入了新的概念，简化并扩展了现有的语法和语义，全面地更改了我们编写代码的方式。使用 C++11 及以后的标准编写的代码称为现代 C++ 代码。

1.1 尽可能地使用 auto 关键字

在现代 C++ 编程中，自动类型推导是非常重要且使用非常广泛的特性之一。在新的 C++ 标准中，可以在任何地方使用 auto 作为类型的占位符，编译器会自动推导出它的实际类型。在 C++11 中，auto 可以用于声明局部变量和尾部返回值指定类型的函数。在 C++14 中，auto 可以用于没有指定尾部返回类型的函数，同时也可以用于 lambda 表达式中参数的声明。未来的标准可能会扩展 auto，使之适用于更多的场景。使用 auto 关键字的几个主要的好处将在 1.1.2 节讨论。开发者应该意识到这一点并尽可能地使用 auto 关键字。为此，Andrei Alexandrescu 专门创造了一个术语，并由 Herb Sutter 进行了推广——AAA（almost always auto）。

1.1.1 使用方式

以下情形可以考虑使用 auto 作为实际类型的占位符：

❑ 当不想指定特定类型时，可以使用 auto name = expression 形式声明局部变量：

```
auto i = 42;          // int
auto d = 42.5;        // double
```

```
auto s = "text";        // char const *
auto v = { 1, 2, 3 }; // std::initializer_list<int>
```

❑ 当需要指定类型时，可以使用 auto name = type-id {expression} 形式声明局部变量：

```
auto b  = new char[10]{ 0 };             // char*
auto s1 = std::string {"text"};          // std::string
auto v1 = std::vector<int> { 1, 2, 3 }; // std::vector<int>
auto p  = std::make_shared<int>(42);     // std::shared_ptr<int>
```

❑ 声明命名 lambda 函数时，格式为 auto name = lambda-expression，除非 lambda 需要作为某个函数的参数或返回值：

```
auto upper = [](char const c) {return toupper(c); };
```

❑ 声明 lambda 表达式的参数和返回值：

```
auto add = [](auto const a, auto const b) {return a + b;};
```

❑ 当不想指定函数返回值类型时，用于声明函数返回类型：

```
template <typename F, typename T>
auto apply(F&& f, T value)
{
  return f(value);
}
```

1.1.2 工作原理

auto 标识符基本上可以说是实际类型的占位符。使用 auto 时，编译器会从以下情况推导出实际类型：

❑ 当 auto 用于声明变量时，从用于初始化变量的表达式类型推导。

❑ 当 auto 用作函数返回类型的占位符时，从函数的尾部返回类型或者函数返回的表达式推导。

有时，我们必须指定类型。例如，在 1.1.1 节的第一个例子中，变量 s 被编译器推导为 char const * 类型。如果目标是使用 std::string，那么就必须显式地指定变量 s 的类型（std::string）。同样，v 的类型被推导为 std::initializer_list<int>。然而，你可能需要的是 std::vector<int> 类型，在这种情况下，必须在赋值符的右边显式指定类型。

用 auto 标识符来代替真正的类型有很多好处，下面列出了重要的几条：

❑ 不会造成变量未初始化。这是开发者最常见的一个错误（声明没有初始化的特定类型变量）。使用 auto，这种情况不可能发生，因为编译器为了能够正确推导，要求必须对变量初始化。

❑ 使用 auto 可以保证始终使用正确的类型，同时保证不会发生隐式转换。考虑下面这个通过局部变量获取 vector 的大小的例子。在第一个例子中，变量的类型是 int 类型，即使 size() 方法的返回值类型是 size_t。这就意味着发生了从 size_t 到 int 类型的隐式转换。但是，用 auto 关键字就可以推导出正确的类型，即 size_t 类型。

```
auto v = std::vector<int>{ 1, 2, 3 };

// implicit conversion, possible loss of data
int size1 = v.size();

// OK
auto size2 = v.size();

// ill-formed (warning in gcc/clang, error in VC++)
auto size3 = int{ v.size() };
```

❑ 使用 auto 有利于推动良好的面向对象编程实践，例如更倾向于采用接口而不是具体实现。指定的类型越少，代码的通用性越强，并且对未来越开放，这是面向对象编程的一个基本原则[○]。

❑ 使用 auto 可以精简代码，同时无须过多关心真正的数据类型。一个非常常见的现象是虽然我们指定了类型，但是我们其实很少关注类型。虽然这种现象在使用迭代器的场景中很常见，但是还有很多场景也是这样。当想迭代一个可迭代对象时，你根本就不会关心迭代器的类型，你关心的只有迭代器本身。所以，使用 auto 不但可以节省时间（因为迭代器的名字有可能会很长），而且还可以让你把精力集中在业务代码上而不是类型上。在下面的例子中，第一个 for 循环显式地使用了迭代器的类型，迭代器的类型名很长，长语句代码会降低代码的可读性，而且你还必须要清楚实际并不关心的迭代器的类型。第二个 for 循环用到了 auto 标识符，看起来很简练，不仅可以节约敲代码的时间，而且你只需要关注迭代器本身：

```
std::map<int, std::string> m;
for (std::map<int, std::string>::const_iterator
  it = m.cbegin();
  it != m.cend(); ++it)
{ /*...*/ }

for (auto it = m.cbegin(); it != m.cend(); ++it)
{ /*...*/ }
```

❑ 使用 auto 声明变量提供了一致的编码风格，类型始终位于右侧。如果要动态分配对

○ 开闭原则（Open-Closed Principle, OCP），可参考《C++20 代码整洁之道》，这本书中有详细的阐述。——译者注

象，需要在赋值符的左右两边都写出类型，例如 `int* p = new int(42)`。但是，使用 auto，类型只需在右侧指定一次。

然而，使用 auto 有一些需要注意的问题：

❑ auto 标识符只是类型的占位符，不能用于 const/volatile 以及引用类型。如果需要 const/volatile 以及引用类型，则需要显式指定它们。在下面的例子中，`foo.get()` 返回的是一个 int 类型的引用。当变量 x 根据函数返回值进行初始化时，编译器推导的结果是 int 类型而非 int&。因此，对 x 所做的任何修改都不会改变 `foo.x_`。为此，我们应该使用 auto&。

```cpp
class foo {
  int x_;
public:
  foo(int const x = 0) :x_{ x } {}
  int& get() { return x_; }
};

foo f(42);
auto x = f.get();
x = 100;
std::cout << f.get() << '\n'; // prints 42
```

❑ 不能对不可移动的类型使用 auto 标识符：

```cpp
auto ai = std::atomic<int>(42); // error
```

❑ auto 标识符不能用于多字类型，例如 `long long`、`long double` 或者 `struct foo`。但是，对于第一种情况，可能的解决方法是使用字面量或类型别名；对于第二种情况（`struct foo`），使用 struct/class 这种形式只是为了使 C++ 与 C 语言保持兼容，这种情况无论如何都应该避免：

```cpp
auto l1 = long long{ 42 }; // error

using llong = long long;
auto l2 = llong{ 42 };     // OK
auto l3 = 42LL;            // OK
```

❑ 如果使用 auto 标识符但同时也想知道类型，那么只需要把鼠标放在变量上面即可，因为大多数 IDE 都支持这种操作。当然，离开 IDE，这种操作就失效了，只能自己通过初始化表达式推导真正的类型，这意味着可能要搜索代码，因为表达式可能是一个函数调用。

auto 标识符可用于指定函数的返回类型。在 C++11 标准中，在函数声明时需要给出尾部返回类型。但是在 C++14 中就没有这个限制了，返回值的类型通过 return 表达式自动推导。如果有多个返回值，它们应该具有相同的类型：

```
// C++11
auto func1(int const i) -> int
{ return 2*i; }

// C++14
auto func2(int const i)
{ return 2*i; }
```

如前所述，auto 不保留 const/volatile 和引用限定符。这会导致 auto 作为函数返回类型的占位符出现问题。为了解释这一点，请考虑前面的 foo.get() 示例。这次，我们有一个名为 proxy_get() 的包装函数，它接受一个对 foo 的引用，调用 get() 并返回 get() 返回的值，即 int&。然而，编译器会将 proxy_get() 的返回类型推导为 int，而不是 int&。尝试将 int 值赋给 int& 类型会失败，从而引发错误：

```
class foo
{
  int x_;
public:
  foo(int const x = 0) :x_{ x } {}
  int& get() { return x_; }
};

auto proxy_get(foo& f) { return f.get(); }

auto f = foo{ 42 };
auto& x = proxy_get(f); // cannot convert from 'int' to 'int &'
```

为了解决这个问题，我们需要指定函数返回 auto&。然而，这对于模板来说是一个问题，因为模板在完美转发返回值时无法判断返回类型是值还是引用。C++14 对于这个问题的解决方法是使用 decltype(auto)，这可以确保类型推导的正确性：

```
decltype(auto) proxy_get(foo& f) { return f.get(); }
auto f = foo{ 42 };
decltype(auto) x = proxy_get(f);
```

decltype 标识符用于检查实体或者表达式的声明类型。当声明类型很麻烦或根本不可能用标准表示法声明时，它很有用。这样的例子包括 lambda 类型和依赖模板参数的类型。

最后一个使用 auto 标识符的重要场景是 lambda 表达式。从 C++14 开始，lambda 返回类型和参数类型都可以使用 auto。这样的 lambda 被称为泛型 lambda，因为由 lambda 定义的闭包类型具有模板调用运算符的功能。下面的例子展示了一个泛型 lambda，它接受两个 auto 类型的参数并返回 operator+ 运算后的结果：

```
auto ladd = [] (auto const a, auto const b) { return a + b; };
struct
{
  template<typename T, typename U>
```

```
    auto operator () (T const a, U const b) const { return a+b; }
} L;
```

这样的 lambda 可用于将定义了 operator+ 的任何对象相加，如以下代码片段所示：

```
auto i = ladd(40, 2);            // 42
auto s = ladd("forty"s, "two"s); // "fortytwo"s
```

在这个例子中，我们将 ladd lambda 用于两个整数相加以及两个字符串（std:string）对象拼接（字符串运用了 C++14 中定义的字面量运算符 ""s）。

1.1.3 延伸阅读

❑ 阅读 1.2 节，以了解类型的别名。
❑ 阅读 1.3 节，以了解花括号初始化的工作原理。

1.2 创建类型别名和模板别名

在 C++ 中，我们可以创建用于代替类型名称的同义词，这可以通过 typedef 关键字进行声明。这在多数情况下都很有用，例如为类型或函数指针创建更简短或更有意义的名称。但是，typedef 声明不能与模板一起使用去创建模板类型别名。例如，std::vector<T> 不是类型（std::vector<int> 是类型），但当占位符 T 被替换为实际类型时，具体的类型就被创建了。

在 C++11 中，类型别名是已经声明的类型的另一种名称，模板别名是已声明的模板的另一种名称。我们可以使用新引入的 using 关键字来声明这两种类型的别名。

1.2.1 使用方式

❑ 用 using identifier = type-id 这样的形式创建类型别名，示例如下：

```
using byte     = unsigned char;
using byte_ptr = unsigned char *;
using array_t  = int[10];
using fn       = void(byte, double);

void func(byte b, double d) { /*...*/ }

byte b{42};
byte_ptr pb = new byte[10] {0};
array_t a{0,1,2,3,4,5,6,7,8,9};
fn* f = func;
```

❑ 用 template<template-params-list> identifier = type-id 这样的形式创建模板别名，示例如下：

```
template <class T>
class custom_allocator { /* ... */ };

template <typename T>
using vec_t = std::vector<T, custom_allocator<T>>;

vec_t<int>          vi;
vec_t<std::string>  vs;
```

为了保证一致性和可读性，我们应该这么做：

❏ 创建别名时，不要混用 typedef 和 using 声明。

❏ 创建函数指针类型名称时，首选 using 语法。

1.2.2　工作原理

typedef 声明为类型引入了同义词（即别名）。它不引入其他类型（如 class、struct、union 和 enum 声明）。使用 typedef 声明引入的类型名称遵循与标识符名称相同的隐藏规则。它们也可以被重新声明，但是必须指向相同的类型（因此，只要同义词指向的是相同的类型，就可以在同一单元针对同一类型有多次合法的 typedef 声明）。下面是关于 typedef 声明的几个示例：

```
typedef unsigned char   byte;
typedef unsigned char * byte_ptr;
typedef int             array_t[10];
typedef void(*fn)(byte, double);

template<typename T>
class foo {
  typedef T value_type;
};

typedef std::vector<int> vint_t;
```

类型别名声明和 typedef 声明之间没有区别，它可出现于块作用域、类作用域或命名空间作用域。请参考 C++11 的 7.1.3.2 节：

typedef 名称也可以通过别名声明引入。using 关键字后面的标识符变成 typedef 名称，标识符后面的可选属性说明符序列属于该 typedef 名称。它的语义与由 typedef 说明符引入的语义相同。特别是，它没有定义新的类型，也不应出现在 type-id 中。

但是，相对于实际类型，当数组和函数指针使用别名声明时，更具可读性，也更清晰。在 1.2.1 节的示例中，很容易理解 array_t 是 10 个整数数组的类型的名称，而 fn 是接受两个类型分别为 byte 和 double 的参数、返回值为 void 的函数类型的名称。这也与声明 std::function 对象的语法（例如，std::function<void(byte,double)> f）一致。

请务必注意以下事项：

❑ 不能偏特化或显式特化模板别名。

❑ 在推导模板形参时，通过模板实参推导始终无法推导出模板别名。

❑ 特化别名模板时所生成的类型不允许直接或间接使用它自己的类型。

新语法的目的是定义模板别名。模板别名是一种模板，当其特化时等价于将模板别名的模板实参替换为类型标识中的模板形参的结果。

1.2.3　延伸阅读

❑ 阅读 1.14 节，以了解如何在不显式指定模板参数的情况下使用类模板。

1.3　理解统一初始化

在 C++11 中，花括号初始化是数据初始化的统一方法。基于这个原因，它被称为**统一初始化**（uniform initialization）。它可以说是 C++11 中开发人员应该理解和使用的重要特性之一。它屏蔽了之前基本类型、聚合类型和非聚合类型，以及数组和标准容器初始化的差异。

1.3.1　准备工作

为了更好地理解本小节的内容，你需要掌握直接初始化（它根据一组显式的构造函数参数初始化对象）和复制初始化（它根据另一个对象初始化一个对象）方法。以下是两种初始化方法的简单示例：

```
std::string s1("test");   // direct initialization
std::string s2 = "test";  // copy initialization
```

记住这些，让我们探究一下如何执行统一初始化。

1.3.2　使用方式

要无差别地初始化对象，就用花括号初始化形式，即 {}，对于直接初始化和复制初始化，它都适用。当采用花括号初始化形式时，它们被称为直接列表初始化和复制列表初始化：

```
T object {other};    // direct-list-initialization
T object = {other};  // copy-list-initialization
```

下面是一些统一初始化示例：

❑ 对于标准容器：

```
std::vector<int> v { 1, 2, 3 };
std::map<int, std::string> m { {1, "one"}, { 2, "two" }};
```

❑ 对于动态数组：

```
int* arr2 = new int[3]{ 1, 2, 3 };
```

❑ 对于数组：

```
int arr1[3] { 1, 2, 3 };
```

❑ 对于内置类型：

```
int i { 42 };
double d { 1.2 };
```

❑ 对于用户自定义类型：

```
class foo
{
  int a_;
  double b_;
public:
  foo():a_(0), b_(0) {}
  foo(int a, double b = 0.0):a_(a), b_(b) {}
};

foo f1{};
foo f2{ 42, 1.2 };
foo f3{ 42 };
```

❑ 对于用户自定义 POD 类型：

```
struct bar { int a_; double b_;};
bar b{ 42, 1.2 };
```

1.3.3　工作原理

在 C++11 之前，对象的初始化取决于它们的类型：

❑ 基本类型通过赋值进行初始化：

```
int a = 42;
double b = 1.2;
```

❑ 如果类中有转换构造函数，类对象也可以使用一个值通过赋值来初始化（在 C++11 之前，带有单个参数的构造函数称为**转换构造函数**）：

```
class foo
{
  int a_;
public:
  foo(int a):a_(a) {}
};
foo f1 = 42;
```

❑ 当提供参数时，非聚合类可以用圆括号（函数形式）初始化，并且只有在执行默认初始化时才不带圆括号（调用默认构造函数）。在下面这个例子中，foo 是 1.3.2 节中定义的结构：

```
foo f1;              // default initialization
foo f2(42, 1.2);
foo f3(42);
foo f4();            // function declaration
```

❑ 聚合类型和 POD 类型可以用花括号初始化形式初始化。在下面的例子中，bar 是
1.3.2 节中定义的结构：

```
bar b = {42, 1.2};
int a[] = {1, 2, 3, 4, 5};
```

 普通旧数据（Plain Old Data，POD）类型是一种简单的类型（具有由编译器提供或显式默认的特殊成员，并且占用连续的内存区域）且具有标准布局（类不包含语言特性，例如与 C 语言不兼容的虚函数，并且所有成员具有相同的访问控制方式）。POD 类型的概念在 C++20 中已被弃用，取而代之的是简单标准布局的类型。

除了初始化数据的方法不同之外，还有一些限制。例如，初始化标准容器（除了复制构造函数）的唯一方法是先声明一个对象，然后将元素插入其中，但是 std::vector 是个例外，因为它可以通过数组赋值，而数组可以通过前面提到的聚合类初始化方法初始化。但是，动态分配的聚合类对象不能直接进行初始化。

1.3.2 节中的所有例子都用的是直接初始化方法，但是复制初始化也可以采用花括号初始化形式。直接初始化和复制初始化在某些情况下是等价的，但是复制初始化不太灵活，因为它在其隐式转换过程中不考虑 explicit 构造函数，必须从初始化列表中产生对象，而直接初始化期望从初始化列表到构造函数的参数的隐式转换。因此，动态分配数组只能通过直接初始化方法进行初始化。

在前面示例展示的类定义中，foo 是一个既有默认构造函数又有带参数的构造函数的类。用默认构造函数进行默认初始化，我们需要用空的花括号，即 {}。用带参数的构造函数，我们必须在 {} 中提供相应参数的值。不像非聚合类类型，它们的默认初始化就是调用默认构造函数，对于聚合类型，默认初始化意味着用 0 值初始化。

可以初始化标准容器（例如 vector 和 map），因为所有标准容器在 C++11 中都有一个额外的构造函数，它接受类型为 std::initializer_list<T> 的参数。这基本上是对 T const 类型元素数组的轻量级代理。这些构造函数根据初始化列表中的值初始化内部数据。

使用 std::initializer_list 进行初始化的方式如下：

❑ 编译器解析初始化列表中元素的类型（所有元素必须具有相同的类型）。

❑ 编译器使用初始化列表中的元素创建一个数组。

❑ 编译器创建一个 std::initializer_list<T> 对象来包装之前创建的数组。

❑ std::initializer_list<T> 被作为参数传递给构造函数。

当使用花括号初始化时，初始化列表方式总是优先于其他构造函数。如果类中含有这样的构造函数，则当用到花括号初始化时会调用它：

```
class foo
{
  int a_;
  int b_;
public:
  foo() :a_(0), b_(0) {}

  foo(int a, int b = 0) :a_(a), b_(b) {}
  foo(std::initializer_list<int> l) {}
};

foo f{ 1, 2 }; // calls constructor with initializer_list<int>
```

这个优先级原则适用于所有的函数，而不仅仅是构造函数。在下面这个例子中，存在着两个签名相同的重载函数。使用初始化列表调用函数会解析为调用 std::initializer_list 重载版本：

```
void func(int const a, int const b, int const c)
{
  std::cout << a << b << c << '\n';
}

void func(std::initializer_list<int> const list)
{
  for (auto const & e : list)
    std::cout << e << '\n';
}

func({ 1,2,3 }); // calls second overload
```

然而，这样也可能会导致出现 bug。以 std::vector 类型为例，在 vector 的构造函数中，有一个单参数（表示初始分配的元素个数）的构造函数，还有一个接受 std::initializer_list 作为参数的构造函数。如果我们的目的是创建一个有预分配个数元素的 vector，那么花括号初始化将无效，因为使用花括号初始化时，以 std::initializer_list 为参数的构造函数会优先被调用：

```
std::vector<int> v {5};
```

上述代码不会创建一个有 5 个元素的 vector，而是创建一个只有一个值为 5 的元素的 vector。为了能够真正创建有 5 个元素的 vector，必须使用圆括号的初始化方式：

```
std::vector<int> v (5);
```

另外需要注意的是，花括号初始化不允许收缩转换（narrowing conversion）。根据 C++

标准（参考标准的 8.5.4 节），收缩转换是隐式转换：

从浮点类型到整型的转换。

从 long double 到 double 或 float，或者从 double 到 float，除非源是一个常量表达式，并且转换后的实际值在可以表示的值范围内（即使丢失精度）。

从整型或无作用域枚举到浮点类型，除非源是常量表达式，并且转换后的实际值适配目标类型且再转换为原始类型时可以得到原始的值。

从整型或无作用域枚举到更小范围的整型（不能完全表示原始类型的所有值），除非源是常量表达式，并且转换后的实际值适配目标类型且再转换为原始类型时可以得到原始的值。

以下声明会导致编译失败，因为它们需要进行收缩转换：

```cpp
int i{ 1.2 };          // error

double d = 47 / 13;
float f1{ d };         // error
```

为了修复这个问题，需要进行显式转换：

```cpp
int i{ static_cast<int>(1.2) };

double d = 47 / 13;
float f1{ static_cast<float>(d) };
```

 花括号初始化列表不是表达式，也没有类型。因此，decltype 不能用在花括号初始化列表中，而且模板类型推导方法不能推导出与花括号初始化列表匹配的类型。

我们来看另外一个例子：

```cpp
float f2{47/13};          // OK, f2=3
```

上述声明是正确的，因为有一个从 int 到 float 的隐式转换。表达式 47/13 的值是 3，它被赋给 float 类型的变量 f2。

1.3.4　更多

以下示例展示了直接列表初始化和复制列表初始化。在 C++11 中，所有这些表达式的推导类型均为 std::initializer_list<int>：

```cpp
auto a = {42};   // std::initializer_list<int>
auto b {42};     // std::initializer_list<int>
auto c = {4, 2}; // std::initializer_list<int>
auto d {4, 2};   // std::initializer_list<int>
```

C++17 修改了列表初始化的规则，区分了直接列表初始化和复制列表初始化。类型推导的新规则如下：

- 对于复制列表初始化，如果列表中的所有元素具有相同的类型，auto 会被推导为 std::initializer_list<T>，否则推导格式错误。
- 对于直接列表初始化，如果列表中只有一个元素，auto 会被推导为 T，如果有不止一个元素，则推导格式错误。

基于这些新规则，之前的示例将发生如下变化（注释中描述了推导出的类型）：

```
auto a = {42};    // std::initializer_list<int>
auto b {42};      // int
auto c = {4, 2};  // std::initializer_list<int>
auto d {4, 2};    // error, too many
```

在这个示例中，a 和 c 被推导为 std::initializer_list<int>，b 被推导为 int，d 用的是直接列表初始化而且初始化列表不止一个元素，所以导致编译失败。

1.3.5 延伸阅读

- 阅读 1.1 节，以了解 C++ 中自动类型推导的工作原理。
- 阅读 1.4 节，以了解如何很好地执行类成员初始化。

1.4 了解各种形式的非静态成员初始化

构造函数是完成非静态成员初始化的函数。许多程序员更喜欢在构造函数体中进行赋值。除了几个实际的特殊情况外，非静态成员的初始化应该在构造函数的初始化列表中完成，或者从 C++11 开始，当在类中声明它们时使用默认成员初始化方法进行初始化。在 C++11 之前，类的常量和非常量非静态数据成员必须在构造函数中初始化，类中声明的初始化仅适用于静态常量。正如我们即将看到的，C++11 中取消了这个限制，它允许在类声明中初始化非静态成员。此初始化称为**默认成员初始化**，将在后续章节进行说明。

本节将探索如何完成非静态成员初始化。对每个成员使用适当的初始化方法不仅会使代码更高效，而且会使代码结构更加良好，从而增强代码可读性。

1.4.1 使用方式

要初始化类的非静态成员，应该：

- 对静态常量和非静态常量使用默认成员初始化（见以下代码中的 [1] 和 [2]）。
- 使用默认成员初始化可以为具有多个构造函数的类的成员提供默认值，构造函数会使用统一初始化方法初始化这些成员（见以下代码中的 [3] 和 [4]）。
- 使用构造函数初始化列表来初始化没有默认值但依赖于构造函数参数的成员（见以下代码中的 [5] 和 [6]）。

❑ 当其他选项不可用时，在构造函数体内使用赋值操作实现初始化（例如使用 this 指针初始化数据成员，检查构造函数参数值，在用那些值初始化成员或者两个非静态成员自引用之前抛出异常）。

以下代码展示了这几种形式的初始化：

```
struct Control
{
  const int DefaultHeight = 14;                                  // [1]
  const int DefaultWidth  = 80;                                  // [2]

  TextVerticalAligment   valign = TextVerticalAligment::Middle;  // [3]
  TextHorizontalAligment halign = TextHorizontalAligment::Left;  // [4]

  std::string text;

  Control(std::string const & t) : text(t)        // [5]
  {}

  Control(std::string const & t,
    TextVerticalAligment const va,
    TextHorizontalAligment const ha):
    text(t), valign(va), halign(ha)               // [6]
  {}
};
```

1.4.2　工作原理

非静态成员应该用构造函数初始化列表的方式进行初始化，像下面这个示例这样：

```
struct Point
{
  double X, Y;
  Point(double const x = 0.0, double const y = 0.0) : X(x), Y(y)  {}
};
```

然而，许多开发人员并不喜欢使用初始化列表这种方式，他们更倾向于在构造函数体内进行赋值来完成初始化，甚至两者混用。这有几个原因：对于有很多成员的类，在构造函数体内进行赋值初始化比一长串的初始化列表（也许会显示多行）更简洁；他们所熟悉的别的语言根本就没有初始化列表。不幸的是，也有可能他们根本不知道初始化列表。

重要的是要注意，非静态数据成员初始化的顺序是它们在类定义中声明的顺序，而不是它们在构造函数初始化列表中初始化的顺序。另外，非静态数据成员的销毁顺序与构造顺序相反。

通过在构造函数体内进行赋值来实现初始化并不高效，因为这样会导致先创建一个临时对象，然后再销毁该临时对象。如果不用初始化列表进行初始化，非静态成员会通过默认构造函数进行初始化，然后在构造函数体赋值时，调用赋值操作符。这样做效率很低，因为如果默认构造函数分配一个资源（内存或者文件），这个资源将会被析构，然后在调用赋值操作符时被重新分配。请看下面的代码片段：

```
struct foo
{
  foo()
  { std::cout << "default constructor\n"; }
  foo(std::string const & text)
  { std::cout << "constructor '" << text << "\n"; }
  foo(foo const & other)
  { std::cout << "copy constructor\n"; }
  foo(foo&& other)
  { std::cout << "move constructor\n"; };
  foo& operator=(foo const & other)
  { std::cout << "assignment\n"; return *this; }
  foo& operator=(foo&& other)
  { std::cout << "move assignment\n"; return *this;}
  ~foo()
  { std::cout << "destructor\n"; }
};

struct bar
{
  foo f;

  bar(foo const & value)
  {
    f = value;
  }
};

foo f;
bar b(f);
```

上面代码的输出结果如下，展示了成员 f 是如何在构造函数里面先被初始化，然后被重新赋一个值的：

```
default constructor
default constructor
assignment
destructor
destructor
```

初始化方法从构造函数体内赋值改为初始化列表，会用复制构造函数调用替换默认构造函数调用和赋值操作符：

```
bar(foo const & value) : f(value) { }
```

加了上述代码之后的输出如下：

```
default constructor
copy constructor
destructor
destructor
```

基于这些原因，至少对于内置类型（例如 `bool`、`char`、`int`、`float`、`double` 或者指针）以外的类型，都应该采用构造函数初始化列表这种形式进行初始化。然而，为了保持初始化风格的一致性，在可能的情况下也应该总是使用构造函数初始化列表进行初始化。在以下几种情况但不仅仅局限于这几种（可以适当扩展），不能用初始化列表进行初始化：

❑ 如果一个成员必须使用包含该成员的对象的引用或者指针来进行初始化，那么有的编译器在初始化列表中使用 `this` 指针会发出警告，因为编译器认为在该对象被构造之前使用了 `this` 指针。

❑ 如果两个成员必须互相引用。

❑ 如果想测试输入参数，并且想在用参数值初始化非静态数据成员之前抛出异常。

从 C++11 标准开始，非静态数据成员可以在类声明时初始化。这被称作**默认成员初始化**，因为它表示应该用默认值初始化。默认成员初始化适用于常量以及那些不基于构造函数参数初始化的成员（换言之，成员的初始化不依赖对象的构造方式）：

```cpp
enum class TextFlow { LeftToRight, RightToLeft };

struct Control
{
  const int DefaultHeight = 20;
  const int DefaultWidth = 100;

  TextFlow textFlow = TextFlow::LeftToRight;
  std::string text;

  Control(std::string t) : text(t)
  {}
};
```

在前面的例子中，`DefaultHeight` 和 `DefaultWidth` 都是常量，因此它们不依赖对象的构造方式，所以它们在声明时初始化。`textFlow` 对象是非常量非静态数据成员，它的值不依赖对象的初始化（它的值可以通过另外的成员函数进行修改），因此也可以在声明的时候用默认成员初始化方法进行初始化。另外，`text` 也是一个非常量非静态数据成员，但是它的初始值依赖对象的构造方式，因此它是通过传给构造函数的参数值以构造函数初始化列表的形式进行初始化的。

如果一个数据成员既可用默认成员初始化方法初始化，也可用构造函数初始化列表形式初始化，则后者优先，默认值会被丢弃。为了说明这一点，我们再看看之前代码中的 `foo` 类以及下面的 `bar` 类：

```
struct bar
{
  foo f{"default value"};

  bar() : f{"constructor initializer"}
  {
  }
};

bar b;
```

输出有所不同，在这个例子中，它的输出如下：

```
constructor 'constructor initializer'
destructor
```

输出不同的原因是默认初始化列表的值被丢弃了，对象并没有被初始化两次。

1.4.3 延伸阅读

❑ 阅读 1.3 节，以了解花括号初始化的工作原理。

1.5 控制以及查询对象对齐方式

C++11 标准提供了用于指定或获取一种类型的对齐方式（在此之前只能依赖编译器特有的办法$^{\ominus}$）的方法。控制对齐方式对于提高不同处理器的性能并启用某些仅适用于特定对齐方式的数据的指令非常重要。例如，对于 Intel SSE（Streaming SIMD Extensions）和 Intel SSE2 的处理器，如果按 16 字节对齐，它们处理相同的数据的速度会得到大幅提升。另外，对于 Intel AVX（Intel Advanced Vector Extensions），它将大多数整数处理器的命令扩展到 256 位，强烈建议使用 32 字节对齐。本节探讨如何用 alignas 标识符来控制字节对齐方式，以及如何用 alignof 操作符来检查类型字节对齐要求。

1.5.1 准备工作

你应该熟悉数据对齐方式以及编译器执行默认数据对齐的方式。关于后者的具体知识我们会放到 1.5.3 节介绍。

1.5.2 使用方式

❑ 控制数据类型或对象的对齐方式（既包含类层面的，也包含数据成员层面的），用 alignas 标识符：

$\ominus$ 感兴趣的读者可以了解一下与编译器相关的 #pragma pack 指令。——译者注

```
struct alignas(4) foo
{
  char a;
  char b;
};
struct bar
{
  alignas(2) char a;
  alignas(8) int  b;
};
alignas(8)   int a;
alignas(256) long b[4];
```

❑ 获取数据类型的对齐方式，用 `alignof` 操作符：

```
auto align = alignof(foo);
```

1.5.3 工作原理

处理器不会一次只访问一个字节，一般会访问一块比较大的区域，这块区域的大小一般为2的整数幂（2、4、8、16、32等）。基于此，为了提高处理器的处理速度，编译器对于内存的数据对齐就显得尤为重要。如果数据未对齐，编译器必须做额外的工作来访问这些未对齐的数据，例如，它必须读取成倍的数据块，然后裁剪并丢弃不需要的字节，最后将它们组合在一起。

C++编译器是根据数据类型来对齐变量的。该标准仅指定 `char`、`signed char`、`unsigned char`、`char8_t` 和 `std::byte` 的大小必须为1。它还规定 `short` 的大小至少为16位，`long` 的大小至少为32位，`long long` 的大小至少为64位。同时也规定 `1 == sizeof(char) <= sizeof(short) <= sizeof(int) <= sizeof(long) <= sizeof(long long)`。因此，大多数类型的大小是由编译器指定的且依赖于平台。比较典型的是，`bool` 和 `char` 类型的大小为1字节，`short` 为2字节，`int`、`long` 和 `float` 为4字节，`double` 和 `long long` 为8字节，等等。当涉及结构或联合体时，对齐方式必须与最大成员的大小匹配，以避免出现性能问题。为了说明这一点，我们来探究一下下面的数据结构：

```
struct foo1        // size = 1, alignment = 1
{                  // foo1:    +-+
  char a;          // members: |a|
};

struct foo2        // size = 2, alignment = 1
{                  // foo2:    +-+-+
  char a;          // members  |a|b|
  char b;
};
```

```
struct foo3     // size = 8, alignment = 4
{               // foo3:     +----+----+
  char a;       // members: |a...|bbbb|
  int  b;       // . represents a byte of padding
};
```

foo1 和 foo2 的大小不一样，但是对齐方式是一样的，（即都按 1 字节对齐），因为所有的成员都是 1 字节 char 类型的。foo3 的第二个成员是整型，它的大小是 4 字节。因此，这个结构的成员对齐的地址是 4 的整数倍。为了达到这个要求，编译器会填充一些字节。

结构 foo3 实际上被转化成了下面这样：

```
struct foo3_
{
  char a;       // 1 byte
  char _pad0[3]; // 3 bytes padding to put b on a 4-byte boundary
  int  b;       // 4 bytes
};
```

类似地，下面这个结构的大小是 32 字节，并且按 8 字节对齐，这是因为它有一个大小为 8 字节的 double 数据成员。因此，这个结构需要填充更多的字节，以确保访问的地址为 8 的倍数：

```
struct foo4     // size = 24, alignment = 8
{               // foo4:     +--------+--------+--------+--------+
  int a;        // members: |aaaab...|cccc....|dddddddd|e.......|
  char b;       // . represents a byte of padding
  float c;
  double d;
  bool e;
};
```

编译器生成的等价结构如下：

```
struct foo4_
{
  int a;        // 4 bytes
  char b;       // 1 byte
  char _pad0[3]; // 3 bytes padding to put c on a 8-byte boundary
  float c;      // 4 bytes
  char _pad1[4]; // 4 bytes padding to put d on a 8-byte boundary
  double d;     // 8 bytes
  bool e;       // 1 byte
  char _pad2[7]; // 7 bytes padding to make sizeof struct multiple of 8
};
```

在 C++11 中，可以使用 alignas 标识符来指定对象或类型的对齐方式。这可以采用表达式（计算结果为 0 的整数常量表达式或对齐的有效值）、type-id 或者参数包来表示。alignas 标识符可应用于不表示位字段的变量或类数据成员的声明，也可应用于类、联合体或枚举结构的声明。

用 alignas 标识符声明的类型或变量的对齐字节数等于 alignas 表达式中的最大值（大于 0）。

使用 alignas 标识符有一些限制：

❑ 对齐字节数必须是 2 的幂（2、4、8、16、32……）。其他的值则是非法的，而且程序看起来也是不规范的，对于这种情况，编译器没有必要给出错误，它们会直接忽略该标识符。

❑ 按 0 字节对齐的方式总是会被忽略。

❑ 如果 alignas 标识符声明的对齐字节数比默认（没有用 alignas 标识符）的对齐字节数小，则该程序也被认为是不规范的。

在下面的例子中，alignas 标识符被用于类声明。没有用 alignas 标识符声明的默认对齐字节数是 1，但是当使用 alignas(4) 时，对齐字节数变成了 4：

```
struct alignas(4) foo
{
  char a;
  char b;
};
```

换句话说，编译器将前面的类翻译成了下面这个：

```
struct foo
{
  char a;
  char b;
  char _pad0[2];
};
```

alignas 标识符既可以用于类声明，也可以用于成员数据声明。在这种情况下，采取最"严格"的原则来确定对齐的字节数。在下面的例子中，成员 a 的默认大小为 1 字节，但是被要求按 2 字节对齐，成员 b 的默认大小为 4 字节，但是被要求按 8 字节对齐，所以最严格的对齐字节数是 8。整个类要求按 4 字节对齐，但是比最严格的 8 字节对齐要宽松，所以会被忽略，但是编译器会给出一个警告：

```
struct alignas(4) foo
{
  alignas(2) char a;
  alignas(8) int  b;
};
```

上述结构等同于：

```
struct foo
{
  char a;
```

```
    char _pad0[7];
    int b;
    char _pad1[4];
};
```

alignas 标识符也可以用来修饰变量。在下面的例子中，整数变量 a 被要求放在内存地址为 8 的整数倍的地方。变量 b（代表 4 个 long 类型元素的数组）被要求放在内存地址为 256 的整数倍的地方。因此，编译器会在两个变量之间填充 244 字节（取决于变量 a 在内存的位置，即内存地址为 8 的倍数的位置）：

```
alignas(8)   int a;
alignas(256) long b[4];

printf("%p\n", &a); // eg. 0000006C0D9EF908
printf("%p\n", &b); // eg. 0000006C0D9EFA00
```

看下输出的内存地址，我们可以看到变量 a 的内存地址确实是 8 的整数倍，且 b 的内存地址也确实是 256（16 进制表示是 0x100）的整数倍。

如果想查看类型的对齐字节数，可以使用 alignof 操作符。它不同于 sizeof，sizeof 操作符只适用于 type-id，却不适用于变量或者类成员。它适用的类型可以是完全类型、数组类型或引用类型。对于数组而言，对齐字节数为每个元素的对齐字节数；对于引用而言，对齐字节数为其引用的对齐字节数。表 1.1 给出了一些示例。

表 1.1

表达式	计算结果
alignof(char)	1，因为 char 是按 1 字节对齐的
alignof(int)	4，因为 int 是按 4 字节对齐的
alignof(int*)	指针对齐，在 32 位平台是 4，在 64 位平台是 8
alignof(int[4])	4，因为数组的元素类型是 int，所以按 4 字节对齐
alignof(foo&)	8，因为前面的例子中指定的对齐字节数是 8

如果想强制数据对齐（考虑到前面提到的限制）以便数据访问和复制比较高效，alignas 标识符则非常有用。这意味着 CPU 可以避免读写缓存行失效。这在性能关键型应用中显得尤为重要，比如游戏和交易应用。另外，alignof 操作符返回指定类型的最小对齐要求。

1.5.4 延伸阅读

❑ 阅读 1.2 节，以了解类型的别名。

1.6 使用作用域枚举

枚举是 C++ 中的一种基本类型，它定义了一个值的集合，通常是一个整数基础类型。它们的命名值是常量，称为枚举器。使用 enum 关键字声明的枚举称为无作用域枚举

（unscoped enumerations），使用 enum class 或者 enum struct 声明的枚举称为作用域枚举（scoped enumeration）。后者是在 C++11 引入的，旨在解决无作用域枚举解决不了的事情，本节将介绍作用域枚举。

1.6.1 使用方式

当使用枚举时，应该：

❑ 优先使用作用域枚举，而不是无作用域枚举。

❑ 使用 enum class 或者 enum struct 声明作用域枚举：

```
enum class Status { Unknown, Created, Connected };
Status s = Status::Created;
```

> enum class 和 enum struct 声明是等价的，在本书中，我们将使用 enum class。

因为作用域枚举是受限制的命名空间，所以 C++20 标准允许我们将它们与 using 指令结合使用。你可以执行以下操作：

使用 using 指令在局部作用域内引入作用域枚举标识符，如下所示：

```
int main()
{
  using Status::Unknown;
  Status s = Unknown;
}
```

❑ 使用 using enum 指令在局部作用域内引入作用域枚举的所有标识符，如下所示：

```
struct foo
{
  enum class Status { Unknown, Created, Connected };

  using enum Status;
};

foo::Status s = foo::Created; // instead of
                              // foo::Status::Created
```

❑ 在 switch 语句中，使用 using enum 指令引入作用域枚举标识符可以简化代码：

```
void process(Status const s)
{
  switch (s)
  {
    using enum Status;
    case Unknown:  /*...*/ break;
    case Created:  /*...*/ break;
```

```
    case Connected: /*...*/ break;
  }
}
```

1.6.2　工作原理

无作用域枚举对于开发人员来说会有一些问题:

❏ 它们把枚举器导出到周围的作用域 (基于此, 它们被称为无作用域枚举), 所以就有以下两个缺陷。

　a. 如果同一命名空间中的两个枚举具有相同名称的枚举器, 则可能导致命名冲突。

　b. 无法使用完全限定名称的枚举器。

```
enum Status {Unknown, Created, Connected};
enum Codes {OK, Failure, Unknown};   // error
auto status = Status::Created;       // error
```

❏ 在 C++11 之前, 它们没法指定基础类型, 必须是整型。类型不能大于 int, 除非枚举器值不适应有符号或无符号整数。基于此, 不能前置枚举声明。原因是枚举的大小是未知的。这是因为在定义枚举器的值之前基础类型是未知的, 这样编译器不知道选择哪些合适的整数类型。但是这个问题在 C++11 中得到了修复。

❏ 枚举器的值会隐式转换为 int。这意味着你可以有意或者无意地将有特定含义的枚举和整数混用 (这甚至与枚举的含义无关), 而且编译器不会发出警告。

```
enum Codes { OK, Failure };
void include_offset(int pixels) {/*...*/}
include_offset(Failure);
```

作用域枚举基本上是强类型枚举, 其行为与无作用域枚举不同:

❏ 它们不会把枚举器导出到周围的作用域。之前提到的两个枚举会变成如下这样, 它们不再产生命名冲突并且可以使用完全限定名称的枚举器:

```
enum class Status { Unknown, Created, Connected };
enum class Codes { OK, Failure, Unknown }; // OK
Codes code = Codes::Unknown;               // OK
```

❏ 可以指定基础类型。除了作用域枚举可以指定基础类型之外, 无作用域枚举中基础类型的规则同样适用于作用域枚举。这也解决了前置声明的问题, 因为在定义可用之前就已经知道基础类型了:

```
enum class Codes : unsigned int;

void print_code(Codes const code) {}

enum class Codes : unsigned int
{
```

```
  OK = 0,
  Failure = 1,
  Unknown = 0xFFFF0000U
};
```

❏ 在作用域枚举中，枚举器的值不再隐式地转换为 int。除非指定了显式转换，否则将 enum class 的值赋给整数变量会导致编译错误：

```
Codes c1 = Codes::OK;                        // OK
int c2 = Codes::Failure;                     // error
int c3 = static_cast<int>(Codes::Failure);   // OK
```

然而，作用域枚举也有缺陷：它们是受限制的命名空间。它们不会把它们的标识符导出到外面的作用域，这一点有时是不方便的。例如，如果你写了一个 switch 语句，就必须在每个 case 语句后面重复使用枚举名，下面的例子说明了这一点：

```
std::string_view to_string(Status const s)
{
  switch (s)
  {
    case Status::Unknown:   return "Unknown";
    case Status::Created:   return "Created";
    case Status::Connected: return "Connected";
  }
}
```

在 C++20 中，这可以通过使用具有作用域枚举名称的 using 指令来简化。上述代码可以简化为如下代码：

```
std::string_view to_string(Status const s)
{
  switch (s)
  {
    using enum Status;
    case Unknown:   return "Unknown";
    case Created:   return "Created";
    case Connected: return "Connected";
  }
}
```

using 指令的作用是将所有标识符引入局部作用域，这样就可以在不用限定名称的情况下引用它们了。也可以使用 using 指令将具体的枚举器引入局部作用域，例如 using Status::Connected。

1.6.3 延伸阅读

❏ 阅读 9.4 节，以了解如何使用编译时常量。

1.7 在虚方法中使用 override 和 final 关键字

不像其他类似的编程语言，C++ 没有特定的语法来声明接口类型（基本上只在类中声明纯虚方法），并且在声明虚方法方面有一定的缺陷。在 C++ 中，虚方法用关键字 virtual 声明。但是，在派生类中声明覆盖时，关键字 virtual 是可选的，这在处理大型类或层次结构时可能会导致混淆。你可能需要在整个层次结构中追溯到基类以确定函数是否是虚函数。另一方面，有时确保虚函数甚至派生类不能被重写或者进一步继承是必要的。在本节中，我们将学习使用 override 和 final 关键字声明虚函数和类。

1.7.1 准备工作

你应该熟悉 C++ 中继承和多态，以及抽象类、纯虚说明符、虚方法和覆盖方法的概念。

1.7.2 使用方式

为了确保在基类和派生类中正确地声明虚方法，同时提高可读性，请遵循以下原则：

❑ 在派生类中声明应该覆盖基类中的虚函数的虚函数时，建议使用 virtual 关键字。
❑ 始终在虚函数声明或定义部分之后使用 override 特殊标识符：

```cpp
class Base
{
  virtual void foo() = 0;
  virtual void bar() {}
  virtual void foobar() = 0;
};

void Base::foobar() {}

class Derived1 : public Base
{
  virtual void foo() override = 0;
  virtual void bar() override {}
  virtual void foobar() override {}
};

class Derived2 : public Derived1
{
  virtual void foo() override {}
};
```

 声明符是函数类型中除去返回类型的部分。

为了保证函数不能被进一步覆盖或者类不能被进一步继承，请使用 final 特殊标识符：

❑ 在虚函数声明或定义的声明符之后用 **final** 防止在派生类中对函数进行进一步覆盖：

```
class Derived2 : public Derived1
{
  virtual void foo() final {}
};
```

❑ 在类声明中的类名后用 **final** 防止类被进一步继承：

```
class Derived4 final : public Derived1
{
  virtual void foo() override {}
};
```

1.7.3 工作原理

override 关键字的用法很简单：在虚函数的声明或定义中，它可以保证函数确实覆盖了一个基类函数，否则，编译器会报错。

注意，**override** 和 **final** 关键字都是特殊标识符，仅在成员函数声明或定义中有意义。它们不是保留关键字，所以仍然可以在代码的其他任何地方用作自定义标识符[⊖]。

使用 **override** 标识符有助于编译器检查虚方法是否覆盖另一个虚方法，如以下示例所示：

```
class Base
{
public:
  virtual void foo() {}
  virtual void bar() {}
};

class Derived1 : public Base
{
public:
  void foo() override {}
  // for readability use the virtual keyword

  virtual void bar(char const c) override {}
  // error, no Base::bar(char const)
};
```

如果不存在 **override** 标识符，则 Derived1 类的虚方法 bar(char const) 将不是覆盖方法，而是来自 Base 的 bar() 的重载。

另一个特殊标识符 **final** 用在成员函数声明或定义中，表示该函数是虚函数并且不能在派生类中被覆盖。如果派生类试图覆盖该虚函数，编译器会报错：

⊖ 估计很多人会忽略这个问题，**override** 和 **final** 不是保留关键字，而是特殊标识符。——译者注

```
class Derived2 : public Derived1
{
  virtual void foo() final {}
};

class Derived3 : public Derived2
{
  virtual void foo() override {} // error
};
```

`final` 标识符也可以在类的声明中使用，表示该类不能被继承：

```
class Derived4 final : public Derived1
{
  virtual void foo() override {}
};

class Derived5 : public Derived4 // error
{
};
```

由于 `override` 和 `final` 在定义中使用时都具有特殊含义，并且实际上不是系统保留关键字，因此你仍然可以在 C++ 代码中的其他任何地方使用它们。这可以确保用 C++11 之前的版本编写的现有代码不会因使用它们作为标识符而损坏：

```
class foo
{
  int final = 0;
  void override() {}
};
```

尽管前面我建议在重写虚方法的声明中同时使用 `virtual` 和 `override`，但是 `virtual` 关键字是可选的，可以省略以缩短声明。`override` 标识符的存在应该足以表明该方法是虚方法，这是个人喜好问题，并不影响语义。

1.7.4 延伸阅读

❑ 阅读 10.6 节，以了解 CRTP 模式如何帮助在编译时实现多态。

1.8 使用基于 range 的 for 循环迭代 range

许多编程语言都支持 for 循环的变体 for each 语法，即在集合的元素上重复执行一组语句。C++ 直到 C++11 才支持这一核心特性。最接近该特性的是标准库中的通用算法 `std::for_each`，它将函数应用于范围（range）内的所有元素。C++11 支持 for each 语法特点的术语被称为"基于 range 的 for 循环"。C++17 标准中对其做了进一步的拓展。

1.8.1 准备工作

在 C++11 中，基于 range 的 for 循环遵循下面的语法：

```
for ( range_declaration : range_expression ) loop_statement
```

为了举例说明基于 range 的 for 循环的各种方式，我们将使用以下函数，它们返回元素序列：

```cpp
std::vector<int> getRates()
{
  return std::vector<int> {1, 1, 2, 3, 5, 8, 13};
}

std::multimap<int, bool> getRates2()
{
  return std::multimap<int, bool> {
    { 1, true },
    { 1, true },
    { 2, false },
    { 3, true },
    { 5, true },
    { 8, false },
    { 13, true }
  };
}
```

在下一小节中，我们可以学到各种基于 range 的 for 循环的使用方式。

1.8.2 使用方式

基于 range 的 for 循环的多种使用方式：

❏ 指定序列元素的特定类型：

```cpp
auto rates = getRates();
for (int rate : rates)
  std::cout << rate << '\n';
for (int& rate : rates)
  rate *= 2;
```

❏ 不指定序列元素类型，让编译器自行推导：

```cpp
for (auto&& rate : getRates())
  std::cout << rate << '\n';

for (auto & rate : rates)
  rate *= 2;

for (auto const & rate : rates)
  std::cout << rate << '\n';
```

❏ 通过在 C++17 中使用结构化绑定和分解声明：

```
for (auto&& [rate, flag] : getRates2())
  std::cout << rate << '\n';
```

1.8.3　工作原理

1.8.2 节中显示的基于 range 的 for 循环的表达式基本上是语法糖，因为编译器将它转换成了其他东西。在 C++17 之前，编译器生成的代码通常像下面这样：

```
{
  auto && __range = range_expression;
  for (auto __begin = begin_expr, __end = end_expr;
  __begin != __end; ++__begin) {
    range_declaration = *__begin;
    loop_statement
  }
}
```

begin_expr 和 end_expr 在这段代码中的值取决于 range 的类型：

❑ 对于类 C 数组：它们分别是 __range 和 __range + __bound（其中 __bound 是数组中元素的数量）。

❑ 对于具有 begin 和 end 成员（无论其类型和可访问性如何）的类类型：它们分别是 __range.begin() 和 __range.end()。

❑ 对于其他类型，则分别是 begin(__range) 和 end(__range)，可通过参数依赖查找确定。

值得注意的是，如果一个类包含任何名为 begin 或 end 的成员（函数、数据成员或枚举器），无论其类型和可访问性如何，begin_expr 和 end_expr 都将选择它们。因此，在基于 range 的 for 循环中不能使用这种类类型。

在 C++17 中，编译器生成的代码略有不同：

```
{
  auto && __range = range_expression;
  auto __begin = begin_expr;
  auto __end = end_expr;

  for (; __begin != __end; ++__begin) {
    range_declaration = *__begin;
    loop_statement
  }
}
```

新标准删除了 begin 表达式和 end 表达式必须是同一类型的约束。end 表达式不需要是一个实际的迭代器，但它必须能够与迭代器进行比较，这样做的一个好处是可以用谓词来分隔 range。另外，end 表达式只求值一次，而不是每次迭代循环时都求值，这将会提高性能。

1.8.4 延伸阅读

❑ 阅读 1.9 节，以了解如何能将用户自定义类型与基于 range 的 for 循环一起使用。

❑ 阅读 12.5 节，以学习 C++20 range 库的基础知识。

❑ 阅读 12.6 节，以了解如何使用用户自定义的 range 适配器扩展 C++20 range 库的功能。

1.9 对自定义类型使用基于 range 的 for 循环

正如我们在上一节中看到的，基于 range 的 for 循环（在其他编程语言中称为 for each）允许遍历 range 的元素，相比标准 for 循环提供了简化的语法，并使代码在许多情况下更具可读性。但是，基于 range 的 for 循环不能直接适用于任何表示 range 的类型，而是需要 begin() 和 end() 函数（对于非数组类型）作为成员函数或自由函数。在本节中，我们将学习如何为自定义类型使用基于 range 的 for 循环。

1.9.1 准备工作

如果你需要了解基于 range 的 for 循环是如何工作的，以及编译器为这样的循环生成什么代码，那么建议你在继续阅读本节之前，先阅读一下 1.8 节的内容。

为了演示如何对用户自定义序列使用基于 range 的 for 循环，我们将使用如下简单数组的实现：

```cpp
template <typename T, size_t const Size>
class dummy_array
{
  T data[Size] = {};

public:
  T const & GetAt(size_t const index) const
  {
    if (index < Size) return data[index];
    throw std::out_of_range("index out of range");
  }

  void SetAt(size_t const index, T const & value)
  {
    if (index < Size) data[index] = value;
    else throw std::out_of_range("index out of range");
  }

  size_t GetSize() const { return Size; }
};
```

此方法的目的是支持编写如下代码：

```cpp
dummy_array<int, 3> arr;
```

```
arr.SetAt(0, 1);
arr.SetAt(1, 2);
arr.SetAt(2, 3);

for(auto&& e : arr)
{
  std::cout << e << '\n';
}
```

使这一切成为可能所需的步骤将在下面详细描述。

1.9.2　使用方式

要想对用户自定义类型使用基于 range 的 for 循环，需要执行以下操作：

❑ 为类型创建可变迭代器和常量迭代器，必须实现：

- operator++（包含前缀版本和后缀版本）——用于递增迭代器；
- operator*——用于解引用迭代器并访问迭代器所指向的实际元素；
- operator!=——用于与另一个迭代器进行比较。

❑ 为类型提供自由函数 begin() 和 end()。

基于前面的简单 range 示例，我们需要提供以下内容：

❑ 以下迭代器类的最简洁实现：

```
template <typename T, typename C, size_t const Size>
class dummy_array_iterator_type
{
public:
  dummy_array_iterator_type(C& collection,
                            size_t const index) :
  index(index), collection(collection)
  { }

  bool operator!= (dummy_array_iterator_type const & other)
const
  {
    return index != other.index;
  }

  T const & operator* () const
  {
    return collection.GetAt(index);
  }
  dummy_array_iterator_type& operator++()
  {
    ++index;
    return *this;
  }
  dummy_array_iterator_type operator++(int)
  {
```

```
    auto temp = *this;
    ++*temp;
    return temp;
  }

private:
  size_t    index;
  C&        collection;
};
```

❑ 可变迭代器和常量迭代器的模板别名：

```
template <typename T, size_t const Size>
using dummy_array_iterator =
  dummy_array_iterator_type<
    T, dummy_array<T, Size>, Size>;

template <typename T, size_t const Size>
using dummy_array_const_iterator =
  dummy_array_iterator_type<
    T, dummy_array<T, Size> const, Size>;
```

❑ 自由函数 begin() 和 end() 返回相应的 begin 和 end 迭代器，对两个模板别名都有重载：

```
template <typename T, size_t const Size>
inline dummy_array_iterator<T, Size> begin(
  dummy_array<T, Size>& collection)
{
  return dummy_array_iterator<T, Size>(collection, 0);
}

template <typename T, size_t const Size>
inline dummy_array_iterator<T, Size> end(
  dummy_array<T, Size>& collection)
{
  return dummy_array_iterator<T, Size>(
    collection, collection.GetSize());
}

template <typename T, size_t const Size>
inline dummy_array_const_iterator<T, Size> begin(
  dummy_array<T, Size> const & collection)
{
  return dummy_array_const_iterator<T, Size>(
    collection, 0);
}

template <typename T, size_t const Size>
inline dummy_array_const_iterator<T, Size> end(
  dummy_array<T, Size> const & collection)
```

```
{
  return dummy_array_const_iterator<T, Size>(
    collection, collection.GetSize());
}
```

1.9.3　工作原理

有了这样的实现，前面显示的基于 range 的 for 循环将按预期编译和执行。在执行参数依赖查找时，编译器将识别我们编写的两个函数 begin() 和 end()（它们接受 dummy_array 的引用），因此它生成的代码是有效的。

在前面的例子中，我们定义了一个迭代器类模板和两个模板别名，分别称为 dummy_array_iterator 和 dummy_array_const_iterator。对于这两种类型的迭代器，begin() 和 end() 函数都有重载。

考虑到容器可以在基于 range 的 for 循环中使用常量和非常量实例，这是很有必要的：

```
template <typename T, const size_t Size>
void print_dummy_array(dummy_array<T, Size> const & arr)
{
  for (auto && e : arr)
  {
    std::cout << e << '\n';
  }
}
```

简单 range 类使用基于 range 的 for 循环的另一种方法是提供 begin() 和 end() 成员函数，一般来说，只有当你拥有并能够修改源代码时，这才有意义。另外，本节中显示的解决方案在所有情况下都有效，应该优先于其他备选方案。

1.9.4　延伸阅读

❑ 阅读 1.2 节，以了解类型的别名。
❑ 阅读 12.5 节，以学习 C++20 range 库的基础知识。

1.10　使用 explicit 构造函数和转换操作符来避免隐式转换

在 C++11 之前，具有单个形参的构造函数被视为转换构造函数（因为它接受另一种类型的值并由此创建该类型的新实例）。在 C++11 中，没有 explicit 说明符的构造函数都被视为转换构造函数，这样的构造函数定义了从参数的类型到类的类型的隐式转换。类还可以定义转换操作符，将类的类型转换为另一种指定的类型。所有这些在某些情况下都是有用的，但偶尔也会产生问题。在本节中，我们将学习如何使用 explicit 构造函数和转换操作符。

1.10.1　准备工作

对于这一节内容，你需要熟悉转换构造函数和转换操作符。在本节中，你将学习如何编写 explicit 构造函数和转换操作符，以避免与类型进行隐式转换。使用 explicit 构造函数和转换操作符（称为用户自定义转换函数）使编译器在某些情况下能够产生编译错误，这样开发人员可以快速发现这些错误并修复它们。

1.10.2　使用方式

要声明 explicit 构造函数和 explicit 转换操作符（无论它们是函数还是函数模板），请在声明中使用 explicit 说明符。

explicit 构造函数和 explicit 转换操作符的例子如下：

```
struct handle_t
{
  explicit handle_t(int const h) : handle(h) {}
  explicit operator bool() const { return handle != 0; };
private:
  int handle;
};
```

1.10.3　工作原理

要理解 explicit 构造函数的必要性以及它们是如何工作的，我们首先来看一下转换构造函数。下面的 foo 类有三个构造函数（除了输出一条消息，它们什么都不做）：一个默认构造函数（不带形参）、一个接受 int 形参的构造函数，以及一个接受 int 和 double 形参的构造函数。从 C++11 开始，这些都被视为转换构造函数。该类还有一个转换操作符，它可以将 foo 类型的值转换为 bool 类型：

```
struct foo
{
  foo()
  { std::cout << "foo" << '\n'; }
  foo(int const a)
  { std::cout << "foo(a)" << '\n'; }
  foo(int const a, double const b)
  { std::cout << "foo(a, b)" << '\n'; }

  operator bool() const { return true; }
};
```

基于此，以下对象的定义是可能的（注意：下方注释代表控制台的输出）：

```
foo f1;              // foo()
foo f2 {};           // foo()

foo f3(1);           // foo(a)
```

```
foo f4 = 1;         // foo(a)
foo f5 { 1 };       // foo(a)
foo f6 = { 1 };     // foo(a)

foo f7(1, 2.0);     // foo(a, b)
foo f8 { 1, 2.0 };  // foo(a, b)
foo f9 = { 1, 2.0 }; // foo(a, b)
```

变量 f1 和 f2 调用默认构造函数，f3、f4、f5 和 f6 调用接受 int 形参的构造函数。注意，这些对象的所有定义都是等价的，即使它们看起来不同（f3 使用函数形式进行初始化，f4 和 f6 是用复制进行初始化，f5 直接使用花括号初始化列表进行初始化）。类似地，f7、f8 和 f9 调用两个形参的构造函数。

在本例中，变量 f5 和 f6 会输出 foo(1)，而 f8 和 f9 则会导致编译错误，因为初始化列表的元素必须都是整型的。

需要注意的是，如果 foo 定义了参数为 std::initializer_list 的构造函数，那么所有使用 {} 的地方都被解析为调用这个函数：

```
foo(std::initializer_list<int> l)
{ std::cout << "foo(l)" << '\n'; }
```

现在这些看起来基本都是对的，但是隐式构造函数支持的隐式转换可能不是我们想要的。首先，让我们看几个正确的示例：

```
void bar(foo const f)
{
}

bar({});            // foo()
bar(1);             // foo(a)
bar({ 1, 2.0 });    // foo(a, b)
```

把 foo 类类型转换为 bool 类型的转换操作符在需要使用布尔值的时候直接使用 foo 对象。示例如下：

```
bool flag = f1;              // OK, expect bool conversion
if(f2) { /* do something */ } // OK, expect bool conversion
std::cout << f3 + f4 << '\n'; // wrong, expect foo addition
if(f5 == f6) { /* do more */ } // wrong, expect comparing foos
```

前两个例子把 foo 对象用作布尔值是符合我们预期的。但是，后两个例子，一个是加法，一个是测试是否相等，它们也许是不对的，因为我们其实大概率是希望把两个 foo 对象相加以及测试两个 foo 对象是否相等，而不是针对它们隐式转换为的布尔值。

也许一个更实际的示例更能够帮助我们理解隐式转换可能发生的问题，这个示例是 string_buffer 实现。这个类的内部可能会包含一个字符缓冲区。

这个类提供了几个转换构造函数：一个默认构造函数、一个接受 size_t 形参，（该形参表示要预分配的缓冲区的大小）的构造函数，以及一个接受 char 指针（该指针用于分配和初始化内部缓冲区）的构造函数。简而言之，本例中使用的字符串缓冲区（`string_buffer`）的实现如下：

```
class string_buffer
{
public:
  string_buffer() {}

  string_buffer(size_t const size) {}

  string_buffer(char const * const ptr) {}

  size_t size() const { return ...; }
  operator bool() const { return ...; }
  operator char * const () const { return ...; }
};
```

根据这个定义，我们可以构造以下对象：

```
std::shared_ptr<char> str;
string_buffer b1;             // calls string_buffer()
string_buffer b2(20);         // calls string_buffer(size_t const)
string_buffer b3(str.get()); // calls string_buffer(char const*)
```

b1 对象用默认构造函数进行初始化，它的缓冲区是空的；b2 用带一个表示大小的形参的构造函数进行初始化，参数表示其内部缓冲区的大小；b3 用一个已经存在的缓冲区进行初始化，这个缓冲区的大小用于定义其内部缓冲区的大小，然后其值被复制至缓冲区。然而，相同的定义还支持以下对象定义：

```
enum ItemSizes {DefaultHeight, Large, MaxSize};

string_buffer b4 = 'a';
string_buffer b5 = MaxSize;
```

在本例中，b4 用一个字符（`'a'`）进行初始化。因为存在 size_t 的隐式转换，单参数的构造函数将会被调用。这里意图不清晰，也许应该用字符串 `"a"` 来代替字符 `'a'`，这样会调用第三个构造函数。

但是，b5 的定义大概率会出错，因为 MaxSize 是一个枚举（代表 ItemSizes），它应该与缓冲区的大小无关，编译器不会以任何方式标记类似这样的错误。我们应该首选作用域枚举，而不是无作用域枚举，因为无作用域枚举会把枚举隐式转换为 int 类型，而作用域枚举则不会出现这种情况。如果 ItemSizes 是作用域枚举，那么上述那种情况就不会出现。

当在构造函数的声明中使用 explicit 说明符时，该构造函数将变成 explicit 构造函数，并且不再允许 class 类型对象的隐式构造。为了举例说明这一点，我们将稍微更改一下 string_buffer 类，将所有构造函数声明为 explicit：

```
class string_buffer
{
public:
  explicit string_buffer() {}

  explicit string_buffer(size_t const size) {}

  explicit string_buffer(char const * const ptr) {}

  explicit operator bool() const { return ...; }
  explicit operator char * const () const { return ...; }
};
```

这里的改动很小，但是前面示例中的 b4 和 b5 的定义不再有效，而且是不正确的。这是因为在重载解析期间需要指明应该调用什么构造函数，从 char 或 int 到 size_t 的隐式转换不再可用，结果导致 b4 和 b5 的编译错误。注意，b1、b2 和 b3 的定义仍然是有效的定义，即使构造函数是 explicit 的。

在这种情况下，解决这个问题的唯一方法是提供从 char 或 int 到 string_buffer 的显式强制转换：

```
string_buffer b4 = string_buffer('a');
string_buffer b5 = static_cast<string_buffer>(MaxSize);
string_buffer b6 = string_buffer{ "a" };
```

使用 explicit 构造函数，编译器能够立即标记错误情况，开发人员也可以相应地做出反应，要么用正确的值修复初始化，要么提供显式强制转换。

 只有在使用复制初始化完成初始化时才会出现这种情况，而在使用函数初始化或通用初始化时则不会出现这种情况。

使用 explicit 构造函数，以下定义仍然可能是错误的：

```
string_buffer b7{ 'a' };
string_buffer b8('a');
```

与构造函数类似，转换操作符可以声明为 explicit 的（如前所述）。在这种情况下，从对象类型到转换操作符指定的类型的隐式转换不再可能实现，需要进行显式强制转换。考虑到 b1 和 b2，它们是我们前面定义的 string_buffer 对象，通过显式转换操作符定义 operator bool 将不再可能执行以下操作：

```
std::cout << b4 + b5 << '\n'; // error
if(b4 == b5) {}              // error
```

相反，它们需要显式转换为 bool 类型：

```
std::cout << static_cast<bool>(b4) + static_cast<bool>(b5);
if(static_cast<bool>(b4) == static_cast<bool>(b5)) {}
```

两个 bool 值相加没有太大意义，上面的示例只是为了说明如何进行显式强制转换。当没有显式静态转换时，编译器会报错，这个时候你就会意识到可能是表达式本身有问题，或者说其实你有别的意图。

1.10.4 延伸阅读

❑ 阅读 1.3 节，以了解花括号初始化是如何工作的。

1.11 使用匿名命名空间来代替静态全局空间

程序越大，当程序链接到多个编译单元时，发生命名冲突的可能性也就越大。在源文件某编译单元中声明的函数或变量可能会与在另一个编译单元中声明的类似函数或变量发生冲突。

这是因为所有没有被声明为静态的符号都有外部链接，而且它们的名称在整个程序中必须是唯一的。针对此问题，典型的 C 解决方案是将这些符号声明为静态的，将它们的链接从外部更改为内部，从而使它们成为编译单元的本地符号；另一种方法是在名称前面加上它们所属的模块或库的名称。在本节中，我们将讨论该问题的 C++ 解决方案。

1.11.1 准备工作

在本节中，我们将讨论全局函数和静态函数，以及变量、命名空间和编译单元等概念，我们希望读者对这些概念有一个基本的了解。除了这些，读者还要了解内部链接和外部链接之间的区别，这是本节的核心内容。

1.11.2 使用方式

当需要将全局符号声明为静态的以避免链接问题时，应该首选匿名命名空间：

❑ 在源文件中声明一个匿名命名空间。

❑ 将全局函数或变量的定义放在匿名命名空间中，但不要将它们设为 static。

下面的例子显示在两个不同的编译单元中有两个名为 print() 的函数，它们都定义在匿名命名空间中：

```cpp
// file1.cpp
namespace
{
  void print(std::string message)
  {
    std::cout << "[file1] " << message << '\n';
  }
}
void file1_run()
```

```
{
  print("run");
}


// file2.cpp
namespace
{
  void print(std::string message)
  {
    std::cout << "[file2] " << message << '\n';
  }
}


void file2_run()
{
  print("run");
}
```

1.11.3　工作原理

当函数在编译单元中被声明时，它具有外部链接属性。这意味着来自两个不同编译单元的两个具有相同名称的函数将产生链接错误，因为不可能有两个具有相同名称的符号。在 C 语言中，解决这个问题的方法是，将函数或变量声明为静态的，并将其链接从外部更改为内部。在这种情况下，它的名称不再被导出到编译单元之外，避免了链接问题。

在 C++ 中，一种合适的解决方法是使用匿名命名空间。当像前面那样定义一个命名空间时，编译器会把它转换成如下形式：

```
// file1.cpp
namespace _unique_name_ {}
using namespace _unique_name_;
namespace _unique_name_
{
  void print(std::string message)
  {
    std::cout << "[file1] " << message << '\n';
  }
}
void file1_run()
{
  print("run");
}
```

首先，它声明了一个具有唯一名称的命名空间（名称是什么以及如何生成该名称是编译器实现的细节，我们无须关注），此时命名空间还是空的，这一行代码的目的是构建命名空间。其次，使用 using 关键字在当前命名空间引入 _unique_name_ 命名空间中的所有内容。最后，名称由编译器生成的命名空间的定义与原始源代码中的一样（当时命名空间是匿名的）。

通过在匿名命名空间中定义编译单元局部 print() 函数，它们仅具有本地可见性，但它们的外部链接不再产生链接错误，因为它们现在具有外部唯一名称。

匿名命名空间还可以用于更复杂的情形，比如模板。一方面，在 C++11 之前，模板非类型实参不能是具有内部链接的名称，因此不可能使用静态变量。另外，匿名命名空间中的符号具有外部链接，可以用作模板实参。虽然 C++11 中取消了模板非类型实参的链接限制，但它仍然存在于最新版本的 VC++ 编译器中。该问题如下所示：

```
template <int const& Size>
class test {};

static int Size1 = 10;

namespace
{
  int Size2 = 10;
}

test<Size1> t1;
test<Size2> t2;
```

在此代码片段中，t1 变量的声明导致了一个编译错误，因为非类型实参表达式 Size1 有内部链接。t2 变量的声明是正确的，因为 Size2 有外部链接（注意，用 Clang 和 GCC 编译此代码片段不会产生错误）。

1.11.4　延伸阅读

❑ 阅读 1.12 节，以了解如何使用内联命名空间和条件编译来管理源代码版本。

1.12　使用内联命名空间进行符号版本控制

C++11 标准引入了一种新的命名空间类型，称为**内联命名空间**，它本质上是一种机制，使得来自嵌套命名空间的声明就像是周围命名空间的一部分。使用 inline 关键字声明内联命名空间（匿名命名空间也可以内联）。这是库版本控制的一个有用特性，在本节中，我们将介绍如何使用内联命名空间来对符号进行版本控制。从这一节中，你将了解如何使用内联命名空间和条件编译来管理源代码版本。

1.12.1　准备工作

在本节中，我们将讨论命名空间和嵌套命名空间、模板和模板特化，以及使用预处理器宏的条件编译。要学习本节内容，需要熟悉这些概念。

1.12.2　使用方式

要提供库的多个版本并让用户决定使用哪个版本，请执行以下操作：

❑ 在命名空间内定义库的内容。

❑ 在内联命名空间中定义库的每个版本。

❑ 使用预处理器宏和 `#if` 指令来启用特定版本的库。

下面的例子展示了一个库，它有两个版本可供客户端使用：

```
namespace modernlib
{
  #ifndef LIB_VERSION_2
  inline namespace version_1
  {
    template<typename T>
    int test(T value) { return 1; }
  }
  #endif

  #ifdef LIB_VERSION_2
  inline namespace version_2
  {
    template<typename T>
    int test(T value) { return 2; }
  }
  #endif
}
```

1.12.3　工作原理

内联命名空间的成员被视为周围命名空间的成员，这样的成员可以偏特化、显式实例化或显式特化。这是一个传递属性，这意味着如果命名空间 A 包含内联命名空间 B，而 B 又包含内联命名空间 C，那么 C 的成员是 B 和 A 的成员，而 B 的成员是 A 的成员。

为了更好地理解内联命名空间的作用，我们考虑这样一种情况：开发一个库，它会随着时间的推移从第一个版本发展到第二个版本（以及进一步发展），这个库在名为 modernlib 的命名空间下定义了所有的类型和函数。在第一个版本中，这个库看起来像这样：

```
namespace modernlib
{
  template<typename T>
  int test(T value) { return 1; }
}
```

库的客户端可以执行以下调用并返回值 1：

```
auto x = modernlib::test(42);
```

然而，客户端可能决定像下面这样特化模板函数 test()：

```
struct foo { int a; };

namespace modernlib
{
  template<>
  int test(foo value) { return value.a; }
}
auto y = modernlib::test(foo{ 42 });
```

在本例中，y 的值不再是 1，而是 42，因为调用了用户特化的函数。

到目前为止，一切运行正常，但是作为库开发人员，你决定创建库的第二个版本，但仍同时发布第一个和第二个版本，并通过宏让用户决定选择使用哪个版本。在第二个版本中，你提供了 test() 函数的新实现，它不再返回 1，而是返回 2。为了能够同时提供第一个和第二个实现，你将它们放在名为 version_1 和 version_2 的嵌套命名空间中，并使用预处理器宏条件编译库：

```
namespace modernlib
{
  namespace version_1
  {
    template<typename T>
    int test(T value) { return 1; }
  }

  #ifndef LIB_VERSION_2
  using namespace version_1;
  #endif

  namespace version_2
  {
    template<typename T>
    int test(T value) { return 2; }
  }

  #ifdef LIB_VERSION_2
  using namespace version_2;
  #endif
}
```

出乎意料，客户端代码会崩溃，不管它使用的是库的第一个版本还是第二个版本。这是因为 test 函数现在在一个嵌套的命名空间中，foo 的特化在 modernlib 命名空间中完成，但它实际上应该在 modernlib::version_1 或 modernlib::version_2 中实现。这是因为模板特化应在声明模板的同一命名空间中实现。

在这种情况下，客户端需要更改代码，如下所示：

```
#define LIB_VERSION_2
```

```
#include "modernlib.h"

struct foo { int a; };
namespace modernlib
{
  namespace version_2
  {
    template<>
    int test(foo value) { return value.a; }
  }
}
```

这是一个问题，因为库暴露了实现细节，客户端需要了解这些细节以便进行模板特化。1.12.2 节讲述了这些内部细节如何用内联命名空间隐藏。有了 modernlib 库的这个定义，在 modernlib 命名空间中客户端代码定义的特化 test 函数就不再会被破坏，因为当模板特化完成时，version_1::test() 或 version_2::test()（取决于客户端用的版本）都是外围 modernlib 命名空间的一部分。实现细节现在对客户端是隐藏的，客户端只能看到外围命名空间 modernlib。

但是，你应该记住，命名空间 std 是为标准保留的，永远不应该内联。另外，如果命名空间在第一个定义中不是内联的，那么它就不应该被定义为内联的。

1.12.4 延伸阅读

❑ 阅读 1.11 节，以了解匿名命名空间及匿名命名空间的作用。
❑ 阅读 4.1 节，以了解执行条件编译的各种选项。

1.13 使用结构化绑定处理多值返回

函数返回多个值的情况非常常见，但是 C++ 中没有一流的解决方案可以直接实现这一点。开发人员必须做出选择：通过引用函数形参返回多个值，或者定义一个包含多值的结构，或者返回 std::pair 或 std::tuple。前两个使用命名变量，它们的优点是清楚地指明返回值的含义，缺点是必须显式地定义它们。std::pair 的成员为 first 和 second，而 std::tuple 的匿名成员只能通过函数调用访问，但可以使用 std::tie() 复制到命名变量。不过，这些解决方案都不是很理想。

C++17 将 std::tie() 的语义扩展为一级核心语言特性，支持将元组的值解包到命名变量中。这个特性称为**结构化绑定**。

1.13.1 准备工作

对于本节内容，你应该熟悉标准实用程序类型 std::pair 和 std::tuple 以及实用函数 std::tie()。

1.13.2　使用方式

要支持 C++17 的编译器从函数返回多个值，应该执行以下操作：

1）使用 `std::tuple` 作为返回类型：

```
std::tuple<int, std::string, double> find()
{
  return std::make_tuple(1, "marius", 1234.5);
}
```

2）使用结构化绑定将元组的值解包到命名对象中：

```
auto [id, name, score] = find();
```

3）使用分解声明将返回值绑定到 `if` 语句或 `switch` 语句中的变量：

```
if (auto [id, name, score] = find(); score > 1000)
{
  std::cout << name << '\n';
}
```

1.13.3　工作原理

结构化绑定是一种语言特性，它的工作原理与 `std::tie()` 类似，只不过我们不必为每个需要用 `std::tie()` 显式解包的值定义命名变量。在结构化绑定中，我们使用 `auto` 标识符在单个定义中定义所有命名变量，以便编译器可以推断每个变量的正确类型。

为了举例说明这一点，我们考虑向 `std::map` 中插入项的情况。`insert` 方法返回一个 `std::pair`，其中包含已插入元素或阻止插入的元素的迭代器，以及一个指示插入是否成功的布尔值。下面所示的代码非常明确，但是使用 `second` 或 `first->second` 使代码很难阅读，因为你需要不断地弄清楚它们代表什么：

```
std::map<int, std::string> m;

auto result = m.insert({ 1, "one" });
std::cout << "inserted = " << result.second << '\n'
          << "value = " << result.first->second << '\n';
```

使用 `std::tie` 可以使上述代码更具可读性，它将元组解包为单个对象（并与 `std::pair` 一起使用，因为 `std::tuple` 有一个来自 `std::pair` 的转换赋值）：

```
std::map<int, std::string> m;
std::map<int, std::string>::iterator it;
bool inserted;

std::tie(it, inserted) = m.insert({ 1, "one" });
std::cout << "inserted = " << inserted << '\n'
          << "value = " << it->second << '\n';
```

```
std::tie(it, inserted) = m.insert({ 1, "two" });
std::cout << "inserted = " << inserted << '\n'
          << "value = " << it->second << '\n';
```

代码并不一定更简单，因为它需要提前定义解包到的对象。类似地，元组的元素越多，需要定义的对象就越多，但是使用命名对象使代码更容易阅读。

C++17的结构化绑定将元组元素解包到命名对象中，该特性非常重要。它不需要使用 std::tie()，并且对象在声明时被初始化：

```
std::map<int, std::string> m;
{
  auto [it, inserted] = m.insert({ 1, "one" });
  std::cout << "inserted = " << inserted << '\n'
            << "value = " << it->second << '\n';
}

{
  auto [it, inserted] = m.insert({ 1, "two" });
  std::cout << "inserted = " << inserted << '\n'
            << "value = " << it->second << '\n';
}
```

在前面的例子中，使用多个块是必要的，因为变量不能在同一个块中重新声明，结构化绑定意味着使用 auto 标识符进行声明。因此，如果需要像前面的示例那样进行多个调用，并使用结构化绑定，则必须使用不同的变量名或多个块。另一种选择是不使用结构化绑定并使用 std::tie()，因为它可以用相同的变量调用多次，所以只需要声明它们一次。

在 C++17 中，也可以在 if 和 switch 语句中以 if(init; condition) 和 switch(init; condition) 这种形式声明变量。这可以与结构化绑定结合，以生成更简单的代码。让我们看一个例子：

```
if(auto [it, inserted] = m.insert({ 1, "two" }); inserted)
{ std::cout << it->second << '\n'; }
```

在前面的代码片段中，我们尝试向 map 中插入一个新值，结果被解包到两个变量：it 和 inserted，它们在初始化部分的 if 语句的作用域中定义。我们根据 inserted 变量的值计算 if 语句的条件。

1.13.4　更多

虽然我们关注的是将名称绑定到元组的元素，但结构化绑定可以在更广泛的范围内使用，因为它们还支持绑定到数组元素或类的数据成员。如果想绑定到数组的元素，则必须为数组的每个元素提供一个名称，否则声明格式不正确。下面是一个绑定到数组元素的例子：

```
int arr[] = { 1,2 };
auto [a, b] = arr;
```

```
auto& [x, y] = arr;

arr[0] += 10;
arr[1] += 10;

std::cout << arr[0] << ' ' << arr[1] << '\n'; // 11 12
std::cout << a << ' ' << b << '\n';          // 1 2
std::cout << x << ' ' << y << '\n';          // 11 12
```

在本例中，arr 是一个包含两个元素的数组。我们首先将 a 和 b 绑定到它的元素，然后将 x 和 y 引用绑定到它的元素。对数组元素所做的更改对变量 a 和 b 是不可见的，但对 x 和 y 引用是可见的，详见将这些值输出到控制台的注释。这是因为在执行第一次绑定时创建了数组的副本并将 a 和 b 绑定到了该副本的元素。

正如我们已经提到的，还可以绑定到类的数据成员，适用的限制如下：

❑ 绑定只能用于类的非静态成员。

❑ 类不能有匿名的联合体（union）成员。

❑ 标识符的数量必须匹配类的非静态成员的数量。

标识符的绑定是按照数据成员声明的顺序进行的，其中可以包括位字段。下面是一个例子：

```
struct foo
{
    int       id;
    std::string name;
};

foo f{ 42, "john" };
auto [i, n] = f;
auto& [ri, rn] = f;

f.id = 43;

std::cout << f.id << ' ' << f.name << '\n';  // 43 john
std::cout << i << ' ' << n << '\n';          // 42 john
std::cout << ri << ' ' << rn << '\n';        // 43 john
```

同样，对 foo 对象的更改对变量 i 和 n 是不可见的，但对 ri 和 rn 是可见的，这是因为结构化绑定中的每个标识符都成为引用类数据成员的左值的名称（就像对数组那样，它引用数组的一个元素）。但是，标识符的引用类型指向对应的数据成员（或数组元素）。

C++20 标准对结构化绑定进行了一系列改进，包括：

❑ 在结构化绑定的声明中可以包含 static 或 thread_local 存储类说明符。

❑ 允许使用 [[maybe_unused]] 属性声明结构化绑定，一些编译器（如 Clang 和 GCC）已经支持此特性。

❑ 允许在 lambda 中捕获结构化绑定标识符，所有标识符（包括那些绑定到位字段的标识符）都可以按值捕获。除了那些绑定到位字段的标识符外，所有标识符也可以通过引用捕获。

这些变化使我们能够编写以下内容：

```
foo f{ 42, "john" };
auto [i, n] = f;
auto l1 = [i] {std::cout << i; };
auto l2 = [=] {std::cout << i; };
auto l3 = [&i] {std::cout << i; };
auto l4 = [&] {std::cout << i; };
```

这些示例展示了在 C++20 的 lambda 中捕获结构化绑定的各种方法。

1.13.5　延伸阅读

❑ 阅读 1.1 节，以了解 C++ 中自动类型推导的工作原理。

❑ 阅读 3.2 节，以了解如何将 lambda 与标准库通用算法一起使用。

❑ 阅读 4.6 节，以了解如何使用标准属性为编译器提供提示。

1.14　使用类模板参数推导简化代码

模板在 C++ 中无处不在，但是如果总是要指定模板参数是很烦人的。在某些情况下，编译器实际上可以从上下文推导出模板参数，这个特性在 C++17 中可用，称为**类模板参数推导**，它使编译器能够根据初始化列表的类型推导出缺少的模板参数。在本节中，我们将学习如何利用这个特性。

1.14.1　使用方式

在 C++17 中，你可以跳过指定模板参数，编译器在以下情况下可以推导出它们：

❑ 当声明变量或变量模板并初始化它时：

```
std::pair    p{ 42, "demo" };  // deduces std::pair<int, char
const*>
std::vector  v{ 1, 2 };        // deduces std::vector<int>
std::less    l;                // deduces std::less<void>
```

❑ 当使用 new 表达式创建对象时：

```
template <class T>
struct foo
{
   foo(T v) :data(v) {}
private:
   T data;
};
auto f = new foo(42);
```

❑ 当执行类似函数的强制转换表达式时：

```
std::mutex mx;

// deduces std::lock_guard<std::mutex>
auto lock = std::lock_guard(mx);

std::vector<int> v;
// deduces std::back_insert_iterator<std::vector<int>>
std::fill_n(std::back_insert_iterator(v), 5, 42);
```

1.14.2　工作原理

在 C++17 之前，你必须在初始化变量时指定所有的模板参数，因为为了实例化类模板，所有的参数都必须是已知的，例如：

```
std::pair<int, char const*> p{ 42, "demo" };
std::vector<int>            v{ 1, 2 };
foo<int>                    f{ 42 };
```

使用函数模板（例如 std::make_pair()）可以避免显式指定模板参数的问题，这得益于函数模板参数的推导，允许我们编写如下代码：

```
auto p = std::make_pair(42, "demo");
```

对于下面这个 foo 类模板，我们可以编写以下 make_foo() 函数模板来达到相同的效果：

```
template <typename T>
constexpr foo<T> make_foo(T&& value)
{
    return foo{ value };
}

auto f = make_foo(42);
```

在 C++17 中，对于本小节中列举的示例，我们没有必要那样做。我们可以像下面这样编写代码：

```
std::pair p{ 42, "demo" };
```

在这个上下文中，std::pair 不是类型，而是作为激活类模板参数推导的类型的占位符。当编译器在声明带有初始化的变量或函数样式强制转换过程中遇到它时，会构建一组推导引导。这些推导引导是假想类类型虚构的构造函数。作为用户，你可以用用户定义的推导规则来补充这个集合，这个集合用于执行模板参数推导和重载解析。

对于下面这个 std::pair 例子，编译器将构建一组推导引导，其中包括以下虚构的函数模板（但不仅限于这些）：

```
template <class T1, class T2>
std::pair<T1, T2> F();
```

```
template <class T1, class T2>
std::pair<T1, T2> F(T1 const& x, T2 const& y);

template <class T1, class T2, class U1, class U2>
std::pair<T1, T2> F(U1&& x, U2&& y);
```

这些编译器生成的推导引导是从类模板的构造函数创建的，如果没有，则从假想的默认构造函数创建推导引导。此外，在所有情况下，假想的复制构造函数总是会创建推导引导。

用户定义的推导引导是带有尾部返回类型且没有 auto 关键字的函数签名（因为它们表示没有返回值的假想构造函数），它们必须定义在它们应用的类模板命名空间中。

为了理解它的工作原理，我们考虑下面这个例子，同样以 std::pair 对象为例：

```
std::pair p{ 42, "demo" };
```

编译器推导的类型是 std::pair<int, char const*>，如果想让编译器推导 std::string 而不是 char const*，需要用到几个用户定义的推导规则，如下所示：

```
namespace std {
    template <class T>
    pair(T&&, char const*)->pair<T, std::string>;

    template <class T>
    pair(char const*, T&&)->pair<std::string, T>;

    pair(char const*, char const*)->pair<std::string, std::string>;
}
```

这样我们就可以编写以下声明，其中字符串 "demo" 的类型总是被推导为 std::string：

 从这个例子中可以看到，推导引导不一定是函数模板。

```
std::pair  p1{ 42, "demo" };     // std::pair<int, std::string>
std::pair  p2{ "demo", 42 };     // std::pair<std::string, int>
std::pair  p3{ "42", "demo" };   // std::pair<std::string, std::string>
```

需要注意的是，无论指定的参数有多少，如果存在模板参数列表，则不会进行类模板参数推导。例如：

```
std::pair<>    p1 { 42, "demo" };
std::pair<int> p2 { 42, "demo" };
```

因为这两个声明都指定了模板参数列表，所以它们是无效的，会导致编译错误。

1.14.3 延伸阅读

❑ 阅读 1.3 节，以了解花括号初始化是如何工作的。

数字和字符串

数字和字符串类型是所有编程语言的基本类型，所有其他类型也都是基于上述类型的。开发人员一直面临着数字和字符串之间的转换、字符串的解析和格式化、随机数生成等任务难题，本章将主要介绍如何使用现代 C++ 语言和库特性来完成这些常见任务。

让我们先来看看开发人员每天都会遇到的一个问题，即数值类型和字符串类型之间的转换问题。

2.1 在数值类型和字符串类型之间进行转换

数值类型和字符串类型之间的转换是一种普遍存在的操作。在 C++11 之前，几乎不支持数值类型和字符串的转换，所以开发人员不得不主要依靠类型不安全的函数，他们通常编写自己的实用函数，以避免一遍又一遍地编写相同的代码。在 C++11 中，标准库提供了用于数字和字符串之间转换的实用函数。在本节中，你将学习如何使用现代 C++ 标准库函数在数字和字符串之间进行转换。

2.1.1 准备工作

本节中提到的所有实用函数都可以在头文件 **<string>** 中找到。

2.1.2 使用方式

当需要在数字和字符串之间进行转换时，请使用以下标准转换函数：

❏ 要将整数或浮点类型转换为字符串类型，请使用 std::to_string() 或者 std::

`to_wstring()`，如以下代码片段所示：

```
auto si = std::to_string(42);      // si="42"
auto sl = std::to_string(42L);     // sl="42"
auto su = std::to_string(42u);     // su="42"
auto sd = std::to_wstring(42.0);   // sd=L"42.000000"
auto sld = std::to_wstring(42.0L); // sld=L"42.000000"
```

❑ 要将字符串类型转换为整数类型，请使用 std::stoi()、std::stol()、std::stoll()、std::stoul() 或 std::stoull()，如以下代码片段所示：

```
auto i1 = std::stoi("42");               // i1 = 42
auto i2 = std::stoi("101010", nullptr, 2); // i2 = 42
auto i3 = std::stoi("052", nullptr, 8);    // i3 = 42
auto i4 = std::stoi("0x2A", nullptr, 16);  // i4 = 42
```

❑ 要将字符串类型转换为浮点类型，请使用 std::stof()、std::stod() 或 std::stold()，如以下代码片段所示：

```
// d1 = 123.45000000000000
auto d1 = std::stod("123.45");
// d2 = 123.45000000000000
auto d2 = std::stod("1.2345e+2");
// d3 = 123.44999980926514
auto d3 = std::stod("0xF.6E6666p3");
```

2.1.3　工作原理

如果要将整数类型或浮点类型转换为字符串类型，可以使用 std::to_string() 函数（它将转换为 std::string）或者 std::to_wstring() 函数（它将转换为 std::wstring）。这些函数在头文件 `<string>` 中可用，并且具有用于有符号和无符号整数以及实数类型的重载。当为每种类型使用适当的格式说明符调用时，它们会产生与 std::sprintf() 或者 std::swprintf() 函数相同的效果。下面的代码片段列出了这两个函数的所有重载：

```
std::string to_string(int value);
std::string to_string(long value);
std::string to_string(long long value);
std::string to_string(unsigned value);
std::string to_string(unsigned long value);
std::string to_string(unsigned long long value);
std::string to_string(float value);
std::string to_string(double value);
std::string to_string(long double value);
std::wstring to_wstring(int value);
std::wstring to_wstring(long value);
std::wstring to_wstring(long long value);
std::wstring to_wstring(unsigned value);
std::wstring to_wstring(unsigned long value);
std::wstring to_wstring(unsigned long long value);
```

```
std::wstring to_wstring(float value);
std::wstring to_wstring(double value);
std::wstring to_wstring(long double value);
```

当涉及相反的转换时，有一组名称格式为 ston（代表 string to number）的函数，其中 n 代表 i（代表 integer）、l（代表 long）、ll（代表 long long）、ul（代表 unsigned long）或 ull（代表 unsigned long long），以此类推。下面列出了这些函数，每个函数都有两个重载版本：其中一个将 std::string 作为第一个参数，另一个将 std::wstring 作为第一个参数。

```
int stoi(const std::string& str, std::size_t* pos = 0,
        int base = 10);
int stoi(const std::wstring& str, std::size_t* pos = 0,
        int base = 10);
long stol(const std::string& str, std::size_t* pos = 0,
        int base = 10);
long stol(const std::wstring& str, std::size_t* pos = 0,
        int base = 10);
long long stoll(const std::string& str, std::size_t* pos = 0,
            int base = 10);
long long stoll(const std::wstring& str, std::size_t* pos = 0,
            int base = 10);
unsigned long stoul(const std::string& str, std::size_t* pos = 0,
            int base = 10);
unsigned long stoul(const std::wstring& str, std::size_t* pos = 0
            int base = 10);
unsigned long long stoull(const std::string& str,
                std::size_t* pos = 0, int base = 10);
unsigned long long stoull(const std::wstring& str,
                std::size_t* pos = 0, int base = 10);
float       stof(const std::string& str, std::size_t* pos = 0);
float       stof(const std::wstring& str, std::size_t* pos = 0);
double      stod(const std::string& str, std::size_t* pos = 0);
double      stod(const std::wstring& str, std::size_t* pos = 0);
long double stold(const std::string& str, std::size_t* pos = 0);
long double stold(const std::wstring& str, std::size_t* pos = 0);
```

将字符串转换为整数类型的函数的方法是丢弃非空格字符前的所有空格字符，然后尽可能多地提取字符以形成有符号或无符号数字（取决于具体情况），然后将其转换为请求的整数类型（stoi() 将返回一个整数，stoul() 将返回一个无符号长整型类型，以此类推）。在以下所有示例中，结果都是整数 42（最后一个示例除外，它的结果是 -42）：

```
auto i1 = std::stoi("42");           // i1 = 42
auto i2 = std::stoi("    42");        // i2 = 42
auto i3 = std::stoi("    42fortytwo"); // i3 = 42
auto i4 = std::stoi("+42");          // i4 = 42
auto i5 = std::stoi("-42");          // i5 = -42
```

有效整数由以下部分组成：

❑ 符号，+ 或 -（可选）；

❑ 前缀 0 表示八进制（可选）；

❑ 前缀 0x 或 0X 表示十六进制（可选）；

❑ 数字序列。

仅当指定的基数为 8 或 0 时，才应用可选前缀 0（用于八进制）；类似地，仅当指定的基数为 16 或 0 时，才应用可选前缀 0x 或 0X（用于十六进制）。

将字符串转换为整数的函数有三个参数：

❑ 输入字符串；

❑ 指针，当它不为空时，将接收已处理的字符数，这可能包括任何被丢弃的前导空格、符号位和进制前缀，因此它不应与整数值的位数混淆；

❑ 表示进制的数字，默认情况下是 10。

输入字符串中的有效数字取决于进制。对于二进制，唯一有效的数字是 0 和 1；对于 5 进制，它们是 0 ～ 4；对于 11 进制，有效数字是 0 ～ 9 以及字符 A 和 a；这可以一直持续到 36 进制，其中包含有效字符 0 ～ 9、A ～ Z 和 a ～ z。

下面是将不同进制的数字字符串转换为十进制整数的其他示例。同样，最终计算结果都是 42 或 -42：

```
auto i6 = std::stoi("052", nullptr, 8);
auto i7 = std::stoi("052", nullptr, 0);
auto i8 = std::stoi("0x2A", nullptr, 16);
auto i9 = std::stoi("0x2A", nullptr, 0);
auto i10 = std::stoi("101010", nullptr, 2);
auto i11 = std::stoi("22", nullptr, 20);
auto i12 = std::stoi("-22", nullptr, 20);
auto pos = size_t{ 0 };
auto i13 = std::stoi("42", &pos);        // pos = 2
auto i14 = std::stoi("-42", &pos);       // pos = 3
auto i15 = std::stoi("  +42dec", &pos);// pos = 5
```

需要重点注意的是，如果转换失败，这些转换函数会抛出异常。它们可以抛出以下两种异常：

❑ std::invalid_argument：不能进行转换时抛出。

```
try
{
  auto i16 = std::stoi("");
}
catch (std::exception const & e)
{
  // prints "invalid stoi argument"
  std::cout << e.what() << '\n';
}
```

❑ `std::out_of_range`：转换后的值超出结果类型所能表示的范围（或者底层函数将 `errno` 设置为 `ERANGE`）时抛出。

```
try
{
  // OK
  auto i17 = std::stoll("12345678901234");
  // throws std::out_of_range
  auto i18 = std::stoi("12345678901234");
}
catch (std::exception const & e)
{
  // prints "stoi argument out of range"
  std::cout << e.what() << '\n';
}
```

另一组将字符串转换为浮点类型的函数也类似，只是它们没有表示进制的参数。一个有效的浮点数值可以在输入字符串中有不同的表示形式：

❑ 十进制浮点表达式（包含可选符号、带可选点的十进制数字序列、可选 e 或 E，后跟带有可选符号的指数）。

❑ 二进制浮点表达式（包含可选符号、`0x` 或 `0X` 前缀、带可选点的十六进制数字序列、可选 p 或 P，后跟带可选符号的指数）。

❑ 无限表达式（包含可选符号，后跟不区分大小写的 `INF` 或 `INFINITY`）。

❑ 非数字表达式（包含可选符号，后跟不区分大小写的 `NAN` 和可能的其他字母数字字符）。

以下是将字符串转换为双精度浮点数的各种示例：

```
auto d1 = std::stod("123.45");         // d1 =  123.45000000000000
auto d2 = std::stod("+123.45");        // d2 =  123.45000000000000
auto d3 = std::stod("-123.45");        // d3 = -123.45000000000000
auto d4 = std::stod("  123.45");       // d4 =  123.45000000000000
auto d5 = std::stod("  -123.45abc");   // d5 = -123.45000000000000
auto d6 = std::stod("1.2345e+2");      // d6 =  123.45000000000000
auto d7 = std::stod("0xF.6E6666p3");   // d7 =  123.44999980926514

auto d8 = std::stod("INF");            // d8 = inf
auto d9 = std::stod("-infinity");      // d9 = -inf
auto d10 = std::stod("NAN");           // d10 = nan
auto d11 = std::stod("-nanabc");       // d11 = -nan
```

二进制浮点数的科学计数法（如前面的表示形式 0xF.6E6666p3），并不是本小节的主题。但是，为了方便理解，这里提供了一个简短的描述，建议读者查看其他参考资料（例如 https://en.cppreference.com/w/cpp/language/floating_literal）以了解详细信息。二进制科学计数法中的浮点常数由以下几个部分组成：

❑ 16 进制前缀 `0x`；

❑ 整数部分，在本例中为 F，即十进制的 15；

❑ 小数部分，在本例中是 6E6666 或二进制的 0110111001100110011100110，为了将其
转换为小数，我们需要将 2 的幂的倒数相加，即 1/4 + 1/8 + 1/32 + 1/64 + 1/128 +… ；

❑ 后缀，代表 2 的幂，在本例中，p3 表示 2 的 3 次方。

转换为十进制的值通过有效值（由整数和小数部分组成）与基数的指数幂相乘确定。

对于上述给定的二进制浮点数字面量的十六进制表示，有效值为 **15.4312499…**（请
注意第七位数字后的数字没有显示），基数是 2，指数是 3。因此，结果是 **15.4312499…** *
8，即 **123.44999980926514**。

2.1.4 延伸阅读

❑ 阅读 2.2 节，以了解数值类型的最小值和最大值，以及其他属性。

2.2 数值类型的极限和其他属性

有时，知道并且使用数值类型（如 char、int 或 double）能够表示的最小值和最大
值是很有必要的，许多开发人员为此使用标准 C 语言的宏，例如 CHAR_MIN/CHAR_MAX、
INT_MIN/INT_MAX 和 DBL_MIN/DBL_MAX。C++ 提供了一个名为 numeric_limits 的类
模板，它针对每种数值类型进行了特化，可以帮助你查询数值类型的最小值和最大值。然
而，numeric_limits 并不局限于这个功能，它还为类型属性查询（例如类型是否有符
号，表示其值需要多少位，是否可以表示浮点类型的无穷大等）提供了额外的常量。在
C++11 之前，numeric_limits<T> 的使用受到限制，因为它不能用在需要常量的地方（例
如有数组大小和 switch 语句的地方），因此开发人员更喜欢在他们的代码中使用 C 语言
的宏。C++11 中解除了这种限制，因为 numeric_limits<T> 的所有静态成员现在都是
constexpr，这意味着在需要使用常量表达式的任何地方它们都可以被使用。

2.2.1 准备工作

numeric_limits<T> 类模板在头文件 <limits> 的命名空间 std 中可用。

2.2.2 使用方式

使用 std::numeric_limits<T> 查询数值类型 T 的各种属性：

❑ 使用 min() 和 max() 静态方法获取类型的最小值和最大值，以下是它们的使用方式
示例：

```
template<typename T, typename Iter>
T minimum(Iter const start, Iter const end) // finds the
                                            // minimum value
                                            // in a range
```

```
{
  T minval = std::numeric_limits<T>::max();
  for (auto i = start; i < end; ++i)
  {
    if (*i < minval)
      minval = *i;
  }
  return minval;
}

int range[std::numeric_limits<char>::max() + 1] = { 0 };

switch(get_value())
{
  case std::numeric_limits<int>::min():
  // do something
  break;
}
```

❑ 使用其他静态方法和静态常量检索数值类型的其他属性。在下面的示例中，变量
bits 是一个 std::bitset 对象，它包含一系列位，这些位是表示变量 n（整数类型）
表示的数值所必需的位：

```
auto n = 42;
std::bitset<std::numeric_limits<decltype(n)>::digits>
  bits { static_cast<unsigned long long>(n) };
```

在 C++11 中，使用 std::numeric __ limits <T> 没有限制，因此，最好在现
代 C++ 代码中使用它而不是 C 语言的宏。

2.2.3 工作原理

std::numeric_limits<T> 类模板允许开发人员查询数值类型的属性。实际值可以通
过特化获得，标准库为所有内置的数值类型（char、short、int、long、float、double 等）
提供了特化。此外，第三方可能为其他类型提供附加的实现，例如，实现了 bigint 整数类
型和 decimal 类型的数值库为这些类型提供了 numeric_limits 的特化（例如 numeric_
limits<bigint> 和 numeric_limits<decimal>）。

以下数值类型的特化在头文件 <limits> 中可用。需要注意的是，char16_t 和 char32_t
的特化是在 C++11 中新增的，其他的在 C++11 之前也可使用。除了前面列出的特化之外，
该库还包括这些数值类型的每个 cv（const volatile）限定特化版本，它们与非限定的特化是
相同的。例如，类型 int 有 4 种实际的特化（它们是相同的）：numeric_limits<int>、
numeric_limits<const int>、numeric_limits<volatile int>、numeric_
limits<const volatile int>：

```
template<> class numeric_limits<bool>;
template<> class numeric_limits<char>;
template<> class numeric_limits<signed char>;
template<> class numeric_limits<unsigned char>;
template<> class numeric_limits<wchar_t>;
template<> class numeric_limits<char16_t>;
template<> class numeric_limits<char32_t>;
template<> class numeric_limits<short>;
template<> class numeric_limits<unsigned short>;
template<> class numeric_limits<int>;
template<> class numeric_limits<unsigned int>;
template<> class numeric_limits<long>;
template<> class numeric_limits<unsigned long>;
template<> class numeric_limits<long long>;
template<> class numeric_limits<unsigned long long>;
template<> class numeric_limits<float>;
template<> class numeric_limits<double>;
template<> class numeric_limits<long double>;
```

如前所述，在 C++11 中，`std::numeric_limits` 的所有静态成员都是 `constexpr`，这意味着它们可以用在所有需要常量表达式的地方。与 C++ 宏相比，它们有几个主要的优点：

❑ 它们更容易记住，因为你只需要知道类型的名称，而不是无数的宏名称。

❑ 它们支持 C 语言中不可用的类型，比如 `char16_t` 和 `char32_t`。

❑ 对于不知道类型的模板，它们是唯一可能的解决方案。

❑ 最小值和最大值只是它提供的类型的两个属性，因此它的实际使用范围超出了 `numeric_limits` 所给定的属性。出于这个原因，类也许应该被称为 `numeric_properties`，而不是 `numeric_limits`。

下面的函数模板 `print_type_properties()` 打印了该类型的最小值和最大值，以及其他信息：

```
template <typename T>
void print_type_properties()
{
  std::cout
    << "min="
    << std::numeric_limits<T>::min()       << '\n'
    << "max="
    << std::numeric_limits<T>::max()       << '\n'
    << "bits="
    << std::numeric_limits<T>::digits      << '\n'
    << "decdigits="
    << std::numeric_limits<T>::digits10    << '\n'
    << "integral="
    << std::numeric_limits<T>::is_integer  << '\n'
    << "signed="
    << std::numeric_limits<T>::is_signed   << '\n'
    << "exact="
    << std::numeric_limits<T>::is_exact    << '\n'
    << "infinity="
```

```
        << std::numeric_limits<T>::has_infinity << '\n';
}
```

如果对 unsigned short、int 和 double 调用 print_type_properties() 函数，将得到以下输出结果：

unsigned short	int	double
min=0 max=65535 bits=16 decdigits=4 integral=1 signed=0 exact=1 infinity=0	min=-2147483648 max=2147483647 bits=31 decdigits=9 integral=1 signed=1 exact=1 infinity=0	min=2.22507e-308 max=1.79769e+308 bits=53 decdigits=15 integral=0 signed=1 exact=0 infinity=1

请注意 digits 和 digits10 常量的区别：

❑ digits 表示整数类型的位（不包括符号位）和填充位（如果有的话）的数量，以及浮点类型的尾数位数。

❑ digits10 是一种无须更改即可表示的十进制位数的类型。为了更好地理解这一点，我们可以参考上述示例中 unsigned short 的情况，它是一个 16 位整数类型，代表 0 到 65 536 之间的数字，不过最多可以表示 5 位的十进制数字（即 10 000 到 65 536），但不能表示所有 5 位的十进制数字，因为表示从 65 537 到 99 999 的数字需要更多位。因此，在不增加位的情况下它可以表示的最大数字是 4 位的十进制数字（即从 1000 到 9999），这是由 digits10 表示的值。对于整数类型，它与常量 digits 有直接关系；而对于整数类型 T，digits10 的值为 std::numeric_limits<T>::digits * std::log10(2)。

值得一提的是，作为算术类型别名的标准库类型（如 std::size_t）也可以使用 std::numeric_limits 进行检查。另外，其他非算术类型的标准类型（如 std::complex<T> 或 std::nullptr_t）没有 std::numeric_limits 特化。

2.2.4 延伸阅读

❑ 阅读 2.1 节，以了解如何在数值类型和字符串类型之间进行转换。

2.3 生成伪随机数

从游戏到密码学，从抽样到预测，生成随机数对于各种应用程序而言都是很必要的。但是，"随机数"一词的表述实际上并不正确，因为通过数学公式生成的数字是确定的，不会产生真正的随机数，但数字看起来是随机的，因此叫作伪随机数。真正的随机性只能通过基于物理过程的硬件设备来实现，即便如此，也可能会受到挑战，因为我们甚至可能认为宇宙实际上也是确定的。现代 C++ 支持通过包含数字生成器和分布的伪随机数库生成伪随机数。理论上来说，它也可以产生真正的随机数，但在实践中那些可能只是伪随机数。

2.3.1　准备工作

在本节中，我们将讨论标准库对生成伪随机数的支持，其中理解随机数和伪随机数之间的差异是关键。真正的随机数是指不能通过随机过程偶然预测的数字，它是借助硬件随机数生成器生成的。而伪随机数是在算法的帮助下生成的数字，这些算法生成的序列具有与真正的随机数近似的特性。

此外，熟悉各种统计分布更佳，但是你必须知道什么是均匀分布，因为库中的所有引擎都生成均匀分布的数字。在不深入讨论任何细节的情况下，我们只会提到均匀分布是一种概率分布，它与等可能发生的事件（在一定范围内）有关。

2.3.2　使用方式

要在应用程序中生成伪随机数，应该执行以下步骤：

1）包含头文件 `<random>`：

```
#include <random>
```

2）使用 `std::random_device` 生成器来初始化伪随机数引擎：

```
std::random_device rd{};
```

3）使用其中一个生成数字的引擎，并使用随机种子对其进行初始化：

```
auto mtgen = std::mt19937{ rd() };
```

4）使用一个可用的分布将引擎的输出转换为所需的统计分布：

```
auto ud = std::uniform_int_distribution<>{ 1, 6 };
```

5）生成伪随机数：

```
for(auto i = 0; i < 20; ++i)
    auto number = ud(mtgen);
```

2.3.3　工作原理

伪随机数库包含两种类型的组件：

❑ 引擎，它们是随机数的生成器，既可以产生服从均匀分布的伪随机数，也可以产生实际随机数（如果有的话）。

❑ 将引擎的输出转换为统计分布的分布。

所有引擎（除了 random_device）产生的整数都服从均匀分布，并且所有引擎都可以实现以下方法：

❑ min()：这是一个静态方法，它返回生成器可以生成的最小值。

❑ max()：这是一个静态方法，它返回生成器可以生成的最大值。

❑ seed()：使用起始值初始化算法（random_device 除外，它无法被种子初始化）。

❑ operator()：生成一个均匀分布在 min() 和 max() 之间的新数字。

❑ discard()：生成并丢弃给定数量的伪随机数。

系统支持以下引擎：

❑ linear_congruential_engine：这是一个线性同余生成器。它使用以下公式生成数字：

$$x(i)=(Ax(i-1)+C) \bmod M$$

❑ mersenne_twister_engine：这是一个梅森旋转（Mersenne twister）生成器，它在 $W (N - 1) R$ 位上保留一个值。每次需要生成一个数字时，它提取 W 位，所有的位都被使用后，它通过移动和混合位来扭曲大的值，以便有一组新的位可来提取。

❑ subtract_with_carry_engine：这是一个基于以下公式实现进位减法算法的生成器：

$$x(i) = (x(i-R)-x(i-S)-cy(i-1)) \bmod M$$

在上式中，cy 定义为：

$$cy(i) = \begin{cases} 0, x(i-S) - x(i-R) - cy(i-1) \geqslant 0 \\ 1, x(i-S) - x(i-R) - cy(i-1) < 0 \end{cases}$$

此外，该库还提供了引擎适配器，引擎适配器也是一种引擎，它包裹着其他引擎并且基于基础引擎的输出生成数字。引擎适配器实现了之前提到的基础引擎提供的相同方法。目前有以下引擎适配器可用：

❑ discard_block_engine：使基础引擎生成的块（包含 P 个数字）中保留 R 个数字，并丢弃其余的数字的生成器。

❑ independent_bits_engine：生成与基础引擎不同位数的数字的生成器。

❑ shuffle_order_engine：该生成器保存一个由基础引擎生成的 K 个数字组成的 shuffle 表，并从该表中返回数字（用基础引擎生成的数字替换它们）。

伪随机数生成器应该根据应用程序的具体要求来选择。线性余同引擎速度中等，但对其内部状态的存储要求非常小；进位减法引擎速度非常快，包括那些没有高级算术指令集处理器机器的引擎，但是它需要更大的存储空间来存储其内部状态，而且生成的数字序列具有较少的理想特性；梅森旋转引擎速度最慢、存储时间最长，但能生成最长的非重复伪随机数序列。

所有这些引擎和引擎适配器都会产生伪随机数。然而，该库提供了另一个名为 random_device 的引擎，该引擎本应该生成不确定的数字，但事实上没有实际的限制，因为随机熵的物理来源可能不可用。因此，random_device 的实现实际上可以基于伪随机数引擎。random_device 类不能像其他引擎那样被种子初始化，它有一个名为 entropy() 的附加方法，该方法返回随机设备熵，对于确定性生成器，它是 0，对于非确定性生成器，它是非零。

然而，这并不是一种确定该设备实际上是确定性的还是非确定性的可靠的方法。例如，GNU libstdc++ 库和 LLVM libc++ 库都实现了一个非确定性设备，但熵返回 0；另外，对于 vc++ 库和 boost.random 库，熵的返回值分别为 32 和 10。

所有这些生成器产生的整数都服从均匀分布，然而，均匀分布只是大多数应用程序中需要的随机数服从的众多统计分布中的一种。为了能够利用其他分布生成数字（整数或实数），该库提供了几个分布类，它们根据引擎实现的统计分布转换引擎的输出。目前可用的分布如表 2.1 所示。

表 2.1

类型	类名称	数值类型	统计分布
均匀分布	uniform_int_distribution	整数	均匀分布
	uniform_real_distribution	实数	均匀分布
伯努利分布	bernoulli_distribution	布尔值	伯努利分布
	binomial_distribution	整数	伯努利分布
	negative_binomial_distribution	整数	负二项分布
	geometric_distribution	整数	几何分布
泊松分布	poisson_distribution	整数	泊松分布
	exponential_distribution	实数	指数分布
	gamma_distribution	实数	伽马分布
	weibull_distribution	实数	韦布尔分布
	extreme_value_distribution	实数	极值分布
正态分布	normal_distribution	实数	标准正态（高斯）
	lognormal_distribution	实数	对数正态分布
	chi_squared_distribution	实数	卡方分布
	cauchy_distribution	实数	柯西分布
	fisher_f_distribution	实数	Fisher 的 F 分布
	student_t_distribution	实数	学生 t 分布
抽样	discrete_distribution	Integer	离散分布
	piecewise_constant_distribution	实数	分布在常数子区间上的值
	piecewise_linear_distribution	实数	分布在定义的子区间上的值

正如前面提到的，库提供的每一个引擎都有优点和缺点。梅森旋转引擎虽然是最慢的，且内部状态最大，但如果进行适当的初始化，可以产生最长的非重复数字序列。在下面的示例中，我们将使用 std::mt19937（内部状态有 19 937 位的 32 位梅森旋转引擎）。

生成随机数最简单的方法如下：

```
auto mtgen = std::mt19937 {};
```

```
for (auto i = 0; i < 10; ++i)
  std::cout << mtgen() << '\n';
```

在这个示例中，`mtgen` 是梅森旋转引擎 `std::mt19937`。要生成数字，只需要使用调用操作符来迭代内部状态并返回下一个伪随机数。然而，这段代码是有缺陷的，因为引擎无法用种子初始化。所以，它总是产生相同的数字序列，在大多数情况下这可能不是你想要的。

初始化引擎有不同的方法，C 语言的 `random` 库的一种常见方法是使用当前时间作为种子。而在现代 C++ 中，它应该是这样的：

```
auto seed = std::chrono::high_resolution_clock::now()
            .time_since_epoch()
            .count();
auto mtgen = std::mt19937{ static_cast<unsigned int>(seed) };
```

在这个示例中，`seed` 表示从时钟的纪元到当前时刻的 tick 数，用作初始化引擎的种子。这种方法的问题是，`seed` 的值实际上是确定的，而且在某些类型的应用程序中，它可能很容易受到攻击。一种更可靠的方法是用实际随机数作为生成器的种子。

`std::random_device` 类是一个应该返回真正的随机数的引擎，虽然 `std::random_device` 类的实现确实基于伪随机数生成器，但是它理应返回真正的随机数：

```
std::random_device rd;
auto mtgen = std::mt19937 {rd()};
```

所有引擎产生的数字都服从均匀分布。为了将结果转换为另一个统计分布，我们必须使用分布类。为了显示生成的数字是如何依据所选定的分布来分布的，我们将使用以下函数。这个函数生成了指定数量的伪随机数，并且计算它们在 map 中的重复次数，然后用 map 的值生成柱状图，以展示每个数字出现的频率：

```
void generate_and_print(std::function<int(void)> gen,
                        int const iterations = 10000)
{
  // map to store the numbers and their repetition
  auto data = std::map<int, int>{};

  // generate random numbers
  for (auto n = 0; n < iterations; ++n)
    ++data[gen()];

  // find the element with the most repetitions
  auto max = std::max_element(
            std::begin(data), std::end(data),
            [](auto kvp1, auto kvp2) {
    return kvp1.second < kvp2.second; });

  // print the bars
  for (auto i = max->second / 200; i > 0; --i)
  {
```

```
      for (auto kvp : data)
      {
        std::cout
          << std::fixed << std::setprecision(1) << std::setw(3)
          << (kvp.second / 200 >= i ? (char)219 : ' ');
      }

      std::cout << '\n';
    }
    // print the numbers
    for (auto kvp : data)
    {
      std::cout
        << std::fixed << std::setprecision(1) << std::setw(3)
        << kvp.first;
    }

    std::cout << '\n';
}
```

以下代码使用 `std::mt19937` 引擎生成随机数，这些随机数在 [1,6] 内均匀分布，这基本上是通过掷骰子能够得到的结果：

```
std::random_device rd{};
auto mtgen = std::mt19937{ rd() };
auto ud = std::uniform_int_distribution<>{ 1, 6 };
generate_and_print([&mtgen, &ud]() {return ud(mtgen); });
```

程序的输出如图 2.1 所示。

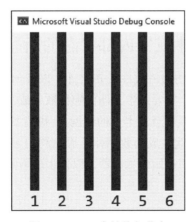

图 2.1　[1, 6] 内的均匀分布

在本节的最后一个示例中，我们将分布改为均值为 5、标准差为 2 的正态分布。这种分布生成实数，因此为了使用前面的 `generate_and_print()` 函数，数字必须四舍五入为整数：

```
std::random_device rd{};
auto mtgen = std::mt19937{ rd() };
auto nd = std::normal_distribution<>{ 5, 2 };

generate_and_print(
  [&mtgen, &nd]() {
    return static_cast<int>(std::round(nd(mtgen))); });
```

上述代码的输出结果如图 2.2 所示。

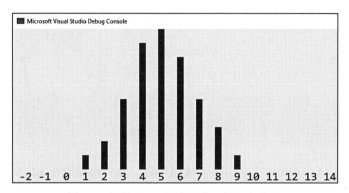

图 2.2　均值为 5、标准差为 2 的正态分布

如图 2.2 所示，分布已经从均匀分布变为正态分布（均值为 5）。

2.3.4　延伸阅读

❑ 阅读 2.4 节，以了解如何正确初始化随机数引擎。

2.4　初始化伪随机数生成器内部状态的所有位

在上一节中，我们研究了伪随机数库及其组件，以及如何使用它生成服从不同统计分布的数字，但上一节忽略了一个重要因素，即伪随机数生成器的初始化。

通过仔细分析（这超出了本章节或本书的范围），我们发现梅森旋转引擎有重复生成某些值而忽略其他值的倾向，因此生成的数字并不服从均匀分布，而是服从二项分布或泊松分布。在本节中，你将学习如何初始化生成器，以便生成服从真实均匀分布的伪随机数。

2.4.1　准备工作

在开始之前，你应该阅读一下上一节的内容，以了解伪随机数库所提供的功能。

2.4.2　使用方式

如果想要使初始化的伪随机数生成器能够正确生成服从均匀分布的伪随机数序列，请按以下步骤执行：

1）使用 std::random_device 生成随机数作为种子：

```
std::random_device rd;
```

2）为引擎的所有内部位生成随机数据：

```
std::array<int, std::mt19937::state_size> seed_data {};
std::generate(std::begin(seed_data), std::end(seed_data),
              std::ref(rd));
```

3）从之前生成的伪随机数据创建 std::seed_seq 对象：

```
std::seed_seq seq(std::begin(seed_data), std::end(seed_data));
```

4）创建一个引擎对象并初始化所有表示引擎内部的状态的位（例如，mt19937 内部状态有 19 937 位）：

```
auto eng = std::mt19937{ seq };
```

5）根据应用程序的要求使用合适的分布：

```
auto dist = std::uniform_real_distribution<>{ 0, 1 };
```

2.4.3　工作原理

在前一节显示的所有示例中，我们使用 std::mt19937 引擎生成伪随机数。尽管梅森旋转引擎比其他引擎慢，但它能产生最长的非重复数字序列，且具有最好的频谱特性。但是，按照前一节的方式初始化引擎不会产生这种效果，问题在于 mt19937 的内部状态有 624 个 32 位整数，而在前一节的示例中，我们只初始化了其中一个整数。

使用伪随机数库时，请记住以下经验法则。

 为了产生最佳结果，引擎必须在生成数字之前正确初始化其所有内部状态。

为此，伪随机数库提供了一个名为 std::seed_seq 类，这是一个生成器，它可以将任意 32 位的整数作为种子，并生成呈均匀分布的 32 位的整数。

在前面 2.4.2 节的代码中，我们定义了一个名为 seed_data 的数组，其中包含一些 32 位的整数，这就是 mt19937 生成器的内部状态，整数数量等于 624。然后，我们用 std::random_device 生成的随机数初始化数组，该数组后来被用作 std::seed_seq 的种子，而后者又作为 mt19937 的种子。

2.4.4　延伸阅读

❏ 阅读 2.3 节，以熟悉标准数值库生成伪随机数的功能。

2.5 创建 cooked 的用户自定义字面量

字面量是内置类型（数值类型、布尔类型、字符类型、字符串类型和指针类型）的常量，不能在程序中更改。该术语定义了一系列前缀和后缀来指定字面量（前缀和后缀实际上是字面量的一部分）。C++11 允许我们通过定义称为字面量操作符的函数（引入了指定字面量的后缀）来创建用户自定义字面量，这只适用于数值类型和字符串类型。

这为在未来版本中定义两个标准字面量提供了可能性，并允许开发人员创建他们自己的字面量。在本节中，我们将学习如何创建自己的 cooked 字面量。

2.5.1 准备工作

用户自定义的字面量有两种形式：原始形式和 cooked 形式。原始字面量不被编译器处理，而 cooked 字面量是被编译器处理过的值（示例包括处理字符串中的转义字符序列或从 0xBAD 中识别数值，如整数 2989）。原始字面量只适用于整数类型和浮点类型，而 cooked 字面量也适用于字符类型和字符串字面量。

2.5.2 使用方式

要创建 cooked 用户自定义字面量，应该遵循以下步骤：

1）在单独的命名空间中定义字面量，以避免命名冲突。

2）在用户自定义的后缀前加上下划线（_）。

3）为 cooked 字面量定义以下形式之一的字面量操作符：

```cpp
T operator "" _suffix(unsigned long long int);
T operator "" _suffix(long double);
T operator "" _suffix(char);
T operator "" _suffix(wchar_t);
T operator "" _suffix(char16_t);
T operator "" _suffix(char32_t);
T operator "" _suffix(char const *, std::size_t);
T operator "" _suffix(wchar_t const *, std::size_t);
T operator "" _suffix(char16_t const *, std::size_t);
T operator "" _suffix(char32_t const *, std::size_t);
```

下面的示例为 KB 创建一个用户定义的字面量：

```cpp
namespace compunits
{
  constexpr size_t operator "" _KB(unsigned long long const size)
  {
    return static_cast<size_t>(size * 1024);
  }
}

auto size{ 4_KB };          // size_t size = 4096;
```

```
using byte = unsigned char;
auto buffer = std::array<byte, 1_KB>{};
```

2.5.3　工作原理

当编译器遇到带有用户定义的后缀 S（对于第三方后缀，总是有一个前导下划线，因为没有前导下划线的后缀是为标准库保留的）的用户自定义字面量时，它会进行非限定名称查找，以识别名称为 operator ""S 的函数。如果找到了，则根据字面量的类型和字面量操作符的类型调用它，否则编译器将产生一个错误。

在 2.5.2 节所示的例子中，字面量操作符被称为 operator "" _KB，其参数类型为 unsigned long long int，这是字面量操作符唯一能够处理的整数类型。类似地，对于用户自定义的浮点型字面量，参数类型必须是 long double，因为对于数值类型，字面量操作符必须能够处理尽可能大的值。这个字面量操作符会返回一个 constexpr 值，以便在编译时其值可用，比如用于指定数组的大小，如前面的示例所示。

当编译器识别出用户自定义字面量，并且必须调用相应的用户定义的字面量操作符时，它将根据以下规则从重载函数集中选择重载的函数：

❑ **对于整型字面量**：按以下顺序调用，先选择接受 unsigned long long 的操作符，然后选择接受 const char* 的原始字面量操作符或字面量操作符模板。

❑ **对于浮点型字面量**：按以下顺序调用，先选择接受 long double 的操作符，然后选择接受 const char* 的原始字面量操作符或字面量操作符模板。

❑ **对于字符型字面量**：根据字符类型（char、wchar_t、char16_t 和 char32_t）调用合适的操作符。

❑ **对于字符串字面量**：根据字符串类型调用合适的操作符，该操作符接受指向字符串（字符及其大小）的指针。

在下面的例子中，我们将定义一个由单位和数量组成的系统。我们想使用千克、件、升和其他类型的单位。这在处理订单的系统中可能很有用，我们需要为每一件商品指定数量和单位。

我们在命名空间 units 中定义了以下内容：

❑ 可能类型的单位（千克、米、升和件）的作用域枚举：

```
enum class unit { kilogram, liter, meter, piece, };
```

❑ 指定特定单位数量（如 3.5 千克或 42 件）的类模板：

```
template <unit U>
class quantity
{
  const double amount;
public:
  constexpr explicit quantity(double const a) : amount(a)
```

```
  {}

  explicit operator double() const { return amount; }
};
```

❑ 用于 quantity 类模板的 operator+ 和 operator- 函数（以便能够加减数量）：

```
template <unit U>
constexpr quantity<U> operator+(quantity<U> const &q1,
                                quantity<U> const &q2)
{
  return quantity<U>(static_cast<double>(q1) +
                     static_cast<double>(q2));
}

template <unit U>
constexpr quantity<U> operator-(quantity<U> const &q1,
                                quantity<U> const &q2)
{
  return quantity<U>(static_cast<double>(q1) -
                     static_cast<double>(q2));
}
```

❑ 创建 quantity 字面量的字面量操作符，定义在一个名为 unit_literals 的内部命名空间中（这样做的目的是避免与来自其他命名空间的字面量发生可能的命名冲突）。如果确实发生了这样的冲突，开发人员可以在需要定义字面量的作用域中使用适当的命名空间来定义它们：

```
namespace unit_literals
{
  constexpr quantity<unit::kilogram> operator "" _kg(
    long double const amount)
  {
    return quantity<unit::kilogram>
      { static_cast<double>(amount) };
  }

  constexpr quantity<unit::kilogram> operator "" _kg(
    unsigned long long const amount)
  {
    return quantity<unit::kilogram>
      { static_cast<double>(amount) };
  }

  constexpr quantity<unit::liter> operator "" _l(
    long double const amount)
  {
    return quantity<unit::liter>
      { static_cast<double>(amount) };
  }
```

```
constexpr quantity<unit::meter> operator "" _m(
    long double const amount)
{
  return quantity<unit::meter>
    { static_cast<double>(amount) };
}

constexpr quantity<unit::piece> operator "" _pcs(
    unsigned long long const amount)
{
  return quantity<unit::piece>
    { static_cast<double>(amount) };
}
}
```

仔细观察，便会发现前面定义的字面量操作符是不一样的：

❑ _kg 主要针对整型和浮点型字面量定义，使我们能够创建整数值和浮点值，比如 **1_kg** 和 **1.0_kg**。

❑ _l 和 _m 只针对浮点型字面量定义，这意味着我们只能使用浮点数为这些单位定义 数量字面量，例如 **4.5_l** 和 **10.0_m**。

❑ _pcs 只针对整型字面量定义，这意味我们只能为单位"件"定义整数数量，例如 **42_pcs**。

有了这些字面量操作符，我们可以对各种数量进行操作，下面的示例显示了有效和无 效的操作：

```
using namespace units;
using namespace unit_literals;

auto q1{ 1_kg };    // OK
auto q2{ 4.5_kg };  // OK
auto q3{ q1 + q2 }; // OK
auto q4{ q2 - q1 }; // OK

// error, cannot add meters and pieces
auto q5{ 1.0_m + 1_pcs };
// error, cannot have an integer number of liters
auto q6{ 1_l };
// error, can only have an integer number of pieces
auto q7{ 2.0_pcs }
```

q1 是 1 kg，它是一个整数值。因为存在重载 operator"" _kg(unsigned long long const) 函数，整数 1 可以正确被创建成字面量。同样，q2 是 4.5 kg，它是一个实数。 因为存在重载 operator "" _kg (long double)，所以双精度浮点值 4.5 也可以被正确 创建成字面量。

q6 是 1L，因为没有重载 operator "" _l(unsigned long long) 函数，所以不能 创建字面量。它需要一个接受 unsigned long long 的重载函数，但这样的重载函数不存在。类似地，q7 是 2.0 件，但是"件"的字面量只能从整数值创建，因此，这会导致另一个编译错误。

2.5.4 更多

虽然从 C++11 开始就可以使用用户自定义字面量了，但是标准的字面量操作符从 C++14 标准才开始。进一步的标准用户自定义字面量已经添加到该标准的下一版中。下面列出来的这些都是标准的用户自定义字面量：

❑ operator""s 用于定义 std::basic_string 字面量，operator""sv（C++17）用于定义 std::basic_string_view 字面量：

```
using namespace std::string_literals;

auto s1{ "text"s }; // std::string
auto s2{ L"text"s }; // std::wstring
auto s3{ u"text"s }; // std::u16string
auto s4{ U"text"s }; // std::u32string
using namespace std::string_view_literals;
auto s5{ "text"sv }; // std::string_view
```

❑ operator""h、operator""min、operator""s、operator""ms、operator""us 和 operator""ns 用于创建 std::chrono::duration 值：

```
using namespace std::chrono_literals;

// std::chrono::duration<Long long>
auto timer {2h + 42min + 15s};
```

❑ operator""y 用于创建 std::chrono::year 字面量，operator""d 用于创建 std::chrono::day 字面量，两者都已被添加到 C++20：

```
using namespace std::chrono_literals;

auto year { 2020y }; // std::chrono::year
auto day { 15d };    // std::chrono::day
```

❑ operator""if、operator""i 和 operator""il 用于创建 std::complex 值：

```
using namespace std::complex_literals;

auto c{ 12.0 + 4.5i }; // std::complex<double>
```

标准的用户自定义字面量定义在多个命名空间中。例如，字符串的 ""s 和 ""sv 字面量定义在命名空间 std::literals::string_literals 中。

但是，literals 和 string_literals 都是内联命名空间。因此，可以通过 using namespace std::literals、using namespace std::string_literals 或 using namespace std::literals::string_literals 来访问字面量。在前面的例子中，我们首选第二种形式。

2.5.5 延伸阅读

❑ 阅读 2.7 节，以了解如何定义字符串字面量而不需要转义特殊字符。
❑ 阅读 2.6 节，以了解如何提供输入序列的自定义解释，从而改变编译器的正常行为。
❑ 阅读 1.12 节，以了解如何使用内联命名空间和条件编译来管理源代码版本。

2.6 创建原始的用户自定义字面量

在前面的章节中，我们了解了 C++11 允许库实现者和开发人员创建用户自定义字面量的方式，以及 C++14 标准中的用户自定义字面量。然而，用户自定义字面量有两种形式：一种是 cooked 形式，其中字面量在提供给字面量操作符之前由编译器处理；另一种是原始形式，这种字面量在提供给字面量操作符之前不经过编译器处理。后者仅适用于整型和浮点型。原始字面量对于改变编译器的正常行为很有用。例如，像 3.141 592 6 这样的序列被编译器解释为浮点值，但是通过使用原始的用户自定义字面量，它可以被解释为用户自定义的十进制值。在本节中，我们将研究如何创建原始的用户自定义字面量。

2.6.1 准备工作

在开始本节之前，强烈建议先浏览一下前一节的内容，因为这里不再赘述用户自定义字面量的细节。

为了举例说明创建原始用户自定义字面量的方法，我们将定义二进制字面量。这些二进制字面量可以是 8 位、16 位以及 32 位（无符号）类型，这些类型将被称为 byte8、byte16 和 byte32，我们将创建的字面量称为 _b8、_b16 和 _b32。

2.6.2 使用方式

要创建原始用户自定义字面量，应该遵循以下步骤：
1）在单独的命名空间中定义字面量，以避免命名冲突。
2）总是在已使用定义的后缀前加上一个下划线（_）。
3）定义以下形式的字面量操作符或字面量操作符模板：

```
T operator "" _suffix(const char*);

template<char...> T operator "" _suffix();
```

下面的例子展示了 8 位、16 位和 32 位二进制字面量可能的实现方式：

```
namespace binary
{
  using byte8  = unsigned char;
  using byte16 = unsigned short;
  using byte32 = unsigned int;

  namespace binary_literals
  {
    namespace binary_literals_internals
    {
      template <typename CharT, char... bits>
      struct binary_struct;

      template <typename CharT, char... bits>
      struct binary_struct<CharT, '0', bits...>
      {
        static constexpr CharT value{
          binary_struct<CharT, bits...>::value };
      };

      template <typename CharT, char... bits>
      struct binary_struct<CharT, '1', bits...>
      {
        static constexpr CharT value{
          static_cast<CharT>(1 << sizeof...(bits)) |
          binary_struct<CharT, bits...>::value };
      };

      template <typename CharT>
      struct binary_struct<CharT>
      {
        static constexpr CharT value{ 0 };
      };
    }

    template<char... bits>
    constexpr byte8 operator""_b8()
    {
      static_assert(
        sizeof...(bits) <= 8,
        "binary literal b8 must be up to 8 digits long");

      return binary_literals_internals::
               binary_struct<byte8, bits...>::value;
    }

    template<char... bits>
    constexpr byte16 operator""_b16()
    {
      static_assert(
        sizeof...(bits) <= 16,
```

```
            "binary literal b16 must be up to 16 digits long");

    return binary_literals_internals::
              binary_struct<byte16, bits...>::value;
  }


  template<char... bits>
  constexpr byte32 operator""_b32()
  {
    static_assert(
      sizeof...(bits) <= 32,
      "binary literal b32 must be up to 32 digits long");

    return binary_literals_internals::
              binary_struct<byte32, bits...>::value;
  }

  }
}
```

2.6.3 工作原理

首先，我们在名为 binary 的命名空间中定义所有内容，引入几个类型别名：它们分别是 byte8、byte16 和 byte32，顾名思义，它们分别表示 8 位、16 位和 32 位的整数类型。

上一节中的实现使我们能够定义形式为 1010_b8（byte 8 值，换算成十进制为 10）或 000010101100_b16（byte 16 值，换算成十进制为 2 130 496）的二进制字面量。但是，我们希望确保不超过每种类型的位数，换句话说，像 111100001_b8 这样的值应该是非法的，编译器会产生一个错误。

字面量操作符模板定义在名为 binary_literal_internals 的嵌套命名空间中。对于避免与来自其他命名空间的其他字面量操作符发生命名冲突，这是一种很好的实践。如果发生类似的情况，你可以选择在正确的作用域中使用适当的命名空间（例如在函数或代码块中使用某个命名空间，在另一个函数或代码块中使用另一个命名空间）。

这三个字面量操作符模板非常相似，唯一不同的是它们的名称（_b8、_16 和 _b32）、返回类型（byte8、byte16 和 byte32）以及静态断言中检查数字位数的条件。

我们将在后面的小节中探讨可变参数模板和模板递归的细节，但是，为了更好地理解，这里先给出具体的实现方式：bits 是一个模板参数包，它不是单个值，而是模板可以实例化的所有值。例如，如果我们考虑字面量 1010_b8，那么字面量操作符模板将被实例化为 operator"" _b8<'1', '0', '1', '0'>()。在继续计算二进制值之前，我们首先检查字面量中值的位数。对于 _b8，这个值不能超过 8 位（包括后面的零）；类似地，_b16 最多为 16 位，_b32 最多为 32 位。为此，我们使用 sizeof... 操作符，它返回参数包（在本例中为 bits）中的元素个数。

如果字面量值的位数是正确的，则可以继续展开参数包并递归计算由二进制字面量表示的十进制值，这是在附加类模板及其特化的帮助下完成的，这些模板定义在另一个名为 binary_literals_internals 的嵌套命名空间中。这也是一个很好的实践，因为它对客户端隐藏了实现细节（没有适当的限定）(除非显式的 using namespace 指令使它们对当前的命名空间可用)。

 尽管这看起来像递归，但它并不是真正的运行时递归。这是因为在编译器展开并从模板生成代码之后，我们最终基本上就是在调用带有不同数量参数的重载函数。我们稍后将在 3.5 节对此进行解释。

类模板 binary_struct 有一个用于函数返回类型的模板类型 CharT(之所以需要这个，是因为字面量操作符模板应该返回 byte8、byte16 或 byte32）和一个参数包：

```
template <typename CharT, char... bits>
struct binary_struct;
```

通过参数包分解，可以获得该类模板的几种特化。当包的第一个数字为 '0' 时，计算值保持不变，然后继续展开包的其余部分；如果包的第一个数字是 '1'，则新值为 1，并随着包剩余位的位数或包剩余位的值向左移动：

```
template <typename CharT, char... bits>
struct binary_struct<CharT, '0', bits...>
{
  static constexpr CharT value{
    binary_struct<CharT, bits...>::value };
};

template <typename CharT, char... bits>
struct binary_struct<CharT, '1', bits...>
{
  static constexpr CharT value{
    static_cast<CharT>(1 << sizeof...(bits)) |
    binary_struct<CharT, bits...>::value };
};
```

最后一个特化涵盖了包为空的情况，对于这种情况，我们返回 0：

```
template <typename CharT>
struct binary_struct<CharT>
{
  static constexpr CharT value{ 0 };
};
```

在定义了这些辅助类之后，我们就可以按预期实现 byte8、byte16 和 byte32 的二进制字面量。值得注意的是，我们需要将命名空间 binary_literals 的内容带入当前命名空间，才能使用字面量操作符模板：

```
using namespace binary;
using namespace binary_literals;
auto b1 = 1010_b8;
auto b2 = 101010101010_b16;
auto b3 = 10101010101010101010101010_b32;
```

以下定义会触发编译错误：

```
// binary literal b8 must be up to 8 digits long
auto b4 = 0011111111_b8;
// binary literal b16 must be up to 16 digits long
auto b5 = 001111111111111111_b16;
// binary literal b32 must be up to 32 digits long
auto b6 = 0011111111111111111111111111111111_b32;
```

这是因为没有满足 **static_assert** 中的条件，在所有的例子中，字面量操作符前面的字符序列的长度都大于预期的长度。

2.6.4　延伸阅读

❑ 阅读 2.7 节，以了解如何定义字符串字面量而不需要转义特殊字符。
❑ 阅读 2.5 节，以了解如何创建用户自定义类型的字面量。
❑ 阅读 3.5 节，以了解可变参数模板如何使我们能够编写可以接受任意数量参数的函数。
❑ 阅读 1.2 节，以了解类型的别名。

2.7　使用原始字符串字面量来避免转义字符

字符串可以包含特殊字符，例如不可打印字符（换行符、水平制表符和垂直制表符等）、字符串和字符分隔符（双引号和单引号），或任意八进制、十六进制或 Unicode 值。这些特殊字符通过转义序列引入，该转义序列以反斜杠开头，后跟字符（例如 ' 和 "）、其指定的字母（例如表示换行符的 n 和表示水平制表符的 t）或值（例如八进制 050、十六进制 XF7 或 Unicode U16F0）。因此，反斜杠字符本身必须用另一个反斜杠字符进行转义，这会导致复杂的字面量字符串更难以理解。

为了避免转义字符，C++11 引入了不处理转义序列的原始字符串字面量。在本节中，我们将介绍如何使用各种形式的原始字符串字面量。

2.7.1　准备工作

在本节以及本书的其余章节中，我们将使用后缀 s 来定义 **basic_string** 字面量，这在 2.5 节中已经介绍过。

2.7.2 使用方式

为了避免转义字符，定义字符串字面量需要使用以下任一形式：

❑ R"(literal)" 作为默认形式：

```
auto filename {R"(C:\Users\Marius\Documents\)"s};
auto pattern {R"((\w+)=(\d+)$)"s};

auto sqlselect {
  R"(SELECT *
  FROM Books
  WHERE Publisher='Packtpub'
  ORDER BY PubDate DESC)"s};
```

❑ R"delimiter(literal)delimiter"，其中 delimiter 是除括号、反斜杠和空格之外的任意字符的序列，而 literal 是任意字符序列，但不能包含结束序列的)delimiter"。以下是一个将 !! 作为分隔符的例子：

```
auto text{ R"!!(This text contains both "( and )".)!!"s };
std::cout << text << '\n';
```

2.7.3 工作原理

当使用字符串字面量时，不需要处理转义字符，字符串的实际内容是用分隔符隔开的（换句话说，所看到的就是实际的内容）。下面的示例展示了相同的原始字面量字符串，但第二个仍然包含转义字符。因为字符串字面量不需转义处理，它们将按原样输出：

```
auto filename1 {R"(C:\Users\Marius\Documents\)"s};
auto filename2 {R"(C:\\Users\\Marius\\Documents\\)"s};

// prints C:\Users\Marius\Documents\
std::cout << filename1 << '\n';

// prints C:\\Users\\Marius\\Documents\\
std::cout << filename2 << '\n';
```

如果文本必须包含)" 序列，那么对于 R"delimiter(literal)delimiter" 形式必须使用不同的分隔符。根据标准，可能作为分隔符的字符如下：

基本源字符集的任何字符，除了空格、左括号（右括号）、反斜杠，以及表示水平制表符、垂直制表符、表单换行符和换行符的控制字符。

原始字符串字面量可以由 L、u8、u 和 U 前缀来分别表示宽字符串字面量，以及 UTF8、UTF-16 和 UTF-32 字符串字面量，以下是此类字符串字面量的示例：

```
auto t1{ LR"(text)"  };  // const wchar_t*
auto t2{ u8R"(text)" };  // const char*
auto t3{ uR"(text)"  };  // const char16_t*
```

```
auto t4{ UR"(text)"  }; // const char32_t*

auto t5{ LR"(text)"s }; // wstring
auto t6{ u8R"(text)"s }; // string
auto t7{ uR"(text)"s  }; // u16string
auto t8{ UR"(text)"s  }; // u32string
```

值得注意的是，字符串结尾后缀 ""s 的存在使编译器将类型推导为各种字符串类，而不是字符数组。

2.7.4　延伸阅读

❑ 阅读 2.5 节，以了解如何创建用户自定义类型的字面量。

2.8　创建字符串辅助库

标准库的字符串类型是一种通用的实现，它缺乏许多有用的方法，比如更改大小写、裁剪、分割和其他可能满足不同开发人员需求的方法。虽然存在提供丰富字符串功能的第三方库，然而，在本节中，我们将着眼于实现几个简单但有用的方法，这些方法在实践中可能经常用到。其目的是了解如何使用字符串方法和标准通用算法来操作字符串，同时还可以提供可在应用程序中使用的可重用代码参考。

在本节中，我们将实现一个字符串小工具库，它将提供执行以下操作的函数：

❑ 将字符串更改为小写或大写。
❑ 反转字符串。
❑ 删除字符串开头 / 结尾的空格。
❑ 从字符串的开头 / 结尾删除一组特定的字符。
❑ 删除字符串中任意地方的字符。
❑ 使用特定的分隔符标记字符串。

在开始实现这个工具库之前，我们先看一些先决条件。

2.8.1　准备工作

我们将要实现的字符串库应该可以处理所有标准字符串类型；std::string、std::wstring、std::u16string 和 std::u32string。

为避免指定长名称，如 std::basic_string<CharT, std::char_traits<CharT>, std::allocator<CharT>>，我们将为字符串和字符串流使用以下模板别名：

```
template <typename CharT>
using tstring =
  std::basic_string<CharT, std::char_traits<CharT>,
```

```
                              std::allocator<CharT>>;

template <typename CharT>
using tstringstream =
  std::basic_stringstream<CharT, std::char_traits<CharT>,
                             std::allocator<CharT>>;
```

要实现这些字符串辅助函数，我们需要包含头文件 `<string>`。同理，如果要使用通用标准算法，那么还需要包含 `<algorithm>` 头文件。

在本节的所有示例中，我们将对 C++14 中的字符串使用标准的用户自定义字面量操作符，为此我们需要显式地使用 std::string_literals 命名空间。

2.8.2 使用方式

❑ 要将字符串转换为小写或大写，请使用通用算法 std::transform() 对字符串中的字符应用 tolower() 或 toupper() 函数：

```
template<typename CharT>
inline tstring<CharT> to_upper(tstring<CharT> text)
{
  std::transform(std::begin(text), std::end(text),
                   std::begin(text), toupper);
  return text;
}

template<typename CharT>
inline tstring<CharT> to_lower(tstring<CharT> text)
{
  std::transform(std::begin(text), std::end(text),
                   std::begin(text), tolower);
  return text;
}
```

❑ 要反转字符串，请使用通用算法 std::reverse()：

```
template<typename CharT>
inline tstring<CharT> reverse(tstring<CharT> text)
{
  std::reverse(std::begin(text), std::end(text));
  return text;
}
```

❑ 要删除字符串开头、结尾的空格字符或同时删除这两处的空格字符，请使用 std::basic_string 方法 find_first_not_of() 和 find_last_not_of()：

```
template<typename CharT>
inline tstring<CharT> trim(tstring<CharT> const & text)
{
  auto first{ text.find_first_not_of(' ') };
```

```
  auto last{ text.find_last_not_of(' ') };
  return text.substr(first, (last - first + 1));
}

template<typename CharT>
inline tstring<CharT> trimleft(tstring<CharT> const & text)
{
  auto first{ text.find_first_not_of(' ') };
  return text.substr(first, text.size() - first);
}

template<typename CharT>
inline tstring<CharT> trimright(tstring<CharT> const & text)
{
  auto last{ text.find_last_not_of(' ') };
  return text.substr(0, last + 1);
}
```

❑ 如果要从字符串中删除给定的字符串子集，请使用 std::basic_string 方法 find_first_not_of() 和 find_last_not_of() 的重载版本，它们接受一个定义要查找的字符串子集的字符串参数：

```
template<typename CharT>
inline tstring<CharT> trim(tstring<CharT> const & text,
                           tstring<CharT> const & chars)
{
  auto first{ text.find_first_not_of(chars) };
  auto last{ text.find_last_not_of(chars) };
  return text.substr(first, (last - first + 1));
}

template<typename CharT>
inline tstring<CharT> trimleft(tstring<CharT> const & text,
                               tstring<CharT> const & chars)
{
  auto first{ text.find_first_not_of(chars) };
  return text.substr(first, text.size() - first);
}

template<typename CharT>
inline tstring<CharT> trimright(tstring<CharT> const &text,
                                tstring<CharT> const &chars)
{
  auto last{ text.find_last_not_of(chars) };
  return text.substr(0, last + 1);
}
```

❑ 要删除字符串中的字符，请使用 std::remove_if() 和 std::basic_string::erase()：

```
template<typename CharT>
inline tstring<CharT> remove(tstring<CharT> text,
```

```
                             CharT const ch)
{
  auto start = std::remove_if(
                  std::begin(text), std::end(text),
                  [=](CharT const c) {return c == ch; });
  text.erase(start, std::end(text));
  return text;
}
```

❑ 要基于给定的分隔符分割字符串，首先使用 `std::getline()` 读取被字符串内容初始化的 `std::basic_stringstream` 变量，然后从中提取分割后的字符串，最后将它们放到字符串 vector 中。

```
template<typename CharT>
inline std::vector<tstring<CharT>> split
  (tstring<CharT> text, CharT const delimiter)
{
  auto sstr = tstringstream<CharT>{ text };
  auto tokens = std::vector<tstring<CharT>>{};
  auto token = tstring<CharT>{};
  while (std::getline(sstr, token, delimiter))
  {
    if (!token.empty()) tokens.push_back(token);
  }
  return tokens;
}
```

2.8.3 工作原理

要实现库中的实用函数，我们有两个选择：

❑ 函数会修改通过引用参数传递的字符串。

❑ 函数不会改变原来的字符串，而是返回一个新的字符串。

第二个选择的优点是它保留了原始字符串，这在许多情况下可能很有意义。否则，在这些情况下，你首先必须创建字符串的副本，然后更改副本。本节中提供的实现采用了第二种方法。

我们在 2.8.2 节实现的第一类函数是 `to_upper()` 和 `to_lower()`，这些函数将字符串的内容转换为大写或小写，实现这一点的最简单方法是使用标准算法 `std::transform()`。这是一种通用算法，它将函数应用于由 begin 和 end 迭代器定义的范围内的每个元素，并将结果存储在只需要指定 begin 迭代器的范围中。输出范围可以与输入范围相同，这正是我们在转换字符串时所做的。我们用标准库函数 `toupper()` 或 `tolower()` 实现：

```
auto ut{ string_library::to_upper("this is not UPPERCASE"s) };
// ut = "THIS IS NOT UPPERCASE"

auto lt{ string_library::to_lower("THIS IS NOT lowercase"s) };
// lt = "this is not lowercase"
```

我们需要考虑的下一个函数是 reverse()，就如字面上的意思，reverse() 函数将字符串的内容反转。为此，我们使用 std::reverse() 标准算法，这个通用算法反转由 begin 和 end 迭代器定义的范围内的元素：

```
auto rt{string_library::reverse("cookbook"s)}; // rt = "koobkooc"
```

当涉及删除空格字符时，可以在字符串开头、结尾或者首尾同时删除。因此，我们实现了三个不同版本的函数：trim() 用于删除字符串首尾的空格字符，trimleft() 用于删除开头的空格字符，trimright() 用于删除结尾的空格字符。该函数的第一个版本只删除空格。为了能够正确地找到需要删除的部分，我们使用 std::basic_string 的 find_first_not_of() 和 find_last_not_of() 方法。它们返回字符串中不属于指定字符的第一个和最后一个字符。随后，调用 std::basic_string 的 substr() 方法将返回一个新的字符串，substr() 方法接受字符串中的一个索引和一些要复制到新字符串的元素：

```
auto text1{"   this is an example    "s};
// t1 = "this is an example"
auto t1{ string_library::trim(text1) };
// t2 = "this is an example    "
auto t2{ string_library::trimleft(text1) };
// t3 = "   this is an example"
auto t3{ string_library::trimright(text1) };
```

有时，从字符串中删除其他字符和空格是有用的。为此，我们为指定要删除的一组字符的修剪函数提供了重载。它的实现与前一个非常相似，因为 find_first_not_of() 和 find_last_not_of() 都有重载，这些重载接受一个包含要在搜索中排除的字符的字符串：

```
auto chars1{" !%\n\r"s};
auto text3{"!!   this % needs a lot\rof trimming   !\n"s};

auto t7{ string_library::trim(text3, chars1) };
// t7 = "this % needs a lot\rof trimming"

auto t8{ string_library::trimleft(text3, chars1) };
// t8 = "this % needs a lot\rof trimming   !\n"

auto t9{ string_library::trimright(text3, chars1) };
// t9 = "!!   this % needs a lot\rof trimming"
```

如果必须从字符串的任意部分删除字符，则修剪方法将无能为力，因为它们只能处理字符串开头和结尾处的连续字符序列。为此，我们实现了一个简单的 remove() 方法，它使用 std:remove_if() 标准算法。

std::remove() 和 std::remove_if() 的工作方式一开始可能不是很直观，它们通过重新排列第一个和最后一个迭代器定义的范围的内容，从该范围中删除满足条件的元素（用 move 赋值）。需要删除的元素被放在范围的末尾，函数返回一个迭代器，该迭代器指向被删除元素的范围中的第一个元素。这个迭代器基本上定义了修改后的范围的新 end 迭代器，如果没有元素需要删除，则返回的 end 迭代器就是原范围迭代器的 end 迭代器。然后使用这个返回的迭代器的值调用 std::basic_string::erase() 方法，该方法会删除由两个迭代器定义的字符串的内容。在我们的例子中，这两个迭代器是由 std::remove_if() 返回的迭代器和指向字符串结尾的 end 迭代器：

```
auto text4{"must remove all * from text**"s};

auto t10{ string_library::remove(text4, '*') };
// t10 = "must remove all  from text"

auto t11{ string_library::remove(text4, '!') };
// t11 = "must remove all * from text**"
```

我们实现的最后一个方法 split() 根据指定的分隔符分割字符串的内容。有多种方法可以实现这一点。在这个实现中，我们使用 std::getline()。这个函数从输入流中读取字符直到找到指定的分隔符，并将这些字符放入字符串中。在开始读取输入缓冲区之前，它调用 erase() 来清除输出字符串的内容。在循环中调用此方法会将分割后的字符串放到 vector 中。在我们的实现中，我们忽略分割后的字符串为空的结果：

```
auto text5{"this text will be split    "s};

auto tokens1{ string_library::split(text5, ' ') };
// tokens1 = {"this", "text", "will", "be", "split"}

auto tokens2{ string_library::split(""s, ' ') };
// tokens2 = {}
```

这里展示了两个文本分割的示例。在第一个示例中，text5 变量中的文本被分割成单词，并且如前所述，空字符串将被忽略；在第二个示例中，分割空字符串会产生空的 vector。

2.8.4 延伸阅读

❑ 阅读 2.5 节，以了解如何创建用户自定义类型的字面量。
❑ 阅读 1.2 节，以了解类型别名。

2.9 使用正则表达式验证字符串的格式

正则表达式是一种用于在文本中执行模式匹配和替换的语言，C++11 通过头文件 <regex> 中提供的一组类、算法和迭代器来支持标准库中的正则表达式。在本节中，我们将学习如何使用正则表达式来验证字符串是否匹配某个模式（例如验证电子邮件或 IP 地址格式）。

2.9.1　准备工作

在本节中，我们将在必要时解释所使用的正则表达式的细节。然而，为了使用 C++ 标准库来处理正则表达式，你至少应该了解正则表达式的一些基础知识。正则表达式语法和标准的详细描述超出了本书的范围，如果你不熟悉正则表达式，那么建议你先了解更多有关正则表达式的内容。同样，你可以在 https://regexr.com 和 https://regex101.com 上找到学习、构建和调试正则表达式的优质在线资源。

2.9.2　使用方式

为了验证字符串是否匹配正则表达式，请执行以下操作：

❏ 包含头文件 `<regex>` 和 `<string>` 以及命名空间 `std::string_literals`（C++14 标准字符串可以使用的用户自定义字面量）：

```
#include <regex>
#include <string>
using namespace std::string_literals;
```

❏ 使用原始字符串字面量来指定正则表达式，以避免转义反斜杠（因为这可能时常发生）。以下正则表达式可验证大多数电子邮件格式：

```
auto pattern {R"(^[A-Z0-9._%+-]+@[A-Z0-9.-]+\.[A-Z]{2,}$)"s};
```

❏ 创建 `std::regex` 或 `std::wregex` 对象（具体取决于所使用的字符集）来封装正则表达式：

```
auto rx = std::regex{pattern};
```

❏ 若要忽略大小写或指定其他解析选项，请使用具有用于正则表达式标志的额外参数的重载构造函数：

```
auto rx = std::regex{pattern, std::regex_constants::icase};
```

❏ 使用 `std::regex_match()` 将正则表达式与整个字符串匹配：

```
auto valid = std::regex_match("marius@domain.com"s, rx);
```

2.9.3　工作原理

考虑到验证电子邮件地址格式的问题，尽管这可能看起来是一个微不足道的问题，但在实践中，很难找到一个简单的正则表达式来覆盖所有可能的有效电子邮件格式。在本节中，我们不会尝试找到最优正则表达式，而是要找一个适用于大多数情况的正则表达式。为此，我们将使用以下正则表达式：

```
^[A-Z0-9._%+-]+@[A-Z0-9.-]+\.[A-Z]{2,}$
```

表 2.2 解释了正则表达式的结构。

表　2.2

结构部分	描述
^	字符串开始
[A-Z0-9._%+-]+	A ～ Z、0 ～ 9 或 -、%、+、- 中的至少一个字符，表示电子邮件地址的本地部分
@	@符号
[A-Z0-9.-]+	A ～ Z、0 ～ 9 或 - 中的至少一个字符，表示域部分的主机名。
\.	. 符号（分隔主机名与标签）
[A-Z]{2,}	域名的 DNS 标签，有 2 ～ 63 个字符
$	字符串结束

需要记住的是，在实践中，域名是由主机名和 DNS 标签的点分隔列表组成的，例如 localhost、gmail.com 和 yahoo.co.uk。因此，我们使用的正则表达式不匹配没有 DNS 标签的域，比如 localhost（比如 root@localhost 就是有效的电子邮件地址）。同时，域名也可以是括号中指定的 IP 地址，如 [192.168.100.11]（如在 john.doe @ [192.168.100.11] 中）。包含这些域名的电子邮件地址将无法匹配前面定义的正则表达式。尽管这些相当罕见的格式不会被匹配，但正则表达式可以覆盖大多数电子邮件格式。

 本章示例中的正则表达式仅用于教学目的，不建议像在生产代码中那样使用。如前所述，此示例并未涵盖所有可能的电子邮件格式。

我们首先要包含必要的头文件，也就是 <regex>（用于正则表达式）和 <string>（用于字符串）。如下面的代码（其中基本上包含了 2.9.2 节中的例子）所示，is_valid_email() 函数接受一个表示电子邮件地址的字符串，并返回一个布尔值，从而判断电子邮件是否具有有效的格式。

首先我们需要创建 std::regex 对象来封装用原始字符串字面量表示的正则表达式。使用原始字符串字面量很有帮助，因为反斜杠在正则表达式中也用于转义字符，而它巧妙地避免了对反斜杠的转义。然后，让该函数调用 std::regex_match()，给它传入文本和正则表达式参数：

```cpp
bool is_valid_email_format(std::string const & email)
{
  auto pattern {R"(^[A-Z0-9._%+-]+@[A-Z0-9.-]+\.[A-Z]{2,}$)"s};

  auto rx = std::regex{pattern, std::regex_constants::icase};

  return std::regex_match(email, rx);
}
```

std::regex_match() 方法尝试将正则表达式与整个字符串匹配，如果匹配成功，则返回 true；否则，返回 false：

```cpp
auto ltest = [](std::string const & email)
{
  std::cout << std::setw(30) << std::left
            << email << " : "
            << (is_valid_email_format(email) ?
                "valid format" : "invalid format")
            << '\n';
};

ltest("JOHN.DOE@DOMAIN.COM"s);          // valid format
ltest("JOHNDOE@DOMAIL.CO.UK"s);         // valid format
ltest("JOHNDOE@DOMAIL.INFO"s);          // valid format
ltest("J.O.H.N_D.O.E@DOMAIN.INFO"s);    // valid format
ltest("ROOT@LOCALHOST"s);               // invalid format
ltest("john.doe@domain.com"s);          // invalid format
```

在这个简单的测试中，唯一不匹配正则表达式的电子邮件地址只有 ROOT@LOCALHOST 和 john.doe@domain.com。其中第一个没有包含以点为前缀的 DNS 标签的域名，这种情况不在正则表达式的覆盖范围内；第二个只包含小写字母，并且在正则表达式中，本地部分和域名的有效字符集都是大写字母（A ~ Z）。

我们可以指定匹配时忽略这种情况，而不是使用额外的有效字符（例如 [A-Za-z0-9._%+-]）使正则表达式复杂化。这可以通过在 std::basic_regex 类的构造函数中添加一个附加参数来实现。用于此目的的可用常量在 regex_constants 命名空间中定义。以下对 is_valid_email_format() 的细微更改将使其忽略大小写，并允许同时包含小写字母和大写字母的电子邮件地址正确匹配正则表达式：。

```cpp
bool is_valid_email_format(std::string const & email)
{
  auto rx = std::regex{
    R"(^[A-Z0-9._%+-]+@[A-Z0-9.-]+\.[A-Z]{2,}$)"s,
    std::regex_constants::icase};

  return std::regex_match(email, rx);
}
```

这个 is_valid_email_format() 函数非常简单，如果正则表达式作为参数提供，并且提供了要匹配的文本，那么它可以用于匹配任何内容。但是，如果能够用一个函数同时处理多字节字符串（std::string）和宽字符串（std::wstring），那就太好了。这可以通过创建一个函数模板来实现，其中字符类型作为模板参数：

```cpp
template <typename CharT>
using tstring = std::basic_string<CharT, std::char_traits<CharT>,
                                  std::allocator<CharT>>;

template <typename CharT>
bool is_valid_format(tstring<CharT> const & pattern,
```

```
                    tstring<CharT> const & text)
{
  auto rx = std::basic_regex<CharT>{
    pattern, std::regex_constants::icase };

  return std::regex_match(text, rx);
}
```

我们首先为 std::basic_string 创建一个模板别名以便简化它的用法。新的 is_valid_format() 函数是一个函数模板，它非常类似我们实现的 is_valid_email()。但是，我们现在使用 std::basic_regex<CharT>，而不是使用 typedef std::regex（它是 std::basic_regex<char>），并且将 pattern 作为第一个参数。现在，我们依赖这个函数模板实现了名为 is_valid_email_format_w() 的函数，这个函数适用于宽字符串。但是，函数模板可以在实现其他验证（例如车牌号是否有特定的格式）时重用：

```
bool is_valid_email_format_w(std::wstring const & text)
{
  return is_valid_format(
    LR"(^[A-Z0-9._%+-]+@[A-Z0-9.-]+\.[A-Z]{2,}$)"s,
    text);
}

auto ltest2 = [](auto const & email)
{
  std::wcout << std::setw(30) << std::left
    << email << L" : "
    << (is_valid_email_format_w(email) ? L"valid" : L"invalid")
    << '\n';
};

ltest2(L"JOHN.DOE@DOMAIN.COM"s);        // valid
ltest2(L"JOHNDOE@DOMAIL.CO.UK"s);       // valid
ltest2(L"JOHNDOE@DOMAIL.INFO"s);        // valid
ltest2(L"J.O.H.N_D.O.E@DOMAIN.INFO"s);  // valid
ltest2(L"ROOT@LOCALHOST"s);             // invalid
ltest2(L"john.doe@domain.com"s);        // valid
```

正如我们所料，在这里显示的所有示例中，唯一不匹配的是 ROOT@LOCALHOST。

实际上，std::regex_match() 方法有几个重载版本，其中一些重载版本有一个参数，该参数是对 std::match_results 对象（用于存储匹配的结果）的引用。如果没有匹配项，则 std::match_results 为空，其大小为 0；相反，如果存在匹配项，则 std::match_results 对象不为空，其大小为 1 加上所匹配的子表达式的数量。

该函数的以下版本使用了前面提到的重载版本，并在 std::smatch 对象中返回匹配的子表达式。注意，下面这个正则表达式与之前的不一样，它由 3 子表达式构成：一个用于本地部分，一个用于域的主机名部分，一个用于 DNS 标签。如果匹配成功，则 std::smatch 对象将包含 4 个子匹配对象：第一个匹配整个字符串，第二个用于匹配第一个子表达式（本地部分），第三个用于匹配第二个子表达式（主机名），第四个用于匹配第三个子表达式（DNS 标签）。结果以元组的形式返回，其中元组的第一项实际上表示匹配成功或失败：

```
std::tuple<bool, std::string, std::string, std::string>
is_valid_email_format_with_result(std::string const & email)
{
  auto rx = std::regex{
    R"(^([A-Z0-9._%+-]+)@([A-Z0-9.-]+)\.([A-Z]{2,})$)"s,
    std::regex_constants::icase };
  auto result = std::smatch{};
  auto success = std::regex_match(email, result, rx);

  return std::make_tuple(
    success,
    success ? result[1].str() : ""s,
    success ? result[2].str() : ""s,
    success ? result[3].str() : ""s);
}
```

按照前面的代码，我们使用 C++17 的结构化绑定将元组的内容解包到命名变量中：

```
auto ltest3 = [](std::string const & email)
{
  auto [valid, localpart, hostname, dnslabel] =
    is_valid_email_format_with_result(email);

  std::cout << std::setw(30) << std::left
    << email << " : "
    << std::setw(10) << (valid ? "valid" : "invalid")
    << "local=" << localpart
    << ";domain=" << hostname
    << ";dns=" << dnslabel
    << '\n';
};

ltest3("JOHN.DOE@DOMAIN.COM"s);
ltest3("JOHNDOE@DOMAIL.CO.UK"s);
ltest3("JOHNDOE@DOMAIL.INFO"s);
ltest3("J.O.H.N_D.O.E@DOMAIN.INFO"s);
ltest3("ROOT@LOCALHOST"s);
ltest3("john.doe@domain.com"s);
```

程序的输出如图 2.3 所示。

```
Microsoft Visual Studio Debug Console
JOHN.DOE@DOMAIN.COM            : valid
   local=JOHN.DOE;domain=DOMAIN;dns=COM
JOHNDOE@DOMAIL.CO.UK           : valid
   local=JOHNDOE;domain=DOMAIL.CO;dns=UK
JOHNDOE@DOMAIL.INFO            : valid
   local=JOHNDOE;domain=DOMAIL;dns=INFO
J.O.H.N_D.O.E@DOMAIN.INFO      : valid
   local=J.O.H.N_D.O.E;domain=DOMAIN;dns=INFO
ROOT@LOCALHOST                 : invalid
   local=;domain=;dns=
john.doe@domain.com            : valid
   local=john.doe;domain=domain;dns=com
```

图 2.3　程序的输出

2.9.4 更多

正则表达式有多个版本，C++ 标准库支持其中的 6 个版本：ECMAScript、基本 POSIX、扩展 POSIX、awk、grep 和 egrep（带有选项 -E 的 grep）。使用的默认语法是 ECMAScript，要使用另一种语法，必须在定义正则表达式时显式指定语法。除了指定语法外，还可以指定解析选项，例如忽略大小写进行匹配。

标准库提供了更多的类和算法，库中可用的主要类（这些类都属于类模板，为了方便起见，我们为不同的字符类型提供了 typedef）如下：

❑ 类模板 std::basic_regex 定义了正则表达式对象：

```
typedef basic_regex<char>    regex;
typedef basic_regex<wchar_t> wregex;
```

❑ 类模板 std::sub_match 表示与子表达式匹配的字符序列，这个类实际上是从 std::pair 派生来的，它的 first 和 second 成员分别表示指向匹配序列中第一个字符和匹配序列字符后一个字符的迭代器。如果没有匹配序列，则两个迭代器相等：

```
typedef sub_match<const char *>           csub_match;
typedef sub_match<const wchar_t *>        wcsub_match;
typedef sub_match<string::const_iterator> ssub_match;
typedef sub_match<wstring::const_iterator> wssub_match;
```

❑ 类模板 std::match_results 是匹配项的集合，第一个元素在目标中始终是完全匹配的，其他元素是子表达式的匹配项：

```
typedef match_results<const char *>            cmatch;
typedef match_results<const wchar_t *>         wcmatch;
typedef match_results<string::const_iterator>  smatch;
typedef match_results<wstring::const_iterator> wsmatch;
```

正则表达式标准库中可用的算法如下：

❑ std::regex_match ()：它尝试将正则表达式（由 std::basic_regex 实例表示）与整个字符串匹配。

❑ std:: regex_search ()：它尝试将正则表达式（由 std::basic_regex 实例表示）与字符串的一部分（包括整个字符串）匹配。

❑ std:: regex_replace ()：这将根据指定的格式替换正则表达式中的匹配项。

正则表达式标准库中可用的迭代器如下：

❑ std:: regex_interator：一种常量前向迭代器，用于遍历字符串中模式的出现次数。这种迭代器有一个指向 std::basic_regex 的指针，除非迭代器被销毁，否则该指针一直存在。迭代器在创建和自增时，将调用 std::regex_search() 并存储算法返回的 std::match_results 对象的副本。

❑ std:: regex_token_iterator：一个常量前向迭代器，用于遍历字符串中正则表达式的每个匹配的子匹配项。本质上，它使用 std::regex_iterator 逐级遍历子匹配项。因为它存储了一个指向 `std::basic_regex` 实例的指针，所以正则表达式对象必须一直存在，直到迭代器被销毁。

值得一提的是，与其他实现（如 Boost.Regex）相比，标准 regex 库的性能较差，而且不支持 Unicode。此外，也有人认为 API 本身使用起来就很麻烦。

2.9.5 延伸阅读

- ❑ 阅读 2.10 节，以了解如何对文本中的一个模式进行多项匹配。
- ❑ 阅读 2.11 节，以了解如何利用正则表达式实现文本替换。
- ❑ 阅读 1.13 节，以了解如何将变量绑定到初始化表达式中的子对象或元素。

2.10　使用正则表达式解析字符串的内容

在上一节中，我们了解了如何使用 `std::regex_match()` 来验证字符串的内容是否匹配特定的格式。而标准库提供了另一种称为 `std::regex_search()` 的算法，它针对字符串的任意部分匹配正则表达式，而不是像 `regex_match()` 那样只匹配整个字符串。但是，这个函数不允许我们搜索输入字符串中出现的所有正则表达式，为此我们需要使用库中可用的一个迭代器类。

在本节中，我们将学习如何使用正则表达式解析字符串的内容。因此，我们将考虑如何解析包含 `name = value` 的文本文件的问题。每一行都定义格式为 `name=value` 这样的键值对，但是以 `#` 开头的行表示注释，我们必须忽略这样的行。举例如下：

```
#remove # to uncomment a line
timeout=120
server = 127.0.0.1

#retrycount=3
```

在查看实现细节之前，我们来考虑一些先决条件。

2.10.1 准备工作

有关 C++11 支持正则表达式的相关知识，请参阅 2.9 节。若想继续阅读本节内容，你需要具备正则表达式的基本知识。

在下面的例子中，`text` 变量的定义如下：

```
auto text {
  R"(
    #remove # to uncomment a line
    timeout=120
    server = 127.0.0.1

    #retrycount=3
)"s};
```

这样做的唯一目的是简化代码片段，尽管在实际示例中，可能要从文件或其他源中读取文本。

2.10.2　使用方式

为了搜索正则表达式在字符串中出现的次数，应该执行以下操作：

❑ 包含头文件 `<regex>` 和 `<string>` 以及命名空间 `std::string_literals`（C++14 标准字符串可以使用的用户自定义字面量）：

```
#include <regex>
#include <string>
using namespace std::string_literals;
```

❑ 使用原始字符串字面量来指定正则表达式，以避免转义反斜杠（因为这可能时常发生）。以下正则表达式可验证前面提到的文件格式：

```
auto pattern {R"(^(?!#)(\w+)\s*=\s*([\w\d]+[\w\d._,\-:]*)$)"s};
```

❑ 创建 `std::regex` 或 `std::wregex` 对象（具体取决于所使用的字符集）来封装正则表达式：

```
auto rx = std::regex{pattern};
```

❑ 要查找正则表达式第一次匹配的文本，可以使用通用算法 `std::regex_search()`（示例 1）：

```
auto match = std::smatch{};
if (std::regex_search(text, match, rx))
{
  std::cout << match[1] << '=' << match[2] << '\n';
}
```

❑ 要查找正则表达式匹配的所有文本，可以使用迭代器 `std::regex_iterator`（示例 2）：

```
auto end = std::sregex_iterator{};
for (auto it=std::sregex_iterator{ std::begin(text),
                                   std::end(text), rx };
    it != end; ++it)
{
  std::cout << '\'' << (*it)[1] << "'='"
          << (*it)[2] << '\'' << '\n';
}
```

❑ 要遍历匹配的所有子表达式，可以使用迭代器 `std::regex_token_iterator`（示例 3）：

```
auto end = std::sregex_token_iterator{};
for (auto it = std::sregex_token_iterator{
```

```
                    std::begin(text), std::end(text), rx };
        it != end; ++it)
{
  std::cout << *it << '\n';
}
```

2.10.3　工作原理

一个简单的正则表达式可以解析之前输入的文本，如下所示：

```
^(?!#)(\w+)\s*=\s*([\w\d]+[\w\d._,\-:]*)$
```

这个正则表达式应该忽略所有以 # 开头的行，对于那些不以 # 开头的，需要匹配名称和名称后面的等号，以及一个可以由字母数字字符和其他字符（如下划线、点、逗号等）组成的值。该正则表达式的确切描述如表 2.3 所示。

表　2.3

结构部分	描述
^	字符串开始
(?!#)	向前匹配，确认匹配不到 # 字符
(\w+)	表示至少有一个单词字符的标识符的捕获组
\s*	任何空格字符
=	= 字符
\s*	任何空格字符
([\w\d]+[\w\d._,\-:]*)	表示以字母数字字符开头的值的捕获组，也可以包含点、逗号、反斜杠、连字符、冒号或下划线
$	字符串结束

我们可以使用 std::regex_search() 在输入文本的任何位置搜索匹配项。这个算法有几个重载版本，但一般而言它们的工作方式基本相同。必须要给定处理的字符范围、包含输出结果的 std::match_results 对象和正则表达式 std::basic_regex 对象以及匹配标志（定义了完成搜索的方式）。如果找到匹配项，函数返回 true，否则返回 false。

在上一节的示例 1 中（参见第 4 行），match 是 std::smatch（std::match_results 的别名）的一个实例，它以 string::const_iterator 作为模板类型。如果找到匹配项，该对象以序列的形式包含所有匹配子表达式的匹配信息。索引 0 处的子匹配项始终匹配整个字符串；索引 1 处的子匹配项是该序列匹配的第一个子表达式；索引 2 处的子匹配项是该序列匹配的第二个子表达式，以此类推。因为正则表达式中有两个捕获组（它们是子表达式），如果匹配成功，std::match_results 将有 3 个子匹配项。表示名称的标识符的索引为 1，等号后面的值的索引为 2。因此，这段代码只打印图 2.4 所示的内容。

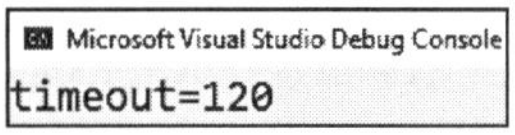

图 2.4　示例 1 的输出

std::regex_search() 算法不能遍历一段文本中所有可能的匹配项，因此，我们需要使用迭代器，于是就有了 std::regex_iterator。它不仅可以遍历所有匹配项，还允许访问匹配的所有子匹配项。

迭代器实际上会在构造和自增时调用 std::regex_search() 算法，并且会记住调用产生的 std::match_results。默认构造函数创建一个迭代器，该迭代器指向序列的结尾，可用于测试匹配循环何时应该停止。

在上一节的示例 2 中（参见列表的第 5 项），我们首先创建一个序列 end 迭代器，然后开始遍历所有可能的匹配项。当它被构造时，它将调用 std::regex_match()，如果找到了匹配项，就可以通过当前迭代器访问其结果。此过程一直继续下去，直到找不到匹配项（即到达序列结尾）。这段代码将会打印图 2.5 所示的输出结果。

std::regex_iterator 的替代选择是 std::regex_token_iterator，它与 std::regex_iterator 的工作方式类似。事实上，它在内部包含了一个允许我们从匹配项访问特定子表达式的迭代器，这从上一节的示例 3 中可以看到（见列表第 6 项）。我们首先要创建序列的 end 迭代器，然后遍历匹配项，直到到达序列结尾。在我们使用的构造函数中，因为没有指定要通过迭代器访问的子表达式的索引，所以使用默认值 0，这也意味着该程序将打印所有匹配项，如图 2.6 所示。

如果只想访问第一个子表达式（在我们的例子中这意味着名称），所要做的就是在 token 迭代器的构造函数中指定子表达式的索引，如下所示：

```
auto end = std::sregex_token_iterator{};
for (auto it = std::sregex_token_iterator{ std::begin(text),
            std::end(text), rx, 1 };
    it != end; ++it)
{
  std::cout << *it << '\n';
}
```

这一次，我们得到的输出只包含名称，如图 2.7 所示。

Microsoft Visual Studio Debug Console	Microsoft Visual Studio Debug Console	Microsoft Visual Studio Debug Console
'timeout'='120' 'server'='127.0.0.1'	timeout=120 server = 127.0.0.1	timeout server
图 2.5　示例 2 的输出	图 2.6　示例 3 的输出	图 2.7　只包含名称的输出

token 迭代器的一个有趣之处在于，如果子表达式的索引为 -1，它可以返回字符串中不匹配的部分，在这种情况下，它返回一个 std::match_results 对象，该对象保存最后一个匹配项的位置和序列结尾之间的字符序列：

```
auto end = std::sregex_token_iterator{};
for (auto it = std::sregex_token_iterator{ std::begin(text),
            std::end(text), rx, -1 };
```

```
      it != end; ++it)
{
  std::cout << *it << '\n';
}
```

这个程序将输出图 2.8 所示的内容。

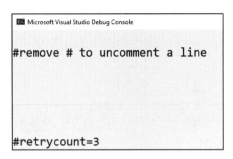

图 2.8　包含空行的输出

请注意，输出中的空行对应于空项。

2.10.4　延伸阅读

❑ 阅读 2.9 节，以了解 C++ 库对正则表达式的支持。
❑ 阅读 2.11 节，以了解如何在文本中对一个模式进行多项匹配。

2.11　使用正则表达式替换字符串的内容

在前两节中，我们了解了如何在字符串或字符串的一部分上匹配正则表达式，并遍历匹配项和子匹配项。同样，正则表达式库还支持基于正则表达式的文本替换功能。在本节中，我们将学习如何使用 std::regex_replace() 来进行这样的文本转换。

2.11.1　准备工作

有关 C++11 支持正则表达式的相关内容，请参阅 2.9 节。

2.11.2　使用方式

为了使用正则表达式进行文本转换，应该执行以下操作：
❑ 包含头文件 <regex> 和 <string> 以及命名空间 std::string_literals（C++14 标准字符串可以使用的用户自定义字面量）：

```
#include <regex>
#include <string>
using namespace std::string_literals;
```

❑ 使用 std::regex_replace() 算法，并将替换字符串作为第三个参数。可以参考下面的示例，用 3 个 "-" 字符替换所有由 a、b 或 c 三个字符组成的单词：

```
auto text{"abc aa bca ca bbbb"s};
auto rx = std::regex{ R"(\b[a|b|c]{3}\b)"s };
auto newtext = std::regex_replace(text, rx, "---"s);
```

❑ 使用 std::regex_replace() 算法，将 $ 开头的标识符作为第三个参数。例如，将格式为 "lastname, firstname" 的名字替换成格式为 "firstname lastname" 的名字，如下所示：

```
auto text{ "bancila, marius"s };
auto rx = std::regex{ R"((\w+),\s*(\w+))"s };
auto newtext = std::regex_replace(text, rx, "$2 $1"s);
```

2.11.3　工作原理

std::regex_replace() 算法有几个重载版本，它们有着不同类型的参数，参数的含义如下：

❑ 要进行替换的输入字符串。
❑ std::basic_regex 对象，它封装了用于标识要替换的字符串部分的正则表达式。
❑ 用于替换的字符串格式。
❑ 可选的匹配标志。

根据所使用的重载类型，返回值要么是字符串，要么是作为参数的输出迭代器的副本。用于替换的字符串格式可以是一个简单的字符串或匹配标识符，用 $ 前缀表示：

❑ $& 表示完全匹配。
❑ $1、$2、$3 等表示第一个、第二个和第三个子匹配项，以此类推。
❑ $` 表示第一个匹配项前的字符串部分。
❑ $' 表示最后一个匹配项后的字符串部分。

在 2.11.2 节第一个例子中，初始文本包含两个由 3 个 a、b 和 c 字符组成的单词，即 abc 和 bca。正则表达式表示在单词边界之间恰好有 3 个字符的表达式，这意味着像 bbbb 这样的子文本将与表达式不匹配，替换后的最终字符串文本将是 --- aa --- ca bbbb。

std::regex_replace() 算法可以指定额外的匹配标志。默认情况下，匹配标志是 std::regex_constants::match_default，它指定 ECMAScript 作为构造正则表达式的基础语法。例如，如果只想替换第一个出现的匹配项，那么可以指定 std::regex_constants::format_first_only。在下面的例子中，找到第一个匹配项后替换就停止了，所以最终的结果是 --- aa bca ca bbbb：

```
auto text{ "abc aa bca ca bbbb"s };
auto rx = std::regex{ R"(\b[a|b|c]{3}\b)"s };
```

```
auto newtext = std::regex_replace(text, rx, "---"s,
                    std::regex_constants::format_first_only);
```

然而，如前所述，替换字符串可以包含针对整个匹配、特定子匹配或未匹配部分的特殊指示符。在 2.11.2 节的第二个例子中，正则表达式标识单词至少有一个字符，后跟逗号和可能的空格，紧接着是至少一个字符的另一个单词。第一个单词应该是姓（Lastname），而第二个单词应该是名（firstname），替换字符串的格式为 $2 $1。这是一种指令，用以将匹配的表达式（在本例中是整个原始字符串）替换成另一种形式的字符串（由第二个匹配项、空格和第一个匹配项按顺序组成）。

在本例中，整个字符串是一个匹配项。在下面的例子中，字符串中会有多个匹配项，它们都将被指定的字符串替换。在这个例子中，我们用不定冠词 an 替换以元音开头的单词前的不定冠词 a（当然，这并不包括以元音开头的单词）：

```
auto text{"this is a example with a error"s};
auto rx = std::regex{R"(\ba ((a|e|i|u|o)\w+))"s};
auto newtext = std::regex_replace(text, rx, "an $1");
```

正则表达式将字母 a 标识为单个单词（\b 表示单词边界，因此 \ba 表示单词只有单个字母 a），该单词应后跟一个空格和一个以元音开头的至少包含两个字符的单词。当识别到这样的匹配项时，它将被替换为一个固定字符串 an 后跟一个空格和匹配的第一个子表达式（即单词本身）。在这个例子中，newtext 字符串的值是 this is an example with an error。

除了子表达式的标识符（$1、$2 等）之外，还有用于整个匹配的标识符（$&）、用于第一个匹配项前的字符串部分的标识符（$`）和用于最后一个匹配项后的字符串部分的标识符（$'）。在本节最后一个例子中，我们将日期的格式从 dd.mm.yyyy 更改为 yyyy.mm.dd，同时也显示匹配的部分：

```
auto text{"today is 1.06.2016!!"s};
auto rx =
   std::regex{R"((\d{1,2})(\.|-|/)(\d{1,2})(\.|-|/)(\d{4}))"s};
// today is 2016.06.1!!
auto newtext1 = std::regex_replace(text, rx, R"($5$4$3$2$1)");
// today is [today is ][1.06.2016][!!]!!
auto newtext2 = std::regex_replace(text, rx, R"([$`][$&][$'])");
```

正则表达式匹配：一位或两位的数字，接着是点（.）、连字符（-）或斜杠（/）；接下来是另外的一位或两位的数字，然后是点（.）、连字符（-）或斜杠（/）；最后是一个四位的数字。

对于 newtext1，替换字符串是 $5$4$3$2$1，这意味着年后面是第二个分隔符，然后是月、第一个分隔符，最后是日。因此，对于输入字符串 today is 1.06.2016!，替换后的最终结果是 today is 2016.06.1!!。

对于 newtext2，替换字符串是 [$`][$&][$']，这意味着先是第一个匹配项之前的部分，然后是整个匹配项，最后是最后一个匹配项之后的部分，它们都在方括号中。然而，结果不是你第一眼所期望的 `[!!][1.06.2016] [today is]`，而是 today is [today is ] [1.06.2016][!!]!!，这样做是为了表示替换的仅仅是所匹配的表达式，在本例中，替换的只是日期（`1.06.2016`），这个字符串被原来整个字符串的另一种形式替换。

2.11.4　延伸阅读

❑ 阅读 2.9 节，以了解 C++ 库对正则表达式的支持。
❑ 阅读 2.10 节，以了解如何在文本中对一个模式进行多项匹配。

2.12　使用 std::string_view 代替常量字符串引用

在处理字符串时，随时都会创建临时对象，即使你可能没有真正意识到它。不过很多时候，这些临时对象都是不相关的，它们的作用只是将数据从一个地方复制到另一个地方（例如，从函数复制到它的调用者）。这也反映了一个性能问题，我们应该避免，因为它们需要内存分配和数据复制。为此，C++17 标准提供了一个新的字符串类模板 std::basic_string_view，它是一个指向字符串（即字符序列）的无所有权（non-owning）常量引用。在本节中，我们将了解何时使用以及如何使用这个类。

2.12.1　准备工作

std::string_view 类可以在 string_view 头文件中的命名空间 std 中找到。

2.12.2　使用方式

应该使用 std::string_view 而不是 std::string const & 来向函数传递一个参数（或者从函数中返回一个值），除非代码需要调用其他接受 std::string 参数的函数（在这种情况下，需要进行转换）：

```cpp
std::string_view get_filename(std::string_view str)
{
  auto const pos1 {str.find_last_of('')};
  auto const pos2 {str.find_last_of('.')};
  return str.substr(pos1 + 1, pos2 - pos1 - 1);
}

char const file1[] {R"(c:\test\example1.doc)"};
auto name1 = get_filename(file1);

std::string file2 {R"(c:\test\example2)"};
auto name2 = get_filename(file2);

auto name3 = get_filename(std::string_view{file1, 16});
```

2.12.3 工作原理

在了解新的字符串类型如何工作之前，我们先考虑一下下面的函数示例，该函数将提取不带扩展名的文件名。在 C++17 标准之前，这基本上就是上一节中编写函数的方法：

```
std::string get_filename(std::string const & str)
{
  auto const pos1 {str.find_last_of('\\')};
  auto const pos2 {str.find_last_of('.')};
  return str.substr(pos1 + 1, pos2 - pos1 - 1);
}

auto name1 = get_filename(R"(c:\test\example1.doc)"); // example1
auto name2 = get_filename(R"(c:\test\example2)");     // example2
if(get_filename(R"(c:\test\_sample_.tmp)").front() == '_') {}
```

 注意，在这个示例中，文件分隔符是反斜杠（\），与在 Windows 中一样。对于基于 Linux 的系统，必须将其更改为斜杠（/）。

get_filename() 函数相对简单，它接受对 std::string 的常量引用，该函数提取以最后一个文件分隔符和最后一个点为界的子字符串，该字符串便是不带扩展名的文件名（且不带文件夹名）。

然而，这段代码的问题在于，它会创建一个、两个甚至更多临时对象（具体取决于编译器的优化）。函数参数是一个指向 std::string 的常量引用，但是该函数使用字符串字面量调用，这意味着 std::string 需要从字面量构造。这些临时对象需要分配和复制数据，这既消耗时间又消耗资源。在最后一个例子中，我们所要做的只是检查文件名的第一个字符是否为下划线，但为此我们至少创建了两个临时字符串对象。

std::basic_string_view 类模板旨在解决这个问题。这个类模板非常类似 std::basic_string，两者几乎提供相同的接口。这样做的原因是 std::basic_string_view 被用来替代 std::basic_string 的常量引用，而无须进一步修改代码。像 std::basic_string 一样，所有类型的标准字符都有特化版本：

```
typedef basic_string_view<char>     string_view;
typedef basic_string_view<wchar_t>  wstring_view;
typedef basic_string_view<char16_t> u16string_view;
typedef basic_string_view<char32_t> u32string_view;
```

类模板 std::basic_string_view 定义了一个对常量连续字符序列的引用。顾名思义，它表示一个视图，不能修改引用的字符序列。std::basic_string_view 对象的大小相对较小，因为它所需要的只是一个指向序列中第一个字符的指针和长度。它不仅可以从 std::basic_string 对象构造，还可以从指针和长度构造，甚至可以从以空（null）结尾的字符序列构造（在这种情况下，需要从头遍历字符串以获取长度）。因此，std::basic_ string_view 类模板也可以用作多种类型字符串的公共接口（数据要求只读）。另外，想从 std::basic_string_view 转换为 std::basic_string 是不可能的。

你必须从 std::basic_string_view 显式地构造 std::basic_string 对象，如下例所示：

```
std::string_view sv{ "demo" };
std::string s{ sv };
```

将 std::basic_string_view 传递给函数并返回 std::basic_string_view，仍然会创建这种类型的临时对象，但这些是栈上的小型对象（对于 64 位平台，指针和大小可能只有 16 字节）。因此，与分配堆空间和复制数据相比，它们所需的性能成本更低。

 请注意，所有主要的编译器都提供 std::basic_string 的实现，其中包括一个小的字符串优化。尽管实现细节有所不同，但它们通常依赖于静态分配的若干字符缓冲区（VC++ 和 GCC 5 或更新的版本为 16 个字符），该缓冲区不涉及堆操作，只有当字符串的大小超过该字符数时才需要堆操作。

除了与 std::basic_string 中相同的方法外，std::basic_string_view 还有两种方法：

❑ remove_prefix()：通过跳过前 N 个字符来缩小视图。

❑ remove_suffix()：通过减少 N 个字符来缩小视图。

在以下示例中，使用这两个成员函数删除 std::string_view 开头和结尾的空格。函数的实现首先要查找第一个不是空格的元素，然后查找最后一个不是空格的元素，最后，它从末尾删除最后一个非空格字符之后的所有内容，并从开头删除第一个非空字符之前的所有内容。该函数返回删除了首尾空格的新视图：

```
std::string_view trim_view(std::string_view str)
{
  auto const pos1{ str.find_first_not_of(" ") };
  auto const pos2{ str.find_last_not_of(" ") };
  str.remove_suffix(str.length() - pos2 - 1);
  str.remove_prefix(pos1);

  return str;
}

auto sv1{ trim_view("sample") };
auto sv2{ trim_view("  sample") };
auto sv3{ trim_view("sample  ") };
auto sv4{ trim_view("  sample  ") };

std::string s1{ sv1 };
std::string s2{ sv2 };
```

```
std::string s3{ sv3 };
std::string s4{ sv4 };
```

在使用 `std::basic_string_view` 时，必须注意两件事：不能更改视图引用的底层数据，必须管理数据的生命周期，因为视图是一个无所有权引用。

2.12.4 延伸阅读

❑ 阅读 2.8 节，以了解如何创建无法用标准库实现的文本工具库。

2.13 使用 std::format 格式化文本

C++ 语言有两种格式化文本的方法：printf 函数族和 I/O 流库。printf 函数继承自 C 语言，单独提供了格式化文本和参数的功能。相比于 `printf` 函数，一般来说更推荐使用流库，因为它比较安全且可扩展，但是同时它相对来说速度会慢一点。C++20 标准针对输出格式提出了一种新的格式化库替代方案，其形式与 `printf` 类似，且安全、可扩展，旨在补充现有的流库。在本节中，我们将学习如何使用新的函数，而不是 `printf` 函数或流库。

2.13.1 准备工作

新的格式化库在头文件 `<format>` 中，下面的示例必须要包含此头文件。

2.13.2 使用方式

`std::format()` 函数的作用是根据所提供的格式化字符串格式化其参数。你可以这样使用它：

❑ 在格式化字符串中为每个参数提供空替换域，用 `{}` 表示：

```
auto text = std::format("{} is {}", "John", 42);
```

❑ 在替换域内的参数列表中指定每个参数的基于 0 的索引，例如 `{0}`、`{1}` 等，其中参数的顺序并不重要，但索引必须有效：

```
auto text = std::format("{0} is {1}", "John", 42);
```

❑ 使用冒号（`:`）后面替换域的格式说明符来控制文本的输出。对于基本类型和字符串类型，这是一个标准格式规范；对于时间（chrono）类型，这是一个 chrono 格式规范：

```
auto text = std::format("{0} hex is {0:08X}", 42);

auto now = std::chrono::system_clock::now();
auto time = std::chrono::system_clock::to_time_t(now);
auto text = std::format("Today is {:%Y-%m-%d}",
*std::localtime(&time));
```

另外，你还可以使用迭代器 std::format_to() 或 std::format_to_n() 作为输出格式来写参数，如下所示：

❑ 使用 std::format_n() 和 std::back_inserter() 辅助函数写入缓冲区（如 std::string 或 std::vector<char>）：

```
std::vector<char> buf;
std::format_to(std::back_inserter(buf), "{} is {}", "John", 42);
```

❑ 使用 std::formatted_size() 来检索存储参数的格式化表示所需要的字符数：

```
auto size = std::formatted_size("{} is {}", "John", 42);
std::vector<char> buf(size);
std::format_to(buf.data(), "{} is {}", "John", 42);
```

❑ 可以使用 std::format_to_n() 来限制写入输出缓冲区的字符数，它类似于 std::format_to()，但最多只能写入 n 个字符：

```
char buf[100];
auto result = std::format_to_n(buf, sizeof(buf), "{} is {}",
"John", 42);
```

2.13.3 工作原理

函数 std::format() 有多个重载版本，可以将格式化字符串指定为字符串视图或宽字符串视图，同时让函数返回 std::string 或 std::wstring。你还可以指定 std::locale 作为第一个参数，用于符合区域（locale）习惯的格式化。函数重载都是可变参数函数模板，这意味着你可以在格式后面指定任意数量的参数。

格式化字符串由普通字符、替换域和转义序列组成。如果转义序列是 {{ 和 }}，输出的结果为 { 和 }，替换域用 {} 表示。它可以有选择性地包含一个非负数（表示要格式化的参数基于 0 的索引）和一个冒号（:），后跟一个格式说明符。如果格式说明符无效，将抛出 std::format_error 类型的异常。

类似地，像 std::format() 一样，std::format_to() 有多个重载。不过，这两者之间的区别在于 std::format_to() 始终将输出缓冲区的迭代器作为第一个参数，并返回一个指向输出范围末尾的迭代器（而不是像 std::format() 那样的字符串）。另外，std::format_to_n() 比 std::format_to() 多了一个参数，它的第二个参数是一个数字，表示能够写入缓冲区的最大字符数。

下面显示了这三个函数模板的最简单的重载函数的签名：

```
template<class... Args>
std::string format(std::string_view fmt, const Args&... args);

template<class OutputIt, class... Args>
OutputIt format_to(OutputIt out,
```

```
            std::string_view fmt, const Args&... args);

template<class OutputIt, class... Args>
std::format_to_n_result<OutputIt>
format_to_n(OutputIt out, std::iter_difference_t<OutputIt> n,
            std::string_view fmt, const Args&... args);
```

当提供格式化字符串时，可以提供参数标识符（基于 0 的索引）或忽略它们。然而，两者同时使用是不合理的：如果替换域中省略了索引，则将按照提供的顺序处理参数，并且替换域的数量不得大于提供的参数数量；如果提供了索引，则它们必须有效，这样格式化字符串才能有效。

当使用格式规范时：

❑ 对于基本类型和字符串类型，它被认为是标准格式规范。

❑ 对于时间类型，它被认为是 chrono 格式规范。

❑ 对于用户自定义类型，它由所需类型的 std::formatter 类来定义用户自定义规范。

标准格式规范基于 Python 中的格式规范，语法如下：

```
fill-and-align(optional) sign(optional) #(optional) 0(optional)
width(optional) precision(optional) L(optional) type(optional)
```

以下将简要介绍这些语法。

fill-and-align 是可选的填充字符后跟一个对齐选项：

❑ <：用空格强制左对齐。

❑ >：用空格强制右对齐。

❑ ^：用空格强制中间对齐。为此，它将在左侧插入 n/2 个字符（空格），在右侧插入 n/2 个字符（空格）：

```
auto t1 = std::format("{:5}", 42);    // "   42"
auto t2 = std::format("{:5}", 'x');   // "x    "
auto t3 = std::format("{:*<5}", 'x'); // "x****"
auto t4 = std::format("{:*>5}", 'x'); // "****x"
auto t5 = std::format("{:*^5}", 'x'); // "**x**"
auto t6 = std::format("{:5}", true);  // "true "
```

sign、# 和 0 仅在使用数字（整数或浮点数）时有效，该标志可以是：

❑ +：该符号必须同时用于负数和正数。

❑ -：该符号只能用于负数（这是隐式行为）。

❑ 空格：该符号必须用于负数，且前导空格必须用于非负数。

```
auto t7 = std::format("{0:},{0:+},{0:-},{0: }", 42);
// "42,+42,42, 42"
auto t8 = std::format("{0:},{0:+},{0:-},{0: }", -42);
// "-42,-42,-42,-42"
```

符号 # 则使用另一种形式，可以是下面情况中的一种：

☐ 对于整数类型，当指定二进制、八进制或十六进制表示时，替换形式将在输出中添加前缀 0b、0 或 0x。

☐ 对于浮点类型，替换形式将导致格式化的值始终存在一个小数点字符，即使它后面没有数字。此外，当使用 g 或 G 时，不会删除结果末尾的零。

数字 0 指前面补 0 至指定的宽度，除非浮点类型的值为无穷大或 NaN。当与对齐选项一起出现时，将忽略说明符 0：

```
auto t9  = std::format("{:+05d}", 42); // "+0042"
auto t10 = std::format("{:#05x}", 42); // "0x02a"
auto t11 = std::format("{:<05}", -42); // "-42  "
```

width 表示最小域宽度，可以是正十进制数或嵌套替换域。precision 字段表示浮点类型的精度，对于字符串类型，则表示将从字符串中使用多少字符，它用点（.）指定，后跟非负十进制数或嵌套的替换域。

符合区域习惯的格式化使用大写 L 指定，并使用符合区域习惯的形式，此选项仅适用于算术类型。

可选 type 决定了数据的输出方式，可用的字符串类型表示如表 2.4 所示。

表　2.4

数据类型	格式化字符串	描述
字符串	none, s	将字符串复制到输出
整数类型	B	以 0b 为前缀的二进制格式
	B	以 0B 为前缀的二进制格式
	C	字符，将字符复制到输出
	none 或 d	十进制格式
	O	以 0 为前缀的八进制格式（除非值为 0）
	X	以 0x 为前缀的十六进制格式
	X	以 0X 为前缀的十六进制格式
char 和 wchar_t	none 或 c	将字符复制到输出
	b、B、c、d、o、x、X	整数类型
bool	none 或 s	把 true 或 false 的文本表示复制到输出
	b、B、c、d、o、x、X	整数类型
浮点类型	a	十六进制类型，类似于调用 std::to_chars(first, last, value,std::chars_format::hex, precision) 或 std::to_chars(first, last, value,std::chars_format::hex)，具体取决于是否指定了精度
	A	与 a 相同，只是它使用大写字母表示 9 以上的数字，并使用 P 表示指数
	e	科学计数法，类似于调用：std::to_chars(first, last, value, std::chars_format::scientific, precision)

（续）

数据类型	格式化字符串	描述
浮点类型	E	和 e 类似，只是用 E 来表示指数
	f、F	定点表示，类似于调用 std::to_chars(first, last, value, std::chars_format::fixed, precision)。当不指定精度时，默认为 6
	g	正常的浮点表示，类似于调用 std::to_chars(first,last, value, std::chars_format::general, precision)。当不指定精度时，默认为 6
	G	和 g 类似，只是用 E 表示指数
指针	none 或 p	指类类型，类似于调用 std::to_chars(first, last, reinterpret_cast<std::uintptr_t>(value),16) 将前缀 0x 添加到输出中。这仅在定义 std::uintptr_t 时可用，否则，输出由实现定义

chrono 格式规范有如下形式：

```
fill-and-align(optional) width(optional) precision(optional) chrono-
spec(optional)
```

fill-and-align、width 和 precision 字段的含义与前面描述的标准格式规范中的含义相同。当表示类型为浮点类型时，precision 仅对 std::chrono::duration 类型有效，在其他情况下会抛出 std::format_error 异常。

chrono-spec 可以为空，在这种情况下，格式化的参数像是被流化到 std::stringstream 对象，然后复制其结果。另外，它也可以由一系列转换说明符和普通字符组成。表 2.5 列出了其中的一些格式说明符。

表 2.5

转换说明符	描述
%%	输出 % 符号
%n	输出换行符
%t	输出水平制表符
%Y	以十制进格式输出年份，如果不足四位，则左补 0
%m	以十进制格式输出月份（1 月是 01），如果结果是个位数，则前缀为 0
%d	以十进制格式输出当月的第几天，如果结果是个位数，则前缀为 0
%w	以十进制格式输出星期几（0 ~ 6），其中星期日为 0
%D	等同于 %m/%d/%y
%F	等同于 %Y-%m-%d
%H	以十进制格式输出小时（24 小时制），如果结果是个位数，则前缀为 0
%I	以十进制格式输出小时（12 小时制），如果结果是个位数，则前缀为 0
%M	以十进制格式输出分钟，如果结果是个位数，则前缀为 0
%S	以十进制格式输出秒，如果结果是个位数，则前缀为 0
%R	等同于 %H:%M
%T	等同于 %H:%M:%S
%X	以本地格式输出时间

有关 chrono 库格式说明符的完整列表，请访问 https://en.cppreference.com/w/cpp/chrono/system_clock/formatter。

2.13.4 延伸阅读

❑ 阅读 2.14 节，以了解如何为用户自定义类型创建自定义格式说明符。
❑ 阅读 2.1 节，以了解如何在数值类型和字符串类型之间转换。

2.14 使用 std::format 格式化用户自定义类型

C++20 格式化库是使用类 printf 函数或 I/O 流库的替代方案，它实际上补充了这些功能。虽然该标准为基本类型（如整型和浮点型、bool 型、字符类型、字符串和时间类型）提供了默认格式，但用户也可以为用户自定义类型创建自定义的规范。在本节中，我们将学习如何实现这一点。

2.14.1 准备工作

你应该先阅读 2.13 节，以便熟悉格式化库。

在接下来所展示的示例中，我们将使用以下类：

```
struct employee
{
    int         id;
    std::string firstName;
    std::string lastName;
};
```

在下一小节中，我们将介绍使用 std::format() 对用户自定义类型进行文本格式化的必要步骤。

2.14.2 使用方式

要使用新的格式化库格式化用户自定义类型，必须执行以下操作：

❑ 在 std 命名空间中定义 std::formatter<T,CharT> 类的特化。
❑ 实现 parse() 方法来解析与当前参数对应的格式化字符串的部分。如果该类继承自另一个格式化器，则可以省略此方法。
❑ 实现 format() 方法来格式化参数并通过 format_context 将之写入输出文本。

对于这里列出的 employee 类，可以实现一个将 employee 格式化为 [42] John Doe（即 [id] firstName lastName）的格式化器，它的实现如下所示：

```
template <>
```

```
struct std::formatter<employee>
{
    constexpr auto parse(format_parse_context& ctx)
    {
        return ctx.begin();
    }

    auto format(employee const & value, format_context& ctx) {
        return std::format_to(ctx.out(),
                              "[{}] {} {}",
                              e.id, e.firstName, e.lastName);
    }
};
```

2.14.3　工作原理

格式化库使用 std::formatter<T,CharT> 类模板定义给定类型的格式化规则。内置类型、字符串类型和时间类型都有标准库提供的格式化器，它们是 std::formatter<T,CharT> 类模板的特化。

这个类有两个方法：

❑ parse()，它接受一个类型为 std::basic_format_parse_context<CharT> 的参数，并解析由解析上下文提供的类型 T 的格式规范，解析的结果应该存储在类的成员字段中。如果解析成功，该函数应该返回 std::basic_format_parse_context::iterator 类型的值，它表示格式规范结束。如果解析失败，该函数应该抛出 std::format_error 类型的异常，以提供有关错误的详细信息。

❑ format()，它接受两个参数，第一个是要格式化的类型 T 的对象，第二个是类型为 std::basic_format_context<OutputIt,CharT> 的格式化上下文对象。该函数应该根据所需的说明符（可能是隐式的或解析格式规范的结果）将输出写入 ctx.out()。该函数必须返回 std::basic_format_context<OutputIt,CharT>::iterator 类型的值，表示输出结束。

在这里展示的实现中，parse() 函数除了返回一个表示格式规范开头的迭代器外，不做任何其他事情。格式化始终在方括号之间打印员工工号，然后打印姓和名，比如 [24] John Doe。尝试使用格式说明符将导致运行时异常：

```
employee e{ 42, "John", "Doe" };
auto s1 = std::format("{}", e);   // [42] John Doe
auto s2 = std::format("{:L}", e); // error
```

如果希望格式说明符支持用户自定义类型，那么必须正确地实现 parse() 方法。为了说明这是如何实现的，我们将使 employee 类支持 L 说明符。当使用该说明符时，将使用带方括号的工号后跟姓和名（同逗号分隔）对 employee 进行格式化，例如 [42] Doe, John：

```
template<>
struct std::formatter<employee>
{
    bool lexicographic_order = false;

    template <typename ParseContext>
    constexpr auto parse(ParseContext& ctx)
    {
        auto iter = ctx.begin();
        auto get_char = [&]() { return iter != ctx.end() ? *iter : 0; };

        if (get_char() == ':') ++iter;
        char c = get_char();

        switch (c)
        {
        case '}': return ++iter;
        case 'L': lexicographic_order = true; return ++iter;
        case '{': return ++iter;
        default: throw std::format_error("invalid format");
        }
    }

    template <typename FormatContext>
    auto format(employee const& e, FormatContext& ctx)
    {
        if(lexicographic_order)
            return std::format_to(ctx.out(), "[{}] {}, {}",
                                  e.id, e.lastName, e.firstName);

        return std::format_to(ctx.out(), "[{}] {} {}",
                              e.id, e.firstName, e.lastName);
    }
};
```

定义了这个之后，前面的示例代码就可以正常工作了。但是，使用其他格式说明符（例如 A）仍然会抛出异常：

```
auto s1 = std::format("{}", e);    // [42] John Doe
auto s2 = std::format("{:L}", e);  // [42] Doe, John
auto s3 = std::format("{:A}", e);  // error (invalid format)
```

如果不需要解析用于适配各种选项的格式说明符，则可以完全忽略 parse() 方法。然而，为了做到这一点，std::formatter 特化仍然必须派生自另一个 std::formatter 类，其实现如下所示：

```
template<>
struct fmt::formatter<employee> : fmt::formatter<char const*>
{
    template <typename FormatContext>
```

```
    auto format(employee const& e, FormatContext& ctx)
    {
        return std::format_to(ctx.out(), "[{}] {} {}",
                              e.id, e.firstName, e.lastName);
    }
};
```

这样，employee 类的特化与 2.14.2 节例子中实现的功能一致。

2.14.4 延伸阅读

❑ 阅读 2.13 节，以了解新的 C++20 文本格式化库。

函　　数

　　函数是编程中的一个基本概念,不管我们讨论的主题是什么,最终都要编写函数。如果试图用这一章涵盖函数不仅非常困难,而且不太合理。作为语言的基本元素,函数在本书的每一小节中都会出现,但是,本章将专门介绍与函数和可调用对象相关的现代语言特性,重点介绍 lambda 表达式、函数语言(如高阶函数)的概念,以及具有可变参数的类型安全函数。

　　我们将从一个特性开始学习,该特性使我们更容易提供特殊的类成员函数或防止调用函数(成员或非成员)。

3.1　实现默认函数和删除函数

　　在 C++ 中,类具有特殊成员(构造函数、析构函数和赋值操作符),这些成员可以由编译器默认实现,也可以由开发人员提供。但是,编译器默认实现的规则有点复杂,当然这也可能会导致问题。另外,开发人员有时希望防止对象以特定的方式被复制、移动或构造,方法是利用不同的技巧来实现这些特殊成员函数。C++11 标准简化了其中的许多函数,允许以我们即将在下面看到的方式实现默认函数或删除函数。

3.1.1　准备工作

　　阅读此节内容,需要熟悉以下概念:

❑ 特殊成员函数(默认构造函数、析构函数、复制构造函数、移动构造函数、复制赋值操作符、移动赋值操作符)。

❑ 可复制概念（类具有复制构造函数和复制赋值操作符，使创建副本成为可能）。
❑ 可移动概念（类具有移动构造函数和移动赋值操作符，使移动对象成为可能）。
记住这一点后，我们来学习如何定义默认函数和删除函数。

3.1.2　使用方式

使用以下语法指定函数应该如何处理：

❑ 要设置默认函数，请使用 =default 代替函数体。只有具有 default 特性的特殊类
成员函数才能使用 =default：

```
struct foo
{
  foo() = default;
};
```

❑ 如果要删除函数，请使用 =delete 代替函数体，它可以删除任何函数，包括非成员
函数：

```
struct foo
{
  foo(foo const &) = delete;
};

void func(int) = delete;
```

使用上述功能可以实现各种设计目标，例如以下示例：

❑ 要实现不可复制且隐式不可移动的类，请将复制构造函数和复制赋值操作符声明为
已删除：

```
class foo_not_copyable
{
public:
  foo_not_copyable() = default;

  foo_not_copyable(foo_not_copyable const &) = delete;
  foo_not_copyable& operator=(foo_not_copyable const&) = delete;
};
```

❑ 要实现不可复制但可移动的类，请将复制操作符声明为已删除，并显式地实现移动
操作符（且提供所需的任何其他构造函数）：

```
class data_wrapper
{
  Data* data;
public:
  data_wrapper(Data* d = nullptr) : data(d) {}
  ~data_wrapper() { delete data; }

  data_wrapper(data_wrapper const&) = delete;
```

```
    data_wrapper& operator=(data_wrapper const &) = delete;

    data_wrapper(data_wrapper&& other) :data(std::move(other.
data))
    {
      other.data = nullptr;
    }

    data_wrapper& operator=(data_wrapper&& other)
    {
      if (this != std::addressof(other))
      {
        delete data;
        data = std::move(other.data);
        other.data = nullptr;
      }
      return *this;
    }
};
```

❑ 为了确保函数只能使用特定类型的对象调用，并防止类型提升，请为该函数提供已删除的重载（以下自由函数的示例也可应用于任意类成员函数）：

```
template <typename T>
void run(T val) = delete;

void run(long val) {} // can only be called with long integers
```

3.1.3 工作原理

类有几个特殊的成员，默认情况下，这些成员可以由编译器实现，它们是默认构造函数、复制构造函数、移动构造函数、复制赋值操作符、移动赋值操作符和析构函数（有关移动语义的讨论，请参阅 9.9 节内容）。如果没有手动实现它们，那么编译器就会默认实现它们，以便可以创建、移动、复制和销毁类的实例。但是，如果显式地提供一个或多个这类特殊方法，根据以下规则编译器将不会生成其他方法：

❑ 如果存在用户自定义的构造函数，则不会生成默认构造函数。

❑ 如果存在用户自定义的虚析构函数，则不会生成默认析构函数。

❑ 如果存在用户自定义的移动构造函数或移动赋值操作符，则默认不会生成复制构造函数和复制赋值操作符。

❑ 如果存在用户自定义的复制构造函数、移动构造函数、复制赋值操作符、移动赋值操作符或析构函数，则默认不会生成移动构造函数和移动赋值操作符。

❑ 如果存在用户自定义的复制构造函数或析构函数，则默认会生成复制赋值操作符。

❑ 如果存在用户自定义的复制赋值操作符或析构函数，则默认会生成复制构造函数。

请注意，最后两条规则是已弃用的规则，编译器可能不再支持它们。

有时，开发人员需要提供这些特殊成员的空实现或隐藏它们，防止以特定方式创建类的实例，一个典型的示例是使一个不应该被复制的类可复制。这方面的经典方法是提供默认构造函数，并隐藏复制构造函数和复制赋值操作符。虽然这样做有效，但显式定义的默认构造函数可以确保该类不再被认为是普通的，因此不再被认为是 POD 类型。目前的替代方法是使用 delete，如上一小节所示。

当编译器在函数定义中遇到 =default 时，它将提供默认实现，前面提到的特殊成员函数的规则仍然适用。当且仅当函数是内联函数时，函数可以在类的外部声明为 =default：

```
class foo
{
public:
  foo() = default;

  inline foo& operator=(foo const &);
};

inline foo& foo::operator=(foo const &) = default;
```

默认实现有几大好处，包括：
- 它比显式的更有效。
- 非默认实现，即使是空的，也被认为是非普通的。这会影响类型的语义，从而变得不普通（因此，也就变为非 POD 类型）。
- 不需要用户编写显式的默认实现。例如，如果存在用户自定义的移动构造函数，则编译器默认不提供复制构造函数和复制赋值操作符。但是，用户仍然可以显式使用默认函数，并要求编译器提供它们，这样就不必手动执行了。

当编译器在函数定义中遇到 =delete 时，它将阻止调用该函数。但是，在重载解析过程中仍然会考虑该函数，并且只有当删除的函数是最佳匹配函数时，编译器才会生成错误。例如，前面示例中 run() 函数提供的重载只能使用 long 参数，使用其他任何类型（包括 int，它通过自动类型提升被提升为 long）的参数调用函数会将已删除的重载确定为最佳匹配函数，因此编译器将生成错误：

```
run(42); // error, matches a deleted overload
run(42L); // OK, long integer arguments are allowed
```

注意，之前声明的函数不能被删除，因为 =delete 定义必须是编译单元中的第一个声明：

```
void forward_declared_function();
// ...
void forward_declared_function() = delete; // error
```

对于类的特殊成员函数，经验法则（也称为"五法则"）是这样描述的：如果显式定义任何复制构造函数、移动构造函数、复制赋值操作符、移动赋值操作符或析构函数，则必须显式定义或默认所有这些构造函数。

用户自定义的析构函数、复制构造函数和复制赋值操作符是必需的，因为在各种情况下（例如将参数传递给函数）对象都是从副本构造的。如果它们不是用户自定义的，则由编译器提供，但它们的默认实现可能是错误的。如果类管理资源，那么默认实现执行浅拷贝，这意味着它复制资源句柄的值（例如指向对象的指针），而不是资源本身。在这种情况下，用户自定义的实现必须执行深拷贝来复制资源，而不是复制资源句柄。此时，移动构造函数和移动赋值操作符的出现是必要的，因为它们意味着性能的提高。缺少这两者也不算错误，只是会错过优化机会。

3.1.4 延伸阅读

❑ 阅读 3.9 节，以了解如何使用 std::invoke() 和所提供参数调用可调用对象。

3.2 将 lambda 与标准算法结合使用

C++ 重要的现代特性之一是 lambda 表达式，也称为 lambda 函数或 lambda。lambda 表达式使我们能够定义匿名函数对象，这些对象可以捕获作用域中的变量，并且可以被调用或作为函数的参数传递。因此，lambda 在很多方面都很有用。在本节中，我们将学习如何在标准算法中使用它们。

3.2.1 准备工作

在本节中，我们将讨论标准算法，它接受一个参数，即应用于它所迭代的元素的函数或谓词。你需要知道什么是一元函数和二元函数，什么是谓词和比较函数，你还需要熟悉函数对象，因为 lambda 表达式是函数对象的语法糖。

3.2.2 使用方式

在标准算法中，应该使用 lambda 表达式而不是函数或函数对象来传递回调：

❑ 如果只需要在单个位置使用 lambda，请在调用位置定义匿名 lambda 表达式：

```
auto numbers =
  std::vector<int>{ 0, 2, -3, 5, -1, 6, 8, -4, 9 };
auto positives = std::count_if(
  std::begin(numbers), std::end(numbers),
  [](int const n) {return n > 0; });
```

❑ 如果需要在多个位置调用 lambda，则定义命名 lambda，即赋值给变量的 lambda（通常使用类型的 auto 标识符）：

```
auto ispositive = [](int const n) {return n > 0; };
auto positives = std::count_if(
  std::begin(numbers), std::end(numbers), ispositive);
```

❑ 如果需要的 lambda 仅在参数类型方面不同，则使用泛型 lambda 表达式（从 C++14
起可用）：

```
auto positives = std::count_if(
  std::begin(numbers), std::end(numbers),
  [](auto const n) {return n > 0; });
```

3.2.3 工作原理

第二个示例中显示的非泛型 lambda 表达式接受一个常量整数，如果它大于 0，则返回
true，否则返回 false。编译器用 operator 调用操作符定义一个未命名的函数对象，该
对象为 lambda 表达式的签名：

```
struct __lambda_name__
{
  bool operator()(int const n) const { return n > 0; }
};
```

编译器定义未命名函数对象的方式取决于我们定义 lambda 表达式的方式，该表达式可
以捕获变量、使用 mutable 说明符或异常规范，或者具有尾部返回类型。前面示例的 __
lambda_name__ 函数对象实际上是编译器生成的内容的简化，因为它还定义了默认的复制
构造函数和移动构造函数、默认的析构函数和已删除的赋值操作符。

 lambda 表达式实际上是一个类，为了调用它，编译器需要实例化类的对象。从
lambda 表达式实例化的对象称为 lambda 闭包。

在下面的示例中，我们要计算大于或等于 5 且小于或等于 10 的范围内的元素数，
lambda 表达式如下所示：

```
auto numbers = std::vector<int>{ 0, 2, -3, 5, -1, 6, 8, -4, 9 };
auto minimum { 5 };
auto maximum { 10 };
auto inrange = std::count_if(
    std::begin(numbers), std::end(numbers),
    [minimum, maximum](int const n) {
      return minimum <= n && n <= maximum;});
```

这个 lambda 通过复制（即值传递）捕获两个变量：minimum 和 maximum。编译器创建
的未命名函数对象与我们前面定义的函数对象非常相似。使用前面提到的默认特殊成员和
已删除的特殊成员，该类看起来如下所示：

```
class __lambda_name_2__
{
  int minimum_;
  int maximum_;
public:
  explicit __lambda_name_2__(int const minimum, int const maximum) :
  minimum_( minimum), maximum_( maximum)
  {}

  __lambda_name_2__(const __lambda_name_2__&) = default;
  __lambda_name_2__(__lambda_name_2__&&) = default;
  __lambda_name_2__& operator=(const __lambda_name_2__&)
    = delete;
  ~__lambda_name_2__() = default;

  bool operator() (int const n) const
  {
    return minimum_ <= n && n <= maximum_;
  }
};
```

lambda 表达式可以通过复制（值传递）或引用捕获变量，也可以采用这两者的不同组合方式。但是，不能多次捕获一个变量，只能在捕获列表的开头使用 **&** 或 **=**。

 lambda 只能从封闭函数作用域捕获变量。它不能捕获具有静态存储周期的变量（即在命名空间作用域中或使用 **static** 或 **external** 说明符声明的变量）。

表 3.1 展示了 lambda 捕获语义的各种组合。

表　3.1

lambda	描述
[](){}	不捕获任何参数
[&](){}	以引用的形式捕获参数
[=](){}	以复制的形式捕获参数。指针 this 的隐式捕获在 C++20 中已弃用
[&x](){}	以引用的形式捕获 x
[x](){}	以复制的形式捕获 x
[&x...](){}	以引用的形式捕获包扩展 x
[x...](){}	以复制的形式捕获包扩展 x
[&, x](){}	以引用的形式捕获除 x 外的所有变量，但是以复制的形式捕获 x
[=, &x](){}	以复制的形式捕获除 x 外的所有变量，但是以引用的形式捕获 x
[&, this](){}	以引用的形式捕获除 this 外的所有变量，但是以复制的形式捕获 this
[x, x](){}	错误，x 被捕获了两次
[&, &x](){}	错误，所有的参数都以引用的形式捕获，不能再次指定 x 以引用的形式捕获
[=, =x](){}	错误，所有的参数都以复制的形式捕获，不能再次指定 x 以复制的形式捕获
[&this](){}	错误，this 指针总是以复制的形式捕获

（续）

lambda	描述
[&, =](){}	错误，不能既以引用的形式捕获参数，又以复制的形式再次捕获参数
[x=expr](){}	x 是从表达式 expr 初始化的 lambda 闭包的数据成员
[&x=expr](){}	x 是从表达式 expr 初始化的 lambda 闭包的引用数据成员

从 C++17 开始，lambda 表达式的一般形式如下：

```
[capture-list](params) mutable constexpr exception attr -> ret
{ body }
```

此语法中显示的所有部分实际上都是可选的，但捕获列表和主体除外，捕获列表可以为空，主体也可以为空。如果不需要参数，则可以省略参数列表。不需要指定返回类型，因为编译器可以从返回表达式的类型推导出它。mutable 说明符（指示编译器 lambda 实际上可以修改通过复制捕获的变量）、constexpr 说明符（指示编译器生成 constexpr 调用操作符）以及异常说明符和属性都是可选的。

最简单的 lambda 表达式是 []{}，但它通常写成 [](){}。

表 3.1 中的后两个示例是广义 lambda 捕获形式，它们是在 C++14 中引入的，允许我们捕获仅支持移动语义的变量，但它们也可以用于在 lambda 中定义新的对象。以下示例展示了广义 lambda 如何用 move 捕获变量：

```
auto ptr = std::make_unique<int>(42);
auto l = [lptr = std::move(ptr)](){return ++*lptr;};
```

在类方法中编写并需要捕获类数据成员的 lambda，可以通过以下几种方式实现：

❏ 使用 [x=expr] 的形式捕获单个数据成员：

```
struct foo
{
  int        id;
  std::string name;

  auto run()
  {
    return [i=id, n=name] { std::cout << i << ' ' << n << '\n';
};
  }
};
```

❏ 使用 [=] 形式捕获整个对象（注意，通过 [=] 隐式捕获指针 this 在 C++20 中已弃用）：

```
struct foo
{
  int        id;
  std::string name;

  auto run()
  {
    return [=] { std::cout << id << ' ' << name << '\n'; };
  }
};
```

□ 通过捕获 this 指针来捕获整个对象，如果需要调用该类的其他方法，这是必需的。
当指针被按值捕获时，可以将其捕获为 [this]；当对象本身被按值捕获时，可以将
其捕获为 [*this]。如果在捕获发生后但在调用 lambda 之前对象可能会超出作用
域，那么这将产生很大的区别：

```
struct foo
{
  int        id;
  std::string name;

  auto run()
  {
    return[this]{ std::cout << id << ' ' << name << '\n'; };
  }
};

auto l = foo{ 42, "john" }.run();
l(); // does not print 42 john
```

在后一种情况中，正确的捕获应该是 [*this]，以便按值复制对象。在本例中，调用
lambda 将打印 42 john，即使临时变量已超出作用域。

C++20 标准对捕获指针 this 进行了以下几项更改：

□ 它不赞成在使用 [=] 时隐式捕获 this，编译器会产生一个废弃警告。

□ 当想用 [=, this] 捕获所有内容时，它引入了显式的 this 指针值捕获，我们仍然
只能用 [this] 捕获指针 this。

在某些情况下，lambda 表达式仅在参数方面有所不同。在这种情况下，lambda 可以像
模板一样以泛型方式编写，但要使用类型参数的 auto 标识符（不涉及模板语法），这将在
下一节中提及，如 3.2.4 节所述。

3.2.4　延伸阅读

□ 阅读 3.3 节，以了解如何为 lambda 参数使用 auto 关键字，以及如何在 C++20 中定
义模板 lambda。

□ 阅读 3.4 节，以了解递归调用 lambda 本身的技术。

3.3 使用泛型 lambda 和模板 lambda

在前面的章节中，我们了解了如何编写 lambda 表达式并将其与标准算法结合使用。在 C++ 中，lambda 基本上是未命名函数对象的语法糖，这些未命名函数对象是实现调用操作符的类，因此与所有其他函数一样，这可以通过模板实现。C++14 刚好就利用了这一点，引入了泛型 lambda，它不需要为参数指定实际类型，而是使用 auto 标识符。虽然没有使用此名称引用，但泛型 lambda 基本上是 lambda 模板，当想要使用相同的 lambda 但使用不同类型的参数时，它们非常有用。此外，C++20 标准在这方面更进一步，支持显式定义模板 lambda，这有助于解决一些使用泛型 lambda 仍很棘手的问题。

3.3.1 准备工作

建议在学习本节内容之前先阅读 3.2 节的内容，以便熟悉 C++ 中 lambda 的基础知识。

3.3.2 使用方式

在 C++14 中，我们可以编写泛型 lambda：

❑ 使用 auto 标识符代替 lambda 表达式参数的实际类型。

❑ 当我们需要使用多个仅在参数类型方面不同的 lambda 时。

以下示例展示了一个与 std::accumulate() 算法一起使用的泛型 lambda，首先用于一个整数 vector，然后用于字符串 vector：

```
auto numbers =
  std::vector<int>{0, 2, -3, 5, -1, 6, 8, -4, 9};

using namespace std::string_literals;
auto texts =
  std::vector<std::string>{"hello"s, " "s, "world"s, "!"s};

auto lsum = [](auto const s, auto const n) {return s + n;};

auto sum = std::accumulate(
  std::begin(numbers), std::end(numbers), 0, lsum);
  // sum = 22

auto text = std::accumulate(
  std::begin(texts), std::end(texts), ""s, lsum);
  // sum = "hello world!"s
```

在 C++20 中，我们可以编写 lambda 模板：

❑ 通过在捕获子句之后的尖括号中使用模板参数列表（例如 <template T>）。

❑ 如果想要达到如下目的：

❑ 限制泛型 lambda 只使用某些类型，例如容器或满足某个概念的类型。

❑ 确保泛型 lambda 的两个或多个参数确实具有相同的类型。

❑ 检索泛型参数的类型，以便我们可以创建它的实例，调用静态方法或使用它的迭代器类型。

❑ 在泛型 lambda 中执行完美转发。

以下示例展示了一个只能使用 std::vector 来调用的模板 lambda：

```cpp
std::vector<int> vi { 1, 1, 2, 3, 5, 8 };

auto tl = []<typename T>(std::vector<T> const& vec)
{
   std::cout << std::size(vec) << '\n';
};

tl(vi); // OK, prints 6
tl(42); // error
```

3.3.3　工作原理

在上一小节的第一个示例中，我们定义了一个命名 lambda 表达式。也就是说，lambda 表达式将其闭包分配给变量，然后将此变量作为参数传递给 std::accumulate() 函数。

这个通用算法接受 begin 和 end 迭代器，它们定义了一个 range、一个要累积的初始值以及一个将 range 中的每个值进行累积的函数。该函数的第一个参数表示当前累积值，第二个参数表示要累积的当前值，它返回新的累积值。注意，我没有使用 add 这个术语，因为它可以用于除加法之外的其他事情，它还可用于计算乘积、连接或其他将值聚合在一起的操作。

本例中对 std::accumulate() 的两次调用几乎相同，只有参数的类型不同：

❑ 在第一个调用中，我们传递指向整数 range（来自 vector <int>）的迭代器、0（表示初始和），以及一个 lambda（用于将两个整数相加并返回其和）。这将计算 range 内所有整数的和，在本例中，它是 22。

❑ 在第二个调用中，我们传递指向字符串 range（来自 vector<string>）的迭代器、作为初始值的空字符串和一个 lambda（该 lambda 通过将两个字符串相加并返回结果）这将生成一个字符串，该字符串包含 range 内的所有字符串，这些字符串依次连接在一起，对于本例，结果就是 hello world！。

虽然泛型 lambda 在调用它们的地方可以匿名定义，但这并没有实际的意义，因为泛型 lambda（正如我们前面提到的，泛型 lambda 是 lambda 表达式模板）的目的是能够被重用，如 3.3.2 节的示例所示。

当定义此 lambda 表达式时，如果要多次调用 std::accumulate() 而不是为 lambda 参数指定具体的类型（例如 int 或 std::string），则可以使用 auto 标识符让编译器推断类型。当遇到参数类型具有 auto 标识符的 lambda 表达式时，编译器会生成一个具有调用操作符模板的未命名函数对象。对于本例中的泛型 lambda 表达式，函数对象看起来像这样：

```
struct __lambda_name__
{
  template<typename T1, typename T2>
  auto operator()(T1 const s, T2 const n) const { return s + n; }

  __lambda_name__(const __lambda_name__&) = default;
  __lambda_name__(__lambda_name__&&) = default;
  __lambda_name__& operator=(const __lambda_name__&) = delete;
  ~__lambda_name__() = default;
};
```

调用操作符是一个模板，lambda 表达式每个参数都用 `auto` 进行标识。调用操作符的返回类型也用 `auto` 标识，这意味着编译器将从返回值的类型推导它，编译器会通过泛型 lambda 的上下文识别的实际类型将操作符模板进行实例化。

C++20 的模板 lambda 是对 C++14 泛型 lambda 的改进，在某些场景使用更方便。上一小节的第二个示例展示了一个典型的例子，其中 lambda 仅受接受 `std::vector` 类型参数的限制。另一个例子是你希望确保 lambda 的两个参数具有相同的类型。在 C++20 之前，很难做到这一点，但是有了模板 lambda，这就非常容易了，如下所示：

```
auto tl = []<typename T>(T x, T y)
{
  std::cout << x << ' ' << y << '\n';
};

tl(10, 20);   // OK
tl(10, "20"); // error
```

使用模板 lambda 的另一个场景是，你需要知道参数的类型，以便可以创建该类型的实例或调用它的静态成员。使用泛型 lambda，解决方案如下：

```
struct foo
{
    static void f() { std::cout << "foo\n"; }
};

auto tl = [](auto x)
{
  using T = std::decay_t<decltype(x)>;
  T other;
  T::f();
};

tl(foo{});
```

此解决方案需要使用 `std::decay_t` 和 `decltype`。然而在 C++20 中，同样的 lambda 可以写成如下形式：

```
auto tl = []<typename T>(T x)
{
  T other;
  T::f();
};
```

当需要在泛型 lambda 中进行模板完美转发时（这需要使用 `decltype` 来确定参数的类型），也会出现类似的情况：

```
template <typename ...T>
void foo(T&& ... args)
{ /* ... */ }

auto tl = [](auto&& ...args)
{
  return foo(std::forward<decltype(args)>(args)...);
};

tl(1, 42.99, "lambda");
```

使用模板 lambda，我们可以用以下更简单的方式重写它：

```
auto tl = []<typename ...T>(T && ...args)
{
  return foo(std::forward<T>(args)...);
};
```

从这些示例中可以看出，模板 lambda 是泛型 lambda 的改进，更容易处理本节中提到的问题。

3.3.4 延伸阅读

❑ 阅读 3.2 节，以了解 lambda 表达式的基础知识，以及如何将其与标准算法结合使用。
❑ 阅读 1.1 节，以了解 C++ 中自动类型推导的工作原理。

3.4 编写递归 lambda

lambda 实际上是未命名的函数对象，这意味着我们可以递归地调用它们。确实，它们可以被递归地调用，但是这样做的机制并不明显，因为它需要将 lambda 分配给函数包装器并通过引用捕获包装器。虽然可以认为递归 lambda 没有真正的意义，函数可能是更好的设计选择，但在本节中，我们将研究如何编写递归 lambda。

3.4.1 准备工作

为了演示如何编写递归 lambda，我们将考虑著名的 Fibonacci 函数示例，它通常在 C++

中递归地实现，具体如下：

```
constexpr int fib(int const n)
{
  return n <= 2 ? 1 : fib(n - 1) + fib(n - 2);
}
```

以这个实现为起点，我们来看看如何使用递归 lambda 重写它。

3.4.2　使用方式

要编写递归 lambda 函数，必须执行以下操作：

❑ 在函数作用域中定义 lambda。

❑ 将 lambda 分配给 std::function 包装器。

❑ 通过 lambda 中的引用捕获 std::function 对象，以便递归地调用它。

以下是递归 lambda 的示例：

❑ 在函数作用域中调用一个递归的 Fibonacci lambda 表达式：

```
void sample()
{
  std::function<int(int const)> lfib =
    [&lfib](int const n)
    {
      return n <= 2 ? 1 : lfib(n - 1) + lfib(n - 2);
    };
  auto f10 = lfib(10);
}
```

❑ 由函数返回的递归 Fibonacci lambda 表达式可以从任何作用域调用：

```
std::function<int(int const)> fib_create()
{
  std::function<int(int const)> f = [](int const n)
  {
    std::function<int(int const)> lfib = [&lfib](int n)
    {
      return n <= 2 ? 1 : lfib(n - 1) + lfib(n - 2);
    };
    return lfib(n);
  };
  return f;
}

void sample()
{
  auto lfib = fib_create();
  auto f10 = lfib(10);
}
```

3.4.3 工作原理

在编写递归 lambda 表达式时需要考虑的第一件事是，lambda 表达式是一个函数对象，为了从 lambda 的主体递归地调用它，lambda 必须捕获其闭包（即 lambda 的实例化）。换句话说，lambda 必须捕获自身，这有几个含义：

❑ 首先，lambda 必须有一个名称，以便再次调用它，我们无法捕获未命名的 lambda。

❑ 其次，lambda 只能在函数作用域中定义。这样做的原因是 lambda 只能从函数作用域捕获变量，它无法捕获具有静态存储周期的变量。在命名空间作用域中或使用 `static` 或 `external` 说明符定义的对象具有静态存储周期。如果 lambda 是在命名空间作用域中定义的，则其闭包将具有静态存储周期，因此 lambda 不能捕获它。

❑ 再次，lambda 闭包的类型不能保持未指定的状态，也就是说，它不能用 `auto` 标识符声明。使用 `auto` 类型标识符声明的变量不能出现在其自己的初始化列表中，这是因为在处理初始化列表时，变量的类型是未知的。因此，必须指定 lambda 闭包的类型，我们可以通过通用函数包装器 `std::function` 来实现这一点。

❑ 最后，不得不提的是，必须通过引用捕获 lambda 闭包。如果我们通过复制（或按值）捕获，则会生成函数包装器的副本，但捕获完成时包装器未初始化，我们最终得到一个无法调用的对象。虽然编译器接受按值捕获，但在调用闭包时，会抛出 `std::bad_function_call` 异常。

在 3.4.2 节的第一个示例中，递归 lambda 在另一个名为 `sample()` 的函数中定义。lambda 表达式的签名和主体与常规递归函数 `fib()` 的签名和主体相同。lambda 闭包被分配给名为 `lfib` 的函数包装器（该包装器由 lambda 通过引用捕获），并从它的主体递归地调用它。由于闭包是通过引用捕获的，因此将在必须从 lambda 的主体调用闭包时初始化闭包。

在第二个示例中，我们定义了一个函数，该函数返回 lambda 表达式的闭包，该闭包又用 lambda 的参数定义并调用递归 lambda。当需要从函数返回递归 lambda 时，必须实现此模式，这是必要的，因为在调用递归 lambda 时，lambda 闭包必须仍然可用。如果在此之前它被销毁，就会留下一个悬空引用，调用它将导致程序异常终止。下面的例子说明了这种错误情况：

```
// this implementation of fib_create is faulty
std::function<int(int const)> fib_create()
{
  std::function<int(int const)> lfib = [&lfib](int const n)
  {
    return n <= 2 ? 1 : lfib(n - 1) + lfib(n - 2);
  };

  return lfib;
}
void sample()
```

```
{
  auto lfib = fib_create();
  auto f10 = lfib(10);      // crash
}
```

解决这个问题的方法是创建两个嵌套的 lambda 表达式，如 3.4.2 节中所示。fib_create() 方法返回一个函数包装器，当调用该包装器时，它将创建捕获自身的递归 lambda。这与前一个示例中所示的实现有着本质的区别。外部 f lambda 不捕获任何东西，特别是不通过引用捕获，因此，不会有悬空引用这个问题。但是，当被调用时，它会创建嵌套 lambda（这是我们真正要调用的实际 lambda 的闭包），并将返回的结果作为递归 lfib lambda 的参数。

3.4.4　延伸阅读

❑ 阅读 3.3 节，以了解如何为 lambda 参数使用 auto，以及如何在 C++20 中定义模板 lambda。

3.5　编写具有可变数量参数的函数模板

有时，编写参数个数可变的函数或成员个数可变的类很有用。典型的例子包括 printf 之类的函数（它采用一种格式和可变数量的参数）或者 tuple 之类的类。在 C++11 之前，前者只能通过可变参数宏（只允许编写类型不安全的函数）实现，而后者根本不可能实现。C++11 引入了可变参数模板，它是具有可变数量参数的模板，可以编写具有可变数量参数的类型安全函数模板，也可以编写具有可变数量成员的类模板。在本节中，我们将介绍如何编写函数模板。

3.5.1　准备工作

具有可变数量参数的函数称为可变参数函数，参数数量可变的函数模板称为可变参数函数模板。了解 C++ 可变参数宏（va_start、va_end、va_arg、va_copy 和 va_list）对于学习如何编写可变参数函数模板是不必要的，但它至少代表了一个好的起点。

我们已经在之前的章节中使用了可变参数模板，但在本节中我们将提供详细的解释。

3.5.2　使用方式

要编写可变参数函数模板，必须执行以下步骤：

1）为了满足可变参数函数模板的语义需要，需要定义一个具有固定数量参数的重载，以结束编译时递归调用（请参阅以下代码中的 [1]）。

2）定义一个模板参数包，该模板参数包可以包含任意数量（包括零）的参数。这些参数可以是类型、非类型或模板（请参阅 [2]）。

3）定义一个函数参数包来保存任意数量（包括零）的函数参数。模板参数包和相应函数参数包的大小相同。这个大小可以用 sizeof... 操作符来确定（有关此操作符的信息，请参阅 [3] 和 3.5.3 节末尾）。

4）展开参数包，用提供的实际参数进行替换（请参阅 [4]）。

下面的示例说明了前面的所有要点，它是一个可变参数函数模板，使用 operator+ 添加可变数量的参数：

```cpp
template <typename T>                 // [1] overload with fixed
T add(T value)                        //     number of arguments
{
  return value;
}

template <typename T, typename... Ts> // [2] typename... Ts
T add(T head, Ts... rest)             // [3] Ts... rest
{
  return head + add(rest...);         // [4] rest...
}
```

3.5.3　工作原理

乍一看，前面的实现看起来像是递归，因为函数 add() 调用了自己，从某种意义上说，它是一种编译时递归，不会产生任何运行时递归和开销。编译器实际上会根据可变参数函数模板的使用情况来生成具有不同数量参数的多个函数，因此只涉及函数重载，而不涉及任何类型的递归。然而，实现就是这样做的，就好像参数将以带有结束条件的递归方式进行处理一样。

在前面的代码中，我们可以识别到以下关键部分：

❑ typename... Ts 是一个模板参数包，用于指示可变数量的模板类型参数。

❑ Ts... rest 是一个函数参数包，指示可变数量的函数参数。

❑ rest... 是函数参数包的扩展。

 省略号的位置在语法上无关紧要。typename... Ts、typename... Ts、和 typename ... Ts 都是等价的。

在 add(T head, Ts... rest) 参数中，head 是参数列表的第一个元素，而 ...rest 是包含列表中其余参数（可以为零个或更多个）的包。在函数体中，rest... 是函数参数包的扩展，这意味着编译器将按元素顺序替换参数包。在 add() 函数中，我们基本上将第一个参数添加到其余参数的和中，这给人一种递归调用的感觉。当只剩下一个参数时，此递归结束，在这种情况下，将调用第一个 add() 函数重载（只有一个参数）并返回其参数的值。

函数模板 add() 的这个实现使得我们能编写以下类似代码：

```
auto s1 = add(1, 2, 3, 4, 5);
// s1 = 15
auto s2 = add("hello"s, " "s, "world"s, "!"s);
// s2 = "hello world!"
```

当编译器遇到 add（1，2，3，4，5）时，它会生成以下函数（arg1、arg2 等并不是编译器生成的实际名称），这表明实际上只涉及对重载函数的调用，而不涉及递归：

```
int add(int head, int arg1, int arg2, int arg3, int arg4)
{return head + add(arg1, arg2, arg3, arg4);}
int add(int head, int arg1, int arg2, int arg3)
{return head + add(arg1, arg2, arg3);}
int add(int head, int arg1, int arg2)
{return head + add(arg1, arg2);}
int add(int head, int arg1)
{return head + add(arg1);}
int add(int value)
{return value;}
```

 在 GCC 和 Clang 中，可以使用 __PRETTY_FUNCTION__ 宏来打印函数的名称和签名。

通过在我们编写的两个函数的开头添加 std::cout << __PRETTY_FUNCTION__ << std::endl，在运行代码时可以得到以下结果：

```
T add(T, Ts ...) [with T = int; Ts = {int, int, int, int}]
T add(T, Ts ...) [with T = int; Ts = {int, int, int}]
T add(T, Ts ...) [with T = int; Ts = {int, int}]
T add(T, Ts ...) [with T = int; Ts = {int}]
T add(T) [with T = int]
```

因为这是一个函数模板，所以它可以与支持 operator+ 的任意类型一起使用。另一个例子是 add ("hello"s, " "s, "world"s, "!"s)，它生成 hello,world! 字符串。然而，std::basic_string 类型对 operator+ 有不同的重载，包括可以将字符串连接成新字符串的重载，因此我们应该也能够编写以下代码：

```
auto s3 = add("hello"s, ' ', "world"s, '!');
// s3 = "hello world!"
```

然而，这将产生编译错误，如下所示（注意，为了简单起见，我实际上用字符串 hello world! 替换了 std::basic_string<char, std::char_traits<char>, std::allocator<char> >）：

```
In instantiation of 'T add(T, Ts ...) [with T = char; Ts = {string,
char}]':
16:29:   required from 'T add(T, Ts ...) [with T = string; Ts = {char,
string, char}]'
22:46:   required from here
```

```
16:29: error: cannot convert 'string' to 'char' in return
 In function 'T add(T, Ts ...) [with T = char; Ts = {string, char}]':
17:1: warning: control reaches end of non-void function [-Wreturn-type]
```

编译器生成这里所示的代码，其中返回类型与第一个参数的类型相同。但是，第一个参数是 std::string 或 char（同样，为了简单起见，将 std::basic_string<char, std::char_traits<char>, std::allocator<char>> 替换为 string）。如果 char 是第一个参数类型，则返回值 head+add (...) 的类型是 std::string，它与函数返回类型不匹配，并且没有隐式转换的函数：

```
string add(string head, char arg1, string arg2, char arg3)
{return head + add(arg1, arg2, arg3);}
char add(char head, string arg1, char arg2)
{return head + add(arg1, arg2);}
string add(string head, char arg1)
{return head + add(arg1);}
char add(char value)
{return value;}
```

我们可以通过修改可变参数函数模板来解决这个问题，这样它的返回类型就不是 T，而是 auto。在这种情况下，返回类型总是从返回表达式推断出来的，在我们的示例中，在所有情况下它都是 std::string：

```
template <typename T, typename... Ts>
auto add(T head, Ts... rest)
{
  return head + add(rest...);
}
```

应该进一步补充的是，参数包可以出现在初始化列表中，其大小可以使用 sizeof... 操作符获得。此外，正如在本节中所示，可变参数函数模板并不一定意味着编译时递归。所有这些都可以在以下示例中看到：

```
template<typename... T>
auto make_even_tuple(T... a)
{
  static_assert(sizeof...(a) % 2 == 0,
                "expected an even number of arguments");
  std::tuple<T...> t { a... };

  return t;
}

auto t1 = make_even_tuple(1, 2, 3, 4); // OK

// error: expected an even number of arguments
auto t2 = make_even_tuple(1, 2, 3);
```

在前面的代码片段中，我们定义了一个函数，该函数创建了一个具有偶数个成员的元组。我们首先使用 sizeof...(a) 来确保有偶数个参数的断言，否则会产生编译错误。sizeof... 操作符可与模板参数包和函数参数包一起使用，sizeof...(a) 和 sizeof...(T) 将产生相同的值，然后，我们创建并返回一个元组。模板参数包 T 展开（带 T...）为 std::tuple 类模板的类型参数，函数参数包 a 被展开（带 a...）为使用初始化列表为元组成员赋的值。

3.5.4 延伸阅读

❑ 阅读 3.6 节，以了解如何在创建具有可变数量参数的函数模板时编写更简单、更清晰的代码。
❑ 阅读 2.6 节，以了解如何提供输入序列的自定义解释，以改变编译器的正常行为。

3.6 使用 fold 表达式简化可变参数函数模板

在本章中，我们将会多次讨论到 fold，它是一个二元函数，可将一系列值生成单个值。在讨论可变参数函数模板时我们已经看到了这一点，我们将在高阶函数中再次看到这一点。事实证明，在很多情况下，可变参数函数模板中参数包的展开就是一个折叠操作。为了简化编写这种可变参数函数模板，C++17 引入了 fold 表达式，它将参数包的扩展折叠到二元运算符上。在本节中，我们将学习如何使用 fold 表达式来简化编写可变参数函数模板。

3.6.1 准备工作

本节中的示例基于变量参数函数模板 add()，我们在前面的章节中已经编写了该模板，参见 3.5 节。该章节中的实现是一个左折叠操作，为了简单起见，我们将再次介绍该函数：

```
template <typename T>
T add(T value)
{
  return value;
}

template <typename T, typename... Ts>
T add(T head, Ts... rest)
{
  return head + add(rest...);
}
```

在下一小节中，我们将学习如何简化这个特定的实现，以及使用 fold 表达式的其他示例。

3.6.2 使用方式

要想将参数包折叠到二元运算符上，请使用以下形式之一：

❑ 一元形式的左折叠（`... op pack`）：

```
template <typename... Ts>
auto add(Ts... args)
{
  return (... + args);
}
```

❑ 二元形式的左折叠（`init op ... op pack`）：

```
template <typename... Ts>
auto add_to_one(Ts... args)
{
  return (1 + ... + args);
}
```

❑ 一元形式的右折叠（`pack op ...`）：

```
template <typename... Ts>
auto add(Ts... args)
{
  return (args + ...);
}
```

❑ 二元形式的右折叠（`pack op ... op init`）：

```
template <typename... Ts>
auto add_to_one(Ts... args)
{
  return (args + ... + 1);
}
```

 这里显示的括号是 fold 表达式的一部分，不能省略。

3.6.3 工作原理

当编译器遇到 fold 表达式时，会将其展开为表 3.2 所示的表达式。

表 3.2

fold 表达式	表达式的展开
`(... op pack)`	`((pack$1 op pack$2) op ...) op pack$n`
`(init op ... op pack)`	`(((init op pack$1) op pack$2) op ...) op pack$n`
`(pack op ...)`	`pack$1 op (... op (pack$n-1 op pack$n))`
`(pack op ... op init)`	`pack$1 op (... op (pack$n-1 op (pack$n opinit)))`

当使用二元形式时，左侧和右侧的运算符必须相同，且初始化值不得包含未展开的参数包。

fold 表达式支持表 3.3 所示的二元运算符。

表 3.3

+	-	*	/	%	^	&	|	=	<	>	<<
>>	+=	-=	*=	/=	%=	^=	&=	|=	<<=	>>=	==
!=	<=	>=	&&	||	,	.*	->*.				

当使用一元形式时，空参数包只允许使用诸如 *、+、&、|、&&、|| 和，等运算符。在这种情况下，空包的值如表 3.4 所示。

表 3.4

+	0
*	1
&	-1
|	0
&&	true
||	false
,	void()

现在有了前面实现的函数模板（请考虑左折叠版本），我们可以编写如下代码：

```
auto sum = add(1, 2, 3, 4, 5);          // sum = 15
auto sum1 = add_to_one(1, 2, 3, 4, 5); // sum = 16
```

考虑到 add（1，2，3，4，5）调用，它将生成以下函数：

```
int add(int arg1, int arg2, int arg3, int arg4, int arg5)
{
  return ((((arg1 + arg2) + arg3) + arg4) + arg5);
}
```

值得一提的是，考虑到现代编译器优化机制，此函数可以内联，最终我们可能会得到这样的表达式：`auto sum = 1 + 2 + 3 + 4 + 5`。

3.6.4 更多

fold 表达式适用于支持的二元运算符的所有重载，但不适用于所有二元函数。一种可能的解决方式是为二元函数提供能够保存值的包装器类型，并且为包装器类型实现运算符重载。

```
template <typename T>
struct wrapper
{
  T const & value;
};


template <typename T>
```

```
constexpr auto operator<(wrapper<T> const & lhs,
                         wrapper<T> const & rhs)
{
  return wrapper<T> {
    lhs.value < rhs.value ? lhs.value : rhs.value};
}
```

在前面的代码中，wrapper 是一个简单的类模板，它保存对 T 类型的值的常量引用，并为该类模板提供了重载 operator<。此重载不会返回一个布尔值来指示第一个参数小于第二个参数，而是返回一个 wrapper 类类型的实例来保存两个参数中的最小值。此处显示的可变参数函数模板 min() 使用重载 operator< 折叠扩展到 wrapper 类模板实例的参数包：

```
template <typename... Ts>
constexpr auto min(Ts&&... args)
{
  return (wrapper<Ts>{args} < ...).value;
}

auto m = min(3, 1, 2); // m = 1
```

编译器将此 min() 函数扩展为如下形式：

```
template<>
inline constexpr int min<int, int, int>(int && __args0,
                                        int && __args1,
                                        int && __args2)
{
  return
    operator<(wrapper_min<int>{__args0},
      operator<(wrapper_min<int>{__args1},
             wrapper_min<int>{__args2})).value;
}
```

我们在这里看到的是对二元 operator< 的级联调用，它返回一个 wrapper<int> 值。如果没有它，就不可能使用 fold 表达式实现 min() 函数。以下实现不起作用：

```
template <typename... Ts>
constexpr auto minimum(Ts&&... args)
{
  return (args < ...);
}
```

编译器会基于调用 min(3，1，2) 将其转换为如下内容：

```
template<>
inline constexpr bool minimum<int, int, int>(int && __args0,
                                             int && __args1,
                                             int && __args2)
{
  return __args0 < (static_cast<int>(__args1 < __args2));
}
```

结果是一个返回布尔值的函数，并不会返回实际的整数值（它表示所提供参数之间的最小值）。

3.6.5　延伸阅读

❑ 阅读 3.7 节，以了解函数编程中的高阶函数以及如何实现广泛使用的 map 和 fold（或 reduce）函数。

3.7　实现高阶函数 map 和 fold

在本书前面的所有章节中，我们在几个示例中使用了通用算法 std::transform() 和 std::accumulate()，例如用于实现字符串实用程序以创建字符串的大写或小写副本，或用于对 range 的值求和。这些基本上是高阶函数 map 和 fold 的实现。高阶函数是将一个或多个其他函数作为参数，并将它们应用于 range（列表、向量、映射、树等），从而生成新 range 或值的函数。在本节中，我们将学习如何实现 map 和 fold 函数，以便将它们与 C++ 标准容器结合起来使用。

3.7.1　准备工作

map 是一个高阶函数，它将函数应用于 range 的各元素，并以相同的顺序返回新的 range。

fold 也是一个高阶函数，它将组合函数应用于 range 中的元素以生成单个结果。由于处理顺序可能很重要，因此该函数通常有两个版本：一个是 foldleft（它从左到右处理元素），另一个是 foldright（它从右到左组合元素）。

大多数关于 map 函数的描述都表明它适用于列表，但这里的"列表"是一个通用术语，可以表示不同的顺序类型，如列表、向量和数组，也可以表示字典（即映射）、队列等。出于这个原因，在描述这些高阶函数时，我更喜欢使用 range 这个术语。

例如，映射操作可以将字符串 range 转换为表示每个字符串长度的整数 range，折叠操作可以将这些长度相加，从而获取所有字符串的组合的总长度。

3.7.2　使用方式

要实现 map 函数，应该：

❑ 在支持迭代和元素赋值的容器（例如 std::vector 或 std::list）上使用 std:: transform：

```
template <typename F, typename R>
R mapf(F&& func, R range)
{
  std::transform(
    std::begin(range), std::end(range), std::begin(range),
    std::forward<F>(func));
  return range;
}
```

❑ 对不支持元素赋值的容器（如 `std::map`）使用其他方法，如显式迭代和插入：

```
template<typename F, typename T, typename U>
std::map<T, U> mapf(F&& func, std::map<T, U> const & m)
{
  std::map<T, U> r;
  for (auto const kvp : m)
    r.insert(func(kvp));
  return r;
}

template<typename F, typename T>
std::queue<T> mapf(F&& func, std::queue<T> q)
{
  std::queue<T> r;
  while (!q.empty())
  {
    r.push(func(q.front()));
    q.pop();
  }
  return r;
}
```

要实现 fold 函数，应该：

❑ 在支持迭代的容器上使用 `std::accumulate()`：

```
template <typename F, typename R, typename T>
constexpr T foldl(F&& func, R&& range, T init)
{
  return std::accumulate(
    std::begin(range), std::end(range),
    std::move(init),
    std::forward<F>(func));
}

template <typename F, typename R, typename T>
constexpr T foldr(F&& func, R&& range, T init)
{
  return std::accumulate(
    std::rbegin(range), std::rend(range),
    std::move(init),
    std::forward<F>(func));
}
```

❑ 使用其他方法显式处理不支持迭代的容器（例如 std::queue）：

```
template <typename F, typename T>
constexpr T foldl(F&& func, std::queue<T> q, T init)
{
  while (!q.empty())
  {
    init = func(init, q.front());
    q.pop();
  }
  return init;
}
```

3.7.3　工作原理

在前面的示例中，我们以函数的方式实现了 map，没有副作用，这意味着它将保留原始 range 并返回一个新 range。该函数的参数是要应用的函数和 range，为了避免与 std::map 容器混淆，我们称这个函数为 mapf。mapf 有几个重载，如前所示：

❑ 第一个重载用于支持迭代和元素赋值的容器，包括 std::vector、std::list 和 std::array，也包括类 C 数组。该函数接受对函数的右值引用，以及定义 std::begin() 和 std::end() 的 range。range 按值传递，因此修改本地副本不会影响原始 range。使用标准算法 std::transform() 将给定函数应用于每个元素来转换 range，然后返回转换后的 range。

❑ 第二个重载是 std::map 特化，它不直接支持元素赋值（std::pair<T, U>）。因此，此重载将创建一个新映射，然后使用基于 range 的 for 循环遍历其元素，并将对原始映射的每个元素应用输入函数的结果插入新映射中。

❑ 第三个重载是 std::queue 特化，它是一个不支持迭代的容器。可以说，队列不是一种典型的映射结构，但为了演示可能的不同实现，我们正在考虑它。为了遍历队列的元素，必须更改队列，你需要从前面弹出元素，直到列表为空。这就是第三个重载所做的事情，它处理输入队列的每个元素（按值传递），并将应用给定函数的结果推送到剩余队列的前面。

现在我们已经实现了这些重载，可以将它们应用于许多容器，如以下示例所示：

❑ 保留 vector 的绝对值。在本例中，vector 同时包含负值和正值。应用映射后，结果是一个仅具有正值的新 vector：

```
auto vnums =
  std::vector<int>{0, 2, -3, 5, -1, 6, 8, -4, 9};
auto r = funclib::mapf([](int const i) {
  return std::abs(i); }, vnums);
// r = {0, 2, 3, 5, 1, 6, 8, 4, 9}
```

❑ 将列表的数值平方。在本例中，列表包含整数值。应用映射后，结果是一个包含初始值平方的列表：

```
auto lnums = std::list<int>{1, 2, 3, 4, 5};
auto l = funclib::mapf([](int const i) {
  return i*i; }, lnums);
// l = {1, 4, 9, 16, 25}
```

❑ 四舍五入浮点数。对于本例，我们需要使用 std::round()。然而，这对所有浮点类型都有重载，这使得编译器无法选择正确的类型。因此，我们要么编写一个lambda，使它接受特定浮点类型的参数并返回应用于该值的 std::round() 值；要么创建一个函数对象模板，使之包装 std::round()，并仅对浮点类型启用其调用操作符。以下示例中使用了此技术：

```
template<class T = double>
struct fround
{
  typename std::enable_if_t<
    std::is_floating_point_v<T>, T>

  operator()(const T& value) const
  {
    return std::round(value);
  }
};

auto amounts =
  std::array<double, 5> {10.42, 2.50, 100.0, 23.75, 12.99};
auto a = funclib::mapf(fround<>(), amounts);
// a = {10.0, 3.0, 100.0, 24.0, 13.0}
```

❑ 大写单词映射的字符串键（其中键是单词，值是它在文本中出现的次数）。请注意，创建字符串的大写副本本身就是一个映射操作。因此，在本例中，我们使用 mapf 将 toupper() 应用于表示键的字符串元素，以生成大写副本：

```
auto words = std::map<std::string, int>{
  {"one", 1}, {"two", 2}, {"three", 3}
};
auto m = funclib::mapf(
  [](std::pair<std::string, int> const kvp) {
    return std::make_pair(
      funclib::mapf(toupper, kvp.first),
      kvp.second);
  },
  words);
// m = {{"ONE", 1}, {"TWO", 2}, {"THREE", 3}}
```

❑ 规约优先级队列中的值（最初的值位于 1 ～ 100），我们希望将它们规约化为两个值，1 代表高优先级，2 代表正常优先级。所有值高达 30 的初始优先级获得高优先级，其他获得正常优先级：

```
auto priorities = std::queue<int>();
priorities.push(10);
priorities.push(20);
priorities.push(30);
priorities.push(40);
priorities.push(50);
auto p = funclib::mapf(
  [](int const i) { return i > 30 ? 2 : 1; },
  priorities);
// p = {1, 1, 1, 2, 2}
```

为了实现 fold，我们实际上必须考虑两种可能的折叠类型：从左到右折叠以及从右到左折叠。因此，我们提供了两个函数，分别称为 foldl（用于左折叠）和 foldr（用于右折叠）。上一节中展示的实现非常相似：它们都接受一个函数、一个 range 和一个初始值，并调用 std::algorithm() 将 range 的值折叠为单个值。但是，foldl 使用直接迭代器，而 foldr 使用反向迭代器遍历和处理 range。第二个重载是 std::queue 类型的特化，因为它没有迭代器。

基于这些折叠实现，我们可以实现以下示例：

❑ 将整数 vector 的值相加。在这种情况下，左右折叠将产生相同的结果。在下面的示例中，我们传递一个 lambda，它接受一个和和一个数，并返回一个新的和或者标准库中的函数对象 std::plus<>，它将 operator+ 应用于相同类型的两个操作数（基本上类似于 lambda 的闭包）：

```
auto vnums =
  std::vector<int>{0, 2, -3, 5, -1, 6, 8, -4, 9};

auto s1 = funclib::foldl(
  [](const int s, const int n) {return s + n; },
  vnums, 0);           // s1 = 22

auto s2 = funclib::foldl(
  std::plus<>(), vnums, 0); // s2 = 22

auto s3 = funclib::foldr(
  [](const int s, const int n) {return s + n; },
  vnums, 0);           // s3 = 22

auto s4 = funclib::foldr(
  std::plus<>(), vnums, 0); // s4 = 22
```

❑ 将 vector 中的字符串连接成单个字符串：

```
auto texts =
  std::vector<std::string>{"hello"s, " "s, "world"s, "!"s};

auto txt1 = funclib::foldl(
```

```
    [](std::string const & s, std::string const & n) {
    return s + n;},
    texts, ""s);    // txt1 = "hello world!"

  auto txt2 = funclib::foldr(
    [](std::string const & s, std::string const & n) {
    return s + n; },
    texts, ""s);    // txt2 = "!world hello"
```

❑ 将字符数组连接成字符串：

```
char chars[] = {'c','i','v','i','c'};

auto str1 = funclib::foldl(std::plus<>(), chars, ""s);
// str1 = "civic"

auto str2 = funclib::foldr(std::plus<>(), chars, ""s);
// str2 = "civic"
```

❑ 根据已计算的出现次数（可在 map<string, int> 中找到）来统计文本中的单词数：

```
auto words = std::map<std::string, int>{
  {"one", 1}, {"two", 2}, {"three", 3} };

auto count = funclib::foldl(
  [](int const s, std::pair<std::string, int> const kvp) {
    return s + kvp.second; },
  words, 0); // count = 6
```

3.7.4 更多

这些函数可以用在管道中，也就是说，它们可以用一个函数的结果调用另一个函数。下面的示例通过将 std::abs() 函数应用于 range 的元素，将一个整数 range 映射为一个正整数 range，然后将结果映射到另一个平方 range，并在该 range 上应用左折叠将这些值相加：

```
auto vnums = std::vector<int>{ 0, 2, -3, 5, -1, 6, 8, -4, 9 };

auto s = funclib::foldl(
  std::plus<>(),
  funclib::mapf(
    [](int const i) {return i*i; },
    funclib::mapf(
      [](int const i) {return std::abs(i); },
      vnums)),
  0); // s = 236
```

作为练习，我们可以按照前面的方式，将 fold 函数实现为可变参数函数模板，其参数为实际执行的折叠函数：

```
template <typename F, typename T1, typename T2>
auto foldl(F&&f, T1 arg1, T2 arg2)
{
  return f(arg1, arg2);
}

template <typename F, typename T, typename... Ts>
auto foldl(F&& f, T head, Ts... rest)
{
  return f(head, foldl(std::forward<F>(f), rest...));
}
```

当将其与 3.5 节中编写的 add() 函数模板进行比较时, 我们可以注意到几个不同之处:

❏ 第一个参数是一个函数, 当递归调用 foldl 时, 它被完美地转发。

❏ 最终情况是一个需要两个参数的函数, 因为用于折叠的函数是二元函数 (接受两个参数)。

❏ 我们编写的两个函数的返回类型被声明为 auto, 因为它必须与提供的二元函数 f 的返回类型相匹配, 而在调用 foldl 之前, 它是未知的。

foldl() 函数可按如下方式使用:

```
auto s1 = foldl(std::plus<>(), 1, 2, 3, 4, 5);
// s1 = 15
auto s2 = foldl(std::plus<>(), "hello"s, ' ', "world"s, '!');
// s2 = "hello world!"
auto s3 = foldl(std::plus<>(), 1); // error, too few arguments
```

请注意, 最后一个调用会产生一个编译错误, 因为可变参数函数模板 foldl() 至少需要传递两个参数才能调用提供的二元函数。

3.7.5　延伸阅读

❏ 阅读 2.8 节, 以了解如何创建标准库中无法直接使用的有用文本工具库。

❏ 阅读 3.5 节, 以了解可变参数模板如何使我们能够编写具有任意数量参数的函数。

❏ 阅读 3.8 节, 以了解从一个或多个函数创建新函数的函数编程技术。

3.8　将函数组合成高阶函数

在前面的章节中, 我们实现了两个高阶函数 map 和 fold, 并看到了使用它们的各种示例。最后, 我们看到了如何在对原始数据进行多次转换后, 通过管道生成最终值。管道是一种组合形式, 这意味着利用两个或多个给定函数创建一个新函数。在上面提到的示例中, 我们实际上并没有组合函数, 我们只利用一个函数的结果调用了另一个函数。但在本节中, 我们将学习如何将函数组合成一个新函数。为了简单起见, 我们只考虑一元函数 (只接受一个参数的函数)。

3.8.1　准备工作

在继续学习本节内容之前，建议先阅读一下 3.7 节方便参考。

3.8.2　使用方式

要将一元函数组合为高阶函数，应该这样做：

❏ 对于组合两个函数，请提供一个函数，该函数应将两个函数 f 和 g 作为参数，并返回一个新函数（lambda）。新函数应返回 f(g(x))，其中 x 是组合函数的参数：

```
template <typename F, typename G>
auto compose(F&& f, G&& g)
{
  return [=](auto x) { return f(g(x)); };
}

auto v = compose(
  [](int const n) {return std::to_string(n); },
  [](int const n) {return n * n; })(-3); // v = "9"
```

❏ 对于组合可变数量的函数，请提供前面描述的函数的可变参数模板重载：

```
template <typename F, typename... R>
auto compose(F&& f, R&&... r)
{
  return [=](auto x) { return f(compose(r...)(x)); };
}

auto n = compose(
  [](int const n) {return std::to_string(n); },
  [](int const n) {return n * n; },
  [](int const n) {return n + n; },
  [](int const n) {return std::abs(n); })(-3); // n = "36"
```

3.8.3　工作原理

将两个一元函数组合成一个新函数相对来说比较简单。创建一个模板函数——我们在前面的示例中称之为 compose()，它有两个表示函数的参数 f 和 g，并返回一个函数（接受一个参数 x 并返回 f(g(x))）。重要的是，g 函数返回的值的类型与 f 函数的参数的类型相同。compose 函数的返回值是闭包，也就是说，它是 lambda 的实例。

在实践中，组合两个以上的函数是很有用的，这可以通过编写 compose() 函数的可变参数模板版本来实现。3.5 节详细地解释了可变参数模板。

可变参数模板通过扩展参数包引导实现编译时递归，这个实现与第一个版本的 compose() 非常类似，除了以下几点：

❏ 它接受可变数量的函数作为参数。

❑ 返回的闭包使用扩展的参数包递归调用 compose()，当只剩下两个函数时，递归就结束了，在这种情况下，将调用之前实现的重载。

 即使代码看起来像递归，这也不是真正的递归。它可以被称为编译时递归，但每次展开参数包时，我们都会调用另一个具有相同名称但参数数量不同的方法，这并不表示递归。

现在我们已经实现了这些可变参数模板重载，我们可以重写 3.7 节中的最后一个示例，具体请参阅以下代码段：

```
auto s = compose(
  [](std::vector<int> const & v) {
    return foldl(std::plus<>(), v, 0); },
  [](std::vector<int> const & v) {
    return mapf([](int const i) {return i + i; }, v); },
  [](std::vector<int> const & v) {
    return mapf([](int const i) {return std::abs(i); }, v); })(vnums);
```

有了初始的整数 vector 后，我们通过对每个元素应用 std::abs() 将它映射到一个只有正值的新 vector。然后，通过将每个元素的值加倍，进而将结果映射到一个新的 vector。最后，通过将生成的 vector 中的值与初始值 0 相加，进而将它们折叠在一起。

3.8.4　更多

组合函数通常用点（.）或星号（*）表示，例如 f.g 或 f*g。实际上，我们可以在 C++ 中通过重载 operator* 来做类似的事情（尝试重载操作符点是没有意义的）。与 compose() 函数类似，operator* 可以处理任意数量的参数。因此，我们将有两个重载，就像 compose() 一样：

❑ 第一个重载接受两个参数并调用 compose() 返回一个新函数。
❑ 第二个重载是一个可变参数模板函数，它同样通过扩展参数包调用 operator*。
基于这些考虑，我们可以实现如下 operator*：

```
template <typename F, typename G>
auto operator*(F&& f, G&& g)
{
  return compose(std::forward<F>(f), std::forward<G>(g));
}


template <typename F, typename... R>
auto operator*(F&& f, R&&... r)
{
  return operator*(std::forward<F>(f), r...);
}
```

我们现在可以通过应用 operator*（而不是更冗长的 compose() 调用）来简化函数的实际组合：

```
auto n =
  ([](int const n) {return std::to_string(n); } *
   [](int const n) {return n * n; } *
   [](int const n) {return n + n; } *
   [](int const n) {return std::abs(n); })(-3); // n = "36"

auto c =
  [](std::vector<int> const & v) {
    return foldl(std::plus<>(), v, 0); } *
  [](std::vector<int> const & v) {
    return mapf([](int const i) {return i + i; }, v); } *
  [](std::vector<int> const & v) {
    return mapf([](int const i) {return std::abs(i); }, v); };

auto vnums = std::vector<int>{ 0, 2, -3, 5, -1, 6, 8, -4, 9 };
auto s = c(vnums); // s = 76
```

虽然乍一看可能不太直观，函数的应用顺序是相反的，而不是文本中所示的顺序。例如，在第一个例子中，参数的绝对值被保留，然后，结果被加倍，操作的结果与自身相乘。最后，结果被转换为字符串。对于提供的参数 -3，最终结果是字符串 "36"。

3.8.5　延伸阅读

❑ 阅读 3.5 节，以了解可变参数模板如何使我们能够编写可以接受任意数量参数的函数。

3.9　统一调用可调用对象

开发人员（特别是实现库的开发人员）有时需要以统一的方式调用可调用对象。这可以是函数、指向函数的指针、指向成员函数的指针或函数对象，这样的例子包括 std::bind、std::function、std::mem_fn 和 std::thread::thread。C++17 定义了一个叫作 std::invoke() 的标准函数，它可以用提供的参数调用任何可调用对象。它的目的并不是取代对函数或函数对象的直接调用，但它在实现各种库函数的模板元编程中很有用。

3.9.1　准备工作

对于本节内容的学习，应该熟悉如何定义和使用函数指针。

为了举例说明如何在不同的上下文中使用 std::invoke()，我们将使用以下函数和类：

```
int add(int const a, int const b)
{
  return a + b;
```

```
}

struct foo
{
  int x = 0;

  void increment_by(int const n) { x += n; }
};
```

在下一小节中，我们将探讨 `std::invoke()` 函数的可能用例。

3.9.2 使用方式

`invoke()` 函数是一个可变参数函数模板，它接受可调用对象（作为第一个参数）和传递给调用的参数列表。`std::invoke()` 可用于调用：

❑ 自由函数：

```
auto a1 = std::invoke(add, 1, 2);   // a1 = 3
```

❑ 自由函数（通过指向函数的指针）：

```
auto a2 = std::invoke(&add, 1, 2);  // a2 = 3
int(*fadd)(int const, int const) = &add;
auto a3 = std::invoke(fadd, 1, 2);  // a3 = 3
```

❑ 成员函数（通过指向成员函数的指针）：

```
foo f;
std::invoke(&foo::increment_by, f, 10);
```

❑ 数据成员：

```
foo f;
auto x1 = std::invoke(&foo::x, f);  // x1 = 0
```

❑ 函数对象：

```
foo f;
auto x3 = std::invoke(std::plus<>(),
  std::invoke(&foo::x, f), 3); // x3 = 3
```

❑ lambda 表达式：

```
auto l = [](auto a, auto b) {return a + b; };
auto a = std::invoke(l, 1, 2); // a = 3
```

实际上，应该在模板元编程中使用 `std:invoke()` 来调用具有任意数量参数的函数。为了举例说明这种情况，我们将给出 `std::apply()` 函数的一个可能实现，它是 C++17 标准库的一部分，它通过将元组的成员解包为函数的参数来调用函数：

```
namespace details
{
  template <class F, class T, std::size_t... I>
  auto apply(F&& f, T&& t, std::index_sequence<I...>)
  {
    return std::invoke(
      std::forward<F>(f),
      std::get<I>(std::forward<T>(t))...);
  }
}

template <class F, class T>
auto apply(F&& f, T&& t)
{
  return details::apply(
    std::forward<F>(f),
    std::forward<T>(t),
    std::make_index_sequence<
      std::tuple_size_v<std::decay_t<T>>> {});
}
```

3.9.3　工作原理

在了解 `std::invoke()` 如何工作之前，我们先快速了解一下如何调用不同的可调用对象。显然，给定一个函数，调用它的普遍方法是直接向它传递必要的参数，但是，也可以使用函数指针调用函数。函数指针的问题是定义指针的类型可能很麻烦。使用 `auto` 可以简化一些事情（如下面的代码所示），但在实践中，通常需要首先定义指向函数的指针的类型，然后定义一个对象并使用正确的函数地址初始化它。下面是几个例子：

```
// direct call
auto a1 = add(1, 2);    // a1 = 3

// call through function pointer
int(*fadd)(int const, int const) = &add;
auto a2 = fadd(1, 2);   // a2 = 3

auto fadd2 = &add;
auto a3 = fadd2(1, 2);  // a3 = 3
```

当需要通过类的实例对象调用类函数时，通过函数指针进行调用将变得更加麻烦。定义指向成员函数的指针并调用它的语法并不简单：

```
foo f;
f.increment_by(3);
auto x1 = f.x;    // x1 = 3

void(foo::*finc)(int const) = &foo::increment_by;
(f.*finc)(3);
```

```
auto x2 = f.x;     // x2 = 6

auto finc2 = &foo::increment_by;
(f.*finc2)(3);
auto x3 = f.x;     // x3 = 9
```

不管这种调用看起来有多麻烦，实际的问题是编写能够以统一的方式调用这些类型的可调用对象的库组件（函数或类）。在实践中，这就是标准函数（如 std::invoke()）的好处。

std::invoke() 的实现细节很复杂，但它的工作方式可以用简单的术语解释。假设调用的形式为 invoke(f, arg1, arg2, ..., argN)，需要考虑以下问题：

❑ 如果 f 是指向 T 类成员函数的指针，那么调用等价于：

❑ (arg1.*f)(arg2, ..., argN)，arg1 是 T 的一个实例。

❑ (arg1.get().*f)(arg2, ..., argN)，arg1 是 reference_wrapper 的特化。

❑ ((*arg1).*f)(arg2, ..., argN)。

❑ 如果 f 是指向 T 类数据成员的指针，并且只有一个参数，即调用的形式为 invoke(f, arg1)，那么调用等价于：

❑ arg1.*f，arg1 是一个实例类 T。

❑ arg1.get().*f，arg1 是 reference_wrapper 的特化。

❑ (*arg1).*f。

❑ 如果 f 是一个函数对象，那么调用等价于 f(arg1, arg2, ..., argN)。

标准库还提供了一系列相关的类型特征：例如 std::is_invocable 和 std::is_nothrow_invocable，以及 std::is_invocable_r 和 std::is_nothrow_invocable_r。第一组确定是否可以使用提供的参数调用函数，而第二组确定是否可以使用提供的参数调用函数，并生成可以隐式转换为指定类型的结果。这些类型特征的 nothrow 版本验证调用可以在不抛出任何异常的情况下使用。

3.9.4　延伸阅读

❑ 阅读 3.5 节，以了解可变参数模板如何使我们能够编写可以接受任意数量参数的函数。

预处理和编译

在 C++ 中，编译是将源代码转换为机器代码并组织在目标文件中，然后将目标文件链接在一起生成可执行文件的过程。编译器实际上一次只处理一个文件，这个文件是由预处理器（编译器中处理预处理指令的部分）从单个源文件及其包含的所有头文件中生成的。然而，这是对编译代码时所发生的情况的过度简化。本章将讨论与预处理和编译相关的主题，重点介绍执行条件编译的各种方法，但也涉及其他现代主题，如使用属性提供实现定义的语言扩展。

本章首先解决开发人员面临的一个非常常见的问题，即根据不同的条件编译代码库的一部分。

4.1 条件编译源代码

条件编译是一种简单的机制，它使开发人员能够维护单个代码库，但只考虑编译代码的某些部分，以生成不同的可执行文件（通常是为了在不同的平台或硬件上运行，或依赖于不同的库或版本）。常见的例子包括使用或忽略基于编译器、平台（x86、x64、ARM 等）、配置（调试或发布）或任何用户自定义的特定条件的代码。在本节中，我们将了解条件编译是如何工作的。

4.1.1 准备工作

条件编译是一种广泛使用的技术。在这一节中，我们将看几个例子并解释它们是如何工作的。这种技术并不局限于这些例子。在本节中，我们将只考虑三种主流的编译器：GCC、Clang 和 VC++。

4.1.2 使用方式

若要条件编译部分代码，可以使用 #if、#ifdef 和 #ifndef 指令（与 #elif、#else 和 #endif 指令一起）。条件编译的一般形式如下：

```
#if condition1
  text1
#elif condition2
  text2
#elif condition3
  text3
#else
  text4
#endif
```

要定义用于条件编译的宏，可以使用以下方法之一：

❑ 在源代码中使用 #define 指令：

```
#define VERBOSE_PRINTS
#define VERBOSITY_LEVEL 5
```

❑ 使用特定于每个编译器的编译器命令行选项。使用最广泛的编译器的选项示例如下：
  - 对于 V C++，使用 /Dname 或 /Dname=value（其中 /Dname 等价于 /Dname=1），例如，cl /DVERBOSITY_LEVEL=5。
  - 对于 GCC 和 Clang，使用 -D name 或 -D name=value（其中 -D name 等价于 -D name=1），例如，gcc -D VERBOSITY_LEVEL=5。

以下是条件编译的典型示例：

❑ 头文件保护可以避免重复定义：

```
#if !defined(UNIQUE_NAME)
#define UNIQUE_NAME
class widget { };
#endif
```

❑ 针对跨平台应用程序的特定编译器代码，下面是一个将带有编译器名称的消息打印到控制台的示例：

```
void show_compiler()
{
  #if defined _MSC_VER
    std::cout << "Visual C++\n";
  #elif defined __clang__
    std::cout << "Clang\n";
  #elif defined __GNUG__
    std::cout << "GCC\n";
  #else
    std::cout << "Unknown compiler\n";
```

```
#endif
}
```

❑ 针对多个架构的目标特定代码，例如针对多个编译器和架构有条件地编译代码：

```
void show_architecture()
{
#if defined _MSC_VER

#if defined _M_X64
  std::cout << "AMD64\n";
#elif defined _M_IX86
  std::cout << "INTEL x86\n";
#elif defined _M_ARM
  std::cout << "ARM\n";
#else
  std::cout << "unknown\n";
#endif

#elif defined __clang__ || __GNUG__

#if defined __amd64__
  std::cout << "AMD64\n";
#elif defined __i386__
  std::cout << "INTEL x86\n";
#elif defined __arm__
  std::cout << "ARM\n";
#else
  std::cout << "unknown\n";
#endif

#else
#error Unknown compiler
#endif
}
```

❑ 特定于配置的代码，例如用于有条件地编译调试和发布版本的代码：

```
void show_configuration()
{
#ifdef _DEBUG
  std::cout << "debug\n";
#else
  std::cout << "release\n";
#endif
}
```

4.1.3　工作原理

当使用预处理指令 #if、#ifndef、#ifdef、#elif、#else 和 #endif 时，编译器将至多选择一个分支，其主体将包含在编译单元中。这些指令的主体可以是任何文本，包括其他预处理指令。适用规则如下：

- ❏ #if、#ifdef 和 #ifndef 必须用 #endif 匹配。
- ❏ #if 指令可以有多条 #elif 指令，但只有一条 #else 指令，且 #else 必须是 #endif 之前的最后一条。
- ❏ #if、#ifdef、#ifndef、#elif、#else 和 #endif 可以嵌套。
- ❏ #if 指令需要一个常量表达式，而 #ifdef 和 #ifndef 则需要一个标识符。
- ❏ defined 操作符可以用于预处理器常量表达式，但只能在 #if 和 #elif 指令中使用。
- ❏ defined(identifier) 在定义 identifier 时为 true，否则，它被认为是 false。
- ❏ 定义为空文本的标识符被认为是有定义的。
- ❏ #ifdef identifier 等价于 #if defined(identifier)。
- ❏ #ifndef identifier 等价于 #if !defined(identifier)。
- ❏ defined(identifier) 和 defined identifier 是等价的。

头文件保护是条件编译最常见的形式之一，这种技术主要用于防止头文件的内容被多次编译（为了检测应包含什么内容，头文件仍然每次都会被扫描）。由于头文件通常被包含在多个源文件中，如果编译包含头文件的每个编译单元，则会产生重复定义，这是错误的。因此，按照前面给出的示例所示的方式，对头文件中的代码进行多次编译保护。考虑到之前给定的示例，它的工作方式是，如果宏 UNIQUE_NAME（这是通用名称）没有定义，那么 #if 指令之后的代码（直到 #endif）将被包含在编译单元中并被编译。当发生这种情况时，宏 UNIQUE_NAME 用 #define 指令定义，下次在编译单元中包含头文件时，宏 UNIQUE_NAME 已定义，#if 指令体中的代码不应包含在编译单元中，因此不会再次编译。

注意，宏的名称在整个应用程序中必须是唯一的，否则，将只编译使用宏的第一个头文件中的代码。其他使用相同名称的头文件中的代码将被忽略。通常，宏的名称基于定义它的头文件的名称进行定义。

条件编译的另一个重要示例是跨平台代码，它需要考虑到不同的编译器和架构（通常是 Intel x86、AMD64 或 ARM 之一）。然而，编译器针对可能的平台定义了自己的宏，4.1.2 节的示例展示了如何有条件地针对多个编译器和架构编译代码。

注意，在前面的示例中，我们只考虑了几种架构。在实践中，可以使用多个宏来标识相同的架构。在代码中使用这些类型的宏之前，请确保阅读每个编译器的文档。

和配置相关的代码也应该用宏和条件编译处理。像 GCC 和 Clang 这样的编译器没有针对调试配置定义任何特殊的宏（当使用 -g 标志时）。VC++ 确实针对调试配置定义了 _DEBUG，这在 4.1.2 节的最后一个示例中已经展示过。对于其他编译器，必须显式地定义一个宏来标识这样的调试配置。

4.1.4 延伸阅读

❑ 阅读 4.2 节，以了解如何将标识符转换为字符串并在预处理期间将标识符连接在一起。

4.2 使用间接模式进行预处理器的字符串化和连接

C++ 预处理器提供了两个操作符，用于将标识符转换为字符串并将标识符连接在一起。第一个操作符 # 称为字符串拼接操作符（stringizing operator），第二个操作符 ## 称为符号拼接操作符（token-pasting）、合并操作符，或者连接操作符。尽管它们仅用于某些特定的情况，但了解它们的工作原理很重要。

4.2.1 准备工作

对于本节内容，你需要知道如何使用预处理指令 #define 来定义宏。

4.2.2 使用方式

要使用预处理操作符 # 从标识符创建字符串，请使用以下模式：

❑ 定义一个辅助宏，其参数扩展为 # 后面跟着参数：

```
#define MAKE_STR2(x) #x
```

❑ 定义想要使用的宏，并将参数扩展为辅助宏：

```
#define MAKE_STR(x) MAKE_STR2(x)
```

要使用预处理操作符 ## 将标识符连接在一起，请使用以下模式：

❑ 定义一个辅助宏，使其包含一个或多个参数，使用符号拼接操作符 ## 来连接参数：

```
#define MERGE2(x, y)    x##y
```

❑ 使用辅助宏定义想要使用的宏：

```
#define MERGE(x, y)     MERGE2(x, y)
```

4.2.3 工作原理

为了了解这些宏是如何工作的，我们考虑前面定义的 MAKE_STR 和 MAKE_STR2 宏。当与文本一起使用时，它们将生成包含该文本的字符串。下面的例子展示了如何使用这两个宏来定义包含文本 "sample" 的字符串：

```
std::string s1 { MAKE_STR(sample) }; // s1 = "sample"
std::string s2 { MAKE_STR2(sample) }; // s2 = "sample"
```

当宏作为参数传递时，结果是不同的。在下面的例子中，NUMBER 是一个展开为整数

42 的宏，当用作 MAKE_STR 的参数时，它确实会生成字符串 "42"。然而，当用作 MAKE_STR2 的参数时，它会生成字符串 "NUMBER"：

```
#define NUMBER 42

std::string s3 { MAKE_STR(NUMBER) };    // s3 = "42"
std::string s4 { MAKE_STR2(NUMBER) };   // s4 = "NUMBER"
```

C++ 标准为类函数宏中的参数替换定义了以下规则（段落 16.3.1）：

在确定了类函数宏调用的参数之后，将进行参数替换。除非前面有 # 或 ## 预处理令牌或后面有 ## 预处理令牌（见下文），否则在其中包含的所有宏都被展开后，替换列表中的参数将被相应的实参替换。在被替换之前，每个参数的预处理令牌被完全宏替换，就好像它们构成了预处理文件的其余部分一样，没有其他的预处理令牌可用。

这就是说，宏实参在被替换到宏体之前被展开，除非操作符 # 或 ## 在宏体的形参之前或之后。结果，会发生以下情况：

❑ 对于 MAKE_STR2(NUMBER)，替换列表中的 NUMBER 参数前面是 #，因此在替换宏体中的实参之前不会展开它。因此，在替换之后，我们有 #NUMBER，它变成了 "NUMBER"。

❑ 对于 MAKE_STR(NUMBER)，替换列表是 MAKE_STR2(NUMBER)，它没有 # 或 ##。因此，在替换之前，NUMBER 参数将被替换为其对应的实参 42，结果是 MAKE_STR2(42)，然后再次扫描它，展开之后它将变成 "42"。

使用符号拼接操作符的宏也适用相同的处理规则。因此，为了确保字符串拼接和连接宏在所有情况下都能工作，请始终应用本节中描述的间接模式。

符号拼接操作符通常用在分解重复代码的宏中，以避免反复显式地编写相同的内容。下面的简单示例展示了符号拼接操作符的实际使用方法。给定一组类，我们希望提供工厂方法来创建每个类的实例：

```
#define DECL_MAKE(x)    DECL_MAKE2(x)
#define DECL_MAKE2(x)   x* make##_##x() { return new x(); }

struct bar {};
struct foo {};

DECL_MAKE(foo)
DECL_MAKE(bar)

auto f = make_foo(); // f is a foo*
auto b = make_bar(); // b is a bar*
```

熟悉 Windows 平台的人可能使用过 _T（或 _TEXT）宏来声明 Unicode 或 ANSI 字符串（单类型和多类型字符串）的字符串字面量：

```
auto text{ _T("sample") }; // text is either "sample" or L"sample"
```

Windows SDK 如下定义 _T 宏。请注意，当定义 _UNICODE 时，符号拼接操作符被定义为将 L 前缀和传递给宏的实际字符串连接在一起：

```
#ifdef _UNICODE
#define __T(x)    L ## x
#else
#define __T(x)    x
#endif

#define _T(x)     __T(x)
#define _TEXT(x) __T(x)
```

乍一看，似乎没有必要让一个宏调用另一个宏，但这种间接级别是使 # 和 ## 操作符与其他宏一起工作的关键，正如我们在本节中看到的那样。

4.2.4 延伸阅读

❏ 阅读 4.1 节，以了解如何根据不同的条件编译部分代码。

4.3 使用 static_assert 执行编译时断言检查

在 C++ 中，可以同时执行运行时和编译时断言检查，以确保代码中的特定条件为真。运行时断言的缺点是，只有在程序运行时并且只有在控制流到达它们时，它们才会被验证。当条件依赖于运行时数据时，没有其他选择，然而，如果不是这样，编译时断言检查将是首选。使用编译时断言，编译器能够在开发阶段的早期通知你某个特定条件未被满足。但是，只有当条件可以在编译时求值时，才能使用这些方法。在 C++11 中，编译时断言是通过 static_assert 执行的。

4.3.1 准备工作

静态断言检查最常见的用法是在模板元编程中使用，它们可以用于验证模板类型的先决条件是否满足（例如类型是否为 POD 类型、可复制构造类型、引用类型等）。另一个典型用例是确保类型（或对象）具有预期的大小。

4.3.2 使用方式

使用 static_assert 声明来确保满足以下作用域中的条件：

❏ 命名空间作用域，在本例中，我们验证 item 类的大小总是 16：

```
struct alignas(8) item
{
  int     id;
  bool    active;
```

```
  double    value;
};

static_assert(sizeof(item) == 16,
              "size of item must be 16 bytes");
```

❑ 类作用域，在本例中，我们验证 pod_wrapper 只能与 POD 类型一起使用：

```
template <typename T>
class pod_wrapper
{
  static_assert(std::is_standard_layout_v<T>,
                "POD type expected!");
  T value;
};

struct point
{
  int x;
  int y;
  };
pod_wrapper<int>         w1; // OK
pod_wrapper<point>       w2; // OK
pod_wrapper<std::string> w3; // error: POD type expected
```

❑ 函数块作用域，在本例中，验证函数模板是否只有整型参数：

```
template<typename T>
auto mul(T const a, T const b)
{
  static_assert(std::is_integral_v<T>,
                "Integral type expected");
  return a * b;
}

auto v1 = mul(1, 2);      // OK
auto v2 = mul(12.0, 42.5); // error: Integral type expected
```

4.3.3　工作原理

static_assert 是一个声明，但它没有引入新名称。这些声明的形式如下：

```
static_assert(condition, message);
```

该条件必须在编译时转换为布尔值，且消息必须是字符串字面量。在 C++17 中，该消息是可选的。

当 static_assert 声明中的条件计算结果为 true 时，什么都不会发生；当条件的计算结果为 false 时，编译器生成一个包含指定消息（如果有的话）的错误。

4.3.4 延伸阅读

❑ 阅读 4.4 节，以了解 SFINAE 以及如何使用它为模板指定类型约束。

❑ 阅读 12.3 节，以了解 C++20 概念的基础知识，以及如何使用它们为模板类型指定约束。

❑ 阅读 4.5 节，以了解如何使用 constexpr if 语句编译部分代码。

4.4　使用 enable_if 条件编译类和函数

模板元编程是 C++ 的一个强大特性，它使我们能够编写适用于任何类型的泛型类和函数，这有时是一个问题，因为该语言没有定义任何机制来指定可以替换模板形参的类型约束。但是，我们仍然可以使用元编程技巧和称为 SFINAE 的规则（Substitution Failure Is Not An Error）来实现这一点。该规则确定当模板形参失败时，用显式指定或推导的类型替换模板形参时，编译器是否从重载集放弃特化，而不是生成错误。本节将重点介绍如何实现模板的类型约束。

4.4.1 准备工作

开发人员多年来一直使用称为 enable_if 的类模板与 SFINAE 一起实现对模板类型的约束。模板的 enable_if 家族已经成为 C++11 标准的一部分，实现方式如下：

```
template<bool Test, class T = void>
struct enable_if
{};

template<class T>
struct enable_if<true, T>
{
  typedef T type;
};
```

为了能够使用 std::enable_if，必须包含头文件 <type_traits>。

4.4.2 使用方式

std::enable_if 可以在多个作用域中使用，以达到不同的目的。请考虑以下例子：

❑ 在类模板形参上仅对满足指定条件的类型启用类模板：

```
template <typename T,
          typename = typename
          std::enable_if_t<std::is_standard_layout_v<T>, T>>
class pod_wrapper
{
  T value;
```

```
};

struct point
{
  int x;
  int y;
};

pod_wrapper<int>         w1; // OK
pod_wrapper<point>       w2; // OK
pod_wrapper<std::string> w3; // error: too few template arguments
```

❑ 在函数模板形参、函数形参或函数返回类型上，仅针对满足指定条件的类型启用函数模板：

```
template<typename T,
         typename = typename std::enable_if_t<
             std::is_integral_v<T>, T>>
auto mul(T const a, T const b)
{
  return a * b;
}

auto v1 = mul(1, 2);      // OK
auto v2 = mul(1.0, 2.0);
// error: no matching overloaded function found
```

为了简化使用 std::enable_if 时编写的混乱代码，我们可以利用模板别名并定义两个别名 EnableIf 和 DisableIf：

```
template <typename Test, typename T = void>
using EnableIf = typename std::enable_if_t<Test::value, T>;

template <typename Test, typename T = void>
using DisableIf = typename std::enable_if_t<!Test::value, T>;
```

基于这些模板别名，以下定义等价于前面的定义：

```
template <typename T, typename = EnableIf<std::is_standard_layout<T>>>
class pod_wrapper
{
  T value;
};

template<typename T, typename = EnableIf<std::is_integral<T>>>
auto mul(T const a, T const b)
{
  return a * b;
}
```

4.4.3 工作原理

std::enable_if 之所以能够正常工作，是因为编译器在执行重载解析时应用了 SFINAE 规则。在解释 std::enable_if 如何工作之前，我们应该快速了解一下 SFINAE 是什么。

当编译器遇到函数调用时，它需要构建一组可能的重载，并根据函数调用的参数选择最佳匹配重载。在构建此重载集时，编译器也会计算函数模板，并且必须在模板实参中对指定的或推导出的类型执行替换。根据 SFINAE 规则，当替换失败时，编译器应该从重载集中删除函数模板并继续，而不是产生错误。

 标准指定了类型和表达式错误的列表，这些错误也是 SFINAE 错误。其中包括尝试创建 void 数组或大小为 0 的数组，尝试创建对 void 的引用，尝试使用 void 类型参数创建函数类型，以及尝试在模板参数表达式或函数声明使用的表达式中执行无效转换。有关异常的完整列表，请参阅 C++ 标准或其他资源。

让我们考虑 func() 函数的以下两个重载：第一个重载是一个函数模板，它仅有一个类型为 T::value_type 的参数，这意味着它只能用具有名为 value_type 的内部类型的类型实例化；第二个重载是一个函数，它只有一个 int 类型的参数：

```
template <typename T>
void func(typename T::value_type const a)
{ std::cout << "func<>" << '\n'; }

void func(int const a)
{ std::cout << "func" << '\n'; }

template <typename T>
struct some_type
{
  using value_type = T;
};
```

如果编译器遇到像 func(42) 这样的调用，那么它必须找到一个可以接受 int 参数的重载。当它构建重载集并用提供的模板实参替换模板形参时，其结果 void func(int::value_type const) 是无效的，因为 int 没有 value_type 成员。由于 SFINAE，编译器不会发出错误并停止，而是简单地忽略重载并继续，然后它找到 void func(int const)，这将是它调用的最佳（且唯一）匹配重载。

如果编译器遇到诸如 func<some_type<int>>(42) 这样的调用，那么它将构建一个包含 void func(some_type<int>::value_type const> 和 void func(int const) 的重载集。在这种情况下，最佳匹配重载是第一个重载，这次没有涉及 SFINAE。

如果编译器遇到像 func("string"s) 这样的调用，那么它再次依赖 SFINAE 来忽略函数模板，因为 std::basic_string 也没有 value_type 成员。然而，这一次重载集不包含字符串参数的任何匹配重载，因此程序是格式错误的，编译器会发出错误并停止。

类模板 enable_if<bool,T> 没有任何成员，但它的部分特化 enable_if<true,T> 确实有一个称为 type 的内部类型，它是 T 的同义词。当作为 enable_if 的第一个参数提供的编译时表达式计算结果为 true 时，内部成员 type 可用，否则就不可用。

考虑 4.4.2 节中函数 mul() 的最后一个定义，当编译器遇到像 mul(1,2) 这样的调用时，它尝试用 int 代替模板形参 T。因为 int 是一个整型，std::is_integral<T> 的计算结果为 true，所以，如果定义了称为 type 的内部类型，则 enable_if 特化被实例化。因此，模板别名 EnableIf 成为该类型的同义词，即 void（来自表达式 typename T = void），结果是一个函数模板 int mul <int, void> (int a, int b)，可以使用提供的参数调用它。

当编译器遇到像 mul(1.0, 2.0) 这样的调用时，它试图用 double 替换模板形参 T。然而，这不是整型，结果 std::enable_if 中的条件计算结果为 false，并且类模板没有定义内部成员 type，这将会导致替换错误，但根据 SFINAE，编译器不会发出错误，而是继续执行。但是由于没有发现其他的重载，因此将没有可以调用的 mul() 函数，最终该程序被认为是格式错误的，编译器会因错误而停止。

类模板 pod_wrapper 也会遇到类似的情况，它有两个模板类型参数：第一个是被包装的实际 POD 类型，第二个是 enable_if 和 is_pod 替换的结果。如果类型是 POD 类型（如 pod_wrapper<int>），则存在来自 enable_if 的内部成员 type，它将替代第二个模板类型参数。但是，如果内部成员 type 不是 POD 类型（如 pod_wrapper<std::string>），则不定义内部成员 type，替换失败，产生错误，比如"模板参数太少"。

4.4.4 更多

static_assert 和 std::enable_if 可以实现相同的目标。实际上，在 4.3 节中，我们定义了相同的类模板 pod_wrapper 和函数模板 mul()。对于这些示例，static_assert 似乎是更好的解决方案，因为编译器会发出更好的错误消息（前提是在 static_assert 声明中指定了相关消息）。然而，这两者的工作原理截然不同，并不能互为替代方案。

static_assert 不依赖于 SFINAE，在执行重载解析后应用，断言失败的结果是发出编译错误。std::enable_if 用于从重载集中删除候选对象，不会触发编译错误（假定标准为 SFINAE 指定的异常不会发生）。SFINAE 之后可能发生的实际错误是空的重载集，这会使程序格式错误。这是因为无法执行特定的函数调用。

为了理解 SFINAE 下 static_assert 和 std::enable_if 之间的区别，我们考虑希望有两个函数重载的情况：一个用于整型的形参，另一个用于除整型以外的其他类型的形参。使用 static_assert，我们可以编写以下内容（需要注意的是，第二个重载上的虚拟第二类型参数是定义两个不同的重载所必需的，否则就只会得到同一个函数的两个定义）：

```
template <typename T>
auto compute(T const a, T const b)
{
  static_assert(std::is_integral_v<T>,
                "An integral type expected");
  return a + b;
}

template <typename T, typename = void>
auto compute(T const a, T const b)
{
  static_assert(!std::is_integral_v<T>,
                "A non-integral type expected");
  return a * b;
}

auto v1 = compute(1, 2);
// error: ambiguous call to overloaded function

auto v2 = compute(1.0, 2.0);
// error: ambiguous call to overloaded function
```

无论如何调用这个函数，最终都会出现错误，因为编译器会发现它可能调用的两个重载。这是因为 `static_assert` 只在重载解析完成后才被考虑。在本例中，重载解析构建了一个包含两个候选重载的集合。

这个问题的解决方案是使用 `std::enable_if` 和 SFINAE。我们通过模板别名 `EnableIf` 和 `DisableIf` 来使用 `std::enable_if`（尽管我们仍然在第二个重载上使用虚拟模板参数来引入两个不同的定义）。下面的示例显示了重写的两个重载，第一个重载仅对整型启用，而第二个重载对整型禁用：

```
template <typename T, typename = EnableIf<std::is_integral<T>>>
auto compute(T const a, T const b)
{
  return a * b;
}

template <typename T, typename = DisableIf<std::is_integral<T>>,
          typename = void>
auto compute(T const a, T const b)
{
  return a + b;
}
auto v1 = compute(1, 2);    // OK; v1 = 2
auto v2 = compute(1.0, 2.0); // OK; v2 = 3.0
```

有了 SFINAE，当编译器为 compute(1, 2) 或 compute(1.0, 2.0) 构建重载集时，它将简单地丢弃导致替换失败的重载并继续执行，在每种情况下，我们都将最终得到包含单个候选重载的重载集。

4.4.5 延伸阅读

❏ 阅读 4.3 节，以了解如何定义编译时进行验证的断言。
❏ 阅读 1.2 节，以了解类型的别名。

4.5 在编译时使用 constexpr if 选择分支

在前面的章节中，我们了解了如何使用 static_assert 和 std::enable_if 对类型和函数施加限制，以及这两者的区别。当我们使用 SFINAE 和 std::enable_if 来定义函数重载或编写可变参数函数模板时，模板元编程可能变得复杂和混乱。C++17 的一个特性就是为了简化这类代码而提出的，它被称为 constexpr if，它定义了一个 if 语句，该语句的条件在编译时进行计算，导致编译器选择编译单元中的分支或其他分支的主体。constexpr if 的典型用法是简化可变参数模板和 std::enable_if 的代码。

4.5.1 准备工作

在本节中，我们将参考并简化之前编写的代码。在继续本节内容之前，应该先花点时间回顾一下之前编写的代码，如下所示：

❏ 阅读 4.4 节，以了解 compute() 对整型和非整型的重载。
❏ 阅读 2.6 节，以了解用户自定义的 8 位、16 位和 32 位二进制字面量。

这些实现有如下几个问题：

❏ 它们很难读懂。模板声明有很多关注点，但是函数体非常简单。然而，最大的问题是，它需要开发人员的更多关注，因为它与复杂的声明混杂在一起，比如 typename= std::enable_if<std::is_integral<T>::value, T>::type。

❏ 代码太多。在第一个例子中，最终目的是获得一个泛型函数，使它针对不同类型的行为不同，但我们必须为这个函数编写两个重载。此外，为了区分这两者，我们必须使用一个额外的、未使用的模板参数。在第二个例子中，目的是用字符 '0' 和 '1' 构建一个整数值，但我们必须编写一个类模板和三个特化来实现这一点。

❏ 它需要高级的模板元编程技能，而做这么简单的事情并不需要这些技能。

constexpr if 的语法与常规的 if 语句非常类似，并且要求在条件之前使用 constexpr 关键字。一般形式如下：

```
if constexpr (init-statement condition) statement-true
else statement-false
```

在下面的小节中，我们将探讨使用 constexpr if 进行条件编译的几个用例。

4.5.2 使用方式

使用 constexpr if 语句完成以下操作：

❑ 避免使用 std::enable_if 和依赖 SFINAE 对函数模板类型施加限制并有条件地编译代码：

```cpp
template <typename T>
auto value_of(T value)
{
  if constexpr (std::is_pointer_v<T>)
    return *value;
  else
    return value;
}
```

❑ 简化可变参数模板的编写，实现编译时递归元编程：

```cpp
namespace binary
{
  using byte8 = unsigned char;

  namespace binary_literals
  {
    namespace binary_literals_internals
    {
      template <typename CharT, char d, char... bits>
      constexpr CharT binary_eval()
      {
        if constexpr(sizeof...(bits) == 0)
          return static_cast<CharT>(d-'0');
        else if constexpr(d == '0')
          return binary_eval<CharT, bits...>();
        else if constexpr(d == '1')
          return static_cast<CharT>(
            (1 << sizeof...(bits)) |
            binary_eval<CharT, bits...>());
      }
    }

    template<char... bits>
    constexpr byte8 operator""_b8()
    {
      static_assert(
        sizeof...(bits) <= 8,
        "binary literal b8 must be up to 8 digits long");

      return binary_literals_internals::
             binary_eval<byte8, bits...>();
    }
  }
}
```

4.5.3 工作原理

constexpr if 的工作原理相对简单，if 语句中的条件必须是一个编译时表达式，该表达式的计算值为布尔值或可转换为布尔值。如果条件为 true，则选择 if 语句的主体，这意味着它将在编译单元中结束；如果条件为 false，则计算 else 分支（如果定义了分支）。丢弃的 constexpr if 分支中的返回语句不会对函数返回类型进行推断。

在 4.5.2 节的第一个例子中，value_of() 函数模板有一个整洁的签名，函数体也很简单。如果替换模板形参的类型是指针类型，编译器将选择第一个分支（即 return *value；）来生成代码，并丢弃 else 分支。对于非指针类型，因为条件的计算结果为 false，编译器将选择 else 分支（即 return value;）来生成代码，并丢弃其余部分。该函数的使用方法如下：

```
auto v1 = value_of(42);

auto p = std::make_unique<int>(42);
auto v2 = value_of(p.get());
```

然而，如果没有 constexpr if 的帮助，我们只能使用 std::enable_if 来实现它。下面的实现是一个更糟糕的替代方案：

```
template <typename T,
          typename = typename std::enable_if_t<std::is_pointer_v<T>,
T>>
auto value_of(T value)
{
  return *value;
}

template <typename T,
          typename = typename std::enable_if_t<!std::is_pointer_v<T>,
T>>
T value_of(T value)
{
  return value;
}
```

如你所见，constexpr if 变体不仅更短，而且更有表现力，更容易阅读和理解。

在 4.5.2 节的第二个例子中，内部辅助函数 binary_eval() 是一个不带任何形参的可变参数函数模板，它只有模板参数。函数对第一个参数求值，然后以递归的方式处理其余参数（但请记住，这不是运行时递归）。如果只剩下一个字符且剩余包的大小为 0 时，则返回由该字符表示的十进制值（0 表示 '0'，1 表示 '1'）；如果当前的第一个元素是 '0'，则返回由对参数包的其余部分求值确定的值，这涉及递归调用；如果当前的第一个元素是 '1'，我们通过将 1 向左移动一些位置来返回值，这些位置由剩余的包位的大小或确定的值给出，这通过计算参数包的其余参数来实现，同样涉及递归调用。

4.5.4 延伸阅读

❏ 阅读 4.4 节，以了解 SFINAE 以及如何使用它为模板指定类型约束。

4.6 向编译器提供带有属性的元数据

C++ 在支持对类型或数据进行反射或内省的特性，或者定义语言扩展的标准机制方面非常不足。因此，编译器定义了自己的特定扩展，例如 VC++ __declspec() 说明符或者 GCC __attribute__((...))。然而，C++11 引入了属性（attribute）的概念，这使得编译器能够以标准的方式实现扩展，甚至可以嵌入特定于领域的语言。新的 C++ 标准定义了几个所有编译器都应该实现的属性，这将是本节的主题。

4.6.1 使用方式

使用标准属性为编译器提供关于各种设计目标的提示，使用场景不限于这里列出的场景：

❏ 要确保函数的返回值不能被忽略，请使用 [[nodiscard]] 属性声明该函数。在 C++20 中，你可以指定一个形式为 [[nodiscard(text)]] 的字符串字面量来解释为何结果不应该被丢弃：

```
[[nodiscard]] int get_value1()
{
  return 42;
}

get_value1();
// warning: ignoring return value of function
//          declared with 'nodiscard' attribute get_value1();
```

❏ 可以用 [[nodiscard]] 属性声明枚举和类作为函数的返回类型，在这种情况下，任何返回这种类型的函数的返回值都不能被忽略：

```
enum class[[nodiscard]] ReturnCodes{ OK, NoData, Error };

ReturnCodes get_value2()
{
  return ReturnCodes::OK;
}

struct[[nodiscard]] Item{};

Item get_value3()
{
  return Item{};
}
```

```
// warning: ignoring return value of function
//          declared with 'nodiscard' attribute
get_value2();
get_value3();
```

❏ 要确保被认为已弃用的函数或类型的使用被编译器标记为警告，请使用 [[deprecated]]
属性声明它们：

```
[[deprecated("Use func2()")]] void func()
{
}

// warning: 'func' is deprecated : Use func2()
func();

class [[deprecated]] foo
{
};

// warning: 'foo' is deprecated
foo f;
```

❏ 要确保编译器不会对未使用的变量发出警告，请使用 [[maybe_unused]] 属性：

```
double run([[maybe_unused]] int a, double b)
{
  return 2 * b;
}

[[maybe_unused]] auto i = get_value1();
```

❏ 要确保 switch 语句中故意漏接 case 标签不会被编译器标记为警告，可以使用
[[fallthrough]] 属性：

```
void option1() {}
void option2() {}

int alternative = get_value1();
switch (alternative)
{
  case 1:
    option1();
    [[fallthrough]]; // this is intentional
  case 2:
    option2();
}
```

❏ 要帮助编译器优化可能执行或不可能执行的执行路径，请使用 C++20 的 [[likely]]
或 [[unlikely]] 属性：

```
void execute_command(char cmd)
{
  switch(cmd)
  {
    [[likely]]
    case 'a': /* add */ break;

    [[unlikely]]
    case 'd': /* delete */ break;

    case 'p': /* print */  break;

    default:  /* do something else */ break;
  }
}
```

4.6.2 工作原理

属性是 C++ 的一个非常灵活的特性，它几乎可以在任意地方使用，但实际的用法是专门为每个特定属性定义的，它们可以用在类型、函数、变量、名称、代码块或整个翻译单元上。

属性可以在双方括号中指定（例如 [[attr1]]），而且在一个声明中可以指定多个属性（例如 [[attr1, attr2, attr3]]）。

属性可以有参数（例如 [[mode(greedy)]]），也可以是完全限定的，例如 [[sys::hidden]] 或 [[using sys: visibility(hidden), debug]]。

属性可以出现在应用它们的实体名称之前或之后，也可以同时出现在这两个位置，在这种情况下它们是组合在一起的。下面几个例子可以说明这一点：

```
// attr1 applies to a, attr2 applies to b
int a [[attr1]], b [[attr2]];

// attr1 applies to a and b
int [[attr1]] a, b;

// attr1 applies to a and b, attr2 applies to a
int [[attr1]] a [[attr2]], b;
```

属性不能出现在命名空间声明中，但它们可以作为单行声明出现在命名空间的任何位置。在这种情况下，无论它应用于以下声明、命名空间还是编译单元，它都是特定于每个属性的：

```
namespace test
{
  [[debug]];
}
```

该标准确实定义了几个所有编译器都必须实现的属性,使用它们可以编写更好的代码。我们已经在上一小节给出的例子中看到了其中的一些,这些属性在不同版本的标准中都有定义:

❑ C++11:

- [[noreturn]] 属性表示函数不返回。
- [[carries_dependency]] 属性表示 release-consume std::memory_order 中的依赖链在函数内和外传播,这允许编译器跳过不必要的内存栅栏。

❑ C++14:

- [[deprecated]] 和 [[deprecated("reason")]] 属性表示使用这些属性声明的实体被认为已弃用,不应使用。这些属性可以与类、非静态数据成员、类型定义、函数、枚举和模板特化一起使用,其中 "reason" 字符串是可选参数。

❑ C++17:

- [[fallthrough]] 属性表示 switch 语句中标签漏接是有意的,该属性必须出现在紧邻 case 标签的一行中。
- [[nodiscard]] 属性表示函数的返回值不能被忽略。
- [[maybe_unused]] 属性表示实体可能是未使用的,但编译器不应该对此发出警告。此属性可应用于变量、类、非静态数据成员、枚举、枚举器和类型定义。

❑ C++20:

- [[nodiscard(text)]] 属性是 C++17 [[nodiscard]] 属性的扩展,它提供了一个文本来描述不应该丢弃结果的原因。
- [[likely]] 和 [[unlikely]] 属性为编译器提供了执行路径或多或少可能执行的提示,因此允许编译器相应地进行优化。它们可以应用于语句(但不能应用于声明)和标签,但只能应用于其中之一,因为它们是互斥的。
- [[no_unique_address]] 属性可以应用于非静态数据成员(但不包括位域),并告诉编译器该成员不需要有唯一的地址。当应用于具有空类型的成员时,编译器可以对其进行优化,使其不占用空间,就像它是空基类的情况一样;如果成员的类型不是空的,编译器可以重用任何后续填充来存储其他数据成员。

在现代 C++ 编程书籍和教程中,属性经常被忽略或简单提及,其原因可能是开发人员无法实际编写属性,因为该语言特性是针对编译器实现而设计的。然而,对于某些编译器来说,定义用户提供的属性是可能的,GCC 就是这样的一个编译器,它支持向编译器添加额外特性的插件,而且它们也可以用于定义新的属性。

4.6.3 延伸阅读

❑ 阅读 9.2 节,以了解如何提示编译器函数不应抛出异常。

标准库容器、算法和迭代器

从 C++11、C++14、C++17 到 C++20，C++ 标准库已经有了很大的发展。然而，它最初的三大核心支柱为容器、算法和迭代器，它们都是作为通用类或函数模板实现的。在本章中，我们将介绍如何将它们结合起来以达到不同的目的。

本章将首先探索 C++ 默认容器 std::vector 的功能。

5.1 使用 vector 作为默认容器

标准库提供了各种类型的容器来存储对象集合。包括序列容器（如 vector、array 和 list）、有序和无序关联容器（如 set 和 map），以及不存储数据但提供面向序列容器的适配接口（如 stack 和 queue）的容器适配器。它们都是作为类模板实现的，这意味着它们可以与任意类型一起使用（只要它满足容器需求）。通常，应该始终使用最适合于特定问题的容器，这不仅在插入、删除、访问元素和内存使用速度方面提供了良好的性能，而且还使代码易于阅读和维护。但是，默认的选择应该是 vector。在本节中，我们将了解 vector 在许多情况下应该是容器的首选的原因，以及 vector 最常见的操作是什么。

5.1.1 准备工作

对于本节，你必须熟悉数组，包括静态和动态分配的数组。这里提供了几个例子：

```
double d[3];           // a statically allocated array of 3 doubles
int* arr = new int[5]; // a dynamically allocated array of 5 ints
```

类模板 vector 在头文件 <vector> 的 std 命名空间中可用。

5.1.2 使用方式

要初始化 `std::vector` 类模板，可以使用以下方法中的任何一种（但不限于这些）：

❏ 从初始化列表进行初始化：

```
std::vector<int> v1 { 1, 2, 3, 4, 5 };
```

❏ 从数组初始化：

```
int arr[] = { 1, 2, 3, 4, 5 };
std::vector<int> v21(arr, arr + 5); // v21 = { 1, 2, 3, 4, 5 }
std::vector<int> v22(arr+1, arr+4); // v22 = { 2, 3, 4 }
```

❏ 从另一个容器初始化：

```
std::list<int> l{ 1, 2, 3, 4, 5 };
std::vector<int> v3(l.begin(), l.end()); //{ 1, 2, 3, 4, 5 }
```

❏ 从计数和值初始化：

```
std::vector<int> v4(5, 1); // {1, 1, 1, 1, 1}
```

要修改 `std::vector` 的内容，可以使用以下方法中的任何一种（但不限于这些）：

❏ 使用 `push_back()` 在 vector 的末尾添加一个元素：

```
std::vector<int> v1{ 1, 2, 3, 4, 5 };
v1.push_back(6); // v1 = { 1, 2, 3, 4, 5, 6 }
```

❏ 使用 `pop_back()` 从 vector 的末尾移除一个元素：

```
v1.pop_back();
```

❏ 使用 `insert()` 函数在 vector 的任意位置插入元素：

```
int arr[] = { 1, 2, 3, 4, 5 };
std::vector<int> v21;
v21.insert(v21.begin(), arr, arr + 5); // v21 = { 1, 2, 3, 4, 5 }
std::vector<int> v22;
v22.insert(v22.begin(), arr, arr + 3); // v22 = { 1, 2, 3 }
```

❏ 通过使用 `emplace_back()` 方法在 vector 的末尾创建一个元素来添加一个元素：

```
struct foo
{
  int a;
  double b;
  std::string c;

  foo(int a, double b, std::string const & c) :
    a(a), b(b), c(c) {}
};
```

```
std::vector<foo> v3;
v3.emplace_back(1, 1.0, "one"s);
// v3 = { foo{1, 1.0, "one"} }
```

❑ 通过使用 emplace() 方法在 vector 的任意位置创建一个元素来插入一个元素：

```
v3.emplace(v3.begin(), 2, 2.0, "two"s);
// v3 = { foo{2, 2.0, "two"}, foo{1, 1.0, "one"} }
```

要修改 vector 的整个内容，可以使用以下方法中的任何一种（但不限于这些）：

❑ 用另外一个 vector 进行赋值（使用 operator=），这将替换容器的内容：

```
std::vector<int> v1{ 1, 2, 3, 4, 5 };
std::vector<int> v2{ 10, 20, 30 };
v2 = v1; // v2 = { 1, 2, 3, 4, 5 }
```

❑ 通过 assign() 方法用 begin 和 end 迭代器定义的另一个序列进行赋值，这将替换容
器的内容：

```
int arr[] = { 1, 2, 3, 4, 5 };
std::vector<int> v31;
v31.assign(arr, arr + 5);     // v31 = { 1, 2, 3, 4, 5 }
std::vector<int> v32;
v32.assign(arr + 1, arr + 4); // v32 = { 2, 3, 4 }
```

❑ 使用 swap() 方法交换两个 vector 的内容：

```
std::vector<int> v4{ 1, 2, 3, 4, 5 };
std::vector<int> v5{ 10, 20, 30 };
v4.swap(v5); // v4 = { 10, 20, 30 }, v5 = { 1, 2, 3, 4, 5 }
```

❑ 使用 clear() 方法删除所有元素：

```
std::vector<int> v6{ 1, 2, 3, 4, 5 };
v6.clear(); // v6 = { }
```

❑ 使用 erase() 方法删除一个或多个元素（这需要一个迭代器或一对迭代器来定义
vector 中要删除的元素的范围）：

```
std::vector<int> v7{ 1, 2, 3, 4, 5 };
v7.erase(v7.begin() + 2, v7.begin() + 4); // v7 = { 1, 2, 5 }
```

要获取 vector 中第一个元素的地址，通常需要将 vector 的内容传递给类 C API，可以
使用以下方法中的任意一种：

❑ 使用 data() 方法，它返回指向第一个元素的指针，提供对存储 vector 元素的底层
连续内存块的直接访问，这只在 C++11 之后可用：

```
void process(int const * const arr, size_t const size)
{ /* do something */ }
```

```
std::vector<int> v{ 1, 2, 3, 4, 5 };
process(v.data(), v.size());
```

❑ 获取第一个元素的地址：

```
process(&v[0], v.size());
```

❑ 获取 front() 方法引用的元素的地址：

```
process(&v.front(), v.size());
```

❑ 获取由 begin() 返回的迭代器所指向的元素的地址：

```
process(&*v.begin(), v.size());
```

5.1.3 工作原理

std::vector 类被设计成与数组最相似且可与数组互操作的 C++ 容器。vector 是一个大小可变的元素序列，保证连续地存储在内存中，这使得 vector 的内容可以很容易地传递给一个类 C 的函数——该函数接受一个指向数组元素的指针（通常是一个大小）。使用 vector 代替 array 有很多好处，包括：

❑ 开发人员不需要直接进行内存管理，因为容器在内部完成分配、重新分配和释放内存的工作。

❑ 有修改 vector 大小的可能性。

❑ 可进行两个 vector 的简单赋值或连接。

❑ 可进行两个 vector 的直接比较。

 注意，vector 用于存储对象实例。如果需要存储指针，请不要存储原始指针，而要存储智能指针。否则，需要管理指向对象的生命周期。

vector 类是一个非常高效的容器，它的所有实现都提供了许多优化，而大多数开发人员无法对 array 进行这些优化。对其元素的随机访问以及在 vector 末尾的插入和删除是常数 O(1) 操作（前提是不需要重新分配内存），而在其他任何地方的插入和删除是线性 O(n) 操作。

与其他标准容器相比，vector 具有很多优点：

❑ 它与 array 和类 C API 兼容：如果函数接受数组作为形参，则需要将其他容器（除了 std::array）的内容在作为实参传递给函数之前复制到 vector 中。

❑ 它对所有容器的元素的访问速度最快（但和 std::array 一样）。

❑ 它没有用于存储元素的每个元素内存开销，这是因为元素像数组一样存储在连续空间中。因此，vector 占用较少的内存，这不同于其他容器（比如 list）（需要附加指向其他元素的指针）或关联容器（需要哈希值）。

std::vector 在语义上与数组非常相似，但其大小是可变的，可以增大，也可以减小。以下两个属性定义了 vector 的大小：

❏ 容量是指 vector 在不执行额外内存分配的情况下能够容纳的元素数量，这是由 capacity() 方法确定的。

❏ 大小是 vector 中元素的实际数量，这是由 size() 方法确定的。

大小总是小于或等于容量，当大小等于容量时，并且需要添加一个新元素时，就需要修改容量，以便 vector 有容纳更多元素的空间。在这种情况下，vector 会分配一个新的内存块，并在释放已分配的内存之前将已有的内容移动到新的内存块。虽然这听起来很耗费时间，事实上也确实如此，但在每次需要更改时，vector 的实现都会成倍数地增加容量。因此，平均而言，vector 的每个元素只需要移动一次（这是因为在增加容量的过程中，vector 的所有元素都被移动了，但之后可以添加相同数量的元素，而不会引起更多的移动，因为插入是在 vector 的末尾执行的）。

如果预先知道将在 vector 中插入多少个元素，那么可以首先调用 reserve() 方法将容量增加到至少指定的数量（如果指定的大小小于当前的容量，则该方法不执行任何操作），然后再插入元素。

如果需要释放额外的预留内存，那么可以使用 shrink_to_fit() 方法来请求释放，但是否释放内存是由实现决定的。这个非绑定方法的另一种替代方法（自 C++11 起可用）是用一个临时的空 vector 进行交换：

```
std::vector<int> v{ 1, 2, 3, 4, 5 };
std::vector<int>().swap(v); // v.size = 0, v.capacity = 0
```

调用 clear() 方法只会从 vector 中移除所有元素，但不会释放任何内存。

应该注意的是，vector 类实现了一些特定于其他类型容器的操作：

❏ stack：使用 push_back() 和 emplace_back() 在末尾添加元素，使用 pop_back() 从末尾移除元素。请记住，pop_back() 不会返回被删除的最后一个元素，如果有必要，你需要显式地访问它，方法是在删除元素之前使用 back() 方法。

❏ list：使用 insert() 和 emplace() 在序列中间添加元素，使用 erase() 从序列中的任意位置删除元素。

C++ 容器的一条经验法则是使用 std::vector 作为默认容器，除非有充分的理由使用其他容器。

5.1.4 延伸阅读

❏ 阅读 5.2 节，以了解用于处理固定大小的位序列的标准容器。

❏ 阅读 5.3 节，以了解 bool 类型的 std::vector 特化，它主要用于处理可变大小的位序列。

5.2　对固定大小的位序列使用 bitset

对于开发人员来说，使用位标志进行操作并不罕见。这可能是因为它们与操作系统 API（通常是用 C 语言编写的）一起工作，这些 API 以位标志的形式接受各种类型的参数（如选项或样式），也可能是因为它们与做类似事情的库一起工作，或者只是因为某些类型的问题可以通过位标志自然地解决。我们可以考虑使用位和位操作的替代方案，例如定义每个选项 / 标志都有一个元素的数组，或者定义一个包含成员和函数的结构来建模位标志，但这些通常更复杂。在需要将表示位标志的数值传递给函数的情况下，仍然需要将数组或结构转换为位序列。出于这个原因，C++ 标准提供了一种名为 std::bitset 的容器，它主要用于存储固定长度的位序列。

5.2.1　准备工作

对于本节，你必须熟悉按位操作（AND、OR、XOR、NOT 和移位）。

bitset 类在头文件 <bitset> 的 std 命名空间中可用，bitset 表示固定大小的位序列，其大小在编译时定义。为了方便起见，本节大多数示例将使用 8 位的 bitset。

5.2.2　使用方式

要构造 std::bitset 对象，请使用以下可用的构造函数：

❏ 所有位均设置为 0 的空 bitset：

```
std::bitset<8> b1;          // [0,0,0,0,0,0,0,0]
```

❏ 数值 bitset：

```
std::bitset<8> b2{ 10 };    // [0,0,0,0,1,0,1,0]
```

❏ 字符串 '0' 和 '1' 的 bitset：

```
std::bitset<8> b3{ "1010"s }; // [0,0,0,0,1,0,1,0]
```

❏ 字符串的 bitset，该字符串包含表示 '0' 和 '1' 的任意两个字符。在这种情况下，我们必须指定哪个字符表示 0（第四个参数 'o'），哪个字符表示 1（第五个参数 'x'）：

```
std::bitset<8> b4
  { "ooooxoxo"s, 0, std::string::npos, 'o', 'x' };
  // [0,0,0,0,1,0,1,0]
```

要测试集合中的单个位或整个集合中的特定值，请使用以下方法：

❏ 使用 count() 获取设置为 1 的位数：

```
std::bitset<8> bs{ 10 };
std::cout << "has " << bs.count() << " 1s" << '\n';
```

❑ 使用 any() 检查是否至少有一个位设置为 1：

```
if (bs.any()) std::cout << "has some 1s" << '\n';
```

❑ 使用 all() 检查是否所有位都设置为 1：

```
if (bs.all()) std::cout << "has only 1s" << '\n';
```

❑ 使用 none() 检查是否所有位都设置为 0：

```
if (bs.none()) std::cout << "has no 1s" << '\n';
```

❑ 使用 test() 检查单个位的值（其位置是函数的唯一参数）：

```
if (!bs.test(0)) std::cout << "even" << '\n';
```

❑ 使用 operator[ ] 访问和测试单个位：

```
if(!bs[0]) std::cout << "even" << '\n';
```

要修改 bitset 的内容，可以使用以下方法：

❑ 成员操作符 |=、&=、^= 和 ~ 分别执行二进制运算 OR、AND、XOR 和 NOT。此外，也可以使用非成员操作符 |、& 和 ^：

```
std::bitset<8> b1{ 42 }; // [0,0,1,0,1,0,1,0]
std::bitset<8> b2{ 11 }; // [0,0,0,0,1,0,1,1]
auto b3 = b1 | b2;       // [0,0,1,0,1,0,1,1]
auto b4 = b1 & b2;       // [0,0,0,0,1,0,1,0]
auto b5 = b1 ^ b2;       // [1,1,0,1,1,1,1,0]
auto b6 = ~b1;           // [1,1,0,1,0,1,0,1]
```

❑ 成员操作符 <<=、<<、>>= 和 >> 执行移位操作：

```
auto b7 = b1 << 2;       // [1,0,1,0,1,0,0,0]
auto b8 = b1 >> 2;       // [0,0,0,0,1,0,1,0]
```

❑ flip() 将整个集合或单个位从 0 切换到 1 或从 1 切换到 0：

```
b1.flip();               // [1,1,0,1,0,1,0,1]
b1.flip(0);              // [1,1,0,1,0,1,0,0]
```

❑ set() 将整个集合或单个位更改为 true 或指定值：

```
b1.set(0, true);         // [1,1,0,1,0,1,0,1]
b1.set(0, false);        // [1,1,0,1,0,1,0,0]
```

❑ reset() 将整个集合或单个位更改为 false：

```
b1.reset(2);             // [1,1,0,1,0,0,0,0]
```

要将 bitset 转换为数值或字符串值，请使用以下方法：

❑ to_ulong() 和 to_ullong() 将值转换为 unsigned long 或 unsigned long long。如果值无法在输出类型中表示，这些操作将抛出 std::overflow_error 异常。请参考以下示例：

```
std::bitset<8> bs{ 42 };
auto n1 = bs.to_ulong();  // n1 = 42UL
auto n2 = bs.to_ullong(); // n2 = 42ULL
```

❑ to_string() 将值转换为 std::basic_string。默认情况下，结果是一个包含 '0' 和 '1' 的字符串，但你可以为这两个值指定不同的字符：

```
auto s1 = bs.to_string();        // s1 = "00101010"
auto s2 = bs.to_string('o', 'x'); // s2 = "ooxoxoxo"
```

5.2.3 工作原理

如果你曾经使用过 C API 或类 C API，那么你很可能编写过或至少见过操作位来定义样式、选项或其他类型值的代码。这通常涉及以下操作：

❑ 定义位标志：这些可以是枚举、类中的静态常量，也可以是 C 风格中使用 #define 引入的宏。通常，有一个标志表示没有值（如样式、选项等）。因为这些应该是位标志，所以它们的值是 2 的幂。

❑ 在集合（即数值）中添加和删除标志：添加位标志通过位或操作符（value |= FLAG）完成，删除位标志通过位与操作符完成，并使用反标志（value &= ~FLAG）。

❑ 测试标志是否已添加到集合中（value & FLAG == FLAG）。

❑ 将标志作为参数调用函数。

下面是定义控件边框样式的标志的简单示例，该控件的左侧、右侧、顶部或底部可以有边框，有无边框可以任意组合：

```
#define BORDER_NONE   0x00
#define BORDER_LEFT   0x01
#define BORDER_TOP    0x02
#define BORDER_RIGHT  0x04
#define BORDER_BOTTOM 0x08

void apply_style(unsigned int const style)
{
  if (style & BORDER_BOTTOM) { /* do something */ }
}

// initialize with no flags
unsigned int style = BORDER_NONE;
// set a flag
style = BORDER_BOTTOM;
// add more flags
style |= BORDER_LEFT | BORDER_RIGHT | BORDER_TOP;
```

```
// remove some flags
style &= ~BORDER_LEFT;
style &= ~BORDER_RIGHT;
// test if a flag is set
if ((style & BORDER_BOTTOM) == BORDER_BOTTOM) {}
// pass the flags as argument to a function
apply_style(style);
```

标准的 std::bitset 类旨在作为 C++ 替代方案，来取代这种具有位集合的类 C 工作风格，它使得我们能够编写鲁棒性更好、更安全的代码，因为它使用成员函数抽象了位操作，尽管我们仍然需要确定集合中的每个位代表什么：

❏ 添加和删除标志分别是通过 set() 和 reset() 方法完成的，它们将由位置指示的位的值设置为 1 或 0（或 true 和 false）。另外，我们也可以使用索引操作符来达到同样的目的。

❏ 测试是否用 test() 方法设置了位。

❏ 整数或字符串的转换是通过构造函数完成的，而转换成整数或字符串的转换是通过成员函数完成的，因此 bitset 中的值可以用在需要整数的地方（例如函数的参数）。

除了这些操作之外，bitset 类还有其他方法，用于执行按位操作、移位、测试和上一节中介绍的其他操作。

从概念上讲，std::bitset 是数值的表示形式，它使你能够访问和修改单个位。然而，bitset 内部有一个整数值数组，在其上可以执行按位操作。bitset 的大小不限于数值类型的大小，它可以是任何东西，除了它是一个编译时常数。

控件边框样式的示例可以使用 std::bitset 按以下方式编写：

```cpp
struct border_flags
{
  static const int left = 0;
  static const int top = 1;
  static const int right = 2;
  static const int bottom = 3;
};

// initialize with no flags
std::bitset<4> style;
// set a flag
style.set(border_flags::bottom);
// set more flags
style
  .set(border_flags::left)
  .set(border_flags::top)
  .set(border_flags::right);
// remove some flags
style[border_flags::left] = 0;
style.reset(border_flags::right);
```

```
// test if a flag is set
if (style.test(border_flags::bottom)) {}
// pass the flags as argument to a function
apply_style(style.to_ulong());
```

请记住，这只是一种可能的实现。例如，`border_flags` 类可以是一个枚举。然而，生成的代码更具表现力，也更容易理解。

5.2.4 更多

bitset 可以从整数创建，并可以使用 to_ulong() 或 to_ullong() 方法将其值转换为整数。但是，如果 bitset 的大小大于这些数值类型的大小，并且超出所请求数值类型的大小的位被设置为 1，那么这些方法将抛出 std::overflow_error 异常，这是因为该值不能用 unsigned long 或 unsigned long long 表示。为了提取所有位，我们需要执行以下操作：

❑ 清除超出 unsigned long 或 unsigned long long 大小的位。

❑ 将值转换为 unsigned long 或 unsigned long long。

❑ 根据 unsigned long 或 unsigned long long 中的位数移动 bitset。

❑ 一直这样做，直到所有位都被检索出来。

这些措施的实现方法如下：

```
template <size_t N>
std::vector<unsigned long> bitset_to_vectorulong(std::bitset<N> bs)
{
  auto result = std::vector<unsigned long> {};
  auto const size = 8 * sizeof(unsigned long);
  auto const mask = std::bitset<N>{ static_cast<unsigned long>(-1)};

  auto totalbits = 0;
  while (totalbits < N)
  {
    auto value = (bs & mask).to_ulong();
    result.push_back(value);
    bs >>= size;
    totalbits += size;
  }

  return result;
}

std::bitset<128> bs =
    (std::bitset<128>(0xFEDC) << 96) |
    (std::bitset<128>(0xBA98) << 64) |
    (std::bitset<128>(0x7654) << 32) |
    std::bitset<128>(0x3210);
```

```
std::cout << bs << '\n';

auto result = bitset_to_vectorulong(bs);
for (auto const v : result)
  std::cout << std::hex << v << '\n';
```

对于编译时无法知道 bitset 大小的情况，替代方法是 std::vector<bool>，我们将在下一节中介绍。

5.2.5 延伸阅读

❑ 阅读 5.3 节，以了解 bool 类型的 std::vector 特化，它用于处理可变大小的位序列。
❑ 阅读 5.4 节，探索数值库中用于位操作的 C++20 实用函数集。

5.3 对可变大小的位序列使用 vector<bool>

在上一节中，我们研究了如何使用 std::bitset 来处理固定大小的位序列。然而，有时 std::bitset 并不是一个好的选择，因为在编译时我们并不知道位的数量，并且仅仅定义一个包含足够多位的集合并不是一个好主意，因为你可能会陷入一种情况，即数字实际上不够大。标准的替代方法是使用 std::vector<bool> 容器，这是 std::vector 的特化，具有空间和速度优化，因为实现实际并不存储布尔值，而是存储每个元素的单个位。

 然而，出于这个原因，std::vector<bool> 不符合标准容器或序列容器的要求，std::vector<bool>::iterator 也不符合前向迭代器的要求。因此，这种特化不能用于期望使用 vector 的泛型代码。作为 vector，它的接口与 std::bitset 的接口不同，并且不能被视为数字的二进制表示。不能直接从数字或字符串构造 std::vector<bool>，也不能将其转换为数字或字符串。

5.3.1 准备工作

在介绍本节内容之前，我们假设你熟悉 std::vector 和 std::bitset。如果你没有阅读 5.1 节和 5.2 节的内容，那么请在继续学习之前先阅读一下这些内容。

vector<bool> 类在头文件 <vector> 的 std 命名空间中可用。

5.3.2 使用方式

要操作 std::vector<bool>，请使用与处理 std::vector<T> 相同的方法，如以下示例所示：

❑ 创建一个空 vector：

```
std::vector<bool> bv; // []
```

❏ 向 vector 中添加位:

```
bv.push_back(true);  // [1]
bv.push_back(true);  // [1, 1]
bv.push_back(false); // [1, 1, 0]
bv.push_back(false); // [1, 1, 0, 0]
bv.push_back(true);  // [1, 1, 0, 0, 1]
```

❏ 设置单个位的值:

```
bv[3] = true;        // [1, 1, 0, 1, 1]
```

❏ 使用通用算法:

```
auto count_of_ones = std::count(bv.cbegin(), bv.cend(), true);
```

❏ 从 vector 中删除位:

```
bv.erase(bv.begin() + 2); // [1, 1, 1, 1]
```

5.3.3 工作原理

std::vector<bool> 不是标准 vector,因为它被设计为通过为每个元素存储单个位而不是布尔值来提供空间优化。因此,它的元素不是存储在连续序列中,不能被布尔数组所代替。原因如下:

❏ 索引操作符无法返回对特定元素的引用,因为元素不是单独存储的:

```
std::vector<bool> bv;
bv.resize(10);
auto& bit = bv[0];       // error
```

❏ 解引用迭代器不能产生 bool 类型的引用,原因与前面提到的相同:

```
auto& bit = *bv.begin(); // error
```

❏ 不能保证可以同时从不同的线程独立地操作单个位。

❏ vector 数组不能用于需要前向迭代器的算法,如 std::search()。

❏ 如果某些通用代码需要本列表中提到的任何操作,则无法在预期使用 std::vector<T> 的通用代码中使用 vector 数组。

std::vector<bool> 的替代方案是 std::dequeu<bool>,它是一个标准容器(双向队列),满足所有容器和迭代器的要求,可以与所有标准算法一起使用。然而,它没有 std::vector<bool> 提供的空间优化。

5.3.4 更多

std::vector<bool> 接口与 std::bitset 差异很大。如果你希望以类似的方式编写代码,

则可以在 std::vector<bool> 上创建一个包装器，让它看起来尽可能地像 std::bitset。下面
的实现提供了类似于 std::bitset 中的成员：

```cpp
class bitvector
{
  std::vector<bool> bv;
public:
  bitvector(std::vector<bool> const & bv) : bv(bv) {}
  bool operator[](size_t const i) { return bv[i]; }

  inline bool any() const {
    for (auto b : bv) if (b) return true;
    return false;
  }

  inline bool all() const {
    for (auto b : bv) if (!b) return false;
    return true;
  }

  inline bool none() const { return !any(); }

  inline size_t count() const {
    return std::count(bv.cbegin(), bv.cend(), true);
  }

inline size_t size() const { return bv.size(); }

inline bitvector & add(bool const value) {
  bv.push_back(value);
  return *this;
}

inline bitvector & remove(size_t const index) {
  if (index >= bv.size())
    throw std::out_of_range("Index out of range");
  bv.erase(bv.begin() + index);
  return *this;
}

inline bitvector & set(bool const value = true) {
  for (size_t i = 0; i < bv.size(); ++i)
    bv[i] = value;
  return *this;
}

inline bitvector& set(size_t const index, bool const value = true) {
  if (index >= bv.size())
    throw std::out_of_range("Index out of range");
  bv[index] = value;
  return *this;
}
```

```
inline bitvector & reset() {
  for (size_t i = 0; i < bv.size(); ++i) bv[i] = false;
  return *this;
}

inline bitvector & reset(size_t const index) {
  if (index >= bv.size())
    throw std::out_of_range("Index out of range");
  bv[index] = false;
  return *this;
}

inline bitvector & flip() {
  bv.flip();
  return *this;
}
  std::vector<bool>& data() { return bv; }
};
```

这只是一个基本实现，如果你想使用这样的包装器，应该添加额外的方法，例如位逻辑操作、移位和流的读写等。然而，使用前面的代码，我们可以编写以下示例：

```
bitvector bv;
bv.add(true).add(true).add(false); // [1, 1, 0]
bv.add(false);                      // [1, 1, 0, 0]
bv.add(true);                       // [1, 1, 0, 0, 1]

if (bv.any()) std::cout << "has some 1s" << '\n';
if (bv.all()) std::cout << "has only 1s" << '\n';
if (bv.none()) std::cout << "has no 1s" << '\n';
std::cout << "has " << bv.count() << " 1s" << '\n';

bv.set(2, true);                    // [1, 1, 1, 0, 1]
bv.set();                           // [1, 1, 1, 1, 1]

bv.reset(0);                        // [0, 1, 1, 1, 1]
bv.reset();                         // [0, 0, 0, 0, 0]

bv.flip();                          // [1, 1, 1, 1, 1]
```

这些示例与使用 `std::bitset` 的示例非常相似，这个 `bitvector` 类具有一个兼容 `std::bitset` 的 API，但对于处理可变大小的位序列很有用。

5.3.5 延伸阅读

❑ 阅读 5.1 节，以了解如何使用 `std::vector` 标准容器。

❑ 阅读 5.2 节，以了解用于处理固定大小的位序列的标准容器。

❑ 阅读 5.4 节，探索数值库中用于位操作的 C++20 实用函数集。

5.4 使用位操作工具

在前几个章节中，我们了解了如何使用 std::bitset 和 std::vector<bool> 来处理固定大小和可变大小的位序列。然而，在某些情况下，我们需要操作或处理无符号整型数值的单个或多个位，这包括计数或旋转位等操作。C++20 标准提供了一组用于位操作的实用函数，它们作为数值库的一部分。在本节中，我们将了解这些实用函数以及如何使用它们。

5.4.1 准备工作

本节中讨论的函数模板都可以在 C++20 头文件 <bit> 的 std 命名空间中找到。

5.4.2 使用方式

使用以下函数模板来操作无符号整型类型的位：

❑ 如果需要执行循环移位，请使用 std::rotl<T>()（用于左旋转）和 std::rotr<T>()（用于右旋转）：

```
unsigned char n = 0b00111100;

auto vl1 = std::rotl(n, 0); // 0b00111100
auto vl2 = std::rotl(n, 1); // 0b01111000
auto vl3 = std::rotl(n, 3); // 0b11100001
auto vl4 = std::rotl(n, 9); // 0b01111000
auto vl5 = std::rotl(n, -2);// 0b00001111

auto vr1 = std::rotr(n, 0);  // 0b00111100
auto vr2 = std::rotr(n, 1);  // 0b00011110
auto vr3 = std::rotr(n, 3);  // 0b10000111
auto vr4 = std::rotr(n, 9);  // 0b00011110
auto vr5 = std::rotr(n, -2); // 0b11110000
```

❑ 如果需要统计连续 0 位的数量（即直到找到 1），请使用 std::countl_zero<T>() [从左到右统计（即从最高有效位开始）] 和 std::countr_zero<T>()[从右到左统计（即从最低有效位开始）]：

```
std::cout << std::countl_zero(0b00000000) << '\n'; // 8
std::cout << std::countl_zero(0b11111111) << '\n'; // 0
std::cout << std::countl_zero(0b00111010) << '\n'; // 2

std::cout << std::countr_zero(0b00000000) << '\n'; // 8
std::cout << std::countr_zero(0b11111111) << '\n'; // 0
std::cout << std::countr_zero(0b00111010) << '\n'; // 1
```

❑ 如果需要统计连续 1 位的数量（即直到找到 0），请使用 std::countl_one<T>() [从左到右统计（即从最高有效位开始）] 和 std::countr_one<T>()[从右到左统计（即从最低有效位开始）]：

```
std::cout << std::countl_one(0b00000000) << '\n'; // 0
std::cout << std::countl_one(0b11111111) << '\n'; // 8
std::cout << std::countl_one(0b11000101) << '\n'; // 2

std::cout << std::countr_one(0b00000000) << '\n'; // 0
std::cout << std::countr_one(0b11111111) << '\n'; // 8
std::cout << std::countr_one(0b11000101) << '\n'; // 1
```

❑ 如果需要统计 1 位的数量，请使用 std::popcount<T>()。0 位的数量等于用于表示该值的位数（这可以通过 std::numeric_limits<T>::digits 来确定）减去 1 位的数量：

```
std::cout << std::popcount(0b00000000) << '\n'; // 0
std::cout << std::popcount(0b11111111) << '\n'; // 8
std::cout << std::popcount(0b10000001) << '\n'; // 2
```

❑ 如果需要检查数字是否为 2 的幂，请使用 std::has_single_bit<T>()：

```
std::cout << std::boolalpha << std::has_single_bit(0) << '\n';
// false
std::cout << std::boolalpha << std::has_single_bit(1) << '\n';
// true
std::cout << std::boolalpha << std::has_single_bit(2) << '\n';
// true
std::cout << std::boolalpha << std::has_single_bit(3) << '\n';
// false
std::cout << std::boolalpha << std::has_single_bit(4) << '\n';
// true
```

❑ 如果需要找出大于或等于给定数字的 2 的幂的最小值，请使用 std::bit_ceil<T>()。如果需要找出小于或等于给定数字的 2 的幂的最大值，请使用 std::bit_floor<T>()：

```
std::cout << std::bit_ceil(0)  << '\n'; // 0
std::cout << std::bit_ceil(3)  << '\n'; // 4
std::cout << std::bit_ceil(4)  << '\n'; // 4
std::cout << std::bit_ceil(31) << '\n'; // 32
std::cout << std::bit_ceil(42) << '\n'; // 64

std::cout << std::bit_floor(0)  << '\n'; // 0
std::cout << std::bit_floor(3)  << '\n'; // 2
std::cout << std::bit_floor(4)  << '\n'; // 4
std::cout << std::bit_floor(31) << '\n'; // 16
std::cout << std::bit_floor(42) << '\n'; // 32
```

❑ 如果需要确定表示数字的最小位数，请使用 std::bit_width<T>()：

```
std::cout << std::bit_width(0)    << '\n'; // 1
std::cout << std::bit_width(2)    << '\n'; // 3
std::cout << std::bit_width(15)   << '\n'; // 4
std::cout << std::bit_width(16)   << '\n'; // 5
std::cout << std::bit_width(1000) << '\n'; // 10
```

❏ 如果需要将类型 F 的对象表示形式重新解释为类型 T 的对象表示形式，请使用 std::bit_cast<T,F>()：

```
const double pi = 3.1415927;
const uint64_t bits = std::bit_cast<uint64_t>(pi);
const double pi2 = std::bit_cast<double>(bits);

std::cout
    << std::fixed << pi   << '\n'    // 3.1415923
    << std::hex   << bits << '\n'    // 400921fb5a7ed197
    << std::fixed << pi2  << '\n';   // 3.1415923
```

5.4.3　工作原理

上一节中提到的所有函数模板（std::bit_cast<T, F>() 除外）仅适用于无符号整型类型，包括类型 unsigned char、unsigned short、unsigned int、unsigned long 和 unsigned long long，以及扩展的无符号整型类型（如 uint8_t、uint64_t、uint_least8_t、uintmax_t 等）。这些函数很简单，不需要详细说明。

与其他函数不同的函数是 std::bit_cast<T, F>()，在这里，F 是被重新解释的类型，T 是目标类型。这个函数模板不要求 T 和 F 为无符号整型类型，但它们都必须是可复制的。此外，sizeof(T) 必须与 sizeof(F) 相同。

这个函数的规范没有提到结果中填充位的值，如果结果值与类型 T 的有效值不对应，则该行为是未定义的。

如果 T、F 及其所有子对象的类型不是联合体类型、指针类型、指向成员类型的指针、易失性（volatile）限定类型，并且没有引用类型的非静态数据成员，则 std::bit_cast<T, F>() 可以是 constexpr。

5.4.4　延伸阅读

❏ 阅读 5.2 节，以了解处理固定大小的位序列的标准容器。
❏ 阅读 5.3 节，以了解 bool 类型的 std::vector 特化，它用于处理可变大小的位序列。

5.5　在 range 内查找元素

应用程序中最常见的操作之一就是搜索数据。因此，标准库提供了许多通用算法来搜索标准容器或者任何可以表示 range 并由开始迭代器和结束迭代器定义的内容，这并不奇怪。在本节中，我们将了解这些标准算法以及如何使用它们。

5.5.1　准备工作

对于本节中的所有例子，我们将使用 std::vector，但所有算法都使用由开始迭代器和结束迭代器定义的 range，根据算法的不同，可以使用输入迭代器或前向迭代器（有关各种类型迭代器的更多信息，请参阅 5.10 节）。所有这些算法都可以在头文件 `<algorithm>` 的 std 命名空间中找到。

5.5.2　使用方式

以下是可用于在 range 内查找元素的算法：

❑ 使用 `std::find()` 在 range 内查找值。此算法将返回一个迭代器，该迭代器指向与该值相等的第一个元素：

```
std::vector<int> v{ 1, 1, 2, 3, 5, 8, 13 };

auto it = std::find(v.cbegin(), v.cend(), 3);
if (it != v.cend()) std::cout << *it << '\n';
```

❑ 使用 `std::find_if()` 在 range 内查找满足一元谓词条件的值。此算法将返回一个迭代器，该迭代器指向谓词返回 `true` 的第一个元素：

```
std::vector<int> v{ 1, 1, 2, 3, 5, 8, 13 };

auto it = std::find_if(v.cbegin(), v.cend(),
                       [](int const n) {return n > 10; });
if (it != v.cend()) std::cout << *it << '\n';
```

❑ 使用 `std::find_if_not()` 在 range 内查找不满足一元谓词条件的值。此算法将返回一个迭代器，该迭代器指向谓词返回 `false` 的第一个元素：

```
std::vector<int> v{ 1, 1, 2, 3, 5, 8, 13 };

auto it = std::find_if_not(v.cbegin(), v.cend(),
                [](int const n) {return n % 2 == 1; });
if (it != v.cend()) std::cout << *it << '\n';
```

❑ 使用 `std::find_first_of()` 搜索 range 内的任何值在另一个 range 中的出现情况。此算法将返回一个指向找到的第一个元素的迭代器：

```
std::vector<int> v{ 1, 1, 2, 3, 5, 8, 13 };
std::vector<int> p{ 5, 7, 11 };

auto it = std::find_first_of(v.cbegin(), v.cend(),
                            p.cbegin(), p.cend());
if (it != v.cend())
  std::cout << "found " << *it
          << " at index " << std::distance(v.cbegin(), it)
          << '\n';
```

❑ 使用 `std::find_end()` 查找 range 中元素的子 range 的最后一个匹配项。此算法将返回一个迭代器，该迭代器指向 range 中最后一个子 range 的第一个元素：

```
std::vector<int> v1{ 1, 1, 0, 0, 1, 0, 1, 0, 1, 0, 1, 1 };
std::vector<int> v2{ 1, 0, 1 };

auto it = std::find_end(v1.cbegin(), v1.cend(),
                        v2.cbegin(), v2.cend());
if (it != v1.cend())
  std::cout << "found at index "
            << std::distance(v1.cbegin(), it) << '\n';
```

❑ 使用 std::search() 在 range 内搜索子 range 的第一个匹配项。此算法将返回一个
迭代器，该迭代器指向 range 中子 range 的第一个元素：

```
auto text = "The quick brown fox jumps over the lazy dog"s;
auto word = "over"s;

auto it = std::search(text.cbegin(), text.cend(),
                      word.cbegin(), word.cend());

if (it != text.cend())
  std::cout << "found " << word
            << " at index "
            << std::distance(text.cbegin(), it) << '\n';
```

❑ 将 std::search() 与搜索器结合使用，搜索器是一个实现搜索算法并满足某些预定
义标准的类。这种 std::search() 的重载是在 C++17 中引入的，可用的标准搜索
器实现了 Boyer-Moore 和 Boyer-Moore-Horspool 字符串搜索算法：

```
auto text = "The quick brown fox jumps over the lazy dog"s;
auto word = "over"s;

auto it = std::search(
  text.cbegin(), text.cend(),
  std::make_boyer_moore_searcher(word.cbegin(), word.cend()));

if (it != text.cend())
  std::cout << "found " << word
            << " at index "
            << std::distance(text.cbegin(), it) << '\n';
```

❑ 使用 std::search_n() 搜索 range 内连续出现 N 次的一个值。此算法返回一个迭
代器，它指向在 range 内找到的序列的第一个元素：

```
std::vector<int> v{ 1, 1, 0, 0, 1, 0, 1, 0, 1, 0, 1, 1 };

auto it = std::search_n(v.cbegin(), v.cend(), 2, 0);
if (it != v.cend())
  std::cout << "found at index "
            << std::distance(v.cbegin(), it) << '\n';
```

❑ 使用 std::adjacent_find() 查找 range 内相等或满足二元谓词的两个相邻元素。
此算法将返回一个迭代器，它指向找到的第一个元素：

```cpp
std::vector<int> v{ 1, 1, 2, 3, 5, 8, 13 };

auto it = std::adjacent_find(v.cbegin(), v.cend());
if (it != v.cend())
  std::cout << "found at index "
            << std::distance(v.cbegin(), it) << '\n';

auto it = std::adjacent_find(
  v.cbegin(), v.cend(),
  [](int const a, int const b) {
    return IsPrime(a) && IsPrime(b); });

if (it != v.cend())
  std::cout << "found at index "
            << std::distance(v.cbegin(), it) << '\n';
```

❑ 使用 std::binary_search() 在排序 range 内查找是否存在某元素。此算法返回一个布尔值来指示是否找到该值：

```cpp
std::vector<int> v{ 1, 1, 2, 3, 5, 8, 13 };

auto success = std::binary_search(v.cbegin(), v.cend(), 8);
if (success) std::cout << "found" << '\n';
```

❑ 使用 std::lower_bound() 在 range 内查找不小于指定值的第一个元素。此算法返回指向找到的第一个元素的迭代器：

```cpp
std::vector<int> v{ 1, 1, 2, 3, 5, 8, 13 };

auto it = std::lower_bound(v.cbegin(), v.cend(), 1);
if (it != v.cend())
  std::cout << "lower bound at "
            << std::distance(v.cbegin(), it) << '\n';
```

❑ 使用 std::upper_bound() 在 range 内查找大于指定值的第一个元素。此算法返回指向找到的第一个元素的迭代器：

```cpp
std::vector<int> v{ 1, 1, 2, 3, 5, 8, 13 };

auto it = std::upper_bound(v.cbegin(), v.cend(), 1);
if (it != v.cend())
  std::cout << "upper bound at "
            << std::distance(v.cbegin(), it) << '\n';
```

❑ 使用 std::equal_range() 在 range 内查找值等于指定值的子 range。该算法返回一对迭代器，即定义子 range 的开始迭代器和结束迭代器。这两个迭代器等价于 std::lower_bound() 和 std::upper_bound() 返回的迭代器：

```cpp
std::vector<int> v{ 1, 1, 2, 3, 5, 8, 13 };
```

```
auto bounds = std::equal_range(v.cbegin(), v.cend(), 1);
std::cout << "range between indexes "
          << std::distance(v.cbegin(), bounds.first)
          << " and "
          << std::distance(v.cbegin(), bounds.second)
          << '\n';
```

5.5.3 工作原理

这些算法的工作方式非常相似：它们都将定义可搜索 range 的迭代器和依赖于每个算法的附加参数作为参数，`std::search()` 和 `std::equal_range()` 例外，前者返回一个布尔值，后者返回一对迭代器。它们都返回一个指向被搜索元素或子 range 的迭代器。这些迭代器必须与 range 的结束迭代器进行比较，以检查搜索是否成功。如果没有搜索到元素或子 range，则返回值为结束迭代器。

所有这些算法都有多个重载，但在 5.5.2 节中，我们只研究了一个特定的重载来说明如何使用该算法。关于所有重载的完整参考，你应该查看其他来源。

在前面所有的例子中，我们都使用了常量迭代器，但所有这些算法在使用可变迭代器和反向迭代器时都是一样的。因为它们将迭代器作为输入参数，所以可以使用标准容器、array 数组或任何表示序列并有可用迭代器的对象。

需要特别注意 `std::binary_search()` 算法：定义要搜索的 range 的迭代器参数至少应该满足前向迭代器的要求，无论所提供的迭代器的类型如何，比较的次数始终与 range 的大小成对数关系。但是，如果迭代器是随机访问的，则迭代器递增的次数是不同的，在这种情况下，递增次数也是对数的；如果迭代器不是随机访问的，在这种情况下，递增次数是线性的，并且与 range 的大小成正比。

除 `std::find_if_not()` 之外，所有这些算法在 C++11 之前都是可用的。但是，新的标准中引入了它们的一些重载，例如 `std::search()` 有几个在 C++17 中引入的重载，其中一个重载具有以下形式：

```
template<class ForwardIterator, class Searcher>
ForwardIterator search(ForwardIterator first, ForwardIterator last,
                       const Searcher& searcher );
```

此重载搜索由搜索器函数对象定义的模式的出现情况，标准为该函数对象提供了几种实现：

❑ `default_searcher` 基本上将搜索委托给标准的 `std::search()` 算法。

❑ `boyer_moore_searcher` 实现了用于字符串搜索的 Boyer-Moore 算法。

❑ `boyer_moore_horspool_algorithm` 实现了用于字符串搜索的 Boyer-Moore-Horspool 算法。

许多标准容器都有一个 `find()` 成员函数，该函数用于查找容器中的元素。当这种方法可用并且匹配你的需求时，应该优先使用它，因为这些成员函数已根据每个容器的特殊性进行了优化。

5.5.4 延伸阅读

❑ 阅读 5.1 节，以了解如何使用 `std::vector` 标准容器。
❑ 阅读 5.7 节，以了解用值填充 range 的标准算法。
❑ 阅读 5.8 节，以了解用于计算已排序 range 的并集、交集或差集的标准算法。
❑ 阅读 5.6 节，以了解对 range 进行排序的标准算法。

5.6 对 range 进行排序

在上一节中，我们研究了在 range 内搜索的标准通用算法。我们经常需要用到的另一个常见操作是对 range 进行排序，因为许多例程（包括一些搜索算法）都需要一个已排序的 range。标准库提供了几种对 range 进行排序的通用算法。在本节中，我们将了解这些算法以及如何使用它们。

5.6.1 准备工作

通用排序算法使用由开始迭代器和结束迭代器定义的 range，因此可以对标准容器、array 数组或任何表示序列且具有随机迭代器的对象进行排序。但是，本节中的所有例子都将使用 `std::vector`。

5.6.2 使用方式

以下是搜索 range 的标准通用算法列表：
❑ 使用 `std::sort()` 对 range 进行排序：

```
std::vector<int> v{3, 13, 5, 8, 1, 2, 1};

std::sort(v.begin(), v.end());
// v = {1, 1, 2, 3, 5, 8, 13}

std::sort(v.begin(), v.end(), std::greater<>());
// v = {13, 8, 5, 3, 2, 1, 1}
```

❑ 使用 `std::stable_sort()` 对 range 进行排序，但保持相等元素的顺序不变：

```
struct Task
{
  int priority;
  std::string name;
};
```

```
bool operator<(Task const & lhs, Task const & rhs) {
  return lhs.priority < rhs.priority;
}

bool operator>(Task const & lhs, Task const & rhs) {
  return lhs.priority > rhs.priority;
}

std::vector<Task> v{
  { 10, "Task 1"s }, { 40, "Task 2"s }, { 25, "Task 3"s },
  { 10, "Task 4"s }, { 80, "Task 5"s }, { 10, "Task 6"s },
};

std::stable_sort(v.begin(), v.end());
// {{ 10, "Task 1" },{ 10, "Task 4" },{ 10, "Task 6" },
//  { 25, "Task 3" },{ 40, "Task 2" },{ 80, "Task 5" }}

std::stable_sort(v.begin(), v.end(), std::greater<>());
// {{ 80, "Task 5" },{ 40, "Task 2" },{ 25, "Task 3" },
//  { 10, "Task 1" },{ 10, "Task 4" },{ 10, "Task 6" }}
```

❑ 使用 std::partial_sort() 对 range 的一部分进行排序（其余部分按未指定的顺序排列）：

```
std::vector<int> v{ 3, 13, 5, 8, 1, 2, 1 };

std::partial_sort(v.begin(), v.begin() + 4, v.end());
// v = {1, 1, 2, 3, ?, ?, ?}

std::partial_sort(v.begin(), v.begin() + 4, v.end(),
                  std::greater<>());
// v = {13, 8, 5, 3, ?, ?, ?}
```

❑ 使用 std::partial_sort_copy() 对 range 的一部分进行排序，它将排序后的元素复制到新的 range，并保持原始 range 不变：

```
std::vector<int> v{ 3, 13, 5, 8, 1, 2, 1 };
std::vector<int> vc(v.size());

std::partial_sort_copy(v.begin(), v.end(),
                       vc.begin(), vc.end());
// v = {3, 13, 5, 8, 1, 2, 1}
// vc = {1, 1, 2, 3, 5, 8, 13}
std::partial_sort_copy(v.begin(), v.end(),
                       vc.begin(), vc.end(),
                       std::greater<>());
// vc = {13, 8, 5, 3, 2, 1, 1}
```

❑ 使用 std::nth_element() 对 range 进行排序，使第 N 个元素恰好位于它应该在的位置，它之前的元素都较小，它之后的元素都较大，但不需要保证它们也已排序：

```
std::vector<int> v{ 3, 13, 5, 8, 1, 2, 1 };

std::nth_element(v.begin(), v.begin() + 3, v.end());
// v = {1, 1, 2, 3, 5, 8, 13}

std::nth_element(v.begin(), v.begin() + 3, v.end(),
                 std::greater<>());
// v = {13, 8, 5, 3, 2, 1, 1}
```

❑ 使用 std::is_sorted() 检查 range 是否已排序:

```
std::vector<int> v { 1, 1, 2, 3, 5, 8, 13 };

auto sorted = std::is_sorted(v.cbegin(), v.cend());
sorted = std::is_sorted(v.cbegin(), v.cend(),
                        std::greater<>());
```

❑ 使用 std::is_sorted_until() 从 range 的开头查找已排序的子 range:

```
std::vector<int> v{ 3, 13, 5, 8, 1, 2, 1 };

auto it = std::is_sorted_until(v.cbegin(), v.cend());
auto length = std::distance(v.cbegin(), it);
```

5.6.3 工作原理

前面所有的通用算法都使用随机迭代器作为参数来定义要排序的 range,其中一些也接受输出 range。它们都有重载:一个重载需要用比较函数来对元素进行排序;另一个重载不需要使用比较函数,而是使用 operator< 对元素进行比较。

这些算法的工作方式如下:

❑ std::sort() 修改输入 range,使其元素按照默认比较函数或指定的比较函数进行排序,排序的实际算法是一个实现细节。

❑ std::stable_sort() 与 std::sort() 类似,但它保证保留相等元素的原始顺序。

❑ std::partial_sort() 接受 3 个迭代器参数,它们分别指示 range 中的第一个元素、中间元素最后一个元素,其中中间元素(middle)可以是任意元素,而不仅仅是位于自然中间位置的元素。结果是一个部分排序的 range,因此原始 range(即 [first,last])中的前 middle−first 个最小的元素在 [first,middle) 子 range 中找到,其余的元素在 [middle,last) 子 range 中以未指定的顺序找到。

❑ 顾名思义,std::partial_sort_copy() 不是 std::partial_copy() 的变体,而是 std::sort() 的变体,它通过将元素复制到输出 range 来对 range 进行排序,而不更改它。该算法的参数是输入 range 和输出 range 的开始和结束迭代器:如果输出 range 的大小 M 大于或等于输入 range 的大小 N,则输入 range 被完全排序并复制到输出 range,输出 range 的前 N 个元素被覆盖,最后的 $M−N$ 个元素保持不变;如果输出 range 小于输入 range，则只将输入 range 中的前 *M* 个排序后的元素复制到输出 range（在本例中输出 range 完全被覆盖）。

❑ std::nth_element() 基本上是一个选择算法的实现，该算法用于查找 range 中的第 *N* 个最小元素。该算法接受 3 个迭代器参数，它们分别表示第一个元素、第 *N* 个元素和最后一个元素，并对 range 进行部分排序，以便在排序后，第 *N* 个元素将位于它应该在的位置。在修正的 range 内，第 *N* 个元素之前的 *N*–1 个元素都小于它，第 *N* 个元素之后的所有元素都大于它。但是，不能保证这些元素的顺序。

❑ std::is_sorted() 检查指定的 range 是否按照指定的比较函数或默认的比较函数进行排序，并返回一个布尔值。

❑ std::is_sorted_until() 使用提供的比较函数或默认 operator<，从指定 range 的开头查找已排序子 range。返回值是一个迭代器，表示已排序子 range 的上界，它也是已排序元素的结束迭代器。

一些标准容器（如 std::list 和 std::forward_list）提供了成员函数 sort()，该函数针对这些容器进行了优化，这些成员函数应该优先于通用标准算法 std::sort()。

5.6.4 延伸阅读

❑ 阅读 5.1 节，以了解如何使用 std::vector 标准容器。

❑ 阅读 5.7 节，以了解用值填充 range 的标准算法。

❑ 阅读 5.8 节，以了解用于计算已排序 range 的并集、交集或差集的标准算法。

❑ 阅读 5.5 节，以了解搜索值序列的标准算法。

5.7 初始化 range

在前几个章节中，我们探讨了在 range 内搜索元素和对 range 进行排序的通用标准算法，算法库还提供了许多其他通用算法，其中有几个算法用于用值填充 range。在本节中，我们将了解这些算法以及应该如何使用它们。

5.7.1 准备工作

本节中的所有示例都使用 std::vector，但是，与所有通用算法一样，我们将看到的算法使用迭代器来定义 range 的边界，因此可以使用标准容器、array 数组或任何表示已定义前向迭代器的序列的自定义类型。

除了 std::iota()（它可以从头文件 <numeric> 中获得），所有其他算法都可以在头文件 <algorithm> 中找到。

5.7.2 使用方式

要给 range 赋值，可以使用以下标准算法：

❑ std::fill() 为 range 内的所有元素赋值（range 由开始前向迭代器和结束前向迭代器定义）：

```
std::vector<int> v(5);
std::fill(v.begin(), v.end(), 42);
// v = {42, 42, 42, 42, 42}
```

❑ std::fill_n() 为 range 中的多个元素赋值（range 由开始前向迭代器和指示应该为多少个元素分配指定值的计数器定义）：

```
std::vector<int> v(10);
std::fill_n(v.begin(), 5, 42);
// v = {42, 42, 42, 42, 42, 0, 0, 0, 0, 0}
```

❑ std::generate() 将函数返回的值赋给 range 的元素（range 由开始前向迭代器和结束前向迭代器定义，对 range 内的每个元素调用一次函数）：

```
std::random_device rd{};
std::mt19937 mt{ rd() };
std::uniform_int_distribution<> ud{1, 10};
std::vector<int> v(5);
std::generate(v.begin(), v.end(),
              [&ud, &mt] {return ud(mt); });
```

❑ std::generate_n() 将函数返回的值赋给 range 内的多个元素（range 由开始前向迭代器和计数器定义，该计数器指示应为多少个元素赋函数返回的值，每个元素调用一次函数）：

```
std::vector<int> v(5);
auto i = 1;
std::generate_n(v.begin(), v.size(), [&i] { return i*i++; });
// v = {1, 4, 9, 16, 25}
```

❑ std::iota() 为 range 内的元素分配顺序递增的值（range 由开始前向迭代器和结束前向迭代器定义，值使用前缀 operator++ 从初始指定值开始递增）：

```
std::vector<int> v(5);
std::iota(v.begin(), v.end(), 1);
// v = {1, 2, 3, 4, 5}
```

5.7.3 工作原理

std::fill() 和 std::fill_n() 的工作原理类似，但在指定 range 的方式上有所不同：前者由开始迭代器和结束迭代器指定，后者由开始迭代器和计数器指定。第二种算法返回一个迭代器，如果计数器值大于零，则表示最后一个赋值元素，否则表示指向 range 内第一个元素的迭代器。

std::generate() 和 std::generate_n() 也很类似，只是在指定 range 的方式上有所

不同。第一个函数接受两个迭代器（定义 range 的上下限），而第二个函数接受一个指向第一个元素的迭代器和一个计数器。与 std::fill_n() 类似，std::generate_n() 也返回一个迭代器，如果计数大于零，则表示最后一个赋值元素，否则表示指向 range 内的第一个元素的迭代器。这些算法为 range 内的每个元素调用指定的函数，并将返回值赋给该元素。生成函数不接受任何实参，因此实参的值不能传递给函数，这是因为它是一个用来初始化 range 元素的函数，如果需要使用元素的值来生成新值，则应使用 std::transform()。

std::iota() 得名于 APL 编程语言中的 ι（iota）函数，尽管它最初是 STL 的一部分，但它只包含在 C++11 的标准库中。此函数接受指向 range 的开始迭代器和结束迭代器，以及赋值给 range 的第一个元素的初始值，然后使用前缀 operator++ 为 range 内的其余元素生成按顺序递增的值。

5.7.4　延伸阅读

❑ 阅读 5.6 节，以了解对 range 进行排序的标准算法。

❑ 阅读 5.8 节，以了解用于计算已排序 range 的并集、交集或差集的标准算法。

❑ 阅读 5.5 节，以了解搜索值序列的标准算法。

❑ 阅读 2.3 节，以了解在 C++ 中生成伪随机数的正确方法。

❑ 阅读 2.4 节，以了解如何正确初始化随机数引擎。

5.8　在 range 上使用 set 操作

标准库为 set 操作提供了几种算法，使我们能够对已排序 range 进行并集、交集或差集操作。在本节中，我们将了解这些算法以及它们是如何工作的。

5.8.1　准备工作

set 操作的算法需要用到迭代器，这意味着它们可以使用标准容器、array 数组或任何表示具有可用输入迭代器的序列的自定义类型。本节中的所有示例都将使用 std::vector。

对于下一小节中的所有示例，我们将使用以下 range：

```
std::vector<int> v1{ 1, 2, 3, 4, 4, 5 };
std::vector<int> v2{ 2, 3, 3, 4, 6, 8 };
std::vector<int> v3;
```

下面，我们将探讨 set 操作的标准算法的使用方式。

5.8.2　使用方式

对 set 操作使用以下通用算法：

❑ std::set_union() 计算两个 range 的并集并将之保存到第三个 range 中：

```
std::set_union(v1.cbegin(), v1.cend(),
               v2.cbegin(), v2.cend(),
               std::back_inserter(v3));
// v3 = {1, 2, 3, 3, 4, 4, 5, 6, 8}
```

❑ `std::merge()` 将两个 range 的内容合并到第三个 range 中，这类似于 `std::set_union()`，不同之处在于它将输入 range 的全部内容（而不仅仅是它们的并集）复制到输出 range：

```
std::merge(v1.cbegin(), v1.cend(),
           v2.cbegin(), v2.cend(),
           std::back_inserter(v3));
// v3 = {1, 2, 2, 3, 3, 3, 4, 4, 4, 5, 6, 8}
```

❑ `std::set_intersection()` 计算两个 range 的交集并将之保存到第三个 range 中：

```
std::set_intersection(v1.cbegin(), v1.cend(),
                      v2.cbegin(), v2.cend(),
                      std::back_inserter(v3));
// v3 = {2, 3, 4}
```

❑ `std::set_difference()` 计算两个 range 的差集并将之保存到第三个 range 中，输出 range 将包含出现在第一个 range 中但不会出现在第二个 range 中的元素：

```
std::set_difference(v1.cbegin(), v1.cend(),
                    v2.cbegin(), v2.cend(),
                    std::back_inserter(v3));
// v3 = {1, 4, 5}
```

❑ `std::set_symmetric_difference()` 计算两个 range 的对称差集并将之保存到第三个 range 中，输出 range 将包含存在于输入 range 中但不存在于两个输入 range 交集的元素：

```
std::set_symmetric_difference(v1.cbegin(), v1.cend(),
                              v2.cbegin(), v2.cend(),
                              std::back_inserter(v3));
// v3 = {1, 3, 4, 5, 6, 8}
```

❑ `std::includes()` 检查 range 是否是另一个 range 的子集（也就是说，检查它的所有元素是否也出现在另一个 range 中）：

```
std::vector<int> v1{ 1, 2, 3, 4, 4, 5 };
std::vector<int> v2{ 2, 3, 3, 4, 6, 8 };
std::vector<int> v3{ 1, 2, 4 };
std::vector<int> v4{ };

auto i1 = std::includes(v1.cbegin(), v1.cend(),
                        v2.cbegin(), v2.cend()); // i1 = false
auto i2 = std::includes(v1.cbegin(), v1.cend(),
```

```
                          v3.cbegin(), v3.cend()); // i2 = true
auto i3 = std::includes(v1.cbegin(), v1.cend(),
                        v4.cbegin(), v4.cend()); // i3 = true
```

5.8.3 工作原理

所有从两个输入 range 生成新 range 的 set 操作都具有相同的接口，并且以类似的方式工作：

- ❑ 它们接受两个输入 range，每个 range 都由开始输入迭代器和结束输入迭代器定义。
- ❑ 它们接受一个输出迭代器，它指向要插入元素的输出 range。
- ❑ 它们有一个重载，该重载接受一个额外的参数（表示比较二元函数对象，如果第一个参数小于第二个参数，必须返回 true）。如果没有指定比较函数对象，则使用 operator<。
- ❑ 它们返回一个超过构造的输出 range 末端的迭代器。
- ❑ 输入 range 必须使用 operator< 或提供的比较函数进行排序，这取决于所使用的重载。
- ❑ 输出 range 不得与两个输入 range 重叠。

我们将通过其他示例演示它们的工作方式，使用名为 Task 的 POD 类型的 vector 数组，我们在前几节中也使用过：

```cpp
struct Task
{
  int         priority;
  std::string name;
};

bool operator<(Task const & lhs, Task const & rhs) {
  return lhs.priority < rhs.priority;
}

bool operator>(Task const & lhs, Task const & rhs) {
  return lhs.priority > rhs.priority;
}

std::vector<Task> v1{
  { 10, "Task 1.1"s },
  { 20, "Task 1.2"s },
  { 20, "Task 1.3"s },
  { 20, "Task 1.4"s },
  { 30, "Task 1.5"s },
  { 50, "Task 1.6"s },
};

std::vector<Task> v2{
  { 20, "Task 2.1"s },
  { 30, "Task 2.2"s },
```

```
    { 30, "Task 2.3"s },
    { 30, "Task 2.4"s },
    { 40, "Task 2.5"s },
    { 50, "Task 2.6"s },
};
```

每种算法产生输出 range 的具体方法如下：

❑ std::set_union() 将一个或两个输入 range 中出现的所有元素复制到输出 range，生成一个新的排序的 range。如果一个元素在第一个 range 内出现了 M 次，在第二个 range 内出现了 N 次，则第一个 range 内的所有 M 个元素将按其现有顺序复制到输出 range 中，如果 $N>M$，则从第二个 range 中复制 $N-M$ 个元素到输出 range 中，否则复制 0 个元素：

```
std::vector<Task> v3;
std::set_union(v1.cbegin(), v1.cend(),
               v2.cbegin(), v2.cend(),
               std::back_inserter(v3));
// v3 = {{10, "Task 1.1"},{20, "Task 1.2"},{20, "Task 1.3"},
//       {20, "Task 1.4"},{30, "Task 1.5"},{30, "Task 2.3"},
//       {30, "Task 2.4"},{40, "Task 2.5"},{50, "Task 1.6"}}
```

❑ std::merge() 将两个输入 range 中的所有元素都复制到输出 range，生成一个按比较函数排序的新 range：

```
std::vector<Task> v4;
std::merge(v1.cbegin(), v1.cend(),
           v2.cbegin(), v2.cend(),
           std::back_inserter(v4));
// v4 = {{10, "Task 1.1"},{20, "Task 1.2"},{20, "Task 1.3"},
//       {20, "Task 1.4"},{20, "Task 2.1"},{30, "Task 1.5"},
//       {30, "Task 2.2"},{30, "Task 2.3"},{30, "Task 2.4"},
//       {40, "Task 2.5"},{50, "Task 1.6"},{50, "Task 2.6"}}
```

❑ std::set_intersection() 将同时在两个输入 range 中找到的所有元素复制到输出 range，生成一个按比较函数排序的新 range：

```
std::vector<Task> v5;
std::set_intersection(v1.cbegin(), v1.cend(),
                      v2.cbegin(), v2.cend(),
                      std::back_inserter(v5));
// v5 = {{20, "Task 1.2"},{30, "Task 1.5"},{50, "Task 1.6"}}
```

❑ std::set_difference() 将第一个输入 range 中有、但第二个输入 range 中没有的所有元素复制到输出 range。对于在两个 range 内都能找到的等价元素，适用以下规则：如果一个元素在第一个 range 内出现 M 次，在第二个 range 内出现 N 次，且 $M>N$，则它被复制 $M-N$ 次；否则，它不会被复制。

```
std::vector<Task> v6;
std::set_difference(v1.cbegin(), v1.cend(),
                    v2.cbegin(), v2.cend(),
                    std::back_inserter(v6));
// v6 = {{10, "Task 1.1"},{20, "Task 1.3"},{20, "Task 1.4"}}
```

❏ std::set_symmetric_difference() 将能够在两个输入 range 中的任意一个中找到的所有元素复制到输出 range，但应排除两个输入 range 中都有的元素。如果一个元素在第一个 range 内出现了 M 次，在第二个 range 内出现了 N 次，且 $M>N$，则将第一个 range 内的最后 $M-N$ 个元素复制到输出 range 中；否则，将第二个 range 中的最后 $N-M$ 个元素复制到输出 range 中。

```
std::vector<Task> v7;
std::set_symmetric_difference(v1.cbegin(), v1.cend(),
                              v2.cbegin(), v2.cend(),
                              std::back_inserter(v7));
// v7 = {{10, "Task 1.1"},{20, "Task 1.3"},{20, "Task 1.4"}
//       {30, "Task 2.3"},{30, "Task 2.4"},{40, "Task 2.5"}}
```

std::includes() 不产生输出 range，它仅检查第二个 range 是否包含在第一个 range 内。它返回一个布尔值，如果第二个 range 为空或其所有元素都包含在第一个 range 内，则该值为 true，否则为 false。它有两个重载，其中一个重载可以指定比较二元函数对象。

5.8.4　延伸阅读

❏ 阅读 5.1 节，以了解如何使用 std::vector 标准容器。
❏ 阅读 5.6 节，以了解对 range 进行排序的标准算法。
❏ 阅读 5.9 节，以了解如何使用迭代器和迭代器适配器向 range 中插入元素。
❏ 阅读 5.5 节，以了解搜索值序列的标准算法。

5.9　使用迭代器向容器中插入新元素

当使用容器时，在开始、结束或中间的某个位置插入新元素通常很有用。有一些算法，比如我们在 5.8 节中看到的算法，需要通过迭代器来向 range 插入元素，但是如果只传递迭代器，比如 begin() 返回的迭代器，它将不会插入元素而是覆盖容器的元素。此外，无法使用 end() 返回的迭代器在末尾插入元素。为了执行这些操作，标准库提供了一组支持这些场景的迭代器和迭代器适配器。

5.9.1　准备工作

本节中讨论的迭代器和迭代器适配器可在 <iterator> 头文件的 std 命名空间中找到。如果包含 <algorithm> 之类的头文件，则不必显式包含 <iterator>。

5.9.2 使用方式

使用以下迭代器适配器在容器中插入新元素：

❑ 对于具有 push_back() 方法的容器，std::back_inserter() 用于在末尾插入元素：

```
std::vector<int> v{ 1,2,3,4,5 };
std::fill_n(std::back_inserter(v), 3, 0);
// v={1,2,3,4,5,0,0,0}
```

❑ 对于具有 push_front() 方法的容器，std::front_inserter() 用于在开头插入元素：

```
std::list<int> l{ 1,2,3,4,5 };
std::fill_n(std::front_inserter(l), 3, 0);
// l={0,0,0,1,2,3,4,5}
```

❑ 对于具有 insert() 方法的容器，std::inserter() 用于在容器中的任意位置插入元素：

```
std::vector<int> v{ 1,2,3,4,5 };
std::fill_n(std::inserter(v, v.begin()), 3, 0);
// v={0,0,0,1,2,3,4,5}

std::list<int> l{ 1,2,3,4,5 };
auto it = l.begin();
std::advance(it, 3);
std::fill_n(std::inserter(l, it), 3, 0);
// l={1,2,3,0,0,0,4,5}
```

5.9.3 工作原理

std::back_inserter()、std::front_inserter() 和 std::inserter() 都是辅助函数，用于创建 std::back_insert_iterator、std::front_insert_iterator 和 std::insert_iterator 类型的迭代器适配器。这些都是输出迭代器，用于向构造它们的容器中追加、前置或插入元素，递增和解引用这些迭代器没有任何作用。然而，在赋值时，这些迭代器会从容器中调用以下方法：

❑ std::back_insert_iterator 调用 push_back()。

❑ std::front_insert_iterator 调用 push_front()。

❑ std::insert_iterator 调用 insert()。

以下是 std::back_inserter_iterator 的过度简化的实现：

```
template<class C>
class back_insert_iterator {
public:
```

```
    typedef back_insert_iterator<C> T;
    typedef typename C::value_type V;

    explicit back_insert_iterator( C& c ) :container( &c ) { }

    T& operator=( const V& val ) {
      container->push_back( val );
      return *this;
    }

    T& operator*() { return *this; }

    T& operator++() { return *this; }

    T& operator++( int ) { return *this; }
protected:
  C* container;
};
```

由于赋值操作符的工作方式，这些迭代器只能用于某些标准容器：

❏ std::back_insert_iterator 可与 std::vector、std::list、std::deque 和 std::basic_string 一起使用。

❏ std::front_insert_iterator 可与 std::list、std::forward_list 和 std:deque 一起使用。

❏ std::insert_iterator 可用于所有标准容器。

下面的示例在 std::vector 的开头插入 3 个值为 0 的元素：

```
std::vector<int> v{ 1,2,3,4,5 };
std::fill_n(std::inserter(v, v.begin()), 3, 0);
// v={0,0,0,1,2,3,4,5}
```

std::inserter() 适配器接受两个参数：容器和应该插入元素的迭代器。在容器上调用 insert() 时，std::insert_iterator 会使迭代器加 1，因此在再次赋值时，它可以在下一个位置插入一个新元素。请看以下代码段：

```
T& operator=(const V& v)
{
  iter = container->insert(iter, v);
  ++iter;
  return (*this);
}
```

这段代码（概念性地）展示了如何为 std::insert_iterator 适配器实现赋值操作符。可以看到，它首先调用容器的成员函数 insert()，然后对返回的迭代器进行递增。因为所有标准容器都有一个名为 insert() 的方法，该方法具有此签名，所以此适配器可用于所有这些容器。

5.9.4 更多

这些迭代器适配器用于将多个元素插入 range 的算法或函数。当然，它们也可以用来插入单个元素，但这是一种反模式，因为在这种情况下，简单地调用 push_back()、push_front() 或 insert() 要简单得多，也直观得多。请考虑以下片段：

```
std::vector<int> v{ 1,2,3,4,5 };
*std::back_inserter(v) = 6; // v = {1,2,3,4,5,6}

std::back_insert_iterator<std::vector<int>> it(v);
*it = 7;                    // v = {1,2,3,4,5,6,7}
```

这里所示的例子应该避免，它们不提供任何好处，只会让代码变得杂乱无章。

5.9.5 延伸阅读

❏ 阅读 5.8 节，以了解计算已排序 range 的并集、交集或差集的标准算法。

5.10 编写自己的随机访问迭代器

在第 1 章中，我们了解了如何为自定义类型启用基于 range 的 for 循环，方法是实现迭代器以及自由的 begin() 和 end() 函数（返回自定义 range 的开始迭代器和结束迭代器）。你可能已经注意到，我们在那节中提供的最小迭代器实现不满足标准迭代器的要求，这是因为它不能被复制构造或赋值，也不能被递增。在本节中，我们将以该示例为基础展示如何创建满足所有要求的随机访问迭代器。

5.10.1 准备工作

对于本节，你应该知道标准定义的迭代器的类型以及它们的不同之处，可以在 http://www.cplusplus.com/reference/iterator/ 上获得有关其要求的详细概述。

为了举例说明如何编写随机访问迭代器，我们将考虑 1.9 节使用的 dummy_array 类的变体。这是一个非常简单的数组概念，除了用作演示迭代器的代码库之外，没有任何实际价值：

```
template <typename Type, size_t const SIZE>
class dummy_array
{
  Type data[SIZE] = {};
public:
  Type& operator[](size_t const index)
  {
    if (index < SIZE) return data[index];
    throw std::out_of_range("index out of range");
```

```
    }

    Type const & operator[](size_t const index) const
    {
      if (index < SIZE) return data[index];
      throw std::out_of_range("index out of range");
    }

    size_t size() const { return SIZE; }
};
```

下一小节中显示的所有代码、迭代器类、typedef 以及 begin() 和 end() 函数，都将是此类的一部分。

5.10.2 使用方式

要为上一小节中所示的 dummy_array 类提供可变随机访问迭代器和常量随机访问迭代器，请向该类中添加以下成员：

❑ 一个迭代器类模板，将元素的类型和数组的大小作为参数。该类必须具有以下定义标准同义词的公共 typedef：

```
template <typename T, size_t const Size>
class dummy_array_iterator
{
public:
  typedef dummy_array_iterator              self_type;
  typedef T                                 value_type;
  typedef T&                                reference;
  typedef T*                                pointer;
  typedef std::random_access_iterator_tag   iterator_category;
  typedef ptrdiff_t                         difference_type;
};
```

❑ 迭代器类的私有成员——指向 array 数组数据的指针和 array 数组当前索引：

```
private:
  pointer ptr = nullptr;
  size_t index = 0;
```

❑ 迭代器类的私有方法，用于检查两个迭代器实例是否指向相同的 array 数组数据：

```
private:
  bool compatible(self_type const & other) const
  {
    return ptr == other.ptr;
  }
```

❑ 迭代器类的显式构造函数：

```
public:
  explicit dummy_array_iterator(pointer ptr,
                                size_t const index)
  : ptr(ptr), index(index) { }
```

❑ 迭代器类成员，以满足所有迭代器的共同需求：可复制构造、可复制赋值、可破坏、可前置自增、可后置自增。在这个实现中，后置自增操作符根据前置自增操作符来实现，以避免代码重复：

```
dummy_array_iterator(dummy_array_iterator const & o)
    = default;
dummy_array_iterator& operator=(dummy_array_iterator const & o)
    = default;
~dummy_array_iterator() = default;

self_type & operator++ ()
{
  if (index >= Size)
    throw std::out_of_range("Iterator cannot be incremented
                            past the end of range.");
  ++index;
  return *this;
}

self_type operator++ (int)
{
  self_type tmp = *this;
  ++*this;
  return tmp;
}
```

❑ 迭代器类成员，以满足输入迭代器的要求，如相等式/不等式测试、可解引用为rvalues：

```
bool operator== (self_type const & other) const
{
  assert(compatible(other));
  return index == other.index;
}

bool operator!= (self_type const & other) const
{
  return !(*this == other);
}

reference operator* () const
{
  if (ptr == nullptr)
    throw std::bad_function_call();
```

```
    return *(ptr + index);
}

reference operator-> () const
{
  if (ptr == nullptr)
    throw std::bad_function_call();
  return *(ptr + index);
}
```

❑ 迭代器类成员，以满足前向迭代器要求的默认可构造：

```
dummy_array_iterator() = default;
```

❑ 迭代器类成员，以满足双向迭代器要求的可递减：

```
self_type & operator--()
{
  if (index <= 0)
    throw std::out_of_range("Iterator cannot be decremented
                             past the end of range.");
  --index;
  return *this;
}

self_type operator--(int)
{
  self_type tmp = *this;
  --*this;
  return tmp;
}
```

❑ 迭代器类成员，以满足随机访问迭代器的要求，如算术加减法、与其他迭代器的不
等式比较、复合赋值和可解引用的偏移量：

```
self_type operator+(difference_type offset) const
{
  self_type tmp = *this;
  return tmp += offset;
}

self_type operator-(difference_type offset) const
{
  self_type tmp = *this;
  return tmp -= offset;
}

difference_type operator-(self_type const & other) const
{
  assert(compatible(other));
  return (index - other.index);
}
```

```
bool operator<(self_type const & other) const
{
  assert(compatible(other));
  return index < other.index;
}

bool operator>(self_type const & other) const
{
  return other < *this;
}

bool operator<=(self_type const & other) const
{
  return !(other < *this);
}

bool operator>=(self_type const & other) const
{
  return !(*this < other);
}

self_type & operator+=(difference_type const offset)
{
  if (index + offset < 0 || index + offset > Size)
    throw std::out_of_range("Iterator cannot be incremented
                            past the end of range.");
  index += offset;
  return *this;
}

self_type & operator-=(difference_type const offset)
{
  return *this += -offset;
}

value_type & operator[](difference_type const offset)
{

  return (*(*this + offset));
}

value_type const & operator[](difference_type const offset)
const
{
  return (*(*this + offset));
}
```

❑ 向 dummy_array 类中添加可变迭代器和常量迭代器同义词的 typedef：

```
public:
  typedef dummy_array_iterator<Type, SIZE>
```

```
    iterator;
  typedef dummy_array_iterator<Type const, SIZE>
    constant_iterator;
```

❑ 将公共 begin() 和 end() 函数添加到 dummy_array 类中，以返回指向 array 数组
中第一个元素和最后一个元素后的迭代器：

```
iterator begin()
{
  return iterator(data, 0);
}

iterator end()
{
  return iterator(data, SIZE);
}

constant_iterator begin() const
{
  return constant_iterator(data, 0);
}

constant_iterator end() const
{
  return constant_iterator(data, SIZE);
}
```

5.10.3 工作原理

标准库定义了五类迭代器：

❑ **输入迭代器**：这是最简单的类别，只保证单遍顺序算法的有效性。递增后，以前的
副本可能会失效。

❑ **输出迭代器**：它们基本上是用于写入指向元素的输入迭代器。

❑ **前向迭代器**：它们可以从指定的元素读取数据（或写入数据）。它们满足输入迭代器
的要求，此外，必须是默认可构造的，并且必须支持多通道场景，而不会使以前的
副本失效。

❑ **双向迭代器**：它们是前向迭代器，支持递减，因此它们可以在两个方向移动。

❑ **随机访问迭代器**：它们支持在固定时间内访问容器中的任意元素，它们实现了双向
迭代器的所有要求。此外，还支持算术运算符 + 和 −，以及复合赋值 += 和 −=，同
时支持用 <、<=、>、>= 与其他迭代器进行比较以及偏移解引用操作符。

同时实现输出迭代器要求的前向、双向和随机访问迭代器称为**可变迭代器**。

在上一小节中，我们了解了如何实现随机访问迭代器，并逐步介绍了每种迭代器的要
求（因为每种迭代器都包括前一种的要求，同时增加了新的要求）。迭代器类模板对于常
量迭代器和可变迭代器都是通用的，我们为它定义了两个同义词 iterator 和 constant_

iterator。

　　在实现内部迭代器类模板之后，我们还定义了 begin() 和 end() 成员函数，它们分别返回指向数组中开头和结尾的迭代器。这些方法具有返回可变迭代器或常量迭代器的重载，这取决于 dummy_array 类实例是可变的还是常量的。

　　使用这个 dummy_array 类及其迭代器的实现，我们可以编写以下示例：

```cpp
dummy_array<int, 3> a;
a[0] = 10;
a[1] = 20;
a[2] = 30;

std::transform(a.begin(), a.end(), a.begin(),
               [](int const e) {return e * 2; });

for (auto&& e : a) std::cout << e << '\n';

auto lp = [](dummy_array<int, 3> const & ca)
{
  for (auto const & e : ca)
    std::cout << e << '\n';
};

lp(a);

dummy_array<std::unique_ptr<Tag>, 3> ta;
ta[0] = std::make_unique<Tag>(1, "Tag 1");
ta[1] = std::make_unique<Tag>(2, "Tag 2");
ta[2] = std::make_unique<Tag>(3, "Tag 3");

for (auto it = ta.begin(); it != ta.end(); ++it)
  std::cout << it->id << " " << it->name << '\n';
```

　　有关更多示例，请查看本书附带的源代码。

5.10.4　更多

　　除了 begin() 和 end()，容器还可以有其他方法，比如 cbegin()/cend()（用于常量迭代器）、rbegin()/rend()（用于可变反向迭代器），以及 crbegin()/crend()（用于常量反向迭代器）。实现方法留给你自己练习。

　　在现代 C++ 中，这些返回开始迭代器和结束迭代器的函数不一定是成员函数，但可以作为非成员函数提供。事实上，这便是 5.11 节的主题。

5.10.5　延伸阅读

　　❑ 阅读 1.9 节，以了解为集合的每个元素执行一条或多条语句。
　　❑ 阅读 1.2 节，以了解类型的别名。

5.11 使用非成员函数访问容器

标准容器提供了 begin() 和 end() 成员函数，用于检索容器中第一个元素和最后一个元素后的迭代器。实际上有 4 组这样的函数，除了 begin()/end() 之外，容器还提供了 cbegin()/cend() 方法（用于返回常量迭代器）、rbegin()/rend() 方法（用于返回可变反向迭代器），以及 crbegin()/crend() 方法（用于返回常量反向迭代器）。在 C++11/C++14 中，所有这些函数都具有非成员的等价类，可以与标准容器、array 数组和任意专门用于它们的自定义类型一起使用。在 C++17 中，又增加了更多的非成员函数：std::data()，它返回一个指向包含容器元素的内存块的指针；std::size()，它返回容器或 array 数组的大小；以及 std::empty()，它返回给定容器是否为空。这些非成员函数用于通用代码，但可以在代码中的任何地方使用。此外，在 C++20 中，还引入了 std::ssize() 非成员函数，用于以有符号整数形式返回容器或 array 数组的大小。

5.11.1 准备工作

在本节中，我们将使用前一节中实现的 dummy_array 类及其迭代器作为示例。在继续本节内容前，应该先阅读一下前一节。

非成员的 begin()/end() 函数和其他变体，以及非成员函数 data()、size() 和 empty() 都存在于 <iterator> 头文件中的 std 命名空间，这些也隐式地包含在下列头文件中：<array>、<deque>、<forward_list>、<list>、<map>、<regex>、<set>、<string>、<unordered_map>、<unordered_set> 以及 <vector>。

在本节中，我们将引用 std::begin()/std::end() 函数，但所讨论的一切也适用于其他函数：std::cbegin()/std::cend()、std::rbegin()/std::rend() 和 std::crbegin()/std::crend()。

5.11.2 使用方式

非成员函数 std::begin()/std::end() 和其他变体，以及 std::data()、std::size() 和 std::empty() 可用于：

❑ 标准容器：

```
std::vector<int> v1{ 1, 2, 3, 4, 5 };
auto sv1 = std::size(v1);  // sv1 = 5
auto ev1 = std::empty(v1); // ev1 = false
auto dv1 = std::data(v1);  // dv1 = v1.data()
for (auto i = std::begin(v1); i != std::end(v1); ++i)
  std::cout << *i << '\n';

std::vector<int> v2;
std::copy(std::cbegin(v1), std::cend(v1),
          std::back_inserter(v2));
```

❑ array 数组：

```
int a[5] = { 1, 2, 3, 4, 5 };
auto pos = std::find_if(std::crbegin(a), std::crend(a),
                        [](int const n) {return n % 2 == 0; });
auto sa = std::size(a);  // sa = 5
auto ea = std::empty(a); // ea = false
auto da = std::data(a);  // da = a
```

❑ 提供相应成员函数（即 begin()/end()、data()、empty() 或 size()）的自定义
类型：

```
dummy_array<std::string, 5> sa;
dummy_array<int, 5> sb;
sa[0] = "1"s;
sa[1] = "2"s;
sa[2] = "3"s;
sa[3] = "4"s;
sa[4] = "5"s;

std::transform(
  std::begin(sa), std::end(sa),
  std::begin(sb),
  [](std::string const & s) {return std::stoi(s); });
// sb = [1, 2, 3, 4, 5]

auto sa_size = std::size(sa); // sa_size = 5
```

❑ 容器类型未知的通用代码：

```
template <typename F, typename C>
void process(F&& f, C const & c)
{
  std::for_each(std::begin(c), std::end(c),
                std::forward<F>(f));
}

auto l = [](auto const e) {std::cout << e << '\n'; };

process(l, v1); // std::vector<int>
process(l, a);  // int[5]
process(l, sa); // dummy_array<std::string, 5>
```

5.11.3　工作原理

以下非成员函数是在标准的不同版本中引入的，但它们都在 C++17 中被修改为返回
constexpr auto：

❑ C++11 中引入 std::begin() 和 std::end()。

❑ C++14 中引入 std::cbegin()/std::cend()、std::rbegin()/std::rend() 和

std::crbegin()/std::crend()。

❑ C++17 中引入 std::data()、std::size() 和 std::empty()。

❑ C++20 中引入 std::ssize()。

begin()/end() 系列函数具有容器类和 array 数组的重载，它们所做的如下：

❑ 对于容器，返回调用容器对应的成员函数的结果。

❑ 对于 array 数组，返回指向 array 数组第一个元数或最后一个元素后的指针。

std::begin()/std::end() 的典型实现如下：

```cpp
template<class C>
constexpr auto inline begin(C& c) -> decltype(c.begin())
{
  return c.begin();
}

template<class C>
constexpr auto inline end(C& c) -> decltype(c.end())
{
  return c.end();
}

template<class T, std::size_t N>
constexpr T* inline begin(T (&array)[N])
{
  return array;
}

template<class T, std::size_t N>
constexpr T* inline begin(T (&array)[N])
{
  return array+N;
}
```

可以为没有相应 begin()/end() 成员但仍然可以迭代的容器提供自定义特化。标准库实际上为 std::initializer_list 和 std::valarray 提供了这样的特化。

 特化必须在定义原始类或函数模板的同一命名空间中定义。因此，如果想特化 std::begin()/std::end()，必须在 std 名称空间中进行。

C++17 中引入的用于访问容器的其他非成员函数也有几个重载：

❑ std::data() 有几个重载。对于类 C，它返回 c.data()；对于 array 数组，它返回 array；而对于 std::initializer_list<T>，它返回 il.begin()。

```cpp
template <class C>
constexpr auto data(C& c) -> decltype(c.data())
{
  return c.data();
}
```

```cpp
template <class C>
constexpr auto data(const C& c) -> decltype(c.data())
{
  return c.data();
}

template <class T, std::size_t N>
constexpr T* data(T (&array)[N]) noexcept
{
  return array;
}

template <class E>
constexpr const E* data(std::initializer_list<E> il) noexcept
{
  return il.begin();
}
```

❑ std::size() 有两个重载。对于类 C，它返回 c.size()；对于 array 数组，它返回大小 N。

```cpp
template <class C>
constexpr auto size(const C& c) -> decltype(c.size())
{
  return c.size();
}

template <class T, std::size_t N>
constexpr std::size_t size(const T (&array)[N]) noexcept
{
  return N;
}
```

❑ std::empty() 也有几个重载。对于类 C，它返回 c.empty()；对于 array 数组，它返回 false；对于 std::initializer_list<T>，它返回 il.size() == 0。

```cpp
template <class C>
constexpr auto empty(const C& c) -> decltype(c.empty())
{
  return c.empty();
}

template <class T, std::size_t N>
constexpr bool empty(const T (&array)[N]) noexcept
{
  return false;
}


template <class E>
constexpr bool empty(std::initializer_list<E> il) noexcept
{
```

```
    return il.size() == 0;
}
```

在 C++20 中，`std::ssize()` 非成员函数被添加到 `std::size()` 中，以有符号整数的形式返回给定容器或 array 数组中的元素数量。`std::size()` 返回无符号整数，但也有需要有符号值的情况。例如，C++20 类 `std::span` 表示连续对象序列的视图，它有一个返回有符号整数的 `size()` 成员函数，而标准库容器的 `size()` 成员函数返回无符号整数。

`std::span` 的 `size()` 函数之所以会返回一个有符号整数，是因为值 `-1` 代表了编译时大小未知的类型。执行有符号和无符号的混合运算可能会导致代码中出现难以发现的错误。`std::ssize()` 有两个重载：对于类 C，它返回被静态校正为有符号整数的 `c.size()`（通常是 `std::ptrdiff_t`）；对于 array 数组，它返回元素的个数 N。请看下面的代码片段：

```cpp
template <class C>
constexpr auto ssize(const C& c)
    -> std::common_type_t<std::ptrdiff_t,
                          std::make_signed_t<decltype(c.size())>>
{
    using R = std::common_type_t<std::ptrdiff_t,
                     std::make_signed_t<decltype(c.size())>>;
    return static_cast<R>(c.size());
}

template <class T, std::ptrdiff_t N>
constexpr std::ptrdiff_t ssize(const T (&array)[N]) noexcept
{
    return N;
}
```

以上代码片段展示了容器和 array 数组的 `std::ssize()` 函数的可能实现。

5.11.4 更多

这些非成员函数主要用于容器未知的模板代码，容器可以是标准容器、array 数组或自定义类型。使用这些函数的非成员版本使我们能够编写更简单、更少量的代码来处理所有这些类型的容器。

但是，这些函数的使用并不限于通用代码，尽管这取决于个人偏好，但始终保持一致并在代码中处处使用它们是一个好习惯。所有这些方法都有轻量级的实现，这些实现很可能会被编译器内联，这意味着使用相应的成员函数将不会有任何开销。

5.11.5 延伸阅读

❑ 阅读 5.10 节，以了解编写自定义随机访问迭代器需要做什么。

第 6 章 *Chapter 6*

通 用 工 具

标准库包含许多前一章中讨论的容器、算法和迭代器以外的通用工具和库。本章主要关注三个方面：用于处理日期、时间、日历和时区的 chrono 库；提供关于其他类型的元信息的类型特征；C++17 引入的 `std::any`、`std::optional` 和 `std::variant` 类型，以及 C++20 引入的 `std::span` 类型。

本章首先介绍 chrono 库，它提供了时间和日期工具。

6.1 使用 chrono::duration 表示时间间隔

无论使用何种编程语言，处理时间和日期都是一种常见的操作。C++11 提供了一个灵活的日期和时间库，将其作为标准库的一部分，它使我们能够定义时间点和时间间隔。这个库就是 chrono，是一个通用的工具库，用于使用计时器和时钟功能。这些计时器和时钟在不同的系统上可能不同，因此与精度无关。该库在 `std::chrono` 命名空间的头文件 `<chrono>` 中声明，它定义并实现了几个组件，如下所示：

❑ **持续时间**，表示时间间隔。

❑ **时间点**，表示从时钟的纪元开始的持续时间。

❑ **时钟**，定义了一个纪元（即时间起点）和一个 tick。

在本节中，我们将学习如何使用持续时间。

6.1.1 准备工作

本节并不打算全面介绍 duration 类，建议读者查阅其他资源（库参考文档可从 http://

en.cppreference.com/w/cpp/chrono 获得）。

在 chrono 库中，时间间隔由 std::chrono::duration 类表示。

6.1.2 使用方式

要使用时间间隔，请使用以下方法：

❑ std::chrono::duration 类型包含时、分、秒、毫秒、微秒和纳秒：

```
std::chrono::hours        half_day(12);
std::chrono::minutes      half_hour(30);
std::chrono::seconds      half_minute(30);
std::chrono::milliseconds half_second(500);
std::chrono::microseconds half_millisecond(500);
std::chrono::nanoseconds  half_microsecond(500);
```

❑ 使用 C++14 中标准的用户自定义字面量操作符（在命名空间 std::chrono_literals 中），创建时、分、秒、毫秒、微秒和纳秒的持续时间：

```
using namespace std::chrono_literals;

auto half_day         = 12h;
auto half_hour        = 30min;
auto half_minute      = 30s;
auto half_second      = 500ms;
auto half_millisecond = 500us;
auto half_microsecond = 500ns;
```

❑ 使用较低精度持续时间到较高精度持续时间的直接转换：

```
std::chrono::hours half_day_in_h(12);
std::chrono::minutes half_day_in_min(half_day_in_h);
std::cout << half_day_in_h.count() << "h" << '\n';     //12h
std::cout << half_day_in_min.count() << "min" << '\n';//720min
```

❑ 使用 std::chrono::duration_cast 将精度较高的持续时间转换为精度较低的持续时间：

```
using namespace std::chrono_literals;

auto total_seconds = 12345s;
auto hours =
  std::chrono::duration_cast<std::chrono::hours>
    (total_seconds);
auto minutes =
  std::chrono::duration_cast<std::chrono::minutes>
    (total_seconds % 1h);
auto seconds =
  std::chrono::duration_cast<std::chrono::seconds>
    (total_seconds % 1min);
```

```
std::cout << hours.count() << ':'
         << minutes.count() << ':'
         << seconds.count() << '\n'; // 3:25:45
```

❑ 当需要舍入时，使用 C++17 中可用的转换函数 floor()、round() 和 ceil()：

```
using namespace std::chrono_literals;

auto total_seconds = 12345s;
auto m1 = std::chrono::floor<std::chrono::minutes>(
  total_seconds); // 205 min
auto m2 = std::chrono::round<std::chrono::minutes>(
  total_seconds); // 206 min
auto m3 = std::chrono::ceil<std::chrono::minutes>(
  total_seconds); // 206 min
auto sa = std::chrono::abs(total_seconds);
```

❑ 使用算术运算、复合赋值和比较操作符来修改和比较时间间隔：

```
using namespace std::chrono_literals;

auto d1 = 1h + 23min + 45s; // d1 = 5025s
auto d2 = 3h + 12min + 50s; // d2 = 11570s
if (d1 < d2) { /* do something */ }
```

6.1.3 工作原理

std::chrono::duration 类定义了单位时间内的 tick 数（两个时刻之间的增量），默认单位是秒，对于其他单位（如分或毫秒），我们需要使用比率。对于大于秒的单位，比率大于 1，例如 ratio<60>（用于单位分）；对于小于秒的单位，比率小于 1，例如 ratio<1, 1000>（用于单位毫秒）。可以使用 count() 成员函数检索 tick 的数量。

标准库为持续时间定义了几个类型同义词，如纳秒、微秒、毫秒、秒、分和时。下面的代码显示了如何在 chrono 命名空间中定义这些持续时间：

```
namespace std {
  namespace chrono {
    typedef duration<long long, ratio<1, 1000000000>> nanoseconds;
    typedef duration<long long, ratio<1, 1000000>> microseconds;
    typedef duration<long long, ratio<1, 1000>> milliseconds;
    typedef duration<long long> seconds;
    typedef duration<int, ratio<60> > minutes;
    typedef duration<int, ratio<3600> > hours;
  }
}
```

然而，通过这种灵活的定义，我们可以表示时间间隔，例如 1.2 /6 分（即 12 秒），其中 1.2 是持续时间的 tick 数，而 ratio<10>（即 60/6）是时间单位：

```
std::chrono::duration<double, std::ratio<10>> d(1.2); // 12 sec
```

在 C++14 中，几个标准的用户自定义字面量操作符被添加到命名空间 `std::chrono_literals` 中，这使得定义持续时间变得更容易，但你必须在希望使用字面量操作符的作用域中包含命名空间。

 为了避免与来自不同库和命名空间的具有相同名称的其他操作符冲突，应该只在希望使用用户定义的字面量操作符的作用域内，而不是在更大的作用域内包含它们的命名空间。

`duration` 类可以使用所有算术运算，可以进行加或减，可以乘以或除以一个值，也可以应用 modulo 运算。但是，需要注意的是，当两个不同时间单位的持续时间相加或相减时，结果是两个时间单位的最大公约数的持续时间。例如，如果将一个表示秒的持续时间和一个表示分的持续时间相加，结果将是一个表示秒的持续时间。

将具有较不精确时间单位的持续时间转换为具有较精确时间单位的持续时间是隐式进行的。从较精确的时间单位转换到不太精确的时间单位需要显式强制的转换，这是通过非成员函数 `std::chrono::duration_cast()` 完成的。6.1.2 节中给出了确定给定持续时间（单位为秒）的其他单位表示形式的示例。

C++17 增加了几个非成员转换函数，这些函数通过四舍五入执行持续时间转换：`floor()` 向下舍入，`ceil()` 向上舍入，`round()` 舍入到最近的值。另外，C++17 还添加了一个名为 `abs()` 的非成员函数来保留持续时间的绝对值。

6.1.4　更多

`chrono` 是一个通用库，在 C++20 之前，它缺乏许多有用的特性，比如用年、月、日部分表示日期，使用时区和日历等。C++20 标准增加了对日历和时区的支持，我们将在下面的介绍中看到这一点。第三方库可以实现这些特性，推荐的一个库是 Howard Hinnant 的 `date` 库，在 MIT 许可下可在 https://github.com/HowardHinnant/date 上获得，这个库是 C++20 `chrono` 扩展的基础。

6.1.5　延伸阅读

❑ 阅读 6.4 节，以了解如何确定函数的执行时间。
❑ 阅读 6.2 节，以了解 C++20 针对日期和日历对 `chrono` 库的扩展。
❑ 阅读 6.3 节，以了解如何在 C++20 中在不同时区之间转换时间点。

6.2　使用日历

C++11 提供的 `chrono` 库提供了对时钟、时间点和持续时间的支持，但表示时间和日期并不容易，特别是在日历和时区方面。C++20 标准通过扩展现有的 `chrono` 库纠正了这一点：

- □ 支持更多的时钟，如 UTC 时钟、国际原子时间时钟、GPS 时钟、文件时间时钟和代表本地时间的伪时钟。
- □ 支持一天内的时间，表示从午夜开始经过的时间，分为时、分和秒三种。
- □ 支持日历，这使我们能够用年、月和日部分来表达日期。
- □ 支持时区，这使我们能够相对于时区表示时间点，使在不同时区之间转换时间成为可能。
- □ 通过 I/O 支持从流中解析 chrono 对象。

在本节中，我们将学习如何使用日历对象。

6.2.1 准备工作

所有 chrono 功能都在 `<chrono>` 头文件中 `std::chrono` 和 `std::chrono_literals` 命名空间中可用。

6.2.2 使用方式

我们可以使用 C++20 的 chrono 日历功能来：

- □ 用年、月、日表示公历日期，作为 `year_month_day` 类型的实例。使用标准的用户自定义字面量、常量和重载操作符 / 来构造这样的对象：

```
// format: year / month /day
year_month_day d1 = 2020y / 1 / 15;
year_month_day d2 = 2020y / January / 15;
// format: day / month / year
year_month_day d3 = 15d / 1 / 2020;
year_month_day d4 = 15d / January / 2020;
// format: month / day / year
year_month_day d5 = 1 / 15d / 2020;
year_month_day d6 = January / 15 / 2020;
```

- □ 将特定年月日的第 *n* 个工作日表示为 `year_month_weekday` 类型的实例：

```
// format: year / month / weekday
year_month_weekday d1 = 2020y / January / Monday[1];
// format: weekday / month / year
year_month_weekday d2 = Monday[1] / January / 2020;
// format: month / weekday / year
year_month_weekday d3 = January / Monday[1] / 2020;
```

- □ 确定当前日期，并基于它计算其他日期，例如明天和昨天对应的日期：

```
auto today = floor<days>(std::chrono::system_clock::now());
auto tomorrow = today + days{ 1 };
auto yesterday = today - days{ 1 };
```

❑ 确定特定年份和月份的第一天和最后一天：

```
year_month_day today = floor<days>(
  std::chrono::system_clock::now());
year_month_day first_day_this_month = today.year() / today.
month() / 1;

year_month_day last_day_this_month = today.year() / today.
month() / last;
year_month_day last_day_feb_2020 = 2020y / February / last;

year_month_day_last ymdl {today.year(),
                        month_day_last{ month{ 2 } }};
year_month_day last_day_feb { ymdl };
```

❑ 计算两个日期之间的天数：

```
inline int number_of_days(date::sys_days const& first,
                          date::sys_days const& last)
{
  return (last - first).count();
}

auto days = number_of_days(2020_y / apr / 1, 2020_y / dec / 25);
```

❑ 检查日期是否有效：

```
auto day = 2020_y / January / 33;
auto is_valid = day.ok();
```

❑ 使用 time_of_day <Duration> 类模板以时、分和秒形式表示一天中的时间：

```
time_of_day<std::chrono::seconds> td(13h + 12min + 11s);
std::cout << td << '\n';  // 13:12:11
```

❑ 创建带有日期和时间部分的时间点：

```
auto tp = sys_days{ 2020_y / April / 1 } + 12h + 30min + 45s;
std::cout << tp << '\n';  // 2020-04-01 12:30:45
```

❑ 确定一天中的当前时间，并以不同的精度表示：

```
auto tp = std::chrono::system_clock::now();
auto dp = floor<days>(tp);

time_of_day<std::chrono::milliseconds> time{
std::chrono::duration_cast<std::chrono::milliseconds>(tp - dp)
};
std::cout << time << '\n';  // 13:12:11.625

time_of_day<std::chrono::minutes> time{
  std::chrono::duration_cast<std::chrono::minutes>(tp - dp) };
std::cout << time << '\n';  // 13:12
```

6.2.3 工作原理

我们在示例中看到的 `year_month_day` 和 `year_month_weekday` 类型只是为支持日历而添加到 chrono 库的许多新类型中的一部分。表 6.1 列出了 `std::chrono` 命名空间中的所有类型及其所代表的含义。

表 6.1

类型	描述
day	一月中的一天
month	一年中的一月
year	公历中的一年
weekday	公历一周中的一天
weekday_indexed	一月中的第 n 个工作日，其中 n 的取值范围为 [1,5]（1 代表一月中的第 1 个工作日，5 为第 5 个）
weekday_last	一月中的最后一个工作日
month_day	特定月份的特定天
month_day_last	特定月份的最后一天
month_weekday	特定月份的第 n 个工作日
month_weekday_last	特定月份的最后一个工作日
year_month	特定年份的特定月份
year_month_day	特定的年月日
year_month_day_last	特定年份和月份的最后一天
year_month_weekday	特定年份和月份的第 n 个工作日
year_month_weekday_last	特定年份和月份的最后一个工作日

表 6.1 中列出的所有类型有：

❑ 不初始化成员字段的默认构造函数。

❑ 访问实体各部分的成员函数。

❑ 一个名为 `ok()` 的成员函数（用于检查存储的值是否有效）。

❑ 用于比较类型值的非成员比较操作符。

❑ 重载 `operator<<`（将该类型的值输出到流）。

❑ 一个名为 `from_stream()` 的重载函数模板（根据提供的格式解析流中的值）。

❑ 文本格式化库的 `std::formatter<T,CharT>` 类模板的特化。

此外，`operator/` 针对许多类型进行了重载，以使我们能够轻松地创建公历日期。当创建日期（年、月、日）时，可以选择三种不同的格式：

❑ 年 / 月 / 日（适用于中国、日本、韩国、加拿大等国家，也可用于其他国家，有时与日 / 月 / 年格式结合使用）。

❑ 月 / 日 / 年（美国使用）。

❑ 日 / 月 / 年（在世界大部分地区使用）。

在这些情况下，"日" 可以是：

❑ 一个月中实际的一天（取值范围从 1 到 31 ）。

❑ std:chrono::last，表示每月的最后一天。

❑ weekday[n]，表示每月的第 n 个工作日（其中 n 可以取 1 到 5 的值）。

❑ weekday[std::chrono::last]，表示一个月的最后一周。

为了消除表示日、月和年的整数间的歧义，标准库提供了两个用户自定义字面量："“y 用于构造 std::chrono::year 类型的字面量，"”d 用于构造 std::chrono::day 类型的字面量。

此外，还有一些常量表示：

❑ 对于 std::chrono::month，常量命名为 January、February，直至 December。

❑ 对于 std::chrono::weekday，常量命名为 Sunday、Monday、Tuesday、Wednesday、Thursday、Friday 或 Saturday。

我们可以使用它们来构造日期，例如 2020y/April/1、25d/December/2020 或 Sunday[last]/May/2020。

year_month_day 类型提供了与 std::chrono::sys_days 之间的隐式转换，该类型是一个 std::chrono::time_point，精度为一天（24 小时）。还有一个称为 std::chrono::sys_seconds 的伴生类型，它是一个精确到 1 秒的 time_point。time_point 和 sys_days/sys_seconds 之间的显式转换，可以使用 std::chrono::time_point_cast() 或 std::chrono::floor() 来执行。

要表示一天中的某个时刻，可以使用 std::chrono::time_of_day 类型，该类表示从午夜开始经过的时间，以时、分、秒和子秒的形式表示。这个类模板针对不同的精度（std::chrono::hours、std::chrono::minutes 和 std::chrono::seconds）进行了特化。此类型主要用作格式化工具，它有两个名为 make12() 和 make24() 的成员，它们用于将输出的时间格式更改为 12 小时或 24 小时格式。

6.2.4　更多

这里描述的日期和时间工具都基于 std::chrono::system_clock。自 C++20 以来，这个时钟测量 Unix 时间，即自 1970 年 1 月 1 日 00:00:00 UTC 开始的时间。这意味着隐式时区是 UTC。但是，在大多数情况下，人们感兴趣的可能是特定时区的当地时间。为此，chrono 库增加了对时区的支持，我们将在下一节中学习相关的内容。

6.2.5　延伸阅读

❑ 阅读 6.1 节，以了解 C++11 chrono 库的基础知识，以及如何使用持续时间、时间点和点。

❑ 阅读 6.3 节，以了解如何在 C++20 中在不同时区之间转换时间点。

6.3 在时区之间转换时间

在前一节中，我们讨论了 C++20 对日历的支持，并使用 year_month_day 类型和 chrono 库中的其他类型表示公历日期。

我们还了解了如何用 time_of_day 类型表示一天中的时间。但是，在所有这些示例中，我们使用系统时钟来处理时间点，系统时钟测量 Unix 时间，因此使用 UTC 作为默认时区。然而，我们通常对当地时间感兴趣，有时也对其他时区的时间感兴趣。这可以通过向 chrono 库中添加支持时区的工具来实现。在本节中，我们将了解 chrono 时区最重要的功能。

6.3.1 准备工作

在继续学习本节内容之前，请先阅读 6.2 节的相关内容。

6.3.2 使用方式

我们可以使用 C++20 chrono 库执行以下操作：

❏ 使用 std::chrono::current_zone() 从时区数据库中检索本地时区。

❏ 使用 std::chrono::locate_zone() 从时区数据库中检索特定的时区（使用其名称）。

❏ 使用 std::chrono::zoned_time 类模板表示特定时区中的时间点。

❏ 检索并显示当前本地时间：

```
auto time = zoned_time{ current_zone(), system_clock::now() };
std::cout << time << '\n'; // 2020-01-16 22:10:30.9274320 EET
```

❏ 检索并显示另一时区中的当前时间。在以下示例中，我们使用意大利时间：

```
auto time = zoned_time{ locate_zone("Europe/Rome"),
                        system_clock::now() };
std::cout << time << '\n'; // 2020-01-16 21:10:30.9291091 CET
```

❏ 使用正确的区域设置格式显示当前的本地时间。在本例中，当前时间是罗马尼亚时间，地区设置为罗马尼亚：

```
auto time = zoned_time{ current_zone(), system_clock::now() };
std::cout << date::format(std::locale{"ro_RO"}, "%c", time)
          << '\n'; // 16.01.2020 22:12:57
```

❏ 表示特定时区中的时间点并显示它。在以下示例中，我们显示纽约时间：

```
auto time = local_days{ 2020_y / June / 1 } + 12h + 30min + 45s
+ 256ms;
auto ny_time = zoned_time<std::chrono::milliseconds>{
                  locate_zone("America/New_York"), time};
std::cout << ny_time << '\n';
// 2020-06-01 12:30:45.256 EDT
```

❑ 将特定时区中的时间点转换为另一时区中的时间点。在以下示例中，我们将纽约时间转换为洛杉矶时间：

```
auto la_time = zoned_time<std::chrono::milliseconds>(
                  locate_zone("America/Los_Angeles"),
                  ny_time);
std::cout << la_time << '\n'; // 2020-06-01 09:30:45.256 PDT
```

6.3.3 工作原理

系统保存了 IANA 时区数据库（可在 https://www.iana.org/time-zones 上获得）的副本。作为用户，我们不能创建或更改这个数据库，只能使用 `std::chrono::tzdb()` 或 `std::chrono::get_tzdb_list()` 等函数检索数据库的只读副本。有关时区的信息存储在 `std::chrono::time_zone` 对象中，我们不能直接创建此类的实例，它们只能由库在初始化时区数据库时创建。但是，我们可以通过以下两个函数获得对这些实例的常量访问：

❑ `std::chrono::current_zone()` 检索表示本地时区的 `time_zone` 对象。

❑ `std::chrono::locate_zone()` 检索表示指定时区的 `time_zone` 对象。

时区名称包括 Europe/Berlin、Asia/Dubai 和 America/Los_Angeles。当地理位置名称包含多个单词时，单词间空格将被下划线（_）取代，例如在前面的示例中，Los Angeles 被写为 Los_Angeles。

C++20 chrono 库中有两组表示时间点的类型：

❑ `sys_days` 和 `sys_seconds`(精度分别为日和秒) 表示系统时区（即 UTC）中的时间点。它们是 `std::chrono::sys_time` 的类型别名，而后者又是 `std::chrono::time_point`（使用 `std::chrono::system_clock`）的别名。

❑ `local_days` 和 `local_seconds`（精度分别为日和秒）表示尚未指定的时区的时间点。它们是 `std::chrono::local_time` 的类型别名，而 `std::chrono::local_time` 则是使用 `std::chrono::local_t` 伪时钟的 `std::chrono::time_point` 的类型别名。该伪时钟的唯一用途是表示尚未指定的时区。

`std::chrono::zoned_time` 类模板表示时区与时间点的配对，它可以从 `sys_time`、`local_time` 或另一个 `zoned_time` 对象创建。所有这些情况的示例如下：

```
auto zst = zoned_time<std::chrono::seconds>(
  current_zone(),
  sys_days{ 2020_y / May / 10 } +14h + 20min + 30s);
std::cout << zst << '\n'; // 2020-05-10 17:20:30 EEST

auto zlt = zoned_time<std::chrono::seconds>(
  current_zone(),
  local_days{ 2020_y / May / 10 } +14h + 20min + 30s);
std::cout << zlt << '\n'; // 2020-05-10 14:20:30 EEST
```

```
auto zpt = zoned_time<std::chrono::seconds>(
  locate_zone("Europe/Paris"),
  zlt);
std::cout << zpt << '\n'; //2020-05-10 13:20:30 CEST
```

在这段示例代码中，注释中的时间基于罗马尼亚时区。请注意，在第一个示例中，时间用 sys_days（它使用 UTC 时区）表示。由于罗马尼亚时间在 2020 年 5 月 10 日是 UTC+3（因为是夏令时），因此当地时间是 17:20:30。在第二个示例中，时间用 local_days 指定，它与时区无关，因此当与当前时区配对时，时间实际上是 14:20:30。在第三个示例中，罗马尼亚当地时间被转换为巴黎时间，即 13:20:30（因为那天巴黎时间是 UTC+2）。

6.3.4 延伸阅读

❑ 阅读 6.1 节，以了解 C++11 chrono 库的基础知识，以及如何使用持续时间、时间点和点。

❑ 阅读 6.2 节，以了解 C++20 针对日期和日历对 chrono 库的扩展。

6.4 使用标准时钟测量函数执行时间

在上一节中，我们了解了如何使用 chrono 标准库处理时间间隔。然而，我们也经常需要处理时间点。chrono 库提供了这样一个组件，它们表示从时钟纪元（即时钟定义的时间起点）开始的一段时间。在本节中，我们将学习如何使用 chrono 库和时间点来测量函数的执行时间。

6.4.1 准备工作

本节内容与 6.1 节内容紧密相关，如果你之前没有看过那节内容，那么应该在继续本节之前看一下那节。

对于本节中的示例，我们将考虑下面的函数，它什么都不做，但需要一些时间来执行：

```
void func(int const count = 100000000)
{
  for (int i = 0; i < count; ++i);
}
```

不用说，这个函数只用于测试，没有任何价值。实际上，我们可以使用此处提供的计数工具来测试自己的函数。

6.4.2 使用方式

要测量函数的执行时间，必须执行以下步骤：

1）使用标准时钟检索当前时刻：

```
auto start = std::chrono::high_resolution_clock::now();
```

2）调用要测量的函数：

```
func();
```

3）再次检索当前时刻，两者之间的差便是函数的执行时间：

```
auto diff = std::chrono::high_resolution_clock::now() - start;
```

4）将差值（以纳秒为单位）转换为感兴趣的实际分辨率：

```
std::cout
    << std::chrono::duration<double, std::milli>(diff).count()
    << "ms" << '\n';
std::cout
    << std::chrono::duration<double, std::nano>(diff).count()
    << "ns" << '\n';
```

要在可重用组件中实现此模式，请执行以下步骤：

1）创建一个用分辨率和时钟参数化的类模板。

2）创建一个静态可变参数函数模板，该模板接受函数及其参数。

3）实现前面所示的模式，用函数的参数调用函数。

4）返回持续时间，而不是 tick 数量。

下面的代码片段举例说明了这一点：

```
template <typename Time = std::chrono::microseconds,
          typename Clock = std::chrono::high_resolution_clock>
struct perf_timer
{
  template <typename F, typename... Args>
  static Time duration(F&& f, Args... args)
  {
    auto start = Clock::now();

    std::invoke(std::forward<F>(f), std::forward<Args>(args)...);

    auto end = Clock::now();

    return std::chrono::duration_cast<Time>(end - start);
  }
};
```

6.4.3 工作原理

时钟组件定义了两个方面：

❏ 时间起点，被称为纪元（epoch）。关于纪元是什么没有限制，但典型的实现 1970 年 1 月 1 日。

❏ tick 率，它定义两个时间点之间的增量（如毫秒或纳秒）。

时间点是从时钟纪元开始的一段时间。有几个时间点特别重要：

❏ 当前时间，由时钟的静态成员 now() 返回。

❏ 纪元或时间起点，这是由 time_point 的默认构造函数为特定时钟创建的时间点。

❏ 可用时钟表示的最小时间，由 time_point 的静态成员 min() 返回。

❏ 可用时钟表示的最大时间，由 time_point 的静态成员 max() 返回。

该标准定义了几种时钟：

❏ system_clock：使用当前系统的实时时钟来表示时间点。

❏ high_resolution_clock：表示在当前系统中使用最短 tick 周期的时钟。

❏ steady_clock：表示从未调整过的时钟。这意味着，与其他时钟不同的是，随着时间的推移，两个时间点之间的时间差值始终为正。

❏ utc_clock：这是协调世界时的 C++20 时钟。

❏ tai_clock：这是国际原子时间时钟的 C++20 时钟。

❏ gps_clock：这是 GPS 时间的 C++20 时钟。

❏ file_clock：这是表示文件时间的 C++20 时钟。

下面的例子打印了列表中前三个时钟（在 C++11 中可用）的精度，不管它是否是稳定的（或单调的）：

```
template <typename T>
void print_clock()
{
  std::cout << "precision: "
            << (1000000.0 * double(T::period::num)) / (T::period::den)
            << '\n';
  std::cout << "steady: " << T::is_steady << '\n';
}

print_clock<std::chrono::system_clock>();
print_clock<std::chrono::high_resolution_clock>();
print_clock<std::chrono::steady_clock>();
```

可能的输出如下：

```
precision: 0.1
steady: 0
precision: 0.001
steady: 1
precision: 0.001
steady: 1
```

这意味着 system_clock 的分辨率为 0.1 毫秒，并且不是单调时钟。另外两个时钟（即

high_resolution_clock 和 steady_clock）的分辨率都是 1 纳秒，并且都是单调时钟。

当测量函数的执行时间时，时钟的稳定性非常重要，因为如果在函数运行时调整了时钟，将不会产生实际执行时间，结果甚至可能为负值。我们应该依靠稳定的时钟来测量函数的执行时间，典型的选择是 high_resolution_clock，这就是我们在 6.4.2 节的例子中使用的时钟。

当测量执行时间时，我们需要在调用之前和调用返回之后检索当前时间。为此，我们使用时钟的 now() 静态方法，结果是一个 time_point 对象。当我们将两个时间点相减时，结果为持续时间，由时钟的 duration 定义。

为了创建可用于测量函数执行时间的可重用组件，我们定义了一个名为 perf_timer 的类模板。该类模板使用我们感兴趣的分辨率（默认情况下为微秒）和我们想要使用的时钟（默认情况下为 high_resolution_clock）进行参数化。类模板有一个名为 duration() 的静态成员，这是一个可变参数函数模板，它接受一个要执行的函数及其可变数量的参数。它的实现相对简单：检索当前时间，使用 std::invoke 调用函数（以便它处理调用任何可调用对象的不同机制），然后再次检索当前时间，返回一个 duration 对象（具有已定义的分辨率）。下面的代码片段展示了一个这样的例子：

```cpp
auto t = perf_timer<>::duration(func, 100000000);

std::cout << std::chrono::duration<double, std::milli>(t).count()
          << "ms" << '\n';
std::cout << std::chrono::duration<double, std::nano>(t).count()
          << "ns" << '\n';
```

需要注意的是，从 duration() 函数返回的不是 tick 数量，而是实际的 duration 值。因为返回 tick 数量将失去分辨率，并且我们无法知道它们实际代表什么，最好只在需要 tick 的实际计数时调用 count()，举例说明如下：

```cpp
auto t1 = perf_timer<std::chrono::nanoseconds>::duration(func, 100000000);
auto t2 = perf_timer<std::chrono::microseconds>::duration(func, 100000000);
auto t3 = perf_timer<std::chrono::milliseconds>::duration(func, 100000000);

std::cout
  << std::chrono::duration<double, std::micro>(t1 + t2 + t3).count()
  << "us" << '\n';
```

在本例中，我们使用 3 种不同的分辨率（纳秒、微秒和毫秒）来测量 3 个不同函数的执行时间，值 t1、t2 和 t3 代表持续时间。这样就可以轻松地将它们相加并将结果转换为微秒。

6.4.4 延伸阅读

❏ 阅读 6.1 节，以了解 C++11 chrono 库的基础知识，以及如何使用持续时间、时间点和点。

❏ 阅读 3.9 节，以了解如何使用 std::invoke() 调用函数和可调用对象。

6.5 为自定义类型生成哈希值

标准库提供了几个无序关联容器：std::unordered_set、std::unordered_multiset 和 std::unordered_map。这些容器不按特定顺序存储元素，相反，它们将元素分组在桶中，元素所属的桶由元素的哈希值确定。默认情况下，这些标准容器使用 std::hash 类模板来计算哈希值，它针对所有基本类型和一些库类型的特化都是可用的。但是，对于自定义类型，必须自己特化类模板。本节将介绍如何实现这一点，并解释如何计算好的哈希值。好的哈希值应该能够快速计算出来，并且均匀地分布在整个值域中，因此最小化了存在重复值（冲突）的可能性。

6.5.1 准备工作

对于本节中的示例，我们将使用以下类：

```
struct Item
{
  int id;
  std::string name;
  double value;

  Item(int const id, std::string const & name, double const value)
    :id(id), name(name), value(value)
  {}

  bool operator==(Item const & other) const
  {
    return id == other.id && name == other.name &&
           value == other.value;
  }
};
```

本节涉及标准库中的哈希功能，你应该熟悉哈希和哈希函数的概念。

6.5.2 使用方式

为了在无序关联容器中使用自定义类型，必须执行以下步骤：

1）针对自定义类型特化 std::hash 类模板，这种特化必须在 std 命名空间中。

2）定义参数和结果类型的同义词。

3）实现调用操作符，使其接受对类型进行常量引用并返回哈希值。

要计算好的哈希值，应执行以下操作：

1）从一个初始值开始，它应该是一个素数（例如 17）。

2）对于每个用于确定类的两个实例是否相等的字段，请根据以下公式调整哈希值：

```
hashValue = hashValue * prime + hashFunc(field);
```

3）可以对前面公式中的所有字段使用相同的素数，但建议使用与初始值不同的值（例如 31）。

4）使用 `std::hash` 的特化来确定类数据成员的哈希值。

基于这里描述的步骤，类 Item 的 `std::hash` 特化如下所示：

```cpp
namespace std
{
  template<>
  struct hash<Item>
  {
    typedef Item argument_type;
    typedef size_t result_type;

    result_type operator()(argument_type const & item) const
    {
      result_type hashValue = 17;
      hashValue = 31 * hashValue +
                    std::hash<int>{}(item.id);
      hashValue = 31 * hashValue +
                    std::hash<std::string>{}(item.name);
      hashValue = 31 * hashValue +
                    std::hash<double>{}(item.value);

      return hashValue;
    }
  };
}
```

这种特化使 Item 类可以与无序关联容器（例如 `std::unordered_set`）一起使用，这里提供了一个例子：

```cpp
std::unordered_set<Item> set2
{
  { 1, "one"s, 1.0 },
  { 2, "two"s, 2.0 },
  { 3, "three"s, 3.0 },
};
```

6.5.3　工作原理

类模板 `std::hash` 是一个函数对象模板，其调用操作符定义了具有以下属性的哈希函数：

❑ 接受模板形参类型的实参，并返回 `size_t` 值。

❑ 不会抛出任何异常。

❑ 对于两个相等的参数，返回相同的哈希值。

❑ 对于两个不相等的参数，返回相同值的概率非常小（应该接近 `1.0/std::numeric_limits<size_t>::max()`）。

该标准为所有基本类型 [例如 `bool`、`char`、`int`、`long`、`float`、`double`（以及所有

可能的 unsigned 和 long 变体）]、指针类型、库类型 [包括 basic_string 和 basic_string_view、unique_ptr 和 shared_ptr、bitset 和 vector<bool>、optional 和 variant（在 C++17 中）]，以及其他几种类型都提供了特化。但是，对于自定义类型，必须自己提供特化，这种特化必须在 std 命名空间中（因为类模板 hash 就是在该命名空间中定义的），并且必须满足前面列举的要求。

　　该标准没有指定如何计算哈希值，因此我们可以使用自己想要的函数，只要它为相等的对象返回相同的值，并且为不相等的对象返回相同值的可能性很小。本节中描述的算法在 Joshua Bloch 的 *Effective Java 2nd Edition* 一书中提出。

　　当计算哈希值时，只考虑参与确定该类的两个实例是否相等的字段（换句话说，就是在 operator== 中使用的字段），但是，必须使用 operator== 使用的所有字段。在我们的示例中，类 Item 的 3 个字段都用于确定两个对象是否相等，因此我们必须全部使用它们来计算哈希。初始哈希值应该是非零的，在我们的示例中，我们选择了素数 17。需要注意的是，这些值不应该为零，否则，产生哈希值 0 的初始字段（即处理顺序中的第一个字段）将不会改变哈希值（因为 x*0+0=0，所以哈希值始终为零）。对于用于计算哈希值的每个字段，我们通过将其先前的值与素数相乘并加上当前字段的哈希值来改变当前哈希值。为此，我们使用类模板 std::hash 的特化。使用素数 31 有利于性能优化，因为 31*x 可以被编译器替换为 (x<<5)-x，这会使速度更快。类似地，也可以使用 127，因为 127*x 等于 (x<7)-x 或 8191，因为 8191*x 等于 (x<<13)-x。

　　如果自定义类型包含 array 数组，并用于确定两个对象是否相等（即需要用于计算哈希值），那么对待 array 数组时可以将其元素视为类的数据成员，换句话说，就是将前面描述的相同算法应用于 array 数组的所有元素。

6.5.4　延伸阅读

　　❏ 阅读 2.2 节，以了解数值类型的最小值和最大值，以及其他属性。

6.6　使用 std::any 存储任意值

　　C++ 不像其他语言（如 C# 或 Java）那样具有分层类型系统，因此，它不能像在 .NET 和 Java 中（使用 Object 类型）或像在 JavaScript 中那样在单个变量中存储多个类型的值。长期以来，开发人员一直使用 void* 来实现这个目的，但这只能帮助我们存储指向任意对象的指针，并不是类型安全的。根据最终目标，替代方案可以选择模板或重载函数。然而，C++17 引入了一个标准的类型安全容器，它被称为 std::any，可以保存任何类型的单个值。

6.6.1　准备工作

　　std::any 是基于 boost::any 设计的，在 <any> 头文件中可用。如果你熟悉 boost::any，并且在代码中使用过它，则可以无缝地迁移到 std::any。

6.6.2 使用方式

我们可以使用以下操作来处理 std::any：

❑ 要存储值，可以使用构造函数或将值直接赋给 std::any 变量：

```
std::any value(42); // integer 42
value = 42.0;       // double 42.0
value = "42"s;      // std::string "42"
```

❑ 要读取值，可以使用非成员函数 std::any_cast()：

```
std::any value = 42.0;

try
{
  auto d = std::any_cast<double>(value);
  std::cout << d << '\n';
}
catch (std::bad_any_cast const & e)
{
  std::cout << e.what() << '\n';
}
```

❑ 要检查存储的值的类型，可以使用成员函数 type()：

```
inline bool is_integer(std::any const & a)
{
  return a.type() == typeid(int);
}
```

❑ 要检查容器是否存储值，可以使用 has_value() 成员函数：

```
auto ltest = [](std::any const & a) {
  if (a.has_value())
    std::cout << "has value" << '\n';
  else
    std::cout << "no value" << '\n';
};

std::any value;
ltest(value); // no value
value = 42;
ltest(value); // has value
```

❑ 要修改存储的值，可以使用成员函数 emplace()、reset() 或 swap()：

```
std::any value = 42;
ltest(value); // has value
value.reset();
ltest(value); // no value
```

6.6.3 工作原理

std::any 是一个类型安全的容器，它可以保存任意类型的值，这些类型（更确切地说，是其衰减类型）是可复制构造的。在容器中存储值非常简单，可以使用可用的构造函数（默认构造函数创建不存储值的容器）或赋值操作符。但是，不能直接读取值，需要使用非成员函数 std::any_cast()，该函数将存储的值转换为指定的类型。如果存储的值的类型与要转换的类型不同，则此函数将抛出 std::bad_any_cast 异常。在隐式可转换类型（如 int 和 long）之间进行强制转换也是不可能的。std::bad_any_cast 派生自 std::bad_cast，因此可以捕获这两种异常类型中的任何一种。

可以使用 type() 成员函数来检查存储的值的类型，该函数返回 type_info 常量引用。如果容器为空，此函数返回 typeid(void)。要检查容器是否存储值，可以使用成员函数 has_value()，如果有值，则返回 true，如果容器为空，则返回 false。

下面的例子展示了如何检查容器是否有值，如何检查存储的值的类型，以及如何从容器中读取值：

```cpp
void log(std::any const & value)
{
  if (value.has_value())
  {
    auto const & tv = value.type();
    if (tv == typeid(int))
    {
      std::cout << std::any_cast<int>(value) << '\n';
    }
    else if (tv == typeid(std::string))
    {
      std::cout << std::any_cast<std::string>(value) << '\n';
    }
    else if (tv == typeid(
      std::chrono::time_point<std::chrono::system_clock>))
    {
      auto t = std::any_cast<std::chrono::time_point<
        std::chrono::system_clock>>(value);
      auto now = std::chrono::system_clock::to_time_t(t);
      std::cout << std::put_time(std::localtime(&now), "%F %T")
                << '\n';
    }
    else
    {
      std::cout << "unexpected value type" << '\n';
    }
  }
  else
  {
    std::cout << "(empty)" << '\n';
```

```
        }
    }

    log(std::any{});                        // (empty)
    log(42);                                // 42
    log("42"s);                             // 42
    log(42.0);                              // unexpected value type
    log(std::chrono::system_clock::now()); // 2016-10-30 22:42:57
```

如果想存储任意类型的多个值，可以使用标准容器（如 std::vector）来保存类型为
std::any 的值，这里给出了一个例子：

```
    std::vector<std::any> values;
    values.push_back(std::any{});
    values.push_back(42);
    values.push_back("42"s);
    values.push_back(42.0);
    values.push_back(std::chrono::system_clock::now());

    for (auto const v : values)
        log(v);
```

在这段代码中，名为 values 的 vector 包含 std::any 类型的元素，这些元素又包含
int、std::string、double 和 std::chrono::time_point 值。

6.6.4 延伸阅读

❑ 阅读 6.7 节，以了解 C++17 类模板 std::optional，它管理一个可能存在也可能不
存在的值。

❑ 阅读 6.8 节，以了解如何使用 C++17 std::variant 类来表示类型安全的联合体。

6.7 使用 std::optional 存储可选值

有时，我们需要在值可用时存储它，在值不可用时存储一个空值。这种情况的一个典型
例子是函数的返回值，函数可能无法产生返回值，但这种失败不是错误。例如，假设有一个
函数通过指定键从字典中查找并返回值，这很可能会出现没有找到值的情况，因此函数要么
返回一个布尔值（如果需要更多的错误代码，则返回一个整数值）并且有一个引用参数来保
存返回值，要么返回一个指针（原始指针或智能指针）。在 C++17 中，std::optional 是这
些解决方案的最佳选择，std::optional 类模板是一个模板容器，用于存储一个可能存在也
可能不存在的值。在本节中，我们将看到如何使用这个容器以及它的典型用例。

6.7.1 准备工作

std::optional<T> 类模板是基于 boost::optional 设计的，在 <optional> 头文

件中可用。如果你熟悉 boost::optional 并在代码中使用过它，那么可以无缝地迁移到 std::optional。

6.7.2 使用方式

我们可以使用以下操作来处理 std::optional：

❑ 要存储值，可以使用构造函数或将值直接赋给 std::optional 对象：

```
std::optional<int> v1;          // v1 is empty
std::optional<int> v2(42);      // v2 contains 42
v1 = 42;                        // v1 contains 42
std::optional<int> v3 = v2;     // v3 contains 42
```

❑ 要读取存储的值，可以使用 operator* 或 operator->：

```
std::optional<int> v1{ 42 };
std::cout << *v1 << '\n';       // 42
std::optional<foo> v2{ foo{ 42, 10.5 } };
std::cout << v2->a << ", "
          << v2->b << '\n';     // 42, 10.5
```

❑ 读取存储的值还可以使用成员函数 value() 和 value_or()：

```
std::optional<std::string> v1{ "text"s };
std::cout << v1.value()
          << '\n'; // text

std::optional<std::string> v2;
std::cout << v2.value_or("default"s)
          << '\n'; // default
```

❑ 要检查容器是否存储值，可以使用 bool 的转换操作符或成员函数 has_value()：

```
struct foo
{
  int    a;
  double b;
};

std::optional<int> v1{ 42 };
if (v1) std::cout << *v1 << '\n';

std::optional<foo> v2{ foo{ 42, 10.5 } };
if (v2.has_value())
  std::cout << v2->a << ", " << v2->b << '\n';
```

❑ 要修改存储的值，可以使用成员函数 emplace()、reset() 或 swap()：

```
std::optional<int> v{ 42 }; // v contains 42
v.reset();                  // v is empty
```

使用 `std::optional` 可以获得：

❑ 可能无法生成值的函数的返回值：

```cpp
template <typename K, typename V>
std::optional<V> find(int const key,
                      std::map<K, V> const & m)
{
  auto pos = m.find(key);
  if (pos != m.end())
    return pos->second;
  return {};
}

std::map<int, std::string> m{
  { 1, "one"s },{ 2, "two"s },{ 3, "three"s } };

auto value = find(2, m);
if (value) std::cout << *value << '\n'; // two

value = find(4, m);
if (value) std::cout << *value << '\n';
```

❑ 可选的函数形参：

```cpp
std::string extract(std::string const & text,
                    std::optional<int> start,
                    std::optional<int> end)
{
  auto s = start.value_or(0);
  auto e = end.value_or(text.length());
  return text.substr(s, e - s);
}

auto v1 = extract("sample"s, {}, {});
std::cout << v1 << '\n'; // sample

auto v2 = extract("sample"s, 1, {});
std::cout << v2 << '\n'; // ample

auto v3 = extract("sample"s, 1, 4);
std::cout << v3 << '\n'; // amp
```

❑ 可选的类数据成员：

```cpp
struct book
{
  std::string              title;
  std::optional<std::string> subtitle;
  std::vector<std::string> authors;
  std::string              publisher;
  std::string              isbn;
  std::optional<int>       pages;
```

```
    std::optional<int>            year;
};
```

6.7.3 工作原理

类模板 `std::optional` 是一个类模板，它表示可选值的容器。如果容器确实有值，则该值存储为 optional 对象的一部分，不涉及堆分配和指针。类模板 `std::optional` 在概念上是这样实现的：

```
template <typename T>
class optional
{
  bool _initialized;
  std::aligned_storage_t<sizeof(t), alignof(T)> _storage;
};
```

模板别名 `std::aligned_storage_t` 允许我们创建未初始化的内存块，用于保存给定类型的对象。如果类模板 `std::optional` 是默认构造的、复制构造的，或者是从另一个空 optional 对象或 `std::nullopt_t` 值复制赋值的，则该类模板不包含值。这是一个辅助类型，实现为一个空类，它指示一个状态为未初始化的 optional 对象。

optional 类型（在其他编程语言中称为可空类型）的典型用途是作为可能返回失败的函数的返回类型。这种情况的可能解决方案包括：

❑ 返回 `std::pair<T,bool>`，其中 T 是返回值的类型，第二个元素是布尔标志，它指示第一个元素的值是否有效。

❑ 返回 bool 类型，接受一个类型为 T& 的额外形参，只在函数返回成功时为该形参赋值。

❑ 返回原始指针或智能指针类型，并使用 nullptr 表示函数返回失败。

类模板 `std::optional` 是一种更好的方法，这是因为：一方面，它不涉及函数的输出参数（这对于返回值来说是不正常的），不需要使用指针；另一方面，它更好地封装了 `std::pair<T,bool>` 的详细信息。但是，optional 对象也可以用于类数据成员，并且编译器能够优化内存布局以实现高效存储。

类模板 `std::optional` 不能用于返回多态类型。例如，如果要编写一个需要从类型层次结构返回不同类型的工厂方法，则不能依赖 `std::optional` 并且需要返回一个指针，最好是 `std::unique_ptr` 或 `std::shared_ptr`（取决于对象的所有权是否需要共享）。

当使用 `std::optional` 将可选参数传递给函数时，需要明白它可能会创建副本，如果涉及大型对象，这可能会导致性能问题。让我们考虑下面的函数，这个函数有对 `std::optional` 参数的常量引用：

```
struct bar { /* details */ };

void process(std::optional<bar> const & arg)
{
  /* do something with arg */
}

std::optional<bar> b1{ bar{} };
bar b2{};

process(b1); // no copy
process(b2); // copy construction
```

第一次调用 process() 不涉及任何额外的对象构造，因为我们传递了一个 std::
optional<bar> 对象。但是，第二次调用将涉及 bar 对象的复制构造，因为 b2 是一个
bar 对象，需要被复制到 std::optional<bar>，即使 bar 实现了移动语义，也会进行复
制。如果 bar 是一个小对象，那么它不会引起很大的关注，但如果它是大型对象，那么可
能会产生一个性能问题。避免这种情况的解决方案取决于上下文，可能涉及创建第二个重
载（使该重载使用对 bar 的常量引用）或者要完全避免使用 std::optional。

6.7.4　延伸阅读

❑ 阅读 6.6 节，以了解如何使用 C++17 std::any 类，即任意类型的单个值的类型安
全容器）。

❑ 阅读 6.8 节，以了解如何使用 C++17 std::variant 类表示类型安全联合体。

6.8　使用 std::variant 作为类型安全联合体

在 C++ 中，联合体（union）是一种特殊的类型，无论何时，它都持有其数据成员之一
的值。与常规类的不同，联合体不能有基类，也不能派生子类，还不能包含虚函数（这无论
如何都没有意义）。联合体主要用于定义相同数据的不同表示，但是，联合体仅适用于 POD
（Plain Old Data）类型。如果联合体包含非 POD 类型的值，那么这些成员需要显式构造（使
用 placement new），并需要显式销毁，这很麻烦且容易出错。在 C++17 中，类型安全联合
体以标准库类模板 std::variant 的形式可用。在本节中，我们将学习如何使用它。

6.8.1　准备工作

虽然本节没有直接讨论联合体，但熟悉它们将有助于更好地理解 variant 的设计和工
作方式。

类模板 std::variant 是基于 boost::variant 设计的，在 <variant> 头文件中可
用。如果你熟悉 boost::variant 并在代码中使用过它，那么可以轻松地迁移代码来使用
std::variant 类模板。

6.8.2　使用方式

我们可以使用以下操作处理 `std::variant`:

❏ 要修改存储的值，可以使用成员函数 `emplace()` 或 `swap()`:

```cpp
struct foo
{
  int value;
  explicit foo(int const i) : value(i) {}
};

std::variant<int, std::string, foo> v = 42; // holds int
v.emplace<foo>(42);                         // holds foo
```

❏ 要读取存储的值，可以使用非成员函数 `std::get` 或 `std::get_if`:

```cpp
std::variant<int, double, std::string> v = 42;
auto i1 = std::get<int>(v);
auto i2 = std::get<0>(v);

try
{
  auto f = std::get<double>(v);
}
catch (std::bad_variant_access const & e)
{
  std::cout << e.what() << '\n'; // Unexpected index
}
```

❏ 要存储值，可以使用构造函数或将值直接赋给 variant 对象:

```cpp
std::variant<int, double, std::string> v;
v = 42;   // v contains int 42
v = 42.0; // v contains double 42.0
v = "42"; // v contains string "42"
```

❏ 要检查存储的备选项，可以使用成员函数 `index()`:

```cpp
std::variant<int, double, std::string> v = 42;
static_assert(std::variant_size_v<decltype(v)> == 3);
std::cout << "index = " << v.index() << '\n';
v = 42.0;
std::cout << "index = " << v.index() << '\n';
v = "42";
std::cout << "index = " << v.index() << '\n';
```

❏ 要检查是否包含备选项，可以使用非成员函数 `std::holds_alternative()`:

```cpp
std::variant<int, double, std::string> v = 42;
std::cout << "int? " << std::boolalpha
          << std::holds_alternative<int>(v)
          << '\n'; // int? true
```

```
v = "42";
std::cout << "int? " << std::boolalpha
          << std::holds_alternative<int>(v)
          << '\n'; // int? false
```

❏ 要定义第一个备选项非默认可构造的 variant，可以使用 std::monostate 作为第一个备选项（在本例中，foo 与前面使用的类是同一个）：

```
std::variant<std::monostate, foo, int> v;
v = 42;         // v contains int 42
std::cout << std::get<int>(v) << '\n';
v = foo{ 42 }; // v contains foo{42}
std::cout << std::get<foo>(v).value << '\n';
```

❏ 要处理 variant 的存储值并根据备选项类型执行某些操作，可以使用 std::visit()：

```
std::variant<int, double, std::string> v = 42;
std::visit(
  [](auto&& arg) {std::cout << arg << '\n'; },
  v);
```

6.8.3　工作原理

std::variant 是一个类模板，它是类型安全的联合体，无论何时都持有一个可能的备选项。但是，在一些罕见的情况下，变量 variant 对象可能不存储任何值。std::variant 有一个名为 valueless_by_exception() 的成员函数，如果没有值，则它返回 true，这只在初始化时出现异常才有可能发生（因此而得名）。

std::variant 对象的大小与其最大的备选项一样大，variant 对象不存储额外的数据，存储的值在对象本身的内存表示中分配。

一个 variant 可以保存同一类型的多个备选项，也可以同时保存不同的常量限定版本。它不能保存 void 类型，也不能保存 array 数组和引用类型。除此之外，第一个备选项必须始终是默认可构造的，因为就像有区别的联合体一样，variant 默认使用其第一个备选项初始化。如果第一个备选项不是默认可构造类型，那么 variant 必须使用 std::monostate 作为第一个可选项，这是一个空类型，它使 variant 默认可构造。

可以在编译时获取 variant 的大小（即它定义的备选项的数量），以及由其从零开始的索引指定的备选项的类型。另外，还可以在运行时使用成员函数 index() 获取当前持有的备选项的索引。

6.8.4　更多

操作 variant 内容的典型方法是通过访问，这基本上基于 variant 持有的备选项的操作。由于这是一个更大的主题，因此我们在下一节中单独讨论。

6.8.5 延伸阅读

□ 阅读 6.6 节，以了解如何使用 C++17 类 std::any，即任意类型的单个值的类型安全容器。

□ 阅读 6.7 节，以了解如何使用 C++17 类模板 std::optional 管理可能存在也可能不存在的值。

□ 阅读 6.9 节，以了解如何执行类型匹配，以及如何根据 variant 的备选项类型执行不同的操作。

6.9 访问 std::variant

std::variant 是基于 boost.variant 库添加到 C++17 的一个新的标准容器。variant 是一种类型安全的联合体，它保存了其中一种备选项类型的值。虽然在上一节中，我们已经看到了 variant 的各种操作，但我们使用的 variant 相当简单，它主要使用了 POD 类型，这并不是创建 std::variant 的实际目的。variant 旨在用于保存类似的非多态、非 POD 类型的备选项。在本节中，我们将看到一个更真实的使用 variant 的例子，并将学习如何访问 variant。

6.9.1 准备工作

对于本节，你应该熟悉 std::variant 类型，建议首先阅读 6.8 节内容。

为了解释如何访问 variant，我们将考虑一种表示媒体 DVD 的 variant。假设我们想要对一个商店或图书馆建模，其中的 DVD 可能包含音乐、电影或软件。但是，这些选项并没有被建模为具有公共数据和虚拟函数的层次结构，而是被建模为可能具有类似属性（例如标题）的不相关类型。为了简单起见，我们将考虑以下属性：

□ 电影：片名和长度（单位为分钟）。

□ 专辑：标题、艺术家名字和曲目列表（每首曲子都有曲名和长度，长度以秒为单位）。

□ 软件：名称和制造商。

以下代码显示了这些类型的简单实现，没有任何函数，因为这与访问包含这些类型备选项的 variant 无关：

```cpp
enum class Genre { Drama, Action, SF, Comedy };

struct Movie
{
  std::string title;
  std::chrono::minutes length;
  std::vector<Genre> genre;
};


struct Track
```

```
{
  std::string title;
  std::chrono::seconds length;
};

struct Music
{
  std::string title;
  std::string artist;
  std::vector<Track> tracks;
};

struct Software
{
  std::string title;
  std::string vendor;
};

using dvd = std::variant<Movie, Music, Software>;
```

有了这些定义，就可以看看如何访问 variant 了。

6.9.2 使用方式

要访问 variant，必须为该 variant 的可能备选项提供一个或多个操作。有几种用于不同目的的访问器：

❑ 不返回任何东西，但有副作用的 **void** 访问器。下面的示例将每张 DVD 的标题打印到控制台：

```
for (auto const & d : dvds)
{
  std::visit([](auto&& arg) {
            std::cout << arg.title << '\n'; },
         d);
}
```

❑ 返回值的访问器。返回的值应具有相同的类型，无论 variant 的当前备选项是什么，或者它本身就是一个 variant。在下面的示例中，我们访问一个 variant 并返回一个相同类型的新 variant，该 variant 的 **title** 属性从它的备选项转换为大写字母：

```
for (auto const & d : dvds)
{
  dvd result = std::visit(
    [](auto&& arg) -> dvd
    {
      auto cpy { arg };
      cpy.title = to_upper(cpy.title);
      return cpy;
```

```
    },
  d);

  std::visit(
    [](auto&& arg) {
      std::cout << arg.title << '\n'; },
    result);
}
```

❑ 执行类型匹配的访问器（可以是 void 访问器，也可以是返回值的访问器），通过提供一个函数对象（该函数对象对 variant 的每种备选项都具有重载调用操作符）来实现:

```
struct visitor_functor
{
  void operator()(Movie const & arg) const
  {
    std::cout << "Movie" << '\n';
    std::cout << " Title: " << arg.title << '\n';
    std::cout << " Length: " << arg.length.count()
              << "min" << '\n';
  }

  void operator()(Music const & arg) const
  {
    std::cout << "Music" << '\n';
    std::cout << " Title: " << arg.title << '\n';
    std::cout << " Artist: " << arg.artist << '\n';

    for (auto const & t : arg.tracks)
      std::cout << " Track: " << t.title
                << ", " << t.length.count()
                << "sec" << '\n';
  }

  void operator()(Software const & arg) const
  {
    std::cout << "Software" << '\n';
    std::cout << " Title: " << arg.title << '\n';
    std::cout << " Vendor: " << arg.vendor << '\n';
  }
};

for (auto const & d : dvds)
{
  std::visit(visitor_functor(), d);
}
```

❑ 执行类型匹配的访问器，通过提供一个 lambda 表达式（该表达式根据备选项的类型执行操作）来实现:

```
for (auto const & d : dvds)
{
  std::visit([](auto&& arg) {
    using T = std::decay_t<decltype(arg)>;
    if constexpr (std::is_same_v<T, Movie>)
    {
      std::cout << "Movie" << '\n';
      std::cout << " Title: " << arg.title << '\n';
      std::cout << " Length: " << arg.length.count()
                << "min" << '\n';
    }
    else if constexpr (std::is_same_v<T, Music>)
    {
      std::cout << "Music" << '\n';
      std::cout << " Title: " << arg.title << '\n';
      std::cout << " Artist: " << arg.artist << '\n';

      for (auto const & t : arg.tracks)
        std::cout << " Track: " << t.title
                  << ", " << t.length.count()
                  << "sec" << '\n';
    }
    else if constexpr (std::is_same_v<T, Software>)
    {
      std::cout << "Software" << '\n';
      std::cout << " Title: " << arg.title << '\n';
      std::cout << " Vendor: " << arg.vendor << '\n';
    }
  },
  d);
}
```

6.9.3 工作原理

访问器是一个可调用的对象（函数、lambda 表达式或函数对象），它接受来自 variant 中所有可能的备选项。通过对访问器和一个或多个 variant 对象调用 std::visit() 完成访问，这些 variant 不必是相同类型的，但是访问器必须能够接受调用它的所有 variant 中的每一种可能的备选项。在前面的示例中，我们访问了单个 variant 对象，但访问多个 variant 并不意味着将它们作为参数传递给 std::visit()。

当访问 variant 时，将使用当前存储在 variant 中的值来调用可调用对象：如果访问器不接受存储在 variant 中的类型的参数，则程序的格式不正确；如果访问器是函数对象，那么它必须重载它的调用操作符，以获取 variant 的所有可能的备选项类型；如果访问器是 lambda 表达式，那么它应该是一个泛型 lambda，它基本上是一个带有调用操作符模板的函数对象，由编译器用调用它的实际类型实例化。

这两种方法的示例在前一节展示类型匹配访问器的过程中已展示，第一个例子中的函数对象很简单,不需要额外的解释。泛型 lambda 表达式使用 constexpr if 在编译时根据参数的类型选择特定的 if 分支。结果是,编译器将创建一个带有操作符调用模板和包含 constexpr if 语句的主体函数对象。当实例化该函数模板时,它将为 variant 的每种可能的备选项类型生成重载,并且在每种重载中,它将只选择与调用操作符参数类型匹配的 constexpr if 分支,这在概念上等同于 visitor_functor 类的实现。

6.9.4 延伸阅读

❑ 阅读 6.6 节,以了解如何使用 C++17 std::any 类表示任意类型的单个值的类型安全容器。

❑ 阅读 6.7 节,以了解如何使用 C++17 std::optional 类模板管理一个可能存在也可能不存在的值。

❑ 阅读 6.8 节,以了解如何使用 C++17 std::variant 类表示类型安全联合体。

6.10 对连续对象序列使用 std::span

在 C++17 中,标准库中添加了 std::string_view 类型。这是一个对象,表示连续的常量字符序列的视图。视图通常使用指向序列第一个元素的指针和长度来实现。字符串是所有编程语言中使用非常广的数据类型之一,具有不分配内存、避免复制的无所有权视图,并且具有比 std::string 更快的一些操作,这是一个重要的优势。然而,字符串只是一个特殊的字符 vector 数组,具有特定于文本的操作。因此,无论对象的类型是什么,拥有一个连续对象序列的视图类型是有意义的,这就是 C++20 中的 std::span 类模板所代表的内容。我们可以说,std::span 之于 std::vector 和 array 数组类型,就像 std::string_view 之于 std::string 一样。

6.10.1 准备工作

类模板 std::span 可在头文件 <span> 中找到。

6.10.2 使用方式

优先使用 std::span<T>,而不是像类 C 接口那样使用成对的指针和大小。换句话说,应将以下函数:

```
void func(int* buffer, size_t length) { /* ... */ }
```

替换为:

```
void func(std::span<int> buffer) { /* ... */ }
```

当使用 std::span 时，可以执行以下操作：

❑ 通过指定 span 中元素的数量来创建具有编译时长度（称为静态范围）的 span：

```
int arr[] = {1, 1, 2, 3, 5, 8, 13};
std::span<int, 7> s {arr};
```

❑ 通过不指定 span 中的元素数量来创建具有运行时长度（称为动态范围）的 span：

```
int arr[] = {1, 1, 2, 3, 5, 8, 13};
std::span<int> s {arr};
```

❑ 在基于 range 的 for 循环中使用 span：

```
void func(std::span<int> buffer)
{
    for(auto const e : buffer)
        std::cout << e << ' ';
    std::cout << '\n';
}
```

❑ 使用 front()、back()、data() 和 operator[] 方法访问 span 的元素：

```
int arr[] = {1, 1, 2, 3, 5, 8, 13};
std::span<int, 7> s {arr};
std::cout << s.front() << " == " << s[0] << '\n';       // 1 == 1
std::cout << s.back() << " == " << s[s.size() - 1] << '\n'; //
13 == 13
```

❑ 使用 first()、last() 和 subspan() 方法获取 span 的子 span：

```
std::span<int> first_3 = s.first(3);
func(first_3);  // 1 1 2.
std::span<int> last_3 = s.last(3);
func(last_3);   // 5 8 13
std::span<int> mid_3 = s.subspan(2, 3);
func(mid_3);    // 2 3 5
```

6.10.3 工作原理

类模板 std::span 并非对象的容器，而是定义连续对象序列视图的轻量级包装器。最初，span 被称为 array_view，一些人认为 array_view 才是更好的名称，因为它清楚地表明该类型是序列的无所有权视图，而且它与 string_view 的名称是一致的。然而，该类型在标准库中以 span 的名称被采用。

虽然标准没有指定实现细节，但 span 通常是通过存储指向序列第一个元素的指针和表示视图中元素数量的长度来实现的。因此，span 可用于在 std::vector、std::array、T[] 或 T*（但不仅限于此）上定义无所有权视图。但是，它不能用于列表或关联容器（例如 std::list、std::map 或 std::set），因为这些不是连续元素序列的容器。

span 可以是编译时大小，也可以是运行时大小。当在编译时指定 span 中的元素数量时，就拥有了一个具有静态范围（编译时大小）的 span。如果没有指定元素的数量，而是在运行时确定元素数量，则我们有一个动态范围的 span。

std::span 类有一个简单的接口，主要由表 6.2 所示的成员组成。

表　6.2

begin(), end() cbegin(), cend()	指向序列第一个元素和最后一个元素之后的可变迭代器和常量迭代器
rbegin(), rend() crbegin(), crend()	指向序列开头和结尾的可变反向迭代器和常量反向迭代器
front(), back()	访问序列的第一个元素和最后一个元素
data()	返回一个指向元素序列开头的指针
operator[]	访问由其索引指定的序列的元素
size()	获取序列中元素的个数
size_bytes()	以字节为单位获取序列的大小
empty()	检查序列是否为空
first()	检索包含序列的前 N 个元素的子 span
last()	检索包含序列最后 N 个元素的子 span
subspan()	检索包含从指定偏移量开始的 N 个元素的子 span。如果未指定 N，则返回一个包含从偏移量到序列末尾的所有元素的 span

span 不能用于使用指向 range 开头和结尾的一对迭代器的通用算法（如 sort、copy、find_if 等），也不能用于替代标准容器。它的主要目的是构建比类 C 接口更好的接口，后者将指针和大小传递给函数。用户可能会传递错误的大小值，从而导致访问超出序列界限的内存。span 提供了安全性检查和边界检查，它也是将函数的 const 引用传递给 std::vector<T>(std::vector<T> const &) 的一个很好的替代方法。span 不拥有元素，并且足够小，因此可以按值传递（不应该按引用或按常量引用传递 span）。

std::string_view 不支持改变序列中元素的值，与之不同的是，std::span 定义了一个可变视图，并支持修改其中的元素。为此，像 front()、back() 和 operator[] 这样的函数会返回一个引用。

6.10.4　延伸阅读

❏ 阅读 2.12 节，以了解在处理字符串时，如何使用 std::string_view 提高在某些场景下的性能。

6.11　注册一个在程序正常退出时调用的函数

通常，程序在退出时必须清理代码以释放资源，向日志中写入某些内容或执行其他结束操作。标准库提供了两个工具函数，使我们能够注册在程序正常终止时调用的函数，它可以在从 main() 返回时调用，也可以在调用 std::exit() 或 std::quick_exit() 时调用。这对于那些需要在程序终止之前执行某个操作，而不依赖用户显式调用结束函数的库来说特别有用。在本节中，我们将学习如何安装退出处理程序以及它们是如何工作的。

6.11.1　准备工作

本节中讨论的所有函数 exit()、quick_exit()、atexit() 和 at_quick_exit()，都可以在 <cstdlib> 头文件中的 std 命名空间中找到。

6.11.2　使用方式

若要注册在程序终止时调用的函数，应该使用以下方法：

❑ 使用 std::atexit() 来注册函数，当从 main() 返回或调用 std::exit() 时调用该函数：

```cpp
void exit_handler_1()
{
  std::cout << "exit handler 1" << '\n';
}

void exit_handler_2()
{
  std::cout << "exit handler 2" << '\n';
}

std::atexit(exit_handler_1);
std::atexit(exit_handler_2);
std::atexit([]() {std::cout << "exit handler 3" << '\n'; });
```

❑ 使用 std::at_quick_exit() 来注册函数，当调用 std::quick_exit() 时调用该函数：

```cpp
void quick_exit_handler_1()
{
  std::cout << "quick exit handler 1" << '\n';
}

void quick_exit_handler_2()
{
  std::cout << "quick exit handler 2" << '\n';
}

std::at_quick_exit(quick_exit_handler_1);
std::at_quick_exit(quick_exit_handler_2);
std::at_quick_exit([]() {
  std::cout << "quick exit handler 3" << '\n'; });
```

6.11.3　工作原理

退出处理程序，不管注册它们的方法是什么，只有在程序正常或快速终止时才会被调用。如果程序通过调用 std::terminate() 或 std::abort() 以异常的方式终止，那么它们都不会被调用。如果处理程序通过异常退出，则调用 std::terminate()。退出处理程序不能有任何参数并且必须返回 void。一旦注册，退出处理程序就不能取消注册。

一个程序可以安装多个处理程序。该标准保证每个方法至少可以注册 32 个处理程序，尽管实际实现可以支持更多的处理程序。std::atexit() 和 std::at_quick_exit() 都是线程安全的，因此可以从不同的线程同时调用而不会引起竞争条件。

如果注册了多个处理程序，则按照与它们注册的顺序相反的顺序调用它们。表 6.3 显示了注册了退出处理程序的程序的输出，如前一节所示，其中程序通过 std::exit() 调用和 std::quick_exit() 调用终止。

表 6.3

std::exit(0);	std::quick_exit(0);
exit handler 3	quick exit handler 3
exit handler 2	quick exit handler 2
exit handler 1	quick exit handler 1

当程序正常终止时，具有本地存储周期的对象的销毁、具有静态存储周期的对象的销毁，以及对已注册的退出处理程序的调用，都是同时进行的。但是，可以保证在静态对象构造之前注册的退出处理程序在该静态对象销毁之后调用，而在静态对象构造之后注册的退出处理程序在该静态对象销毁之前调用。为了更好地说明这一点，我们考虑以下的类：

```
struct static_foo
{
  ~static_foo() { std::cout << "static foo destroyed!" << '\n'; }
  static static_foo* instance()
  {
    static static_foo obj;
    return &obj;
  }
};
```

在此上下文中，我们将引用以下代码片段：

```
std::atexit(exit_handler_1);
static_foo::instance();
std::atexit(exit_handler_2);
std::atexit([]() {std::cout << "exit handler 3" << '\n'; });

std::exit(42);
```

当执行上面的代码段时，exit_handler_1 会在创建静态对象 static_foo 之前注册。exit_handler_2 和 lambda 表达式都是在静态对象构造之后按顺序注册的。因此，程序正常终止时调用它们的顺序如下：

1）lambda 表达式

2）exit_handler_2

3）static_foo 的析构函数

4）exit_handler_1

前面程序的输出如下所示：

```
exit handler 3
exit handler 2
static foo destroyed!
exit handler 1
```

当使用 std::at_quick_exit() 时，程序正常终止时不会调用已注册的函数。如果在这种情况下需要调用函数，则必须用 std::atexit() 注册它。

6.11.4 延伸阅读

❑ 阅读 3.2 节，以了解 lambda 表达式的基础知识，以及如何在标准算法中使用它们。

6.12 使用类型特征获取类型的属性

模板元编程是语言的一个强大特性，它使我们能够编写和重用适用于所有类型的通用代码。然而，在实践中，对于不同的类型，由于意图、语义正确性、性能或其他原因，通用代码通常需要以不同的方式工作，或者根本不工作。例如，你可能希望针对 POD 类型和非 POD 类型实现不同的通用算法，或者希望仅用整型实例化函数模板。C++11 提供了一组类型特征（type traits）来帮助实现这一点。

类型特征基本上是提供其他类型信息的元类型。类型特征库包含一长串特征，它们用于获取类型属性（例如检查类型是否是整型或两个类型是否想同），也用于执行类型转换（例如删除 const 和 volatile 限定符或添加指向类型的指针）。在本书前面的章节中，我们已经使用了类型特征。在本节中，我们将研究类型特征是什么以及它们是如何工作的。

6.12.1 准备工作

C++11 引入的所有类型特征都能在 <type_traits> 头文件的 std 命名空间中找到。

类型特征可以在许多元编程上下文中使用。在本书中，我们已经看到它们在各种情况下的使用。在本节中，我们将总结其中的一些用例，了解类型特征是如何工作的。

在本节中，我们将讨论完整模板特化和部分模板特化，熟悉这些概念将有助于更好地理解类型特征的工作方式。

6.12.2 使用方式

下面列出了使用类型特征来实现各种设计目标的各种情况：

❑ 使用 enable_if 为类型定义前置条件，函数模板可以使用这些类型实例化：

```
template <typename T,
          typename = typename std::enable_if_t<
                  std::is_arithmetic_v<T> > >
T multiply(T const t1, T const t2)
{
  return t1 * t2;
}

auto v1 = multiply(42.0, 1.5);       // OK
auto v2 = multiply("42"s, "1.5"s); // error
```

❑ 使用 static_assert 确保满足不变量：

```
template <typename T>
struct pod_wrapper
{
  static_assert(std::is_standard_layout_v<T> &&
                std::is_trivial_v<T>,
                "Type is not a POD!");
  T value;
};

pod_wrapper<int> i{ 42 };              // OK
pod_wrapper<std::string> s{ "42"s }; // error
```

❑ 使用 std::conditional 在类型之间进行选择：

```
template <typename T>
struct const_wrapper
{
  typedef typename std::conditional_t<
          std::is_const_v<T>,
          T,
          typename std::add_const_t<T>> const_type;
        };

static_assert(
  std::is_const_v<const_wrapper<int>::const_type>);

static_assert(
  std::is_const_v<const_wrapper<int const>::const_type>);
```

❑ 使用 constexpr if 使编译器能够根据实例化模板的类型生成不同的代码：

```
template <typename T>
auto process(T arg)
{
  if constexpr (std::is_same_v<T, bool>)
    return !arg;
  else if constexpr (std::is_integral_v<T>)
```

```
    return -arg;
  else if constexpr (std::is_floating_point_v<T>)
    return std::abs(arg);
  else
    return arg;
}

auto v1 = process(false); // v1 = true
auto v2 = process(42);    // v2 = -42
auto v3 = process(-42.0); // v3 = 42.0
auto v4 = process("42"s); // v4 = "42"
```

6.12.3 工作原理

类型特征是提供关于类型的元信息或可用于修改类型的类。实际上有两种类型特征：

❑ 提供关于类型、类型属性或类型关系的信息的类型特征（如 is_integer、is_arithmetic、is_array、is_enum、is_class、is_const、is_trivial、is_standard_layout、is_constructible、is_same 等），这些特征提供了一个称为 value 的 bool 常量成员。

❑ 修改类型属性的类型特征（如 add_const、remove_const、add_pointer、remove_pointer、make_signed、make_unsigned 等），这些特征提供了一个名为 type 的成员 typedef，它表示转换后的类型。

这两种类型已经在 6.12.2 节中介绍过，例子也已在其他章节中详细讨论过。为了方便起见，这里提供了一个简短的摘要：

❑ 在第一个例子中，函数模板 multiply() 只允许用算术类型（即整型或浮点型）实例化，当使用不同类型的类型实例化时，enable_if 没有定义名为 type 的 typedef 成员，这会产生编译错误。

❑ 在第二个例子中，pod_wrapper 是一个类模板，它应该只使用 POD 类型进行实例化。如果使用非 POD 类型（要么是非 trivial 类型，要么是非标准布局类型），static_assert 声明将产生编译错误。

❑ 在第三个例子中，const_wrapper 是一个类模板，它提供了一个名为 const_type 的 typedef 成员，该成员表示一个常量限定类型。

❑ 在本例中，我们使用 std::conditional 于编译时在两种类型之间进行选择：如果类型形参 T 已经是常量类型，那么只选择 T；否则，使用 add_const 类型特征用 const 说明符限定类型。

❑ 在第四个例子中，process() 是包含一系列 if constexpr 分支的函数模板。根据类型的类别，在编译时使用各种类型特征（is_same、is_integer、is_floating_point）获取，编译器只选择一个分支放入生成的代码中，将其余的丢弃。因此，像 process(42) 这样的调用会产生如下函数模板的实例化代码：

```
int process(int arg)
```

```
{
  return -arg;
}
```

类型特征是通过提供类模板和它的部分特化或完整特化来实现的。下面表示一些类型特征的概念实现：

❑ is_void() 方法指示类型是否为 void，这使用了完整特化：

```
template <typename T>
struct is_void
{ static const bool value = false; };

template <>
struct is_void<void>
{ static const bool value = true; };
```

❑ is_pointer() 方法指示类型是指向对象的指针还是指向函数的指针，这使用了部分特化：

```
template <typename T>
struct is_pointer
{ static const bool value = false; };

template <typename T>
struct is_pointer<T*>
{ static const bool value = true; };
```

需要注意的是，在 C++20 中，POD 类型的概念已被弃用，这也包括对 std::is_pod 类型特征的弃用。POD 类型是一种类型，它既是 trivial 类型（具有编译器提供的或显式默认的特殊成员，并占用连续的内存区域），又是**标准布局**类型（不包含语言特性的类，例如与 C 语言不兼容的虚函数，并且所有成员具有相同的访问控制机制）。因此，从 C++20 开始，更细粒度的 trivial 类型和标准布局类型概念是首选，这也意味着不应该再使用 std::is_pod，而应该分别使用 std::is_trivial 和 std::is_standard_layout。

6.12.4 更多

类型特征并不局限于标准库提供的。使用类似的技巧，我们可以定义自己的类型特征，从而实现不同的目标。在下一节中，我们将学习如何定义和使用自己的类型特征。

6.12.5 延伸阅读

❑ 阅读 4.5 节，以了解如何使用 constexpr if 语句编译部分代码。
❑ 阅读 4.4 节，以了解 SFINAE 以及如何使用它为模板指定类型约束。
❑ 阅读 4.3 节，以了解如何定义在编译时验证的断言。
❑ 阅读 6.13 节，以了解如何定义自己的类型特征。
❑ 阅读 6.14 节，以了解如何在编译时布尔表达式上执行编译时类型选择。

6.13 自定义类型特征

从前面几节中，我们了解了什么是类型特征，标准提供了哪些特征，以及它们如何实现各自的目的。在本节中，我们将进一步了解如何定义自己的类型特征。

6.13.1 准备工作

在本节中，我们将学习如何解决以下问题：需要几个支持序列化的类。在不深入任何细节的情况下，我们假设一些提供对字符串的"plain"序列化（不管这意味着什么），而另一些则基于指定的编码进行序列化。最终目标是创建一个单一的、统一的 API，用于序列化任意这些类型的对象。为此，我们将考虑两个类：foo（它提供了一个简单的序列化功能）和 bar（它提供了基于编码的序列化功能）。

```cpp
struct foo
{
  std::string serialize()
  {
    return "plain"s;
  }
};

struct bar
{
  std::string serialize_with_encoding()
  {
    return "encoded"s;
  }
};
```

建议在继续本节之前，先阅读 6.12 节的内容。

6.13.2 使用方式

实现以下类和函数模板：

❑ 一个名为 is_serializable_with_encoding 的类模板，它包含一个设置为 false 的 static const bool 变量：

```cpp
template <typename T>
struct is_serializable_with_encoding
{
  static const bool value = false;
};
```

❑ 针对 bar 类的 is_serializable_with_encoding 模板的完整特化，其中 static const bool 变量设置为 true：

```
template <>
struct is_serializable_with_encoding<bar>
{
  static const bool value = true;
};
```

❑ 名为 serializer 的类模板, 它包含名为 serialize 的静态模板方法, 该方法接受
模板类型 T 的参数并为该对象调用 serialize():

```
template <bool b>
struct serializer
{
  template <typename T>
  static auto serialize(T& v)
  {
    return v.serialize();
  }
};
```

❑ 针对 true 的完整特化类模板, 其 serialize() 静态方法调用参数的 serialize_
with_encoding():

```
template <>
struct serializer<true>
{
  template <typename T>
  static auto serialize(T& v)
  {
    return v.serialize_with_encoding();
  }
};
```

❑ 名为 serialize() 的函数模板, 它使用前面定义的 serializer 类模板和 is_
serializable_with_encoding 类型特征来选择应该调用哪个序列化方法:

```
template <typename T>
auto serialize(T& v)
{
  return serializer<is_serializable_with_encoding<T>::value>::
    serialize(v);
}
```

6.13.3 工作原理

is_serializable_with_encoding 是一种类型特征, 用于检查类型 T 是否可以使用(指
定的)编码进行序列化。它提供一个名为 value 的 bool 类型静态成员, 如果 T 支持编码序列
化, 则该值等于 true, 否则为 false。它被实现为一个类模板(具有单个类型模板参数 T), 这
个类模板针对支持编码序列化的类型(在这个特殊的例子中为类 bar)进行了完整特化:

```
std::cout <<
  is_serializable_with_encoding<foo>::value << '\n';   // false
std::cout <<
  is_serializable_with_encoding<bar>::value << '\n';   // true
std::cout <<
  is_serializable_with_encoding<int>::value << '\n';   // false
std::cout <<
  is_serializable_with_encoding<string>::value << '\n'; // false
```

serialize() 方法是一个函数模板，它表示用于序列化支持任何一种序列化类型的对象的通用 API。它接受类型模板参数 T 的单个实参，并使用辅助类模板 serializer 调用其参数的 serialize() 或 serialize_with_encoding() 方法。

serializer 类型是一个类模板，具有 bool 类型的单个非类型模板参数。这个类模板包含一个名为 serialize() 的静态函数模板。此函数模板接受一个类型为模板参数 T 的参数，对实参调用 serialize()，并返回该调用返回的值。serializer 类模板针对其非类型模板参数的值 true 有完整的特化。在这种特化中，函数模板 serialize() 的签名没有发生变化，但调用 serialize_with_encoding() 而不是 serialize()。

使用通用类模板还是完整特化类模板的选择是在 serialize() 函数模板中使用 is_serializable_with_encoding 类型特征完成的。类型特征的静态成员 value 用作 serializer 的非类型模板形参的实参。

定义了这些后，我们可以编写以下代码：

```
foo f;
bar b;

std::cout << serialize(f) << '\n'; // plain
std::cout << serialize(b) << '\n'; // encoded
```

在这个代码段中，使用 foo 参数调用 serialize() 将返回字符串 plain，而使用 bar 参数调用 serialize() 将返回字符串 encoded。

6.13.4 延伸阅读

❑ 阅读 6.12 节，以了解允许我们检查和转换类型属性的 C++ 元编程技术。
❑ 阅读 6.14 节，以了解如何在编译时布尔表达式上执行编译时类型选择。

6.14 使用 std::conditional 在类型之间进行选择

在前几节中，我们研究了类型支持库中的一些特性，尤其是类型特征。相关主题在本书的其他部分已经讨论过，例如在第 4 章中使用 std::enable_if 隐藏函数重载，以及在 6.9 节使用 std::decay 删除 const 和 volatile 限定符。另一个值得深入讨论的类型转换特性是 std::conditional，它允许我们在编译时根据编译时布尔表达式在两种类型之间进行选择。在本节中，我们将通过几个例子了解它是如何工作的以及如何使用它。

6.14.1 准备工作

建议先阅读 6.12 节的内容。

6.14.2 使用方式

下面的示例展示了如何在编译时使用 std::conditional（和 std::conditional_t）在两种类型之间进行选择：

❑ 在类型别名或 typedef 中，根据平台在 32 位和 64 位整数类型之间进行选择（指针大小在 32 位平台上为 4 字节，在 68 位平台上为 8 字节）：

```
using long_type = std::conditional_t<
    sizeof(void*) <= 4, long, long long>;
auto n = long_type{ 42 };
```

❑ 在模板别名中，根据用户规范在 8 位、16 位、32 位或 64 位整数类型之间进行选择（作为非类型模板参数）：

```
template <int size>
using number_type =
  typename std::conditional_t<
    size<=1,
    std::int8_t,
    typename std::conditional_t<
      size<=2,
      std::int16_t,
      typename std::conditional_t<
        size<=4,
        std::int32_t,
        std::int64_t
      >
    >
  >;

auto n = number_type<2>{ 42 };

static_assert(sizeof(number_type<1>) == 1);
static_assert(sizeof(number_type<2>) == 2);
static_assert(sizeof(number_type<3>) == 4);
static_assert(sizeof(number_type<4>) == 4);
static_assert(sizeof(number_type<5>) == 8);
static_assert(sizeof(number_type<6>) == 8);
static_assert(sizeof(number_type<7>) == 8);
static_assert(sizeof(number_type<8>) == 8);
static_assert(sizeof(number_type<9>) == 8);
```

❑ 在类型模板参数中，根据类型模板参数是整型还是浮点型在整数和实数均匀分布之间进行选择：

```
template <typename T,
          typename D = std::conditional_t<
                         std::is_integral_v<T>,
                         std::uniform_int_distribution<T>,
                         std::uniform_real_distribution<T>>,
          typename = typename std::enable_if_t<
                         std::is_arithmetic_v<T>>>
std::vector<T> GenerateRandom(T const min, T const max,
                              size_t const size)
{
  std::vector<T> v(size);

  std::random_device rd{};
  std::mt19937 mt{ rd() };

  D dist{ min, max };

  std::generate(std::begin(v), std::end(v),
    [&dist, &mt] {return dist(mt); });

  return v;
}

auto v1 = GenerateRandom(1, 10, 10);     // integers
auto v2 = GenerateRandom(1.0, 10.0, 10); // doubles
```

6.14.3　工作原理

std::conditional 是一个类模板，它将名为 type 的成员定义为它的两个类型模板参数之一。这种选择是基于作为非类型模板参数提供的编译时常量布尔表达式完成的，它的实现如下所示：

```
template<bool Test, class T1, class T2>
struct conditional
{
  typedef T2 type;
};
template<class T1, class T2>
struct conditional<true, T1, T2>
{
  typedef T1 type;
};
```

让我们总结一下上一小节的例子：

❑ 在第一个例子中，如果平台是 32 位，那么指针类型的大小是 4 字节，因此编译时表达式 sizeof(void*)<=4 为 true，std::conditional 将其成员类型定义为 long。如果平台为 64 位，则条件的计算结果为 false，因为指针类型的大小为 8 字节，因此成员类型定义为 long long。

❑ 在第二个例子中，我们遇到了类似的情况，其中 std::conditional 被多次使用来模拟一系列 if...else 语句，以选择适当的类型。

❑ 在第三个例子中，我们使用模板别名 std::conditional_t 简化函数模板 Generate Random 的声明。这里，std::conditional 用于定义表示统计分布的类型模板参数的默认值。根据第一个类型模板参数 T 是整型还是浮点型，默认分布类型在 std::uniform_int_distribution<T> 和 std::uniform_real_distribution<T> 之间选择。通过使用 std::enable_if 和第三个模板参数来禁用其他类型的使用，正如我们在其他章节中看到的那样。

为了帮助简化 std::conditional 的用法，C++14 提供了一个模板别名 std::conditional_t。我们在这里的例子中看到过该模板，其定义如下：

```
template<bool Test, class T1, class T2>
using conditional_t = typename conditional_t<Test,T1,T2>;
```

这个辅助类（以及许多其他类似的辅助类和来自标准库的辅助类）是可选的，但它的使用有助于编写更简洁的代码。

6.14.4 延伸阅读

❑ 阅读 6.12 节，以了解允许我们检查和转换类型属性的 C++ 元编程技术。

❑ 阅读 6.13 节，以了解如何定义自己的类型特征。

❑ 阅读 4.4 节，以了解 SFINAE 以及如何使用它为模板指定类型约束。

文 件 和 流

C++ 标准库非常重要的部分之一是 I/O（Input/Output）输入 / 输出，它是基于流的库，它使开发人员能够处理文件、内存流或其他类型的 I/O 设备。本章首先提供了一些常见流操作（例如读取和写入数据、本地化设置，以及操作流的输入和输出）的解决方案。然后，将探索 C++17 filesystem 库，它使开发人员能够对文件系统及其对象（如文件和目录）执行操作。

在本章开始时，我们将介绍几个关于序列化和反序列化数据的方法。

7.1 读写原始数据

我们使用的一些数据程序必须以各种方式持久化到磁盘文件中，包括将数据（文本数据或二进制数据）存储在数据库或平面文件中。本节和下一节的重点是把数据和对象持久化到二进制文件中，并从二进制文件加载。在这种情况下，原始数据意味着非结构化数据，在本节中，我们将考虑对缓冲区（即内存块）的内容进行读写，该缓冲区可以是 array 数组、std::vector 或 std::array。

7.1.1 准备工作

对于本节，尽管接下来将提供一些理解本节内容所需的解释，但仍然应该熟悉标准流 I/O 库，同时还应该熟悉二进制文件和文本文件之间的区别。

在本节中，我们将使用 ofstream 和 ifstream 类，它们可以在 <fstream> 头文件的 std 命名空间中找到。

7.1.2 使用方式

要将缓冲区（在我们的例子中指 std::vector）的内容写入二进制文件，应该执行以下步骤：

1）通过创建 std::ofstream 类的实例，打开文件流以二进制模式写入：

```
std::ofstream ofile("sample.bin", std::ios::binary);
```

2）在将数据写入文件之前，请确保文件实际上处于打开状态：

```
if(ofile.is_open())
{
  // streamed file operations
}
```

3）通过提供指向字符 array 数组的指针和即将写入的字符数将数据写入文件。在下面的例子中，我们写入了一个局部 vector 数组的内容，然而这些数据通常来自不同的上下文：

```
std::vector<unsigned char> output {0,1,2,3,4,5,6,7,8,9};
ofile.write(reinterpret_cast<char*>(output.data()),
            output.size());
```

4）或者可以通过调用 flush() 方法将流的输出缓冲区的内容刷新到实际的磁盘文件中。这可以把流中未提交的更改与外部目标同步，在本例中，外部目标是一个磁盘文件。

5）通过调用 close() 关闭流，这又会调用 flush()，使得前一步在大多数情况下都没那么必要了：

```
ofile.close();
```

要将二进制文件的全部内容读入缓冲区，应该执行以下步骤：

1）通过创建 std::ifstream 类的实例，打开文件流以二进制模式读取文件：

```
std::ifstream ifile("sample.bin", std::ios::binary);
```

2）确保文件在读取数据之前实际上是打开的：

```
if(ifile.is_open())
{
  // streamed file operations
}
```

3）通过将输入位置指示器定位到文件的末尾来确定文件的长度，读取它的值，然后将指示器移到开头：

```
ifile.seekg(0, std::ios_base::end);
auto length = ifile.tellg();
ifile.seekg(0, std::ios_base::beg);
```

4）分配内存来读取文件内容：

```
std::vector<unsigned char> input;
input.resize(static_cast<size_t>(length));
```

5）通过提供一个指向接收数据的字符 array 数组的指针和准备读取的字符数，将文件的内容读入分配的缓冲区：

```
ifile.read(reinterpret_cast<char*>(input.data()), length);
```

6）检查读取操作是否成功完成：

```
auto success = !ifile.fail() && length == ifile.gcount();
```

7）最后，关闭文件流：

```
ifile.close();
```

7.1.3 工作原理

标准流 I/O 库提供了各种实现高级输入、输出、输入和输出文件流、字符串流、字符 array 数组的操作，控制这些流行为的操作符，以及几个预定义的流对象（cin/wcin、cout/wcout、cerr/wcerr 和 clog/wclog）。

这些流都是类模板，对于文件，库提供了几个类：

❑ basic_filebuf 实现了原始文件的 I/O 操作，在语义上与 C 语言 FILE 流类似。

❑ basic_ifstream 实现了由 basic_istream 流接口定义的高级文件流输入操作，在内部使用 basic_filebuf 对象。

❑ basic_ofstream 实现了由 basic_ostream 流接口定义的高级文件流输出操作，在内部使用 basic_filebuf 对象。

❑ basic_fstream 实现了由 basic_iostream 流接口定义的高级文件流输入和输出操作，在内部使用 basic_filebuf 对象。

图 7.1 所示的类图给出了这些类，以方便大家更好地理解它们之间的关系。

需要注意的是，这个图还包含了几个用于字符串流的类，但是这里不准备讨论这些流。

前面提到的类模板的几个 typedef 也在 <fstream> 头文件的 std 命名空间中定义，ofstream 和 ifstream 对象是前面示例中使用的类型同义词：

```
typedef basic_ifstream<char>     ifstream;
typedef basic_ifstream<wchar_t>  wifstream;
typedef basic_ofstream<char>     ofstream;
typedef basic_ofstream<wchar_t>  wofstream;
typedef basic_fstream<char>      fstream;
typedef basic_fstream<wchar_t>   wfstream;
```

从前面，我们了解了如何通过文件流读写原始数据，现在我们将详细地讨论这个过程。

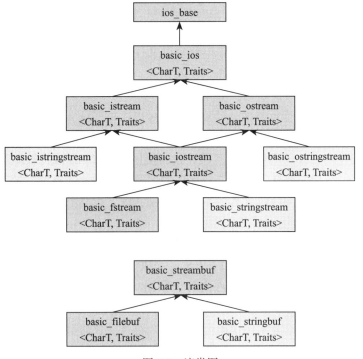

图 7.1 流类图

为了将数据写入文件，我们实例化了 std::ofstream 类型的对象。在构造函数中，我们传入了要打开的文件的名称和流的打开模式，为此我们指定 std::ios::binary 来表示二进制模式。像这样打开文件会丢弃以前的文件内容。如果想将内容追加到现有文件，那么应该使用标志 std::ios::app（即 std::ios::app | std::ios::binary）。构造函数将在内部调用其底层原始文件对象（即 basic_filebuf 对象）的 open()，如果该操作失败，则设置失败位。为了检查流是否已成功地与文件设备关联，我们使用了 is_open()（这会在内部从底层 basic_filebuf 调用同名的方法）。将数据写入文件流是使用 write() 方法完成的，该方法接受一个指向要写入的字符串的指针和要写入的字符数。由于此方法使用字符串进行操作，因此如果数据属于另一种类型（例如我们示例中的 unsigned char），则需要用到 reinterpret_cast。当发生故障时，写入操作不会设置失败位，但它可能会抛出 std::ios_base::failure 异常。但是，数据不会直接写入文件，而是存储在 basic_filebuf 对象中。要将其写入文件，需要刷新缓冲区，这是通过调用 flush() 完成的。这将在关闭文件流时自动完成，如前面的例子所示。

为了从文件中读取数据，我们实例化了 std::ifstream 类型的对象。在构造函数中，我们传入了相同的参数，即要打开的文件的名称和打开模式（即 std::ios::binary）。构造函数在内部调用底层 std::basic_filebuf 对象的 open()。为了检查流是否已成功地与文件设备关联，我们使用 is_open()（这会在内部从底层 basic_filebuf 调用同名的方法）。在本例中，我们将文件的全部内容读入内存缓冲区，尤其是 std::vector 中。在读取数据之前，我们必须知道文件的大小，以便分配一个足够大的缓冲区来保存数据。为此，我们使用 seekg() 将输入位置指示器移动到文件的末尾。

我们调用 tellg() 返回当前位置，在本例中，该位置指示文件的大小（以字节为单位），然后我们将输入位置指示器移动到文件的开头，以便能够从头开始读取。调用 seekg() 可以将输入位置指示器移动到末尾，这可以通过将位置指示器移动到末尾直接打开文件来避免，这可以通过在构造函数（或 open() 方法）中使用 std::ios::ate 打开标志来实现。为文件内容分配足够的内存后，我们使用 read() 方法将数据从文件复制到内存中，它将接受一个指向要从流中读取的数据的字符串的指针和要读取的字符数。由于流对字符进行操作，如果缓冲区包含其他类型的数据，例如我们示例中的 unsigned char，则需要用到 reinterpret_cast 表达式。

如果出现错误，此操作将抛出 std::basic_ios::failure 异常。要确定已成功从流中读取的字符数量，可以使用 gcount() 方法。完成读取操作后，我们关闭文件流。

这些例子中显示的操作，是向文件流写入数据和从文件流读取数据所需的最小操作。不过，重要的是要执行适当的检查以确保操作成功，并捕获可能发生的任何异常。

到目前为止，本节讨论的示例代码可以以两个通用函数的形式进行重构，这两个函数分别用于向文件写入数据和从文件读取数据：

```cpp
bool write_data(char const * const filename,
                char const * const data,
                size_t const size)
{
  auto success = false;
  std::ofstream ofile(filename, std::ios::binary);

  if(ofile.is_open())
  {
    try
    {
      ofile.write(data, size);
      success = true;
    }
    catch(std::ios_base::failure &)
    {
      // handle the error
    }
    ofile.close();
  }

  return success;
}

size_t read_data(char const * const filename,
                 std::function<char*(size_t const)> allocator)
```

```
{
  size_t readbytes = 0;
  std::ifstream ifile(filename, std::ios::ate | std::ios::binary);
  if(ifile.is_open())
  {
    auto length = static_cast<size_t>(ifile.tellg());
    ifile.seekg(0, std::ios_base::beg);

    auto buffer = allocator(length);

    try
    {
      ifile.read(buffer, length);

      readbytes = static_cast<size_t>(ifile.gcount());
    }
    catch (std::ios_base::failure &)
    {
      // handle the error
    }

    ifile.close();
  }

  return readbytes;
}
```

write_data() 是一个函数，它将文件名、指向 array 字符数组的指针和该 array 数组的长度作为参数，并将字符写入指定的文件。read_data() 是一个函数，它将文件名和分配缓冲区的函数作为参数，将文件的全部内容读入分配函数返回的缓冲区。以下是这些函数的使用方法的示例：

```
std::vector<unsigned char> output {0, 1, 2, 3, 4, 5, 6, 7, 8, 9};
std::vector<unsigned char> input;

if(write_data("sample.bin",
              reinterpret_cast<char*>(output.data()),
              output.size()))
{
  if(read_data("sample.bin",
               [&input](size_t const length) {
    input.resize(length);
    return reinterpret_cast<char*>(input.data());}) > 0)
  {
    std::cout << (output == input ? "equal": "not equal")
              << '\n';
  }
}
```

或者，我们可以使用动态分配的缓冲区而不是 std::vector，在整个示例中，这需要进行的更改很小：

```cpp
std::vector<unsigned char> output {0, 1, 2, 3, 4, 5, 6, 7, 8, 9};
unsigned char* input = nullptr;
size_t readb = 0;

if(write_data("sample.bin",
              reinterpret_cast<char*>(output.data()),
              output.size()))
{
  if((readb = read_data(
    "sample.bin",
    [&input](size_t const length) {
      input = new unsigned char[length];
      return reinterpret_cast<char*>(input); })) > 0)
  {
    auto cmp = memcmp(output.data(), input, output.size());
    std::cout << (cmp == 0 ? "equal": "not equal")
              << '\n';
  }
}

delete [] input;
```

但是，提供这个替代方案只是为了说明 read_data() 可以使用不同类型的输入缓冲区，建议尽可能避免显式动态分配内存。

7.1.4 更多

本节将数据从文件读取到内存的方法只是几种方法中的一种，以下列出了从文件流读取数据的可能替代方法：

❑ 直接使用 std::istreambuf_iterator 迭代器初始化 std::vector（类似地，这也可以用于 std::string）：

```cpp
std::vector<unsigned char> input;
std::ifstream ifile("sample.bin", std::ios::binary);
if(ifile.is_open())
{
  input = std::vector<unsigned char>(
    std::istreambuf_iterator<char>(ifile),
    std::istreambuf_iterator<char>());
  ifile.close();
}
```

❑ 从 std::istreambuf_iterator 迭代器对 std::vector 赋值：

```cpp
std::vector<unsigned char> input;
std::ifstream ifile("sample.bin", std::ios::binary);
if(ifile.is_open())
```

```
{
  ifile.seekg(0, std::ios_base::end);
  auto length = ifile.tellg();
  ifile.seekg(0, std::ios_base::beg);

  input.reserve(static_cast<size_t>(length));
    input.assign(
    std::istreambuf_iterator<char>(ifile),
    std::istreambuf_iterator<char>());
  ifile.close();
}
```

❑ 使用 `std::istreambuf_iterator` 迭代器和 `std::back_inserter` 适配器将文件
流的内容复制到 vector 数组，以写入 vector 数组的末尾：

```
std::vector<unsigned char> input;
std::ifstream ifile("sample.bin", std::ios::binary);
if(ifile.is_open())
{
  ifile.seekg(0, std::ios_base::end);
  auto length = ifile.tellg();
  ifile.seekg(0, std::ios_base::beg);

  input.reserve(static_cast<size_t>(length));
  std::copy(std::istreambuf_iterator<char>(ifile),
            std::istreambuf_iterator<char>(),
            std::back_inserter(input));
  ifile.close();
}
```

然而，与这些替代方法相比，7.1.2 节中描述的方法是速度最快的，尽管从面向对象的
角度来看，这些替代方法可能更具吸引力。但是，这些替代方法的性能比较不在本节讨论
的范围，你可以将其作为练习进行尝试。

7.1.5 延伸阅读

❑ 阅读 7.2 节，以了解如何在二进制文件中序列化和反序列化对象。

❑ 阅读 7.4 节，以了解如何使用辅助函数（称为流操作符），这些辅助函数使用 `<<` 和 `>>`
流操作符控制输入流和输出流。

7.2 读写对象

在上一节中，我们学习了如何读写原始数据（即非结构化数据）。但是，很多时候，我
们必须持久化并加载对象，上一节的读写方式仅适用于 POD 类型。对于其他对象，我们
必须明确地决定实际写入或读取的内容，因为写入或读取指针、虚拟表（vtable）和任意种

类的元数据不仅无关，而且在语义上也是错误的。这些操作通常被称为序列化和反序列化。在本节中，我们将学习如何在二进制文件中序列化和反序列化 POD 类型和非 POD 类型。

7.2.1 准备工作

对于本节中的例子，我们将使用 foo 和 foopod 类，如下所示：

```cpp
class foo
{
  int i;
  char c;
  std::string s;
public:
  foo(int const i = 0, char const c = 0, std::string const & s = {}):
    i(i), c(c), s(s)
  {}

  foo(foo const &) = default;
  foo& operator=(foo const &) = default;

  bool operator==(foo const & rhv) const
  {
    return i == rhv.i &&
           c == rhv.c &&
           s == rhv.s;
  }

  bool operator!=(foo const & rhv) const
  {
    return !(*this == rhv);
  }
};

struct foopod
{
  bool a;
  char b;
  int c[2];
};

bool operator==(foopod const & f1, foopod const & f2)
{
  return f1.a == f2.a && f1.b == f2.b &&
         f1.c[0] == f2.c[0] && f1.c[1] == f2.c[1];
}
```

建议在继续之前先阅读 7.1 节的内容。你应该熟悉 POD 类型（既属于 trivial 类型，又属于标准布局类型）和非 POD 类型，以及如何重载操作符。有关 POD 类型的更多详细信息，请查看 6.12 节。

7.2.2 使用方式

要序列化 / 反序列化不包含指针的 POD 类型，请使用 ofstream::write() 和 ifstream::read()：

❑ 使用 ofstream 和 write() 方法将对象序列化为二进制文件：

```cpp
std::vector<foopod> output {
  {true, '1', {1, 2}},
  {true, '2', {3, 4}},
  {false, '3', {4, 5}}
};

std::ofstream ofile("sample.bin", std::ios::binary);
if(ofile.is_open())
{
  for(auto const & value : output)
  {
    ofile.write(reinterpret_cast<const char*>(&value),
                sizeof(value));
  }

  ofile.close();
}
```

❑ 使用 ifstream 和 read() 方法从二进制文件反序列化对象：

```cpp
std::vector<foopod> input;
std::ifstream ifile("sample.bin", std::ios::binary);
if(ifile.is_open())
{
  while(true)
  {
    foopod value;
    ifile.read(reinterpret_cast<char*>(&value),
               sizeof(value));

    if(ifile.fail() || ifile.eof()) break;
    input.push_back(value);
  }

  ifile.close();
}
```

要序列化非 POD 类型（或包含指针的 POD 类型），必须将数据成员的值显式写入文件；要反序列化，必须以相同的顺序从文件显式读取数据成员。为了证明这一点，我们将考虑前面定义的 foo 类：

❑ 添加名为 write() 的成员函数来序列化此类的对象。该方法接受 ofstream 引用并返回一个 bool，指示操作是否成功：

```
bool write(std::ofstream& ofile) const
{
  ofile.write(reinterpret_cast<const char*>(&i), sizeof(i));
  ofile.write(&c, sizeof(c));
  auto size = static_cast<int>(s.size());
  ofile.write(reinterpret_cast<char*>(&size), sizeof(size));
  ofile.write(s.data(), s.size());

  return !ofile.fail();
}
```

❑ 添加名为 read() 的成员函数来反序列化此类的对象。此方法接受 ifstream 引用并返回一个 bool，指示操作是否成功：

```
bool read(std::ifstream& ifile)
{
  ifile.read(reinterpret_cast<char*>(&i), sizeof(i));
  ifile.read(&c, sizeof(c));
  auto size {0};
  ifile.read(reinterpret_cast<char*>(&size), sizeof(size));
  s.resize(size);
  ifile.read(reinterpret_cast<char*>(&s.front()), size);

  return !ifile.fail();
}
```

前面演示的 write() 和 read() 成员函数的替代方法是重载 operator<< 和 operator>>。为此，应执行以下步骤：

1）将非成员 operator<< 和 operator >> 的友元（friend）声明添加到要序列化/反序列化的类（在本例中为 foo 类）：

```
friend std::ofstream& operator<<(std::ofstream& ofile,
                                 foo const& f);
friend std::ifstream& operator>>(std::ifstream& ifile,
                                 foo& f);
```

2）重载 operator <<：

```
std::ofstream& operator<<(std::ofstream& ofile, foo const& f)
{
  ofile.write(reinterpret_cast<const char*>(&f.i),
              sizeof(f.i));
  ofile.write(&f.c, sizeof(f.c));
  auto size = static_cast<int>(f.s.size());
  ofile.write(reinterpret_cast<char*>(&size), sizeof(size));
  ofile.write(f.s.data(), f.s.size());

  return ofile;
}
```

3）重载 operator>>:

```
std::ifstream& operator>>(std::ifstream& ifile, foo& f)
{
  ifile.read(reinterpret_cast<char*>(&f.i), sizeof(f.i));
  ifile.read(&f.c, sizeof(f.c));
  auto size {0};
  ifile.read(reinterpret_cast<char*>(&size), sizeof(size));
  f.s.resize(size);
  ifile.read(reinterpret_cast<char*>(&f.s.front()), size);

  return ifile;
}
```

7.2.3 工作原理

不管是序列化整个对象（对于 POD 类型）还是只序列化它的一部分，我们都使用了我们在前面的章节中讨论过的流类：输出文件流的 ofstream 和输入文件流的 ifstream。关于使用这些标准类读写数据的详细信息已在那个章节中讨论过，此处不再赘述。

在序列化和反序列化对象时，应避免将指针的值写入文件。此外，不能从文件中读取指针值，因为这些值代表内存地址，在进程之间甚至稍后的同一进程中都没有意义。相反，应该写入指针引用的数据，并将数据读入指针引用的对象。

这是一个一般原则，在实践中，你可能会遇到有多个指向同一对象的指针的情况。在这种情况下，可能需要写入一个副本，并以相应的方式处理读取操作。

如果要序列化的对象是 POD 类型，可以像我们讨论原始数据时那样进行序列化。在本节的示例中，我们序列化了 foopod 类型的对象序列。当反序列化时，我们以循环的方式从文件流中读取，直到文件的结尾被读取或出现故障。在这种情况下，读取方式可能看起来有悖常理，但不同的做法可能会导致数据的重复读取：

❑ 使用无限循环完成读取。

❑ 在循环中执行读取操作。

❑ 执行故障检查或文件结束检查，只要其中任何一个发生，就退出无限循环。

❑ 该值被添加到输入序列中，循环继续。

如果使用带有检查文件结束位的退出条件的循环（即 while(!ifile.eof())）完成读取，最后一个值将被添加到输入序列中两次。出现这种情况的原因是，在读取最后一个值时，尚未遇到文件结束标记（因为这是文件最后一个字节之外的标记）。文件结束标记仅在下一次读取时到达，因此，这将设置流的 eofbit。但是，输入变量仍然有最后一个值，因为它没有被任何内容覆盖，所以被第二次添加到输入向量中。

如果要序列化和反序列化的对象是非 POD 类型，则无法将这些对象作为原始数据写入 / 读取。这样的对象可能有一个虚拟表，将虚拟表写入文件不会出现问题，即使它没有任何值。但是，从文件中读取并覆盖对象的虚拟表，将对对象和程序产生灾难性的影响。

当序列化/反序列化非 POD 类型时，有多种选择，其中一些已在上一节中讨论过。它们都提供了明确的方法来进行读写或重载标准 << 和 >> 操作符。第二种方法的优势在于，它支持在通用代码中使用类，而在通用代码中，通常使用这些操作符在流文件中写入和读取对象。

 当计划对对象进行序列化和反序列化时，请考虑从一开始就对数据进行版本控制，以避免在数据结构随时间变化时出现问题。如何进行版本控制不在本章节的讨论范围。

7.2.4 延伸阅读

❑ 阅读 7.1 节，以了解如何在二进制文件中读写非结构化数据。
❑ 阅读 7.4 节，以了解如何使用辅助函数（称为流操作符），这些辅助函数使用 << 和 >> 流操作符控制输入流和输出流。

7.3 使用流的本地化设置

如何向流中写入数据或从流中读取数据可能取决于语言和区域设置，示例包括写入和解析数字、时间值或货币值，比较（排序）字符串。C++ I/O 库提供了一种通用机制，用于通过区域设置（locale）和 facet 处理国际化特征。在本节中，我们将学习如何使用区域设置来控制输入/输出流的行为。

7.3.1 准备工作

本节中的所有示例都使用 std::cout 预定义的控制台流对象，但是，这同样适用于所有 I/O 流对象。此外，在这些示例中，我们将使用以下对象和 lambda 函数：

```cpp
auto now = std::chrono::system_clock::now();
auto stime = std::chrono::system_clock::to_time_t(now);
auto ltime = std::localtime(&stime);

std::vector<std::string> names
  {"John", "adele", "Øivind", "François", "Robert", "Åke"};

auto sort_and_print = [](std::vector<std::string> v,
                         std::locale const & loc)
{
  std::sort(v.begin(), v.end(), loc);
  for (auto const & s : v) std::cout << s << ' ';
  std::cout << '\n';
};
```

本节中使用的区域名称（en_US.utf8、de_DE.utf8 等）是 UNIX 系统上使用的名称。
表 7.1 列出了 Windows 系统上的等效名称。

表 7.1

UNIX	Windows
en_US.utf8	English_US.1252
en_UB.utf8	English_UK.1252
de_DE.utf8	German_Germany.1252
sv_SE.utf8	Swedish_Sweden.1252

7.3.2　使用方式

要控制流的本地化设置，必须执行以下操作：

❑ 使用 std::locale 类表示本地化设置。构造区域设置对象的方法有多种，包括以下
几种：

- 默认情况下，将其构造为使用全局区域设置（默认情况下，程序启动时使用 C 区
域设置）。
- 使用本地名称，如 C、POSIX、en_US.utf8 等，如果操作系统支持的话。
- 从另一个区域设置构造，但特定 facet 除外。
- 从另一个区域设置构造，但从另一个指定区域设置复制的指定类别的所有 facet 除外：

```
// default construct
auto loc_def = std::locale {};

// from a name
auto loc_us = std::locale {"en_US.utf8"};

// from another locale except for a facet
auto loc1 = std::locale {loc_def,
                         new std::collate<wchar_t>};

// from another local, except the facet in a category
auto loc2 = std::locale {loc_def, loc_us,
                         std::locale::collate};
```

❑ 要获取默认 C 区域设置的副本，请使用 std::locale::classic() 静态方法：

```
auto loc = std::locale::classic();
```

❑ 要更改每次构建默认区域设置时复制的默认区域设置，请使用 std::locale::g
lobal() 静态方法：

```
std::locale::global(std::locale("en_US.utf8"));
```

❑ 使用 imbue() 方法更改 I/O 流的当前区域设置：

```
std::cout.imbue(std::locale("en_US.utf8"));
```

下面列出了使用各种区域设置的示例：

❑ 使用特定的区域设置，并以其名称表示。在本例中，区域设置为德语：

```
auto loc = std::locale("de_DE.utf8");
std::cout.imbue(loc);

std::cout << 1000.50 << '\n';
// 1.000,5
std::cout << std::showbase << std::put_money(1050)
          << '\n';
// 10,50 €
std::cout << std::put_time(ltime, "%c") << '\n';
// So 04 Dez 2016 17:54:06 JST
sort_and_print(names, loc);
// adele Åke François John Øivind Robert
```

❑ 使用与用户设置（如系统中所定义的）相对应的区域设置。这是通过从空字符串构造 std::locale 对象来实现的：

```
auto loc = std::locale("");
std::cout.imbue(loc);

std::cout << 1000.50 << '\n';
// 1,000.5
std::cout << std::showbase << std::put_money(1050)
          << '\n';
// $10.50
std::cout << std::put_time(ltime, "%c") << '\n';
// Sun 04 Dec 2016 05:54:06 PM JST
sort_and_print(names, loc);
// adele Åke François John Øivind Robert
```

❑ 设置并使用全局区域设置：

```
std::locale::global(std::locale("sv_SE.utf8")); // set global
auto loc = std::locale{};                        // use global
std::cout.imbue(loc);

std::cout << 1000.50 << '\n';
// 1 000,5
std::cout << std::showbase << std::put_money(1050)
          << '\n';
// 10,50 kr
std::cout << std::put_time(ltime, "%c") << '\n';
// sön 4 dec 2016 18:02:29
sort_and_print(names, loc);
// adele François John Robert Åke Øivind
```

❑ 使用默认的 C 区域设置：

```
auto loc = std::locale::classic();
std::cout.imbue(loc);

std::cout << 1000.50 << '\n';
// 1000.5
std::cout << std::showbase << std::put_money(1050)
          << '\n';
// 1050
std::cout << std::put_time(ltime, "%c") << '\n';
// Sun Dec 4 17:55:14 2016
sort_and_print(names, loc);
// François John Robert adele Åke Øivind
```

7.3.3 工作原理

区域设置对象实际上并不存储本地化设置。区域设置是 facet 的异构容器。facet 是定义本地化设置和国际化设置的对象。该标准定义了每种区域设置必须包含的 facet。除此之外，区域设置还可以包含任何其他用户定义的 facet。所有标准定义 facet 如表 7.2 所示。

表　7.2

std::collate<char>	std::collate<wchar_t>
std::ctype<char>	std::ctype<wchar_t>
std:: codecvt<char, char, mbstate_t>	std::codecvt<char32_t, char, mbstate_t>
std::codecvt<char16_t, char, mbstate_t>	std::codecvt<wchar_t, char, mbstate_t>
std::moneypunct<char>	std::moneypunct<wchar_t>
std::moneypunct<char, true>	std::moneypunct<wchar_t, true>
std::money_ get<char>	std::money_get<wchar_t>
std::money_ put<char>	std::money_put<wchar_t>
std::numpunct<char>	std::numpunct<wchar_t>
std::num_get<char>	std::num_get<wchar_t>
std::num_put<char>	std::num_put<wchar_t>
std::time_get<char>	std::time_get<wchar_t>
std::time_put<char>	std::time_put<wchar_t>
std::messages<char>	std::messages<wchar t>

浏览并讨论所有这些 facet 不在本节的范围，但是，我们会指出 std::money_get 是封装了从字符流解析货币值的规则的 facet，而 std::money_put 是封装了将货币值格式化为字符串的规则的 facet。以类似的方式，std::time_get 封装了数据和时间的解析规则，而 std::time_put 封装了数据和时间的格式化规则，这些将构成接下来几个章节的主题。

区域设置是包含不可变 facet 对象的不可变对象，区域设置被实现为指向 facet 的引用计数指针的引用计数数组。数组由 std::locale::id 索引，所有 facet 都必须派生自基类 std::locale::facet，并且必须具有 std::locale::id 类型的公有静态成员（称为 id）。

只能使用一个重载构造函数或 combine() 方法创建区域设置对象，顾名思义，combine() 方法将当前区域设置与新的编译时可识别 facet 相结合，返回一个新的区域设置对象。另外，我们可以使用 std::has_facet() 函数模板确定区域设置是否包含特定 facet，也可以使用 std::use_facet() 函数模板获取对特定区域设置实现的 facet 的引用。

在前面的示例中，我们对字符串向量进行了排序，并将区域设置对象作为第三个参数传递给 std::sort() 通用算法。第三个参数应该是比较函数对象。传递区域设置对象之所以有效，是因为 std::locale 有一个 operator()，它使用其 collate facet 按字典顺序比较两个字符串。这实际上是 std::locale 直接提供的唯一一本地化功能，但是这需要调用 collate facet 的 compare() 方法，该方法根据 facet 的规则执行字符串比较。

每个程序启动时都会创建一个全局区域设置，此全局区域设置的内容将被复制到每个默认构造的区域设置中，我们可以使用静态方法 std::locale::global() 替换全局区域设置。默认情况下，全局区域设置是 C，它相当于同名的 ANSI C 区域设置。这个区域设置是用来处理简单的英文文本的，它是 C++ 中与 C 语言兼容的默认区域设置，可以使用静态方法 std::locale::classic() 获得对该区域设置的引用。

默认情况下，所有流都使用经典区域设置来编写或分析文本。但是，我们也可以使用流的 imbue() 方法更改流使用的区域设置，该方法是 std::ios_base 类的成员，该类是所有 I/O 流的基类。另一个成员是 getloc() 方法，它返回当前流的区域设置的副本。

 在前面的示例中，我们更改了 std::cout 流对象的区域设置。在实践中，你可能希望为与标准 C 流相关的所有流对象 [如 cin、cout、cerr 和 clog（或 wcin、wcout、wcerr 和 wclog）] 设置相同的区域设置。

7.3.4 延伸阅读

❏ 阅读 7.4 节，以了解如何使用辅助函数（称为流操作符），这些辅助函数使用 << 和 >> 流操作符控制输入流和输出流。
❏ 阅读 7.5 节，以了解如何使用标准流操作符读写货币值。
❏ 阅读 7.6 节，以了解如何使用标准流操作符读写日期和时间值。

7.4 使用 I/O 流操作符控制流的输出

除了流 I/O 库之外，标准库还提供了一系列辅助函数，它们被称为流操作符。它们使用 operator<< 和 operator>> 控制输入流和输出流。在本节中，我们将介绍其中一些流操作符，并通过一些将输出格式化到控制台的示例来演示它们的用法。在接下来的章节中，我们将继续介绍更多的流操作符。

7.4.1 准备工作

I/O 流操作符可在头文件 `<ios>`、`<istream>`、`<ostream>` 和 `<iomanip>` 的 std 命名空间中找到。在本节中，我们将只讨论 `<ios>` 和 `<iomanip>` 中的一些流操作符。

7.4.2 使用方式

以下流操作符可用于控制流的输出或输入：

❑ boolalpha 和 noboolalpha 用于启用和禁用布尔值的文本表示：

```cpp
std::cout << std::boolalpha << true << '\n';   // true
std::cout << false << '\n';                     // false
std::cout << std::noboolalpha << false << '\n'; // 0
```

❑ left、right 和 internal 影响填充字符的对齐，left 和 right 影响所有文本，但 internal 只影响整数输出、浮点数输出和货币输出：

```cpp
std::cout << std::right << std::setw(10) << "right\n";
std::cout << std::setw(10) << "text\n";
std::cout << std::left << std::setw(10) << "left\n";
```

❑ fixed、scientific、hexfloat 和 defaultfloat 用于更改浮点类型（输入流和输出流中）的格式。后两者仅在 C++11 之后才可用：

```cpp
std::cout << std::fixed << 0.25 << '\n';
// 0.250000
std::cout << std::scientific << 0.25 << '\n';
// 2.500000e-01
std::cout << std::hexfloat << 0.25 << '\n';
// 0x1p-2
std::cout << std::defaultfloat << 0.25 << '\n';
// 0.25
```

❑ dec、hex 和 oct 用于控制整数类型（在输入流和输出流中）使用的进制：

```cpp
std::cout << std::oct << 42 << '\n'; // 52
std::cout << std::hex << 42 << '\n'; // 2a
std::cout << std::dec << 42 << '\n'; // 42
```

❑ setw 用于更改下一个输入或输出字段的宽度，默认宽度为 0。

❑ setfill 用于更改输出流的填充字符，这是用于填充下一个字段直到达到指定宽度的字符，默认填充字符为空格：

```cpp
std::cout << std::right
          << std::setfill('.') << std::setw(10)
          << "right" << '\n';
// .....right
```

❑ setprecision 用于更改输入流和输出流中浮点类型的十进制精度（生成的位数），

默认精度为 6：

```
std::cout << std::fixed << std::setprecision(2) << 12.345
          << '\n';
// 12.35
```

7.4.3 工作原理

前面列出的所有 I/O 流操作符（setw 除外，它只引用下一个输出字段）都会影响流。此外，所有连续的写入操作或读取操作都使用最后指定的格式，直到再次使用另一个流操作符。

其中一些流操作符无需参数即可调用，例如 boolalpha/noboolalpha 或 dec/hex/oct。这些流操作符是接受单个参数（即对字符串的引用）并返回对同一流的引用的函数：

```
std::ios_base& hex(std::ios_base& str);
```

也可以使用表达式，例如 std::cout<<std::hex，因为 basic_ostream::operator<< 和 basic_istream::operator>> 都有特殊的重载，可以将指针指向这些函数。

其他流操作符（包括这里未提及的）通过参数调用，这些流操作符是接受一个或多个参数并返回未指定类型的对象的函数：

```
template<class CharT>
/*unspecified*/ setfill(CharT c);
```

为了更好地演示这些流操作符的用法，我们将考虑两个将输出格式化到控制台的示例。

在第一个示例中，我们将列出满足以下要求的书籍目录：

❑ 章节号右对齐，并用罗马数字显示。

❑ 章节标题左对齐，剩余空间直到页码用圆点填充。

❑ 页码右对齐。

对于这个示例，我们将使用以下类和辅助函数：

```
struct Chapter
{
  int Number;
  std::string Title;
  int Page;
};

struct BookPart
{
  std::string Title;
  std::vector<Chapter> Chapters;
};

struct Book
```

```
{
  std::string Title;
  std::vector<BookPart> Parts;
};

std::string to_roman(unsigned int value)
{
  struct roman_t { unsigned int value; char const* numeral; };
  const static roman_t rarr[13] =
  {
    {1000, "M"}, {900, "CM"}, {500, "D"}, {400, "CD"},
    {100, "C"}, { 90, "XC"}, { 50, "L"}, { 40, "XL"},
    { 10, "X"}, { 9, "IX"}, { 5, "V"}, { 4, "IV"},
    { 1, "I"}
  };

  std::string result;
  for (auto const & number : rarr)
  {
    while (value >= number.value)
    {
      result += number.numeral;
      value -= number.value;
    }
  }

  return result;
}
```

下方的 **print_toc()** 函数将 Book 作为其参数,并根据指定的要求将其内容打印到控制台。为此,我们采用以下方法:

❑ **std::left** 和 **std::right** 指定文本对齐方式。

❑ **std::setw** 指定每个输出字段的宽度。

❑ **std::fill** 指定填充字符(针对章节号填充空格,针对章节标题填充点)。

print_toc() 函数的实现如下:

```
void print_toc(Book const & book)
{
  std::cout << book.Title << '\n';
  for(auto const & part : book.Parts)
  {
    std::cout << std::left << std::setw(15) << std::setfill(' ')
              << part.Title << '\n';
    std::cout << std::left << std::setw(15) << std::setfill('-')
              << '-' << '\n';

    for(auto const & chapter : part.Chapters)
    {
```

```cpp
        std::cout << std::right << std::setw(4) << std::setfill(' ')
                  << to_roman(chapter.Number) << ' ';
        std::cout << std::left << std::setw(35) << std::setfill('.')
                  << chapter.Title;
        std::cout << std::right << std::setw(3) << std::setfill('.')
                  << chapter.Page << '\n';
    }
  }
}
```

下面的示例将此方法应用于一个 Book 对象，该对象描述了 *The Fellowship of the Ring* 一书的目录：

```cpp
auto book = Book
{
  "THE FELLOWSHIP OF THE RING"s,
  {
    {
      "BOOK ONE"s,
      {
        {1, "A Long-expected Party"s, 21},
        {2, "The Shadow of the Past"s, 42},
        {3, "Three Is Company"s, 65},
        {4, "A Short Cut to Mushrooms"s, 86},
        {5, "A Conspiracy Unmasked"s, 98},
        {6, "The Old Forest"s, 109},
        {7, "In the House of Tom Bombadil"s, 123},
        {8, "Fog on the Barrow-downs"s, 135},
        {9, "At the Sign of The Prancing Pony"s, 149},
        {10, "Strider"s, 163},
        {11, "A Knife in the Dark"s, 176},
        {12, "Flight to the Ford"s, 197},
      },
    },
    {
      "BOOK TWO"s,
      {
        {1, "Many Meetings"s, 219},
        {2, "The Council of Elrond"s, 239},
        {3, "The Ring Goes South"s, 272},
        {4, "A Journey in the Dark"s, 295},
        {5, "The Bridge of Khazad-dum"s, 321},
        {6, "Lothlorien"s, 333},
        {7, "The Mirror of Galadriel"s, 353},
        {8, "Farewell to Lorien"s, 367},
        {9, "The Great River"s, 380},
        {10, "The Breaking of the Fellowship"s, 390},
      },
    },
  }
}
```

```
};

print_toc(book);
```

在这个示例中，输出如下：

```
THE FELLOWSHIP OF THE RING
BOOK ONE
---------------
    I A Long-expected Party..............21
   II The Shadow of the Past............42
  III Three Is Company..................65
   IV A Short Cut to Mushrooms..........86
    V A Conspiracy Unmasked.............98
   VI The Old Forest...................109
  VII In the House of Tom Bombadil.....123
 VIII Fog on the Barrow-downs..........135
   IX At the Sign of The Prancing Pony.149
    X Strider..........................163
   XI A Knife in the Dark..............176
  XII Flight to the Ford..............197
BOOK TWO
---------------
    I Many Meetings....................219
   II The Council of Elrond............239
  III The Ring Goes South.............272
   IV A Journey in the Dark...........295
    V The Bridge of Khazad-dum........321
   VI Lothlorien.......................333
  VII The Mirror of Galadriel.........353
 VIII Farewell to Lorien..............367
   IX The Great River..................380
    X The Breaking of the Fellowship..390
```

对于第二个示例，我们的目标是输出一个表，列出世界上收入最高的公司。该表将列出公司名称、行业、收入（以十亿美元计）、收入增长与否、收入增长量、员工数量和来源国。对于本例，我们将使用以下类：

```
struct Company
{
    std::string Name;
    std::string Industry;
    double      Revenue;
    bool        RevenueIncrease;
    double      Growth;
    int         Employees;
    std::string Country;
};
```

下面代码段中的 **print_companies()** 函数使用了几个附加的流操作符：

❑ std::boolalpha 将布尔值显示为 true 和 false，而不是 1 和 0。

❑ std::fixed 表示固定的浮点表示，std::defaultfloat 将采用默认的浮点表示。

❑ std::setprecision 指定要在输出中显示的小数位数，它与 std::fixed 一起用
于表示 Growth 字段的固定表示形式（带有一位小数）。

print_companies() 函数的实现如下：

```cpp
void print_companies(std::vector<Company> const & companies)
{
  for(auto const & company : companies)
  {
    std::cout << std::left << std::setw(26) << std::setfill(' ')
              << company.Name;
    std::cout << std::left << std::setw(18) << std::setfill(' ')
              << company.Industry;
    std::cout << std::left << std::setw(5) << std::setfill(' ')
              << company.Revenue;
    std::cout << std::left << std::setw(5) << std::setfill(' ')
              << std::boolalpha << company.RevenueIncrease
              << std::noboolalpha;
    std::cout << std::right << std::setw(5) << std::setfill(' ')
              << std::fixed << std::setprecision(1) << company.Growth
              << std::defaultfloat << std::setprecision(6) << ' ';
    std::cout << std::right << std::setw(8) << std::setfill(' ')
              << company.Employees << ' ';
    std::cout << std::left << std::setw(2) << std::setfill(' ')
              << company.Country
              << '\n';
  }
}
```

下面是调用此方法的示例，这里显示的数据来源于维基百科（截至 2016 年）：

```cpp
std::vector<Company> companies
{
  {"Walmart"s, "Retail"s, 482, false, 0.71,
   2300000, "US"s},
  {"State Grid"s, "Electric utility"s, 330, false, 2.91,
   927839, "China"s},
  {"Saudi Aramco"s, "Oil and gas"s, 311, true, 40.11,
   65266, "SA"s},
  {"China National Petroleum"s, "Oil and gas"s, 299,
   false, 30.21, 1589508, "China"s},
  {"Sinopec Group"s, "Oil and gas"s, 294, false, 34.11,
   810538, "China"s},
};


print_companies(companies);
```

在这个示例中，输出具有表格格式，如下所示：

```
Walmart                   Retail           482  false  0.7  2300000 US
State Grid                Electric utility 330  false  2.9   927839 China
Saudi Aramco              Oil and gas      311  true  40.1    65266 SA
China National Petroleum  Oil and gas      299  false 30.2  1589508 China
Sinopec Group             Oil and gas      294  false 34.1   810538 China
```

作为练习，你可以尝试在这些行之前添加标题，甚至网格线，以便更好地制表。

7.4.4　延伸阅读

❑ 阅读 7.1 节，以了解如何在二进制文件中读写非结构化数据。
❑ 阅读 7.5 节，以了解如何使用标准流操作符读写货币值。
❑ 阅读 7.6 节，以了解如何使用标准流操作符读写日期和时间值。

7.5　使用货币 I/O 流操作符

在 7.4 节中，我们研究了一些可用于控制输入流和输出流的流操作符，所讨论的流操作符与数值和文本值有关。在本节中，我们将了解如何使用标准流操作符来读写货币值。

7.5.1　准备工作

现在，你应该熟悉区域设置以及如何设置它们，我们在 7.3 节中讨论了此主题，建议在继续本节之前先阅读一下这一节。

本节中讨论的流操作符可在 `<iomanip>` 头文件的 `std` 命名空间中找到。

7.5.2　使用方式

要将货币值写入输出流，应执行以下操作：
❑ 设置控制货币格式所需的区域设置：

```
std::cout.imbue(std::locale("en_GB.utf8"));
```

❑ 使用 `long double` 或 `std::basic_string` 值表示金额：

```
long double mon = 12345.67;
std::string smon = "12345.67";
```

❑ 使用有一个参数（货币值）的 `std::put_money` 流操作符来显示使用货币符号的值（如果有）：

```
std::cout << std::showbase << std::put_money(mon)
          << '\n'; // £123.46
std::cout << std::showbase << std::put_money(smon)
          << '\n'; // £123.46
```

❑ 使用有两个参数（货币值和设置为 `true` 的布尔标志）的 `std::put_money`，以指示使用国际货币字符串：

```
std::cout << std::showbase << std::put_money(mon, true)
          << '\n'; // GBP 123.46
std::cout << std::showbase << std::put_money(smon, true)
          << '\n'; // GBP 123.46
```

要从输入流中读取货币值，应执行以下操作：

❑ 设置控制货币格式所需的区域设置：

```
std::istringstream stext("$123.45 123.45 USD");
stext.imbue(std::locale("en_US.utf8"));
```

❑ 使用 `long double` 或 `std::basic_string` 值从输入流读取金额：

```
long double v1;
std::string v2;
```

❑ 如果输入流中可能使用货币符号，则使用有一个参数（即写入货币值的变量）的 `std:: get_money()`：

```
stext >> std::get_money(v1) >> std::get_money(v2);
// v1 = 12345, v2 = "12345"
```

❑ 使用有两个参数（即要写入货币值的变量和设置为 `true` 的布尔标志）的 `std:: get_money()`，以指示是否存在国际货币字符串：

```
stext >> std::get_money(v1, true) >> std::get_money(v2, true);
// v1 = 0, v2 = "12345"
```

7.5.3 工作原理

`put_money()` 和 `get_money()` 非常相似，它们都是函数模板。它们都有两个参数，其中一个参数表示要写入输出流的货币值或保存从输入流读取的货币值的变量，另一个为可选参数，用于指示是否使用国际货币字符串。默认选项是货币符号（如果有）。`put_money()` 使用 `std::money_put()`facet 设置输出货币值，`get_money()` 使用 `std::money_get()`facet 解析货币值。两个函数模板都返回未指定类型的对象，这些函数不会抛出异常：

```
template <class MoneyT>
/*unspecified*/ put_money(const MoneyT& mon, bool intl = false);

template <class MoneyT>
/*unspecified*/ get_money(MoneyT& mon, bool intl = false);
```

这两个函数都要求货币值为 `long double` 或 `std::basic_string`。

然而，重要的是要注意，货币值存储为所使用的区域设置所定义的最小货币面额的整数。考虑到是美元货币，因此 100.00 美元存储为 10000.0，1 美分（即 0.01 美元）存储为 1.0。

将货币值写入输出流时，如果要显示货币符号或国际货币字符串，请务必使用 `std::showbase` 流操作符，这通常用于指示数字进制的前缀（如十六进制的 `0x`）。但是，对于货币值，它用于指示是否显示货币符号 / 字符串。以下代码片段提供了一个示例：

```
// print 123.46
std::cout << std::put_money(12345.67) << '\n';
// print £123.46
std::cout << std::showbase << std::put_money(12345.67) << '\n';
```

在前面的代码段中，第一行只打印代表货币金额的数值 123.46，而第二行打印相同的数值，但前面有货币符号。

7.5.4　延伸阅读

❑ 阅读 7.4 节，以了解如何使用辅助函数（称为流操作符），这些辅助函数使用 << 和 >> 流操作符控制输入流和输出流。

❑ 阅读 7.6 节，以了解如何使用标准流操作符读写日期和时间值。

7.6　使用时间 I/O 流操作符

与我们在上一节中讨论的货币 I/O 流操作符类似，C++11 标准提供了用于控制时间值读写的流操作符，其中时间值以保存日历日期和时间的 `std::tm` 对象的形式表示。在本节中，我们将学习如何使用这些时间流操作符。

7.6.1　准备工作

时间 I/O 流操作符使用的时间值用 `std::tm` 值表示。你应该从 `<ctime>` 头文件中熟悉这种结构。

你还应该熟悉区域设置以及如何设置它们，我们在 7.3 节中讨论了此主题，建议在继续本节之前先阅读一下这一节。

本节中讨论的流操作符可在 `<iomanip>` 头文件的 `std` 名称空间中找到。

7.6.2　使用方式

要将时间值写入输出流，应执行以下步骤：

1）获取与给定时间对应的日历日期和时间值。有多种方法可以做到这一点。以下是将当前时间转换为以日历日期和时间表示的本地时间的几个示例：

```
auto now = std::chrono::system_clock::now();
auto stime = std::chrono::system_clock::to_time_t(now);
auto ltime = std::localtime(&stime);

auto ttime = std::time(nullptr);
auto ltime = std::localtime(&ttime);
```

2）使用 `std::put_time()` 提供指向 `std::tm` 对象（表示日历日期和时间）的指针，以及指向以 null 结尾的字符串（表示时间文本格式）的指针。C++11 标准提供了一长串可以使用的格式，详见 http://en.cppreference.com/w/cpp/io/manip/put_time。

3）要根据特定区域设置写入标准日期和时间字符串，请首先通过调用 `imbue()` 设置流的区域设置，然后使用 `std::put_time()`：

```
std::cout.imbue(std::locale("en_GB.utf8"));
std::cout << std::put_time(ltime, "%c") << '\n';
// Sun 04 Dec 2016 05:26:47 JST
```

下面列出了一些支持的时间格式示例：

❑ ISO 8601 日期格式 `"%f"` 或 `"%y-%m-%d"`：

```
std::cout << std::put_time(ltime, "%F") << '\n';
// 2016-12-04
```

❑ ISO 8601 时间格式 `"%T"`：

```
std::cout << std::put_time(ltime, "%T") << '\n';
// 05:26:47
```

❑ ISO 8601 UTC 格式 `"%FT%T%z"` 的日期和时间组合：

```
std::cout << std::put_time(ltime, "%FT%T%z") << '\n';
// 2016-12-04T05:26:47+0900
```

❑ ISO 8601 周格式 `"%Y-W%V"`：

```
std::cout << std::put_time(ltime, "%Y-W%V") << '\n';
// 2016-W48
```

❑ ISO 8601 日期周号格式 `"%Y-W%V-%u"`：

```
std::cout << std::put_time(ltime, "%Y-W%V-%u") << '\n';
// 2016-W48-7
```

❑ ISO 8601 序数日期格式 `"%Y-%j"`：

```
std::cout << std::put_time(ltime, "%Y-%j") << '\n';
// 2016-339
```

要从输入流中读取时间值，应执行以下步骤：

1）声明 std::tm 类型的对象以保存从流中读取的时间值：

```
auto time = std::tm {};
```

2）使用 std::get_time() 提供指向 std::tm 对象（保存时间值）的指针，以及指向以 null 结尾的字符串（表示时间文本格式）的指针。可能的格式列表请访问 http://en.cppreference.com/w/cpp/io/manip/get_time。以下示例将解析 ISO 8601 的日期和时间组合值：

```
std::istringstream stext("2016-12-04T05:26:47+0900");
stext >> std::get_time(&time, "%Y-%m-%dT%H:%M:%S");
if (!stext.fail()) { /* do something */ }
```

3）要根据特定区域设置读取标准日期和时间字符串，请首先通过调用 imbue() 设置流的区域设置，然后使用 std::get_time()：

```
std::istringstream stext("Sun 04 Dec 2016 05:35:30 JST");
stext.imbue(std::locale("en_GB.utf8"));
stext >> std::get_time(&time, "%c");
if (stext.fail()) { /* do something else */ }
```

7.6.3　工作原理

时间值的流操作符 put_time() 和 get_time() 非常相似：它们都是有两个参数的函数模板。第一个参数是指向 std::tm 对象（表示日历日期和时间，用于保存要写入流的值或从流中读取的值）的指针，第二个参数是指向表示时间文本格式的以 null 结尾的字符串的指针。put_time() 使用 std::time_put()facet 输出日期和时间值，get_time() 使用 std::time_get()facet 解析日期和时间值。两个函数模板都返回未指定类型的对象，这些函数不会抛出异常：

```
template<class CharT>
/*unspecified*/ put_time(const std::tm* tmb, const CharT* fmt);

template<class CharT>
/*unspecified*/ get_time(std::tm* tmb, const CharT* fmt);
```

使用 put_time() 将日期和时间值写入输出流所得到的字符串与调用 std::strftime() 或 std::wcsftime() 所得到的字符串相同。

该标准定义了一长串组成格式字符串的可用转换说明符，这些说明符的前缀是 %，在某些情况下，后面会跟着一个 E 或 O。其中一些是等效的，例如，%F 相当于 %Y-%m-%d（这是 ISO 8601 日期格式），而 %T 相当于 %H:%M:%S（这是 ISO 8601 时间格式）。本节中的示例只提及了少数转换说明符，主要指 ISO 8601 日期和时间格式。关于转换说明符的完整列表，请参阅 C++ 标准或前面提到的链接。

需要注意的是，并非所有 **put_time()** 支持的转换说明符都会被 **get_time()** 支持，例如 **z**（ISO 8601 格式中相对于 UTC 的偏移量）和 **Z**（时区名称或缩写）说明符，它们只能与 **put_time()** 一起使用。下面的代码段演示了这一点。

```
std::istringstream stext("2016-12-04T05:26:47+0900");
auto time = std::tm {};

stext >> std::get_time(&time, "%Y-%m-%dT%H:%M:%S%z"); // fails
stext >> std::get_time(&time, "%Y-%m-%dT%H:%M:%S");   // OK
```

某些转换说明符表示的文本依赖于区域设置，所有前缀为 **E** 或 **0** 的说明符都依赖于区域设置。要为流设置特定的区域设置，请使用 **imbue()** 方法，参见 7.6.2 节。

7.6.4 延伸阅读

❑ 阅读 7.4 节，以了解如何使用辅助函数（称为流操作符），这些辅助函数使用 **<<** 和 **>>** 流操作符控制输入流和输出流。

❑ 阅读 7.5 节，以了解如何使用标准流操作符读写货币值。

7.7　使用文件系统路径

C++17 标准的一个重要补充是 **filesystem** 库，它使我们能够处理分层文件系统（如 Windows 或 POSIX 的文件系统）中的路径、文件和目录。这个标准库是基于 **boost. filesystem** 库开发的。在接下来的几个章节中，我们将探索该库的一些功能，这些功能使我们能够对文件和目录执行某些操作（例如创建、移动或删除，以及获取属性和搜索）。然而，首先了解这个库如何处理路径很重要。

7.7.1 准备工作

在本节中，我们将考虑使用 Windows 路径展示大多数示例。在配套代码中，所有示例都有 Windows 和 POSIX 版本。

filesystem 库位于 **<filesystem>** 头文件的 **std::filesystem** 命名空间中。为了简化代码，我们将在所有示例中使用以下命名空间别名：

```
namespace fs = std::filesystem;
```

文件系统组件（文件、目录、硬链接或软链接）的路径由 **path** 类表示。

7.7.2 使用方式

以下是路径最常见的操作：

❑ 使用构造函数、赋值操作符或 assign() 方法创建路径：

```
// Windows
auto path = fs::path{"C:\\Users\\Marius\\Documents"};
// POSIX
auto path = fs::path{ "/home/marius/docs" };
```

❑ 通过成员操作符 /=、非成员操作符 / 或 append() 方法将元素附加到路径，包含目录分隔符：

```
path /= "Book";
path = path / "Modern" / "Cpp";
path.append("Programming");
// Windows: C:\Users\Marius\Documents\Book\Modern\Cpp\
Programming
// POSIX:   /home/marius/docs/Book/Modern/Cpp/Programming
```

❑ 使用成员操作符 +=、非成员操作符 + 或 concat() 方法将元素连接到路径，而不包含目录分隔符：

```
auto path = fs::path{ "C:\\Users\\Marius\\Documents" };
path += "\\Book";
path.concat("\\Modern");
// path = C:\Users\Marius\Documents\Book\Modern
```

❑ 使用诸如 root_name()、root_dir()、filename()、stem()、extension() 等成员函数，将路径的元素分解为各个部分，例如根、根目录、父路径、文件名、扩展名等（以下示例中显示了所有这些部分）：

```
auto path =
  fs::path{"C:\\Users\\Marius\\Documents\\sample.file.txt"};

std::cout
  << "root: "        << path.root_name() << '\n'
  << "root dir: "    << path.root_directory() << '\n'
  << "root path: "   << path.root_path() << '\n'
  << "rel path: "    << path.relative_path() << '\n'
  << "parent path: " << path.parent_path() << '\n'
  << "filename: "    << path.filename() << '\n'
  << "stem: "        << path.stem() << '\n'
  << "extension: "   << path.extension() << '\n';
```

❑ 使用成员函数（如 has_root_name()、has_root_directory()、has_filename()、has_stem() 和 has_extension()）获取路径的各部分是否可用（以下示例中显示了所有这些函数）：

```
auto path =
  fs::path{"C:\\Users\\Marius\\Documents\\sample.file.txt"};

std::cout
```

```
   << "has root: "        << path.has_root_name() << '\n'
   << "has root dir: "    << path.has_root_directory() << '\n'
   << "has root path: "   << path.has_root_path() << '\n'
   << "has rel path: "    << path.has_relative_path() << '\n'
   << "has parent path: " << path.has_parent_path() << '\n'
   << "has filename: "    << path.has_filename() << '\n'
   << "has stem: "        << path.has_stem() << '\n'
   << "has extension: "   << path.has_extension() << '\n';
```

❑ 检查路径是相对路径还是绝对路径：

```
auto path2 = fs::path{ "marius\\temp" };
std::cout
   << "absolute: " << path1.is_absolute() << '\n'
   << "absolute: " << path2.is_absolute() << '\n';
```

❑ 修改路径的各个部分，例如用 `replace_filename()` 和 `remove_filename()` 修改文件名，用 `replace_extension()` 修改扩展名：

```
auto path =
   fs::path{"C:\\Users\\Marius\\Documents\\sample.file.txt"};

path.replace_filename("output");
path.replace_extension(".log");
// path = C:\Users\Marius\Documents\output.log

path.remove_filename();
// path = C:\Users\Marius\Documents
```

❑ 将目录分隔符转换为系统首选的分隔符：

```
// Windows
auto path = fs::path{"Users/Marius/Documents"};
path.make_preferred();
// path = Users\Marius\Documents

// POSIX
auto path = fs::path{ "\\home\\marius\\docs" };
path.make_preferred();
// path = /home/marius/docs
```

7.7.3　工作原理

`std::filesystem::path` 类为文件系统组件的路径建模，但是，它只处理语法，不验证路径表示的组件（例如文件或目录）是否存在。

该库为可容纳各种文件系统（如 POSIX 或 Windows）的路径定义了一种可移植的通用语法，包括 Microsoft Windows 通用命名约定（Universal Naming Convention, UNC）格式。两者在几个关键方面都有所不同：

❑ POSIX 系统有一棵树，它没有根名称，有一个名为 / 的根目录和一个当前目录。此外，它们使用 / 作为目录分隔符。路径表示为以 null 结尾的 char 字符串，字符编码为 UTF-8。

❑ Windows 系统有多棵树，每棵树都有根名称（如 C:）、根目录（如 \）和当前目录（如 C:\Windows\System32）。路径表示为以 null 结尾的宽字符字符串，字符编码为 UTF-16。

filesystem 库中定义的路径名具有以下语法：

❑ 可选根名称（C: 或 //localhost）；

❑ 可选根目录；

❑ 零个或多个文件名（可能指文件、目录、硬链接或符号链接）或目录分隔符。

我们可以识别出两个特殊的文件名：单点（.）表示当前目录，双点（..）表示父目录。可以重复使用目录分隔符，在这种情况下，它被视为单个分隔符（换句话说，/home////docs 与 /home/marius/docs 相同）。没有冗余当前目录名（.）、没有冗余父目录名（..），并且没有冗余目录分隔符的路径是正常的。

前一节中介绍的路径操作是非常常用的路径操作，然而，它们的实现需要额外的查询和修改方法、迭代器、非成员比较运算符等。以下示例遍历路径的各个部分，并将它们打印到控制台：

```
auto path =
  fs::path{ "C:\\Users\\Marius\\Documents\\sample.file.txt" };

for (auto const & part : path)
{
  std::cout << part << '\n';
}
```

下面给出了结果：

```
C:

Users
Marius
Documents
sample.file.txt
```

在本例中，sample.file.txt 是文件名，这是从最后一个目录分隔符到路径末尾的部分。这是给定路径后成员函数 filename() 返回的内容。此文件的扩展名为 .txt，它是 extension() 成员函数返回的字符串。要检索不带扩展名的文件名，可以使用另一个名为 stem() 的成员函数。这里，这个方法返回的字符串是 sample.file。对于所有这些方法，以及所有其他分解方法，都有一个相应的同名查询方法，只是它们的前缀为 has_，例如 has_filename()、has_stem() 和 has_extension()。所有这些方法都返回一个 bool 值，以指示路径是否具有相应的部分。

7.7.4 延伸阅读

❑ 阅读 7.8 节，以了解如何使用独立于所用文件系统的文件和目录执行基本操作。
❑ 阅读 7.10 节，以了解如何查询文件和目录的属性，例如类型、权限、文件时间等。

7.8 创建、复制和删除文件及目录

filesystem 库支持对文件的操作（如复制、移动和删除）以及对目录的操作（如创建、重命名和删除）。文件和目录都是使用路径（可以是绝对路径、规范路径或相对路径）标识的，这是 7.7 节中介绍的主题。在本节中，我们将探索前面提到的操作的标准函数，以及它们是如何工作的。

7.8.1 准备工作

在继续之前，你应该阅读 7.7 节，7.7 节的介绍性说明也适用于此处。但是，本节中的所有示例都与平台无关。

对于以下所有示例，我们将使用以下变量，并假设当前路径为 C:\Users\Marius\Documents（Windows）和 /home/marius/docs（POSIX 系统）：

```
auto err = std::error_code{};
auto basepath = fs::current_path();
auto path = basepath / "temp";
auto filepath = path / "sample.txt";
```

我们还假设存在一个名为 sample.txt 的文件，它存在于当前路径的 temp 子目录中（例如 C:\Users\Marius\Documents\temp\sample.txt 或 /home/marius/docs/temp/sample.txt）。

7.8.2 使用方式

我们可以使用以下库函数对目录执行操作：

❑ 要创建新目录，请使用 create_directory()。如果目录已经存在，那么这个方法什么都不做，但是它不会递归地创建目录：

```
auto success = fs::create_directory(path, err);
```

❑ 要递归地创建新目录，请使用 create_directories()：

```
auto temp = path / "tmp1" / "tmp2" / "tmp3";
auto success = fs::create_directories(temp, err);
```

❑ 要移动现有目录，请使用 rename()：

```
auto temp = path / "tmp1" / "tmp2" / "tmp3";
```

```
auto newtemp = path / "tmp1" / "tmp3";

fs::rename(temp, newtemp, err);
if (err) std::cout << err.message() << '\n';
```

❑ 要重命名现有目录，也可以使用 rename()：

```
auto temp = path / "tmp1" / "tmp3";
auto newtemp = path / "tmp1" / "tmp4";

fs::rename(temp, newtemp, err);
if (err) std::cout << err.message() << '\n';
```

❑ 要复制现有目录，请使用 copy()。要递归地复制目录的整个内容，请使用 copy_options::recursive 标志：

```
fs::copy(path, basepath / "temp2",
         fs::copy_options::recursive, err);
if (err) std::cout << err.message() << '\n';
```

❑ 要创建指向目录的符号链接，请使用 create_directory_symlink()：

```
auto linkdir = basepath / "templink";
fs::create_directory_symlink(path, linkdir, err);
if (err) std::cout << err.message() << '\n';
```

❑ 要删除空目录，请使用 remove()：

```
auto temp = path / "tmp1" / "tmp4";
auto success = fs::remove(temp, err);
```

❑ 要递归地删除目录的全部内容以及目录本身，请使用 remove_all()：

```
auto success = fs::remove_all(path, err) !=
               static_cast<std::uintmax_t>(-1);
```

我们可以使用以下库函数对文件执行操作：

❑ 要复制文件，请使用 copy() 或 copy_file()，下一小节将解释两者之间的区别：

```
auto success = fs::copy_file(filepath, path / "sample.bak",
err);
if (!success) std::cout << err.message() << '\n';

fs::copy(filepath, path / "sample.cpy", err);
if (err) std::cout << err.message() << '\n';
```

❑ 要重命名文件，请使用 rename()：

```
auto newpath = path / "sample.log";
fs::rename(filepath, newpath, err);
if (err) std::cout << err.message() << '\n';
```

❑ 要移动文件，请使用 rename()：

```
auto newpath = path / "sample.log";
fs::rename(newpath, path / "tmp1" / "sample.log", err);
if (err) std::cout << err.message() << '\n';
```

❑ 要创建指向文件的符号链接，请使用 create_symlink()：

```
auto linkpath = path / "sample.txt.link";
fs::create_symlink(filepath, linkpath, err);
if (err) std::cout << err.message() << '\n';
```

❑ 要删除文件，请使用 remove()：

```
auto success = fs::remove(path / "sample.cpy", err);
if (!success) std::cout << err.message() << '\n';
```

7.8.3　工作原理

本节中提到的所有函数以及此处未讨论的其他类似函数都有多个重载。它们可分为两类：

❑ 将对 std::error_code 的引用作为最后一个参数的重载：这些重载不会抛出异常（它们由 noexcept 规范定义）。相反，如果发生操作系统错误，它们会将 error_code 对象的值设置为操作系统错误代码；如果没有发生这样的错误，那么会调用 error_code 对象上的 clear() 方法来重置之前可能设置的任何代码。

❑ 不接受 std::error_code 类型的最后一个参数的重载：如果发生错误，这些重载会抛出异常。如果发生操作系统错误，它们会抛出 std::filesystem::filesystem_error 异常；如果内存分配失败，这些函数会抛出 std::bad_alloc 异常。

上一小节中的所有示例都使用了在发生错误时不抛出异常而是设置错误代码的重载。有些函数返回 bool 值来表示成功或失败。你可以通过检查方法 value() 返回的错误代码的值是否不同于零，或者通过使用转换 operator bool（包含，则返回 true，否则返回 false）。来检查 error_code 对象是否包含错误代码要检索错误代码的解释字符串，请使用 message() 方法。

一些 filesystem 库函数对于文件和目录来说是通用的，例如 rename()、remove() 和 copy()。这些函数的工作细节都可能很复杂，尤其是 copy()，不过它们不在本节的讨论范围。如果需要执行此处介绍的简单操作以外的任何操作，请参阅参考文档。

当复制文件时，可以使用两个函数：copy() 和 copy_file()。它们具有相同签名的等效重载，显然也以相同的方式工作。但是，它们有一个重要的区别（除了 copy() 也适用于目录之外）：copy_file() 遵循符号链接。为了避免复制文件，而是复制实际的符号链接，必须使用 copy_symlink() 或 copy() 和 copy_options::copy_symlinks 标志。copy() 和 copy_file() 函数都有一个重载，该重载接受 std::filesystem::copy_options 类型的参数，该参数定义了应该如何执行操作。copy_options 是具有以下定义的作用域枚举：

```
enum class copy_options
{
  none = 0,
  skip_existing = 1,
  overwrite_existing = 2,
  update_existing = 4,
  recursive = 8,
  copy_symlinks = 16,
  skip_symlinks = 32,
  directories_only = 64,
  create_symlinks = 128,
  create_hard_links = 256
};
```

表 7.3 定义了这些标志如何影响 copy() 或 copy_file() 的复制操作，该表摘自 C++17 标准 27.10.10.4 段。

表　7.3

控制现有目标文件的 copy_file 函数效果的选项	none	（默认）错误，文件已存在
	skip_existing	不覆盖现有文件，不报告错误
	overwrite_existing	覆盖现有文件
	update_existing	如果现有文件比替换文件陈旧，则覆盖该文件
控制子目录 copy 函数效果的选项	none	（默认）不复制子目录
	recursive	递归地复制子目录及其内容
控制符号链接的 copy 函数效果的选项	none	（默认）遵循符号链接
	copy_symlinks	将符号链接复制为符号链接，而不是复制它们所指向的文件
	skip_symlinks	忽略符号链接
控制选择复制的形式的 copy 函数效果的选项	none	（默认）复制内容
	directories_only	只复制目录结构，不复制非目录文件
	create_symlinks	创建符号链接而不是文件副本，除非目标路径在当前目录中，否则源路径将是绝对路径
	create_hard_links	创建硬链接而不是文件副本

值得一提的另一个方面与符号链接有关：create_directory_symlink() 创建指向目录的符号链接，而 create_symlink() 创建指向文件或目录的符号链接。在 POSIX 系统上，当涉及目录时，两者是相同的；在其他系统（如 Windows）上，指向目录的符号链接的创建方式与指向文件的符号链接的创建方式不同。因此，建议对目录使用 create_directory_symlink()，以便编写在所有系统上都能正常工作的代码。

 当对文件和目录执行操作（例如本节描述的操作），并且使用可能抛出异常的重载时，请确保尝试捕获调用。无论使用哪种类型的重载，都应该检查操作是否成功，并在操作失败时采取适当的措施。

7.8.4 延伸阅读

❏ 阅读 7.7 节，以了解 C++17 标准对文件系统路径的支持。

❏ 阅读 7.9 节，以了解删除文件部分内容的可能方法。

❏ 阅读 7.10 节，以了解如何查询文件和目录的属性，例如类型、权限、文件时间等。

7.9 从文件中删除内容

filesystem 库直接提供复制、重命名、移动或删除文件等操作。但是，当从文件中删除内容时，必须执行明确的操作。

无论是需要对文本文件还是二进制文件执行此操作，都必须实现以下模式：

1）创建一个临时文件。

2）仅将所需内容从原始文件复制到临时文件。

3）删除原始文件。

4）将临时文件重命名为原始文件的名称，或移动到原始文件的位置。

在本节中，我们将学习如何为文本文件实现这种模式。

7.9.1 准备工作

出于本节的目的，我们将考虑从文本文件移除空行或者以分号（；）开头的行。在本例中，我们将有一个名为 sample.dat 的初始文件，其中包含了莎士比亚戏剧的名称，但也包含空行和以分号开头的行。以下是该文件的部分内容（从开头开始）：

```
;Shakespeare's plays, listed by genre

;TRAGEDIES
Troilus and Cressida
Coriolanus
Titus Andronicus
Romeo and Juliet
Timon of Athens
Julius Caesar
```

下一小节中列出的代码示例使用了以下变量：

```
auto path = fs::current_path();
auto filepath = path / "sample.dat";
auto temppath = path / "sample.tmp";
auto err = std::error_code{};
```

在下一小节中，我们将学习如何将此模式转化为代码。

7.9.2 使用方式

我们可以执行以下操作来从文件中删除内容：

1）打开文件：

```
std::ifstream in(filepath);
if (!in.is_open())
{
  std::cout << "File could not be opened!" << '\n';
  return;
}
```

2）打开另一个临时文件进行写入，如果文件已存在，请截断其内容：

```
std::ofstream out(temppath, std::ios::trunc);
if (!out.is_open())
{
  std::cout << "Temporary file could not be created!"
            << '\n';
  return;
}
```

3）逐行读取输入文件，并将所选内容复制到输出文件：

```
auto line = std::string{};
while (std::getline(in, line))
{
  if (!line.empty() && line.at(0) != ';')
  {
    out << line << 'n';
  }
}
```

4）关闭输入文件和输出文件：

```
in.close();
out.close();
```

5）删除原始文件：

```
auto success = fs::remove(filepath, err);
if(!success || err)
{
  std::cout << err.message() << '\n';
  return;
}
```

6）将临时文件重命名为原始文件的名称，或移动到原始文件的位置：

```
fs::rename(temppath, filepath, err);
if (err)
{
  std::cout << err.message() << '\n';
}
```

7.9.3 工作原理

这里描述的模式对于二进制文件也是一样的，但是，为了方便起见，我们只针对文本文件讨论一个示例。本例中的临时文件与原始文件位于同一目录中，当然，它也可以位于单独的目录（例如用户临时目录）中。要获取临时目录的路径，可以使用 `std::filesystem::temp_directory_path()`。在 Windows 系统上，此函数返回与 `GetTempPath()` 相同的目录。在 POSIX 系统上，它返回环境变量 `TMPDIR`、`TMP`、`TEMP` 或 `TEMPDIR` 中指定的路径；如果它们都不可用，则返回路径 `/tmp`。

将原始文件中的内容复制到临时文件的方式因情况而异，具体取决于需要复制的内容。在前面的示例中，我们复制了整行，除非它们为空行或以分号开头。为此，我们使用 `std::getline()` 逐行读取原始文件的内容，直到没有更多的行可读取为止。复制完所有必要的内容后，应关闭文件，以便移动或删除它们。

要完成该操作，有三个方法：

❑ 如果临时文件与原始文件位于同一目录中，则删除原始文件并将临时文件重命名为与原始文件相同的名称；如果它们位于不同目录中，则删除原始文件并将临时文件移动到原始文件位置。这是本节中采用的方法。为此，我们使用 `remove()` 函数删除原始文件，并使用 `rename()` 将临时文件重命名为原始文件名。

❑ 将临时文件的内容复制到原始文件中（可以使用 `copy()` 或 `copy_file()` 函数），然后删除临时文件（使用 `remove()`）。

❑ 重命名原始文件（例如，更改扩展名或名称），然后使用原始文件名重命名临时文件或者移动临时文件。

> 如果采用这里提到的第一种方法，则必须确保稍后替换原始文件的临时文件具有与原始文件相同的文件权限，否则，根据解决方案的上下文，它可能会导致问题。

7.9.4 延伸阅读

❑ 阅读 7.8 节，以了解如何使用独立于所用文件系统的文件和目录执行基本操作。

7.10 检查现有文件或目录的属性

`filesystem` 库提供了某些函数和类型，使得开发人员能够检查文件系统对象（如文件或目录）是否存在，以及它们的属性 [如类型（文件、目录、符号链接等）]、上次写入时间、权限等。在本节中，我们将了解这些函数和类型，以及如何使用它们。

7.10.1 准备工作

对于以下代码示例，我们将使用 std::filesystem 命名空间的别名 fs。filesystem 库位于同名的头文件 <filesystem> 中。此外，我们还将使用此处显示的变量：path 表示文件路径，err 表示从文件系统 API 接收潜在的操作系统错误代码。

```
auto path = fs::current_path() / "main.cpp";
auto err = std::error_code{};
```

此外，此处显示的 to_time_t 函数将在本节示例中引用：

```
template <typename TP>
std::time_t to_time_t(TP tp)
{
   using namespace std::chrono;
   auto sctp = time_point_cast<system_clock::duration>(
     tp - TP::clock::now() + system_clock::now());
   return system_clock::to_time_t(sctp);
}
```

在继续本节之前，应该先阅读一下 7.7 节。

7.10.2 使用方式

我们可以使用以下库函数检索有关文件系统对象的信息：

❏ 要检查路径是否引用现有文件系统对象，请使用 exists()：

```
auto exists = fs::exists(path, err);
std::cout << "file exists: " << std::boolalpha
          << exists << '\n';
```

❏ 要检查两个不同的路径是否引用同一文件系统对象，请使用 equivalent()：

```
auto same = fs::equivalent(path,
              fs::current_path() / "." / "main.cpp");
std::cout << "equivalent: " << same << '\n';
```

❏ 要以字节为单位检索文件大小，请使用 file_size()：

```
auto size = fs::file_size(path, err);
std::cout << "file size: " << size << '\n';
```

❏ 要检索文件系统对象的硬链接数，请使用 hard_link_count()：

```
auto links = fs::hard_link_count(path, err);
if(links != static_cast<uintmax_t>(-1))
  std::cout << "hard links: " << links << '\n';
else
  std::cout << "hard links: error" << '\n';
```

❏ 要检索或设置文件系统对象的上次修改时间，请使用 last_write_time()：

```
auto lwt = fs::last_write_time(path, err);
auto time = to_time_t(lwt);
auto localtime = std::localtime(&time);
std::cout << "last write time: "
          << std::put_time(localtime, "%c") << '\n';
```

- 要检索文件属性，例如类型和权限（就像是由 POSIX stat 函数返回的），请使用 status() 函数。此函数遵循符号链接。要在不遵循符号链接的情况下检索符号链接的文件属性，请使用 symlink_status()：

```
auto print_perm = [](fs::perms p)
{
  std::cout
    << ((p & fs::perms::owner_read) != fs::perms::none ?
      "r" : "-")
    << ((p & fs::perms::owner_write) != fs::perms::none ?
      "w" : "-")
    << ((p & fs::perms::owner_exec) != fs::perms::none ?
      "x" : "-")
    << ((p & fs::perms::group_read) != fs::perms::none ?
      "r" : "-")
    << ((p & fs::perms::group_write) != fs::perms::none ?
      "w" : "-")
    << ((p & fs::perms::group_exec) != fs::perms::none ?
      "x" : "-")
    << ((p & fs::perms::others_read) != fs::perms::none ?
      "r" : "-")
    << ((p & fs::perms::others_write) != fs::perms::none ?
      "w" : "-")
    << ((p & fs::perms::others_exec) != fs::perms::none ?
      "x" : "-")
    << '\n';
};

auto status = fs::status(path, err);
std::cout << "type: " << static_cast<int>(status.type()) << '\n';
std::cout << "permissions: ";
print_perm(status.permissions());
```

- 要检查路径是否指向特定类型的文件系统对象，例如文件、目录、符号链接等，请使用函数 is_regular_file()、is_directory()、is_symlink() 等：

```
std::cout << "regular file? " <<
            fs::is_regular_file(path, err) << '\n';
std::cout << "directory? " <<
            fs::is_directory(path, err) << '\n';
std::cout << "char file? " <<
            fs::is_character_file(path, err) << '\n';
std::cout << "symlink? " <<
            fs::is_symlink(path, err) << '\n';
```

7.10.3 工作原理

这些用于检索有关文件系统文件和目录的信息的函数通常简单明了。然而，一些考虑是必要的：

- ❑ 可以使用 exists() 检查文件系统对象是否存在，方法是传递路径或之前使用 status() 函数检索的 std::filesystem::file_status 对象。

- ❑ equivalent() 函数确定两个文件系统对象的状态是否与函数 status() 检索到的相同。如果两个路径都不存在，或者两个路径都存在但都不是文件、目录或符号链接，则函数返回错误。指向同一文件对象的硬链接是等效的，符号链接及其目标也是等效的。

- ❑ file_size() 函数只能用于确定以常规文件为目标的常规文件和符号链接的大小。对于任何其他类型的文件对象，例如目录，此函数都会失败。此函数以字节为单位返回文件大小，如果发生错误，则返回 -1。如果要确定文件是否为空，可以使用 is_empty() 函数，这适用于所有类型的文件系统对象，包括目录。

- ❑ last_write_time() 函数有两组重载：一组用于检索文件系统对象的上次修改时间，另一组用于设置上次修改时间。时间由 std::filesystem::file_time_type 对象表示，它基本上是 std::chrono::time_point 的类型别名。以下示例将文件的上次写入时间更改为比以前的值早 30 分钟：

```
using namespace std::chrono_literals;
auto lwt = fs::last_write_time(path, err);
fs::last_write_time(path, lwt - 30min);
```

- ❑ status() 函数的作用是确定文件系统对象的类型和权限。但是，如果文件是符号链接，则返回的信息与符号链接的目标有关。要检索有关符号链接本身的信息，必须使用 symlink_status() 函数。权限定义为枚举 std::filesystem::perms，并非此作用域枚举的所有枚举器都代表权限，其中一些表示控制位，例如 add_perms（指示应该添加权限）或者 remove_perms（指示应该删除权限）。permissions() 函数可用于修改文件或目录的权限。以下示例将所有权限添加到文件的所有者和用户组：

```
fs::permissions(
  path,
  fs::perms::add_perms |
  fs::perms::owner_all | fs::perms::group_all,
  err);
```

- ❑ 要确定文件系统对象的类型，例如文件、目录或符号链接，有两个选项可用：检索文件状态，然后检查 type 属性；使用可用的文件系统函数之一，例如 is_regular_file()、is_symlink() 或 is_directory()。检查路径是否引用常规文件的以下示例是等效的：

```
auto s = fs::status(path, err);
auto isfile = s.type() == std::filesystem::file_type::regular;

auto isfile = fs::is_regular_file(path, err);
```

本节中讨论的所有函数都有两个重载：其中一个重载在发生错误时会抛出异常；另一个重载不会抛出异常，但会通过函数参数返回错误代码。本节中的所有示例都使用了这种方法。有关这些重载的更多信息，请参见 7.8 节。

7.10.4　延伸阅读

❑ 阅读 7.7 节，以了解 C++17 标准对文件系统路径的支持。
❑ 阅读 7.8 节，以了解如何使用独立于所用文件系统的文件和目录执行基本操作。
❑ 阅读 7.11 节，以了解如何遍历目录的文件和子目录。

7.11　枚举目录的内容

到目前为止，我们已经了解了 filesystem 库提供的许多功能，例如使用路径、对文件和目录执行某些操作（创建、移动、重命名、删除等），以及查询或修改属性。在使用文件系统时，另一个有用的功能是遍历目录的内容。filesystem 库提供了两个目录迭代器，一个称为 directory_iterator，用于迭代目录的内容；另一个称为 recursive_directory_iterator，用于递归地迭代目录及其子目录的内容。在本节中，我们将学习如何使用它们。

7.11.1　准备工作

对于本节，我们将考虑一个具有以下结构的目录：

```
test/
├──data/
│  ├──input.dat
│  └──output.dat
├──file_1.txt
├──file_2.txt
└──file_3.log
```

在本节中，我们将使用文件系统路径并检查文件系统对象的属性。因此，建议首先阅读 7.7 节和 7.10 节的内容。

7.11.2　使用方式

我们可以使用以下模式枚举目录的内容：

❑ 要只迭代目录的内容而不递归访问其子目录，请使用 `directory_iterator`：

```cpp
void visit_directory(fs::path const & dir)
{
  if (fs::exists(dir) && fs::is_directory(dir))
  {
    for (auto const & entry : fs::directory_iterator(dir))
    {
      auto filename = entry.path().filename();
      if (fs::is_directory(entry.status()))
        std::cout << "[+]" << filename << '\n';
      else if (fs::is_symlink(entry.status()))
        std::cout << "[>]" << filename << '\n';
      else if (fs::is_regular_file(entry.status()))
        std::cout << " " << filename << '\n';
      else
        std::cout << "[?]" << filename << '\n';
    }
  }
}
```

❑ 要迭代目录的所有内容，包括其子目录，请在处理条目的顺序无关紧要时使用 `recursive_directory_iterator`：

```cpp
void visit_directory_rec(fs::path const & dir)
{
  if (fs::exists(dir) && fs::is_directory(dir))
  {
    for (auto const & entry :
         fs::recursive_directory_iterator(dir))
    {
      auto filename = entry.path().filename();
      if (fs::is_directory(entry.status()))
        std::cout << "[+]" << filename << '\n';
      else if (fs::is_symlink(entry.status()))
        std::cout << "[>]" << filename << '\n';
      else if (fs::is_regular_file(entry.status()))
        std::cout << " " << filename << '\n';
      else
        std::cout << "[?]" << filename << '\n';
    }
  }
}
```

❑ 要以结构化方式（例如遍历树）迭代目录的所有内容，包括其子目录，请使用与第一个示例中类似的函数，该函数使用 `directory_iterator` 迭代目录的内容。但是，应该针对每个子目录递归地调用它：

```cpp
void visit_directory(
  fs::path const & dir,
```

```
    bool const recursive = false,
    unsigned int const level = 0)
{
  if (fs::exists(dir) && fs::is_directory(dir))
  {
    auto lead = std::string(level*3, ' ');
    for (auto const & entry : fs::directory_iterator(dir))
    {
      auto filename = entry.path().filename();
      if (fs::is_directory(entry.status()))
      {
        std::cout << lead << "[+]" << filename << '\n';
        if(recursive)
          visit_directory(entry, recursive, level+1);
      }
      else if (fs::is_symlink(entry.status()))
        std::cout << lead << "[>]" << filename << '\n';
      else if (fs::is_regular_file(entry.status()))
        std::cout << lead << " " << filename << '\n';
      else
        std::cout << lead << "[?]" << filename << '\n';
    }
  }
}
```

7.11.3 工作原理

directory_iterator 和 recursive_directory_iterator 都是对目录条目进行迭代的输入迭代器。区别在于，第一个不递归访问子目录，而第二个递归访问子目录。不过，两者都有相似的行为：

❑ 未指定迭代顺序。

❑ 每个目录条目只访问一次。

❑ 特殊路径点（.）和双点（..）跳过。

❑ 默认构造的迭代器是结束迭代器，两个结束迭代器始终相等。

❑ 当迭代超过最后一个目录条目时，它就等于结束迭代器。

❑ 该标准未规定在创建迭代器后，如果在迭代目录中添加或删除目录条目，会发生什么情况。

❑ 该标准为 directory_iterator 和 recursive_directory_iterator 定义了非成员函数 begin() 和 end()，这使我们能够在基于 range 的 for 循环中使用这些迭代器，如前面的示例所示。

两个迭代器都有重载构造函数，recursive_directory_iterator 构造函数的一些重载采用 std::filesystem::directory_options 类型的参数，它为迭代指定了其他选项：

❑ none：这是默认值，不指定任何内容。

❑ follow_directory_symlink：这指定迭代应该遵循符号链接，而不是服务于链接本身。

❏ skip_permission_denied：指定应该忽略并跳过可能触发拒绝访问错误的目录。

两个目录迭代器指向的元素都是 directory_entry 类型。path() 成员函数返回这个对象所代表的文件系统对象的路径。对于符号链接，可以使用成员函数 status() 和 symlink_status() 检索文件系统对象的状态。

前面的示例遵循一种常见模式：

❏ 验证要迭代的路径是否确实存在。

❏ 使用基于 range 的 for 循环迭代目录的所有条目。

❏ 使用 filesystem 库中可用的两个目录迭代器之一，具体取决于迭代的完成方式。

❏ 根据要求处理每个条目。

在我们的示例中，我们只是将目录条目的名称打印到控制台。重要的是要注意，正如我们前面指定的，目录的内容是按未指定的顺序迭代的。如果想以结构化的方式处理内容，例如显示缩进的子目录及其条目（对于这里的特殊情况）或显示成树状（在其他类型的应用中），那么使用 recursive_directory_iterator 是不合适的。相反，应该在一个从迭代中递归调用（针对每个子目录）的函数中使用 directory_iterator 如上一小节的最后一个示例所示。

考虑到本节开头的目录结构（相对于当前路径），当使用递归迭代器时将得到以下输出，如下所示：

```
visit_directory_rec(fs::current_path() / "test");
```

```
[+]data
   input.dat
   output.dat
   file_1.txt
   file_2.txt
   file_3.log
```

当使用第三个示例中的递归函数时，输出按预定顺序缩进显示：

```
visit_directory(fs::current_path() / "test", true);
```

```
[+]data
      input.dat
      output.dat
   file_1.txt
   file_2.txt
   file_3.log
```

请记住，visit_directory_rec() 函数是一个非递归函数，它使用 recursive_directory_iterator；而 visit_directory() 函数是一个递归函数，它使用 directory_iterator。这个例子应该可以帮助你理解这两个迭代器之间的区别。

7.11.4　更多

在 7.10 节中，我们讨论了 `file_size()` 函数，该函数以字节为单位返回文件大小。但是，如果指定的路径是目录，此函数将失败。要确定目录的大小，需要递归地遍历目录的内容，检索常规文件或符号链接的大小，并将它们加到一起。但是，我们必须确保检查 `file_size()` 返回的值，即在出现错误的情况下，`-1` 将被强制转换到 `std::uintmax_t`。此值表示失败，不应加到目录的总大小中。

考虑用下面的函数来举例说明这种情况：

```cpp
std::uintmax_t dir_size(fs::path const & path)
{
  auto size = static_cast<uintmax_t>(-1);
  if (fs::exists(path) && fs::is_directory(path))
  {
    for (auto const & entry : fs::recursive_directory_iterator(path))
    {
      if (fs::is_regular_file(entry.status()) ||
      fs::is_symlink(entry.status()))
      {
        auto err = std::error_code{};
        auto filesize = fs::file_size(entry);
        if (filesize != static_cast<uintmax_t>(-1))
          size += filesize;
      }
    }
  }

  return size;
}
```

`dir_size()` 函数返回目录中所有文件的大小（递归），在出现错误时返回 `-1`（作为 `uintmax_t`）。

7.11.5　延伸阅读

❑ 阅读 7.10 节，以了解如何查询文件和目录的属性，例如类型、权限、文件时间等。
❑ 阅读 7.12 节，以了解如何根据文件的名称、扩展名或其他属性搜索文件。

7.12　查找文件

在上一节中，我们学习了如何使用 `directory_iterator` 和 `recursive_directory_iterator` 来枚举目录的内容。正如我们在上一节中所做的那样，显示目录的内容只是场景之一；另一个主要场景是在目录中搜索特定条目，例如具有特定名称、扩展名等的文件。在本节中，我们将演示如何使用前面显示的目录迭代器和迭代模式来查找符合给定条件的文件。

7.12.1　准备工作

有关目录迭代器的详细信息，请参阅 7.11 节。在本节中，我们仍使用与上一节相同的测试目录结构。

7.12.2　使用方式

要查找符合特定条件的文件，请使用以下模式：

1）使用 recursive_directory_iterator 迭代目录的所有条目，并递归地遍历其子目录。

2）考虑常规文件（以及可能需要处理的任何其他类型的文件）。

3）使用函数对象（如 lambda 表达式）仅过滤符合条件的文件。

4）将所选条目添加到 range（例如 vector）。

下面显示的 find_files() 函数举例说明了这种模式：

```cpp
std::vector<fs::path> find_files(
    fs::path const & dir,
    std::function<bool(fs::path const&)> filter)
{
  auto result = std::vector<fs::path>{};

  if (fs::exists(dir))
  {
    for (auto const & entry :
      fs::recursive_directory_iterator(
        dir,
        fs::directory_options::follow_directory_symlink))
    {
      if (fs::is_regular_file(entry) &&
        filter(entry))
      {
        result.push_back(entry);
      }
    }
  }

  return result;
}
```

7.12.3　工作原理

当想在目录中查找文件时，目录的结构及其条目（包括子目录）的访问顺序可能并不重要。因此，我们可以使用 recursive_directory_iterator 来遍历条目。

函数 find_files() 接受两个参数：一个路径和一个函数包装器（用于选择应该返回的条目）。不过，返回类型是 filesystem::path 的 vector，它也可以是 filesystem::directory_ entry 的 vector。本例中使用的递归目录迭代器不遵循符号链接，返回的是链接本身，而不是目标。我们可以使用构造函数重载（其参数类型为 filesystem::directory_options）并通过传递 follow_directory_symlink 来更改此行为。

在前面的示例中，我们只考虑常规文件，而忽略其他类型的文件系统对象，谓词将应用于目录条目，如果返回 true，则将该条目添加到结果中。

以下示例使用 find_files() 函数查找测试目录中以前缀 file_ 开头的所有文件：

```
auto results = find_files(
        fs::current_path() / "test",
        [](fs::path const & p) {
  auto filename = p.wstring();
  return filename.find(L"file_") != std::wstring::npos;
});

for (auto const & path : results)
{
  std::cout << path << '\n';
}
```

使用相对于当前路径的路径执行该程序的输出如下：

```
test\file_1.txt
test\file_2.txt
test\file_3.log
```

第二个示例显示了如何查找具有特定扩展名（在本例中为 .dat）的文件：

```
auto results = find_files(
        fs::current_path() / "test",
        [](fs::path const & p) {
            return p.extension() == L".dat";}});

for (auto const & path : results)
{
  std::cout << path << '\n';
}
```

同样，它相对于当前路径的输出如下：

```
test\data\input.dat
test\data\output.dat
```

这两个示例非常相似，唯一不同的是 lambda 函数中的代码，它检查作为参数接收的路径。

7.12.4　延伸阅读

❏ 阅读 7.10 节，以了解如何查询文件和目录的属性，例如类型、权限、文件时间等。
❏ 阅读 7.11 节，以了解如何遍历目录的文件和子目录。

第 8 章 *Chapter 8*

线程和并发

大多数计算机都包含多个处理器或至少多个核，对于许多应用程序而言，利用这种并发的算力是很关键的。然而，即使代码之间没有相互依赖，很多开发人员依然抱着代码顺序执行的心态在写程序。本章主要介绍 C++ 标准库对线程、异步任务和相关组件的支持，最后会有一些契合实际的例子。

大多数现代处理器（除了那些专用于不需要强大计算能力的应用程序类型的处理器，如物联网应用程序）都有两个、四个或更多内核，使得可以同时执行多个线程。必须编写专门的代码来利用现有的多个处理单元，可以通过同时在多个线程上执行函数来编写此类应用程序。C++ 标准库提供了线程的处理、线程间数据的同步、线程间的通信和异步任务等功能。在本章，我们将讨论与线程和任务相关的主要话题。

在本章的第一部分中，我们将介绍库中内置支持的各种线程对象和机制，例如线程、锁定对象、条件变量、异常处理等。

8.1 线程的使用

线程是可以由调度程序（如操作系统）独立管理的指令序列，线程可以是软件或硬件。软件线程是由操作系统管理的执行线程，它们可以在单个处理单元上运行，通常是通过时间片进行调度的。这是一种调度机制，在操作系统调度另一个软件线程在同一个处理单元上运行之前，每个线程在处理单元上获得一个执行时间段（以毫秒为单位）。硬件线程是物理级别的执行线程，它们基本上就是 CPU 或 CPU 核心。它们可以同时运行，也就是说，在具有多处理器或多核的系统上并行运行。许多软件线程可以在硬件线程上并发运行，通常基于时间片的调度方式。C++ 标准库为软件线程提供了支持。在本节中，我们将学习创建线程和与线程相关的其他操作。

8.1.1 准备工作

线程的创建与执行通过 thread 类实现，在 <thread> 头文件中声明，位于 std 命名空间。其他与线程相关的功能也在 <thread> 头文件中声明，但位于 std::this_thread 命名空间。

在以下示例中，声明了 print_time() 函数，此函数将本地时间输出到控制台，实现如下：

```
inline void print_time()
{
  auto now = std::chrono::system_clock::now();
  auto stime = std::chrono::system_clock::to_time_t(now);
  auto ltime = std::localtime(&stime);

  std::cout << std::put_time(ltime, "%c") << '\n';
}
```

接下来我们将看到如何使用线程执行常见操作。

8.1.2 使用方式

使用以下解决方案来管理线程：

1）如果想在创建新线程的时候不启动线程（即不执行线程），那么可以使用线程的默认构造函数：

```
std::thread t;
```

2）通过把一个函数传递给 std::thread 的构造函数来创建一个 std::thread 对象⊖，即可以在新创建的线程上执行这个函数：

```
void func1()
{
  std::cout << "thread func without params" << '\n';
}

std::thread t(func1);
std::thread t([]() {
  std::cout << "thread func without params"
            << '\n'; });
```

3）在另一个线程上执行一个带参数的函数，其方法是构造一个 std::thread 对象，先把这个待执行的函数传给 std::thread 构造函数，然后再传入函数的参数：

⊖ 也就是在当前线程创建了一个新的线程。——译者注

```
void func2(int const i, double const d, std::string const s)
{
  std::cout << i << ", " << d << ", " << s << '\n';
}

std::thread t(func2, 42, 42.0, "42");
```

4）使用 join() 方法可以等待一个线程执行完成：

```
t.join();
```

5）可以使用 detach() 方法来允许线程独立于当前线程执行。意思就是调用 detach() 方法后，这个线程不再被当前线程（译者注：创建这个线程的线程）所管理了，即独立运行直到这个线程结束：

```
t.detach();
```

6）以引用的形式把参数传递给函数时，可以使用 std::ref 或 std::cref（常量引用）包装：

```
void func3(int & i)
{
  i *= 2;
}

int n = 42;

std::thread t(func3, std::ref(n));
t.join();
std::cout << n << '\n'; // 84
```

7）要在指定的运行时间停止线程的执行，可以使用 std::this_thread::sleep_for() 函数：

```
void func4()
{
  using namespace std::chrono;
  print_time();
  std::this_thread::sleep_for(2s);
  print_time();
}

std::thread t(func4);
t.join();
```

8）要在指定的某个时间点停止线程的执行，可以使用 std::this_thread::sleep_until() 函数：

```
void func5()
```

```
{
  using namespace std::chrono;
  print_time();
  std::this_thread::sleep_until(
  std::chrono::system_clock::now() + 2s);
  print_time();
}

std::thread t(func5);
t.join();
```

9）要暂停当前线程的执行并为另一个线程提供执行的机会，请使用 std::this_thread::yield()：

```
void func6(std::chrono::seconds timeout)
{
  auto now = std::chrono::system_clock::now();
  auto then = now + timeout;
  do
  {
    std::this_thread::yield();
  } while (std::chrono::system_clock::now() < then);
}

std::thread t(func6, std::chrono::seconds(2));
t.join();
print_time();
```

8.1.3　工作原理

std::thread 类表示单个执行线程，它有如下几个构造函数：

❑ 默认构造函数，只创建线程对象，不启动新线程的执行。

❑ 移动构造函数，它创建一个新的线程对象来执行一个线程，该线程从以前的对象创建。构造新对象后，另一个对象不再与线程相关联。

❑ 可变参数构造函数，第一个参数是线程的入口函数，其他的参数是要传递给线程函数的参数。参数需要通过值传递给线程函数，如果线程函数以引用或常量引用接受参数，则它们必须包装在 std::ref 或 std::cref 中，这些是生成 std::reference_wrapper 类型的对象的助手函数模板，它将引用封装在可复制和可分配的对象中。

在这种情况下，线程函数不能返回值，函数实际具有除 void 以外的返回类型并不违法，但它会忽略函数直接返回的任何值。如果必须返回值，可以使用共享变量或函数参数。在 8.6 节中，我们将看到线程函数如何使用 promise 将值返回给另一个线程。

如果函数以异常终止，则无法通过捕获异常 try...catch 语句，该语句位于线程启动且程序通过调用 std::terminate() 异常终止的上下文中。所有异常都必须在执行线程中捕获，但它们可以通过 std::exception_ptr 对象跨线程传输。我们将在 8.4 节中讨论这个主题。

线程开始执行后，它既可以连接也可以分离：连接线程意味着阻止当前线程的执行，直到连接的线程结束其执行；分离线程意味着将线程对象与它所代表的执行线程分离，允许同时执行当前线程和分离的线程。连接线程是通过 join() 完成的，分离线程是通过 detach() 完成的。一旦调用这两个方法中的任何一个，线程就被认为是不可连接的，线程对象可以被安全地销毁。当线程被分离时，它可能需要访问的共享数据必须在整个执行过程中可用。joinable() 方法指示线程是否可以连接。

每个线程都有一个可以检索的标识符，对于当前线程，调用 std::this_thread::get_id() 函数，对于由 thread 对象表示的另一个执行线程，调用其 get_id() 方法。

std::this_thread 命名空间中有几个额外的实用程序函数：

❑ yield() 方法提示调度程序激活另一个线程，这在实现繁忙等待例程时非常有用，如 8.1.2 节的最后一个示例所示。

❑ sleep_for() 方法至少在指定的时间段内，阻止当前线程的执行（由于调度，线程进入睡眠状态的实际时间可能比请求的时间长）。

❑ sleep_until() 方法会阻止当前线程的执行，直到至少达到指定的时间点（由于调度，睡眠的实际持续时间可能比请求的时间长）。

std::thread 类要求显式调用 join() 方法来等待线程执行完成，这可能会导致编程错误。C++20 标准提供了一个名为 std::jthread 的新线程类，解决了这一不便，这将是 8.12 节的主题。

8.1.4　延伸阅读

❑ 阅读 8.2 节，以了解同步线程访问共享数据的可用机制以及工作方式。

❑ 阅读 8.3 节，以了解为什么递归互斥量应该被避免使用以及如何将使用递归互斥量的线程安全类型转换为使用非递归互斥量的线程安全类型。

❑ 阅读 8.4 节，以了解如何处理来自主线程或 join 线程的工作线程抛出的异常。

❑ 阅读 8.5 节，以了解如何在生产者和消费者线程间通过条件变量来发送通知。

❑ 阅读 8.6 节，以了解如何使用 std::promise 对象返回线程的值或异常。

8.2　用互斥量和锁同步访问共享数据

线程允许你在同一时间执行多个函数，但通常这些线程需要访问共享资源。访问共享资源需要同步，这样同一时间共享资源才只能被一个线程读写。在本节中，我们将看到针对同步线程访问共享数据，C++ 标准定义了哪些机制以及它们是如何工作的。

8.2.1　准备工作

本节讨论的互斥量（mutex）和锁（lock）类可以在 <mutex> 头文件里的 std 命名空间获得。

8.2.2 使用方式

使用以下模式来同步访问单一共享资源：

1）在合适的上下文（类或全局域）定义 mutex：

```
std::mutex g_mutex;
```

2）每个线程访问共享资源前，在这个 mutex 上获取 lock：

```
void thread_func()
{
  using namespace std::chrono_literals;
  {
    std::lock_guard<std::mutex> lock(g_mutex);
    std::cout << "running thread "
              << std::this_thread::get_id() << '\n';
  }

  std::this_thread::yield();
  std::this_thread::sleep_for(2s);

  {
    std::lock_guard<std::mutex> lock(g_mutex);
    std::cout << "done in thread "
              << std::this_thread::get_id() << '\n';
  }
}
```

使用以下模式来避免死锁，同时同步访问多个共享资源：

1）在合适的上下文（类或全局域）给每个共享资源定义互斥量：

```
template <typename T>
struct container
{
  std::mutex    mutex;
  std::vector<T> data;
};
```

2）用 std::lock() 的避免死锁算法同时锁住互斥量：

```
template <typename T>
void move_between(container<T> & c1, container<T> & c2,
                  T const value)
{
  std::lock(c1.mutex, c2.mutex);
  // continued at 3.
}
```

3）锁住后，转移每个互斥量的所有权到 std::lock_guard 类，以保证函数（或作用域）结束后它们可以被安全释放：

```
// continued from 2.
std::lock_guard<std::mutex> l1(c1.mutex, std::adopt_lock);
std::lock_guard<std::mutex> l2(c2.mutex, std::adopt_lock);

c1.data.erase(
  std::remove(c1.data.begin(), c1.data.end(), value),
  c1.data.end());
c2.data.push_back(value);
```

8.2.3 工作原理

互斥量是一种同步原语，保证我们在多线程中同步访问共享资源。C++ 标准库提供了几种实现：

- ❑ std::mutex 是最广泛使用的互斥量类型；在之前的代码片段中有所阐明。它提供了方法来获取和释放互斥量。lock() 尝试获取互斥量，如果互斥量不可用则会进行阻塞，try_lock() 尝试获取互斥量，如果互斥量不可用则会立即返回，并且 unlock() 会释放互斥量。

- ❑ std::timed_mutex 跟 std::mutex 相似，但基于超时，额外提供了两种方式来获取互斥量：try_lock_for() 尝试获取互斥量，如果在指定时间内无法获取则会返回。try_lock_until() 尝试获取互斥量，如果在指定时间前无法获取则会返回。

- ❑ std::recursive_mutex 跟 std::mutex 相似，但它可以在同一线程多次被获取而不会被阻塞。

- ❑ std::recursive_timed_mutex 是 recursive_mutex 和 timed_mutex 的结合。

- ❑ C++14 开始提供 std::shared_timed_mutex，它可以使共享资源在同一时间可以被多个读取者访问，但只允许被一个写入者写入。它提供了两级别访问方式——共享（多个线程可以共享同一个互斥量的所有权）和独占（只有一个线程拥有互斥量）——并提供了超时相关的函数。

- ❑ 从 C++17 开始提供 std::shared_mutex，它跟 shared_timed_mutex 类似，但没有超时相关的函数。

第一个锁住互斥量的线程获取所有权，并继续执行。包括已经获取互斥量的线程在内，后续任何尝试获取互斥量的线程都将失败，在互斥量用 unlock() 释放前，lock() 将阻塞线程。如果一个线程想要多次获取互斥量而不被阻塞和进入死锁，应该使用 recursive_mutex 类模板。

用互斥量来访问共享资源的典型做法是锁住互斥量，使用共享资源，释放互斥量：

```
g_mutex.lock();

// use the shared resource such as std::cout
std::cout << "accessing shared resource" << '\n';

g_mutex.unlock();
```

然而这种使用互斥量的方式很容易犯错。这是因为在所有的执行路径（即正常返回路径和异常返回路径上），每次 lock() 的调用都必须与 unlock() 配对。无论函数的执行方式如何，为了安全地获取和释放互斥量，C++ 标准定义了几个锁类：

❑ 在前面已经介绍过 std::lock_guard 这种锁机制；以 RAII 方式呈现的互斥量封装。当互斥量被创建时获取，被销毁时释放。std::lock_guard 从 C++11 开始可用。以下是 lock_guard 的一种典型实现方式：

```cpp
template <class M>
class lock_guard
{
public:
  typedef M mutex_type;

  explicit lock_guard(M& Mtx) : mtx(Mtx)
  {
    mtx.lock();
  }

  lock_guard(M& Mtx, std::adopt_lock_t) : mtx(Mtx)
  { }

  ~lock_guard() noexcept
  {
    mtx.unlock();
  }

  lock_guard(const lock_guard&) = delete;
  lock_guard& operator=(const lock_guard&) = delete;
private:
  M& mtx;
};
```

❑ std::unique_lock 是互斥量所有权的封装。它支持延时锁定、时间锁定、递归锁定和所有权转移，并且与条件变量配合使用。它从 C++11 开始可用。

❑ std::shared_lock 是互斥量共享所有权的封装。它支持延时锁定、时间锁定、递归锁定和所有权转移。它从 C++14 开始可用。

❑ std::scoped_lock 是以 RAII 方式实现的一种多互斥量的封装。构造时，它将在避免死锁的同时去获取互斥量的所有权，就像用 std::lock() 一样。析构时，它将以相反的顺序释放互斥量。它从 C++17 开始可用。

在 8.22 节的示例中，我们使用 std::mutex 和 std::lock_guard 来保护程序中多个线程共享的 std::cout 流的访问。以下示例将展示在多线程中 thread_func() 是如何并发执行的：

```cpp
std::vector<std::thread> threads;
for (int i = 0; i < 5; ++i)
```

```
    threads.emplace_back(thread_func);

for (auto & t : threads)
    t.join();
```

这段程序可能的输出如下：

```
running thread 140296854550272
running thread 140296846157568
running thread 140296837764864
running thread 140296829372160
running thread 140296820979456
done in thread 140296854550272
done in thread 140296846157568
done in thread 140296837764864
done in thread 140296820979456
done in thread 140296829372160
```

当线程尝试获取用来保护多个共享资源的多个互斥量所有权时，逐个去获取可能导致死锁。让我们看看以下的示例（container 类见 8.2.2 节）：

```
template <typename T>
void move_between(container<T> & c1, container<T> & c2, T const value)
{
  std::lock_guard<std::mutex> l1(c1.mutex);
  std::lock_guard<std::mutex> l2(c2.mutex);

  c1.data.erase(
    std::remove(c1.data.begin(), c1.data.end(), value),
    c1.data.end());
  c2.data.push_back(value);
}

container<int> c1;
c1.data.push_back(1);
c1.data.push_back(2);
c1.data.push_back(3);

container<int> c2;
c2.data.push_back(4);
c2.data.push_back(5);
c2.data.push_back(6);

std::thread t1(move_between<int>, std::ref(c1), std::ref(c2), 3);
std::thread t2(move_between<int>, std::ref(c2), std::ref(c1), 6);

t1.join();
t2.join();
```

在此示例中，container 类保存了可能被不同线程同时访问的数据，因此它需要获取互斥量来保护。move_between() 是线程安全的函数，它将元素从容器删除并添加到第二个容器中。为此，它需要依序获取两个容器的互斥量，然后将元素从第一个容器中删除并添加到第二个容器的尾部。

然而此函数很容易导致死锁，因为在获取锁时可能触发竞争条件。假设两个不同线程同时执行这个函数，但使用了不同的参数：

❑ 第一个线程使用参数 c1 和 c2 开始执行。

❑ 当获取 c1 容器的锁时，第一个线程被暂停。第二个线程使用 c2 和 c1 开始执行。

❑ 当获取 c2 容器的锁时，第二个线程被暂停。

❑ 第一个线程继续执行，尝试获取 c2 互斥量，但无法获取。因此死锁发生了（可以通过使线程在获取第一个互斥量后睡眠一小段时间来模拟）。

为了避免产生这种类似情况的死锁，互斥量必须以避免死锁的方式来获取。为此标准库里提供了 std::lock() 的实用函数。move_between() 函数修改为用以下代码替换两个锁（见 8.2.2 节）：

```
std::lock(c1.mutex, c2.mutex);

std::lock_guard<std::mutex> l1(c1.mutex, std::adopt_lock);
std::lock_guard<std::mutex> l2(c2.mutex, std::adopt_lock);
```

为了互斥量在函数执行结束后（或当作用域结束时）被适当的释放，互斥量的所有权必须被转移给 lock_guard 对象。

在之前的示例中，可用 C++17 中的新互斥量封装 std::scoped_lock 来简化代码。它以避免死锁方式来获取多个互斥量。当区域锁销毁时，互斥量将被释放。下面一行代码跟之前代码等同：

```
std::scoped_lock lock(c1.mutex, c2.mutex);
```

在区域代码块中，scoped_lock 类提供了简化的机制用来获取一个或多个互斥量，能帮助写出更简单健壮的代码。

8.2.4 延伸阅读

❑ 阅读 8.1 节，以了解 C++ 中 std::thread 类和线程使用的基本操作。

❑ 阅读 8.12 节，以了解 C++20 的 std::jthread 类。它用来管理线程的执行并在析构时自动连接，还改善了停止线程执行的机制。

❑ 阅读 8.3 节，以了解为什么递归互斥量应被避免使用以及如何将使用递归互斥量的线程安全类型转换为使用非递归互斥量的线程安全类型。

8.3 避免使用递归互斥量

标准库提供了几种用来保护访问共享资源的互斥量类型。std::recursive_mutex 和 std::recursive_timed_mutex 这两种机制允许你在同一线程中多次加锁。递归互斥量典型的用法是保护对共享资源的访问不受递归函数的影响。调用 lock() 或 try_lock()，在一个线程中 std::recursive_mutex 类可以被多次加锁。当线程对递归互斥量多次加锁，线程将获取所有权。因此后续在同一线程尝试加锁并不会阻塞线程的运行，避免了死锁。然而，递归互斥量只有当 unlock() 被调用同样的次数时才会被释放。递归互斥量的开销也比非递归互斥量大。因此，当可行的时候，应当避免使用递归互斥量。本节提供如何将使用递归互斥量的线程安全类型转换为使用非递归互斥量的线程安全类型的示例。

8.3.1 准备工作

你需要熟悉标准库中的各种互斥量和锁。我建议你通过阅读 8.2 节概览它们。

本节中，我们将考虑以下类：

```
class foo_rec
{
  std::recursive_mutex m;
  int data;

public:
  foo_rec(int const d = 0) : data(d) {}

  void update(int const d)
  {
    std::lock_guard<std::recursive_mutex> lock(m);
    data = d;
  }

  int update_with_return(int const d)
  {
    std::lock_guard<std::recursive_mutex> lock(m);
    auto temp = data;
    update(d);
    return temp;
  }
};
```

本节的目的是对 foo_rec 类进行转换，从而避免使用 std::recursive_mutex。

8.3.2 使用方式

用非递归互斥量将之前的实现转换为线程安全类型，可以这么做：

1）用 std::mutex 替换 std::recursive_mutex：

```
class foo
{
  std::mutex m;
```

```
    int         data;
    // continued at 2.
};
```

2）定义公有方法的私有非线程安全版本或可在线程安全的公有方法中使用的帮助函数：

```
void internal_update(int const d) { data = d; }
// continued at 3.
```

3）重写公有方法以使用新定义的非线程安全的私有方法：

```
public:
  foo(int const d = 0) : data(d) {}
  void update(int const d)
  {
    std::lock_guard<std::mutex> lock(m);
    internal_update(d);
  }

  int update_with_return(int const d)
  {
    std::lock_guard<std::mutex> lock(m);
    auto temp = data;
    internal_update(d);
    return temp;
  }
```

8.3.3 工作原理

foo_rec 类使用递归互斥量来保护共享数据。在这个示例中，共享数据是从两个线程安全的公有函数中访问的整型成员变量：

- ❑ update() 在私有变量中设置一个新值。
- ❑ update_and_return() 在私有变量中设置一个新值且返回旧值给调用函数。这个函数通过调用 update() 来设置新值。

这种 foo_rec 的实现方式可以避免冗余的代码，如 8.3.2 节所示，更多的是设计层面上的改进。不重用线程安全的公有函数，我们可以提供私有非线程安全的函数，然后该函数可由公有接口调用。

同样的方法可以被使用在其他类似的问题上：定义非线程安全版本的代码，然后提供轻量的，线程安全的封装。

8.3.4 延伸阅读

- ❑ 阅读 8.1 节，以了解 C++ 中 std::thread 类和线程使用的基本操作。
- ❑ 阅读 8.2 节，以了解同步线程访问共享数据的可用机制以及工作方式。

8.4 处理线程函数抛出的异常

在之前的内容中，我们介绍了线程库以及线程的基本操作。我们还简要讨论了线程函数中异常的处理，并且提及了异常不能离开最上层线程函数。因为这会导致程序调用 `std::terminate()` 而非正常终止。

另外，异常可通过 `std::exception_ptr` 封装器在不同线程间传递。在本节中，我们将了解如何处理来自线程函数的异常。

8.4.1 准备工作

在学习 8.1 节之后，你现在对线程的操作比较熟悉了。`exception_ptr` 类在 `<exception>` 头文件的 `std` 命名空间中可用。`mutex`（之前我们详细讨论过）也在相同的命名空间，但在 `<mutex>` 头文件中可用。

8.4.2 使用方式

为了在工作线程中适当地处理从主线程或连接线程中抛出的异常，可按照以下处理（假设从多个线程中可抛出多个异常）：

1）使用全局容器保存 `std::exception_ptr` 的实例：

```
std::vector<std::exception_ptr> g_exceptions;
```

2）使用全局 `mutex` 同步访问共享容器：

```
std::mutex g_mutex;
```

3）在最上层线程函数中使用 `try...catch` 代码块。使用 `std::current_exception()` 来捕获当前异常，并将其复制或引用封装到 `std::exception_ptr` 指针，然后 `std::exception_ptr` 指针被添加进异常的共享容器中：

```
void func1()
{
  throw std::runtime_error("exception 1");
}

void func2()
{
  throw std::runtime_error("exception 2");
}

void thread_func1()
{
  try
  {
    func1();
```

```
    }
    catch (...)
    {
      std::lock_guard<std::mutex> lock(g_mutex);
      g_exceptions.push_back(std::current_exception());
    }
  }

  void thread_func2()
  {
    try
    {
      func2();
    }
    catch (...)
    {
      std::lock_guard<std::mutex> lock(g_mutex);
      g_exceptions.push_back(std::current_exception());
    }
  }
```

4）启动线程前，从主线程中清空容器：

```
  g_exceptions.clear();
```

5）当所有线程执行结束后，在主线程中检查捕获的异常并适当地去处理它们：

```
std::thread t1(thread_func1);
std::thread t2(thread_func2);
t1.join();
t2.join();

for (auto const & e : g_exceptions)
{
  try
  {
    if(e != nullptr)
      std::rethrow_exception(e);
  }
  catch(std::exception const & ex)
  {
    std::cout << ex.what() << '\n';
  }
}
```

8.4.3 工作原理

在 8.4.2 节的示例中，我们假设多个线程都会抛出异常，因此我们需要容器来保存它们。如果每次一个线程抛出一个异常，那么你不需要共享容器和 mutex 来同步访问。你可以使用一个全局 std::exception_ptr 对象来保存线程间传递的异常。

std::current_exception() 通常在 catch 子句中使用，用来捕获当前异常并创建
std::exception_ptr 实例。这样做是为了保存原始异常的复制或引用（取决于实现），只
要引入异常的 std::exception_ptr 指针可用，则该原始异常会一直有效。如果在没有处
理异常时调用此函数，那么它将创建一个空的 std::exception_ptr。

std::exception_ptr 指针是对用 std::current_exception() 捕获的异常的封装
器。当默认构造时，它不会保存任何异常。当两个 std::exception_ptr 对象为空或指向
同一异常对象时，它们相等。std::exception_ptr 对象可被传递给其他线程，在其他线
程中它们可被再次抛出并在 try...catch 代码块中被捕获。

std::rethrow_exception() 将 std::exception_ptr 作为参数，并将其指向的异
常对象抛出。

 std::current_exception()、std::rethrow_exception() 和 std::exception_ptr
在 C++11 中均可用。

在 8.4.2 节的示例中，每个线程函数在执行的整个代码中都使用了 try...catch 语句，
因此所有的异常都可以被捕获。当处理异常时，全局 mutex 对象上的锁将被获取，持有当
前异常的 std::exception_ptr 指针被添加进共享容器。通过这种方法，线程函数在第
一个异常时停止。然而在其他场景下，即使之前抛出了异常，你可能还需要执行多项操作。
在这种情况下，你需要使用多个 try...catch 语句且只传递部分异常到线程外。

当所有线程执行结束后，在主线程中遍历容器，将所有非空异常再次抛出并用
try...catch 代码块捕获，进行适当处理。

8.4.4　延伸阅读

❑ 阅读 8.1 节，以了解 C++ 中 std::thread 类和线程使用的基本操作。
❑ 阅读 8.2 节，以了解同步线程访问共享数据的可用机制以及工作方式。

8.5　在线程之间发送通知

互斥量是保护访问共享数据的同步原语。然而，标准库提供了叫作条件变量的同步原
语，用来通知其他线程发生了特定条件。在条件变量上等待的线程将被阻塞直到条件变量
被触发或超时或虚假唤醒。在本节中，我们将看到如何使用条件变量在线程生产的数据和
线程消费的数据间发送通知。

8.5.1　准备工作

在本节开始前，你需要熟悉线程、互斥量和锁。条件变量在 <condition_variable>
头文件的 std 命名空间中可用。

8.5.2 使用方式

使用以下模式在线程间用条件变量来同步通知：

1）定义条件变量（在合适的上下文）：

```
std::condition_variable cv;
```

2）定义给线程加锁用的互斥量。第二个互斥量用于同步访问不同线程的标准控制台：

```
std::mutex cv_mutex; // data mutex
std::mutex io_mutex; // I/O mutex
```

3）定义线程间共享的数据：

```
int data = 0;
```

4）在生产线程中，在修改数据前锁定互斥量：

```
std::thread p([&](){
  // simulate long running operation
  {
    using namespace std::chrono_literals;
    std::this_thread::sleep_for(2s);
  }

  // produce
  {
    std::unique_lock lock(cv_mutex);
    data = 42;
  }

  // print message
  {
    std::lock_guard l(io_mutex);
    std::cout << "produced " << data << '\n';
  }

  // continued at 5.
});
```

5）在生产线程中，调用 notify_one() 或 notify_all() 给条件变量发信号（在互斥量保护的共享数据解锁后调用）：

```
// continued from 4.
cv.notify_one();
```

6）在消费线程中，获取互斥量唯一锁并在锁上等待条件变量。需要留意虚假唤醒可能会发生，我们将在之后讨论：

```
std::thread c([&](){
  // wait for notification
```

```
  {
    std::unique_lock lock(cv_mutex);
    cv.wait(lock);
  }

  // continued at 7.
});
```

7）在消费线程中，当条件变量被通知后使用共享数据：

```
// continued from 6.
{
  std::lock_guard lock(io_mutex);
  std::cout << "consumed " << data << '\n';
}
```

8.5.3 工作原理

在前面示例中展示了两个线程共享数据（即整型变量）。在冗长的计算后（用睡眠模拟），一个线程生产数据，同时另一个线程只有当数据生产后才消费。为此，它们通过互斥量和条件变量的同步机制来阻塞消费线程，直到生产者线程发出了通知，表示数据已经生产完毕。这种交流通道的关键是消费线程等待在条件变量上，直到生产线程通知它。两个线程都在同一时间启动。生产者线程开始冗长的计算用来生产给消费线程的数据。与此同时，消费线程直到数据可用时才能继续执行。在被通知数据生产完前，消费线程必须被阻塞。一旦被通知，消费线程可继续执行。整个机制如下：

- ❏ 至少有一个线程等待在被通知的条件变量上。
- ❏ 至少有一个线程给条件变量发信号。
- ❏ 等待线程必须先获取互斥量上的锁（std::unique_lock<std::mutex>）并传递给条件变量的 wait()、wait_for() 或 wait_until() 方法。所有等待方法将自动释放互斥量，并阻塞线程直到条件变量被发送信号。这时，线程不被阻塞，可再次自动获取互斥量。
- ❏ 线程通过 notify_one() 或 notify_all() 给条件变量发信号。notify_one() 使一个阻塞线程变成非阻塞，notify_all() 将所有等待在这个条件变量上的线程都变成非阻塞。

> 在多处理器系统中，条件变量不是完全可预测的。因此，虚假唤醒可能发生，即使没人给条件变量发信号，线程可能也会变成非阻塞。故而，当线程变成非阻塞时，检查条件变量是否为真是必要的。然而，虚假唤醒可能发生多次，所以在循环里检查条件变量是必要的。

C++ 标准提供了条件变量的两种实现：

❑ 本节使用的 std::condition_variable，定义了和 std::unique_lock 关联的条件变量。

❑ std::condition_variable_any 是更通用的实现，可以和任何满足基本锁要求（实现了 lock() 和 unlock() 方法）的锁一起使用。这种实现可能的一种场景是提供可中断的等待。Anthony William 在 *C++Concurrency in Action*（2012）中提及："自定义锁操作将相关联的互斥量加锁，也会在中断信号收到时通知条件变量。"条件变量的所有等待方法都有两种重载实现：

❑ 第一个重载接收 std::unique_lock<std::mutex>（基于类型，即时长或时间点）并阻塞线程直到通知条件变量。此重载自动释放互斥量，阻塞当前线程，然后将其加入等待此条件变量的线程列表中。当条件变量被 notify_one() 或 notify_all() 通知，虚假唤醒发生或超时发生（取决于重载的函数）时，线程变成非阻塞，再次自动获取互斥量。

❑ 第二个重载除了其他重载的参数外还接收一个断言。此断言用来避免虚假唤醒，直到条件变量为真。此重载跟以下等价：

```
while(!pred())
  wait(lock);
```

以下代码展示了跟 8.5.2 节类似但更复杂的例子。生产线程在循环中生成数据（示例中为有限循环），消费线程等待新的数据并消费它（输出在控制台上）。在生产数据完后，生产线程停止，当没有更多的数据消费时，消费线程停止。数据被添加进 queue<int>，布尔变量给消费线程指明生产数据是否完成。以下代码片段展示了 producer 线程的实现：

```
std::mutex g_lockprint;
std::mutex g_lockqueue;
std::condition_variable g_queuecheck;
std::queue<int> g_buffer;
bool g_done;

void producer(
  int const id,
  std::mt19937& generator,
  std::uniform_int_distribution<int>& dsleep,
  std::uniform_int_distribution<int>& dcode)
{
  for (int i = 0; i < 5; ++i)
  {
    // simulate work
std::this_thread::sleep_for(
  std::chrono::seconds(dsleep(generator)));

  // generate data
  {
    std::unique_lock<std::mutex> locker(g_lockqueue);
```

```
        int value = id * 100 + dcode(generator);
        g_buffer.push(value);

        {
          std::unique_lock<std::mutex> locker(g_lockprint);
          std::cout << "[produced(" << id << ")]: " << value
                    << '\n';
        }
      }

      // notify consumers
      g_queuecheck.notify_one();
    }
  }
```

消费者线程的实现如下：

```
void consumer()
{
  // loop until end is signaled
  while (!g_done)
  {
    std::unique_lock<std::mutex> locker(g_lockqueue);

    g_queuecheck.wait_for(
      locker,
      std::chrono::seconds(1),
      [&]() {return !g_buffer.empty(); });

    // if there are values in the queue process them
    while (!g_done && !g_buffer.empty())
    {
      std::unique_lock<std::mutex> locker(g_lockprint);
      std::cout
          << "[consumed]: " << g_buffer.front()
          << '\n';
      g_buffer.pop();
    }
  }
}
```

消费者线程做了如下工作：

❑ 在收到生产数据完成信号前一直循环。

❑ 获取在这个条件变量上关联 mutex 对象的唯一锁。

❑ 使用接收断言参数的重载 wait_for()，当被唤醒时（避免虚假唤醒）检查缓冲不为空。即使条件变量被发送了信号，此方法在 1 秒超时后返回。

❑ 当条件变量被发送信号后，消费这个队列上的所有数据。

我们可以启动多个生产线程和一个消费线程来测试。生产者线程随机生成数据，共享一套伪随机数生成器引擎和分布。如以下示例所示：

```cpp
auto seed_data = std::array<int, std::mt19937::state_size> {};
std::random_device rd {};
std::generate(std::begin(seed_data), std::end(seed_data),
              std::ref(rd));
std::seed_seq seq(std::begin(seed_data), std::end(seed_data));
auto generator = std::mt19937{ seq };
auto dsleep = std::uniform_int_distribution<>{ 1, 5 };
auto dcode = std::uniform_int_distribution<>{ 1, 99 };

std::cout << "start producing and consuming..." << '\n';

std::thread consumerthread(consumer);
std::vector<std::thread> threads;
for (int i = 0; i < 5; ++i)
{
  threads.emplace_back(producer,
                       i + 1,
                       std::ref(generator),
                       std::ref(dsleep),
                       std::ref(dcode));
}

// work for the workers to finish
for (auto& t : threads)
  t.join();

// notify the logger to finish and wait for it
g_done = true;
consumerthread.join();

std::cout << "done producing and consuming" << '\n';
```

这段程序可能的输出如下（实际输出每次执行可能不同）：

```
start producing and consuming...
[produced(5)]: 550
[consumed]: 550
[produced(5)]: 529
[consumed]: 529
[produced(5)]: 537
[consumed]: 537
[produced(1)]: 122
[produced(2)]: 224
[produced(3)]: 326
[produced(4)]: 458
[consumed]: 122
[consumed]: 224
[consumed]: 326
[consumed]: 458
...
done producing and consuming
```

标准库还提供了帮助函数 notify_all_at_thread_exit()，可通过 condition_variable 对象用来通知其他线程，线程完全结束执行，包括销毁所有 thread_local 对象。这个函数有两个参数：condition_variable 和与条件变量关联的 std::unique_lock<std::mutex>（拥有此条件变量所有权）。此函数的典型用例是就在结束前，运行调用此函数的分离线程。

8.5.4　延伸阅读

❑ 阅读 8.1 节，以了解 C++ 中 std::thread 类和线程使用的基本操作。
❑ 阅读 8.2 节，以了解同步线程访问共享数据的可用机制以及工作方式。

8.6　使用 promise 和 future 从线程返回值

在 8.1 节中，我们讨论了线程的使用。你也了解了线程函数无法返回值，线程需要使用共享数据等其他方式来实现。然而，这需要同步。将返回值或异常传递给主线程或其他线程的另一种方式是使用 std::promise。本节将解释这个机制是如何工作的。

8.6.1　准备工作

本节使用的 promise 和 future 类在 <future> 头文件的 std 命名空间中可用。

8.6.2　使用方式

通过 promise 和 future，从一个线程中将值传递给另一个线程，可以这么做：

1）将 promise 变量作为线程函数的一个参数，比如：

```
void produce_value(std::promise<int>& p)
{
  // simulate long running operation
  {
    using namespace std::chrono_literals;
    std::this_thread::sleep_for(2s);
  }

  // continued at 2.
}
```

2）在 promise 上调用 set_value() 设置值或调用 set_exception() 设置异常

```
// continued from 1.
p.set_value(42);
```

3）将 future 与 promise 关联，并将其作为参数对其他线程函数可见，示例如下：

```
void consume_value(std::future<int>& f)
```

```
{
    // continued at 4.
}
```

4）在 `future` 对象上调用 `get()` 来获取 `promise` 设置的值：

```
// continued from 3.
auto value = f.get();
```

5）在调用线程中，使用 `promise` 上的 `get_future()` 来获取与之关联的 `future`：

```
std::promise<int> p;
std::thread t1(produce_value, std::ref(p));

std::future<int> f = p.get_future();
std::thread t2(consume_value, std::ref(f));

t1.join();
t2.join();
```

8.6.3 工作原理

基本上，promise-future 对是通过共享状态，来帮助线程间传递值或异常的一种沟通通道。promise 是值的异步提供者，有相对应的 future 用来表示异步的返回对象。为了建立这个通道，你需要先创建 promise，然后创建共享状态，稍后可通过与 promise 关联的 future 读取。

你可使用以下任意方法，来设置 promise 的结果：

- ❑ `set_value()` 或 `set_value_at_thread_exit()` 方法用来设置返回值，后者将值保存在共享状态，但只有当线程退出时才可通过关联的 `future` 获取。
- ❑ `set_exception()` 或 `set_exception_at_thread_exit()` 方法用来设置异常返回值。异常封装在 `std::exception_ptr` 对象中。后者将异常保存在共享状态，但只有当线程退出时才可通过关联的 `future` 获取。

使用 `get_future()` 方法，可获取与 promise 关联的 future 对象。使用 `get()` 方法，可从 future 中获取值。在共享状态值可用前，调用线程都将被阻塞。`future` 类提供了几个方法，这些方法在共享状态值可用前，都将阻塞线程：

- ❑ 只有当结果可用时，`wait()` 才会返回。
- ❑ 当结果可用或超时后，`wait_for()` 才会返回。
- ❑ 当结果可用或到达指定时间点时，`wait_until()` 才会返回。

如果 promise 被设置了异常值，在 `future` 对象上调用 `get()` 方法将抛出异常。重写 8.6.2 节的示例如下，抛出异常而不是设置值：

```
void produce_value(std::promise<int>& p)
{
```

```
// simulate long running operation
{
  using namespace std::chrono_literals;
  std::this_thread::sleep_for(2s);
}

try
{
  throw std::runtime_error("an error has occurred!");
}
catch(...)
{
  p.set_exception(std::current_exception());
}
}

void consume_value(std::future<int>& f)
{
  std::lock_guard<std::mutex> lock(g_mutex);
  try
{
  std::cout << f.get() << '\n';
}
  catch(std::exception const & e)
{
  std::cout << e.what() << '\n';
}
}
```

在 `consume_value()` 函数中可以看到，`get()` 的调用放在 `try...catch` 代码块中。如果异常被捕获——在这个特定的实现中——消息将被输出到控制台。

8.6.4　更多

通过这种方式建立 promise-future 通道是显式的操作，可通过 `std::async()` 函数来避免。它是更高层级的工具，异步运行函数，创建内部 `promise` 并共享状态，返回关联的 `future`。我们将在 8.7 节中看到 `std::async()` 是如何工作的。

8.6.5　延伸阅读

❑ 阅读 8.1 节，以了解 C++ 中 `std::thread` 类和线程使用的基本操作。
❑ 阅读 8.4 节，以了解如何处理来自主线程或 join 线程的工作线程抛出的异常。

8.7　异步执行函数

线程可使我们在同一时间运行多个函数，这将帮助我们充分利用多处理器或多核系统的硬件。然而，线程要求显式、底层的操作。相比线程的另一选择是任务，在特定线程中运行一组工作。C++ 标准没提供完备的任务库，但如 8.6 节所述，通过 promise-future 通道，开发者可在不同的线程中异步执行函数并传递执行结果。在本节中，我们将看到如何使用 std::async() 和 std::future 实现这一点。

8.7.1 准备工作

在本节的示例中，我们将使用如下函数：

```cpp
void do_something()
{
  // simulate long running operation
  {
    using namespace std::chrono_literals;
    std::this_thread::sleep_for(2s);
  }

  std::lock_guard<std::mutex> lock(g_mutex);
  std::cout << "operation 1 done" << '\n';
}

void do_something_else()
{
  // simulate long running operation
  {
    using namespace std::chrono_literals;
    std::this_thread::sleep_for(1s);
  }

  std::lock_guard<std::mutex> lock(g_mutex);
  std::cout << "operation 2 done" << '\n';
}

int compute_something()
{
  // simulate long running operation
  {
    using namespace std::chrono_literals;
    std::this_thread::sleep_for(2s);
  }

  return 42;
}

int compute_something_else()
{
  // simulate long running operation
  {
    using namespace std::chrono_literals;
    std::this_thread::sleep_for(1s);
```

```
    }

    return 24;
}
```

本节中，我们将使用 future，因此，建议你先阅读 8.6 节来快速了解它是如何工作的。async() 和 future 都在 <future> 头文件的 std 命名空间中可用。

8.7.2 使用方式

在当前线程继续执行而不需要等待结果时，在另一线程上异步执行函数，可如下做：

1）使用 std::async() 启动新线程来执行特定函数。创建异步生产者并返回与之关联的 future。为了保证函数异步执行，将 std::launch::async 策略作为第一个参数传递给函数：

```
auto f = std::async(std::launch::async, do_something);
```

2）继续执行当前线程：

```
do_something_else();
```

3）当你需要保证异步操作执行完毕时，在 std::async() 返回的 future 对象上调用 wait() 方法：

```
f.wait();
```

在当前线程继续执行直到线程需要来自异步函数的结果时，在工作线程上异步执行函数，可以执行以下操作：

1）使用 std::async() 启动新线程来执行特定函数，创建异步生产者并返回与之关联的 future。为了保证函数异步执行，将 std::launch::async 策略作为第一个参数传递给函数：

```
auto f = std::async(std::launch::async, compute_something);
```

2）继续执行当前线程：

```
auto value = compute_something_else();
```

3）当你需要异步函数执行的结果时，可在 std::async() 返回的 future 对象上调用 get() 方法：

```
value += f.get();
```

8.7.3 工作原理

std::async() 变长参数函数模板有两个重载：一个指定启动策略作为第一个参数，

另一个则不是。std::async() 的其他参数为执行的函数和对应的参数。启动策略由有作用域的枚举 std::launch 定义，在 <future> 头文件中可用：

```
enum class launch : /* unspecified */
{
  async = /* unspecified */,
  deferred = /* unspecified */,
  /* implementation-defined */
};
```

这两个启动策略指定了以下内容：

❑ 使用 async，新线程被启动以异步执行任务。

❑ 使用 deferred，任务在调用线程第一次请求其值时执行。

当标志（std::launch::async | std::launch::deferred）都被指定时，任务在新线程被异步执行还是在当前线程同步执行，取决于实现。这是 std::async() 重载的行为，它不指定启动策略，这个行为是不确定的。

 不要使用不确定的 std::async() 重载来异步运行任务。因此，总是使用要求启动策略的重载，并总是只使用 std::launch::async。

std::async() 的两个重载都返回一个 future 对象，future 对象指向由 std::async() 为其建立的 promise-future 通道内部创建的共享状态。当你需要异步操作的结果时，在 future 上调用 get() 方法。这将阻塞当前线程直到结果值或异常可用。如果 future 不传递任何值或你对值不感兴趣，但你想要保证异步操作在某个时刻完成，则可以使用 wait() 方法，它会阻塞当前线程直到可通过 future 获取共享状态。

future 类还有两个额外的等待方法：wait_for() 在一段时间后结束调用，即使在 future 上共享状态不可获取也会返回；而 wait_until() 在指定时间点后返回，即使共享状态不可用。这些方法可被用于创建轮询程序，为用户显示状态，如下示例所示：

```
auto f = std::async(std::launch::async, do_something);

while(true)
{
  using namespace std::chrono_literals;
  auto status = f.wait_for(500ms);

  if(status == std::future_status::ready)
    break;

  std::cout << "waiting..." << '\n';
}

std::cout << "done!" << '\n';
```

此程序的运行结果如下：

```
waiting...
waiting...
waiting...
operation 1 done
done!
```

8.7.4 延伸阅读

❑ 阅读 8.6 节，以了解如何使用 `std::promise` 对象返回线程的值或异常。

8.8 使用原子类型

线程支持库提供了管理线程，用互斥量和锁同步访问共享数据的函数，C++20 开始有锁存器、屏障和信号量。标准库支持对数据进行互补的、低级的原子操作。原子操作是不同线程并行执行在共享数据上的不可分割操作，不会产生竞争条件，也不需要锁。标准库提供了原子类型、原子操作和内存同步排序。在本节中，我们将看到如何使用这些类型和函数。

8.8.1 准备工作

所有的原子类型和操作定义在 `<atomic>` 头文件的 `std` 命名空间中。

8.8.2 使用方式

以下是一系列使用原子类型的典型操作：

❑ 使用 `std::atomic` 类模板创建支持原子操作（例如加载、存储、执行算法或位运算操作）的原子对象：

```cpp
std::atomic<int> counter {0};

std::vector<std::thread> threads;
for(int i = 0; i < 10; ++i)
{
  threads.emplace_back([&counter](){
    for(int i = 0; i < 10; ++i)
      ++counter;
    });
}
for(auto & t : threads) t.join();

std::cout << counter << '\n'; // prints 100
```

❑ 在 C++20 中，使用 `std::atomic_ref` 类模板将原子操作应用到引用的对象上，这个引用的对象可以是整型、浮点类型或用户定义类型的引用或指针：

```cpp
void do_count(int& c)
{
  std::atomic_ref<int> counter{ c };

  std::vector<std::thread> threads;
  for (int i = 0; i < 10; ++i)
  {
    threads.emplace_back([&counter]() {
      for (int i = 0; i < 10; ++i)
        ++counter;
    });
  }

  for (auto& t : threads) t.join();
}

int main()
{
  int c = 0;
  do_count(c);
  std::cout << c << '\n'; // prints 100
}
```

❑ 对于原子布尔类型，可使用 std::atomic_flag 类：

```cpp
std::atomic_flag lock = ATOMIC_FLAG_INIT;
int counter = 0;
std::vector<std::thread> threads;

for(int i = 0; i < 10; ++i)
{
  threads.emplace_back([&](){
    while(lock.test_and_set(std::memory_order_acquire));
      ++counter;
      lock.clear(std::memory_order_release);
  });
}

for(auto & t : threads) t.join();

std::cout << counter << '\n'; // prints 10
```

❑ 使用原子类型成员函数 [load()、store() 和 exchange()] 或非成员函数 [atomic_load()/atomic_load_explicit()、atomic_store()/atomic_store_explicit() 和 atomic_exchange()/atomic_exchange_explicit()] 对原子对象的值进行原子读取、设置和交换。

❑ 使用原子类型成员函数 [fetch_add() 和 fetch_sub()] 或非成员函数 [atomic_

fetch_add()/atomic_fetch_add_explicit() 和 atomic_fetch_sub()/atomic_fetch_sub_explicit()] 对原子对象进行原子加减并返回操作前的值:

```
std::atomic<int> sum {0};
std::vector<int> numbers = generate_random();
size_t size = numbers.size();
std::vector<std::thread> threads;

for(int i = 0; i < 10; ++i)
{
  threads.emplace_back([&sum, &numbers](size_t const start,
                                        size_t const end) {
  for(size_t i = start; i < end; ++i)
  {
    std::atomic_fetch_add_explicit(
      &sum, numbers[i],
      std::memory_order_acquire);

    // same as
    // sum.fetch_add(numbers[i], std::memory_order_acquire);
  }},
  i*(size/10),
  (i+1)*(size/10));
}

for(auto & t : threads) t.join();
```

❑ 使用原子类型成员函数 [fetch_and()、fetch_or() 和 fetch_xor()] 或非成员函数 [atomic_fetch_and()/atomic_fetch_and_explicit()、atomic_fetch_or()/atomic_fetch_or_explicit() 和 atomic_fetch_xor()/atomic_fetch_xor_explicit()] 对原子对象进行原子与、或、异或,并返回操作前的值。

❑ 使用 std::atomic_flag 成员函数 [test_and_set() 和 clear()] 或非成员函数 [atomic_flag_test_and_set()/atomic_flag_test_and_set_explicit() 和 atomic_flag_clear()/atomic_flag_clear_explicit()] 来设置或重置原子标志。在 C++20,你还可以使用成员函数 test() 和非成员函数 atomic_flag_test/atomic_flag_test_explicit() 来原子返回标志的值。

❑ 在 C++20,使用 std::atomic、std::atomic_ref 和 std::atomic_flag 成员函数 wait()、notify_one() 和 notify_all(),以及非成员函数 atomic_wait()/atomic_wait_explicit()、atomic_notify_one() 和 atomic_notify_all() 来执行线程同步。相比轮询,这些函数提供了更为高效的机制来等待原子对象值的改变。

8.8.3 工作原理

std::atomic 类模板(包括特化类)定义了原子类型。当一个线程写,另一个线程读取数据，且没有使用锁来保护访问时，原子类型对象的行为是被良好定义的。std::atomic 类提供了几种特化：

- bool 全特化，包括 atomic_bool。
- 所有整型全特化，包括 atomic_int、atomic_long、atomic_char、atomic_wchar 等。
- 指针类型偏特化。
- C++20 中，浮点类型 float、double 和 long double 全特化。
- C++20 中，std::shared_ptr 的 std::atomic<std::shared_ptr<U>> 和 std::weak_ptr 的 std::atomic<std::weak_ptr<U>> 偏特化。

atomic 类模板有各种各样的成员函数提供原子操作，如下所示：

- load() 原子加载并返回对象的值。
- store() 在对象中原子存储非原子值，这个函数不返回任何值。
- exchange() 在对象中原子存储非原子值并返回之前的值。
- operator=，与 store(arg) 效果一样。
- fetch_add() 在原子值上原子加非原子参数并返回之前的值。
- fetch_sub() 在原子值上原子减非原子参数并返回之前的值。
- fetch_and()、fetch_or() 和 fetch_xor() 在参数和原子值间原子进行与、或、异或操作，将新值保存在原子对象中，并返回之前的值。
- 前缀和后缀 operator++ 和 operator-- 对原子对象值进行原子加减 1。这些操作跟 fetch_add() 和 fetch_sub() 等价。
- operator +=、-=、&=、|= 和 ^= 在原子值和参数间进行加、减、与、或、异或的操作并在原子对象中保存新值。这些操作跟 fetch_add()、fetch_sub()、fetch_and()、fetch_or() 和 fetch_xor() 等价。

如果你有一个原子变量，如 std::atomic<int> a，以下不是原子操作：

```
a = a + 42;
```

这涉及一系列操作，其中一些是原子的：

- 原子加载原子对象的值。
- 将 42 加到加载的值上。
- 原子存储结果回原子对象 a

另一方面，下面使用成员函数运算符 += 的操作是原子：

```
a += 42;
```

这个操作的效果与如下任意操作一样：

```
a.fetch_add(42);            // using member function
std::atomic_fetch_add(&a, 42); // using non-member function
```

尽管对 bool 类型，std::atomic 有全特化的 std::atomic<bool>，标准库定义了另一个原子类型 std::atomic_flag，且保证是无锁的。std::atomic_flag 跟 std::atomic<bool> 非常不同，它只有以下成员函数：

- ❏ test_and_set() 原子设置值为 true 并返回之前的值。
- ❏ clear() 原子设置值为 false。
- ❏ 在 C++20 中，test() 原子返回标志的值。

在 C++20 之前，将 std::atomic_flag 初始化为定值的唯一方法是使用 ATOMIC_FLAG_INIT 宏。这将 std::atomic_flag 初始化为 false：

```
std::atomic_flag lock = ATOMIC_FLAG_INIT;
```

在 C++20 中，这个宏被弃用了，因为 std::atomic_flag 的默认构造函数会将其初始化为 false。

所有之前提及的成员函数，std::atomic 和 std::atomic_flag，都有等价非成员函数。取决于它们指向的类型，以 atomic_ 或 atomic_flag_ 为前缀。例如，与 std::atomic::fetch_add() 等价的是 std::atomic_fetch_add()，非成员函数第一个参数通常是指向 std::atomic 对象的指针。非成员函数内部会调用在第一个参数 std::atomic 上的等价成员函数。类似地，std::atomic_flag::test_and_set() 等价非成员函数为 std::atomic_flag_test_and_set()，它的第一个参数为指向 std::atomic_flag 对象的指针。

std::atomic 和 std::atomic_flag 的所有成员函数有两套重载，其中一个有额外的参数代表内存排序。类似地，所有非成员函数 std::atomic_load()、std::atomic_fetch_add() 和 std::atomic_flag_test_and_set() 与带 _explicit() 后缀的 std::atomic_load_explicit(), std::atomic_fetch_add_explicit() 和 std::atomic_flag_test_and_set_explicit() 也有代表内存排序的额外的参数。

内存排序指明了非原子内存访问时原子操作执行顺序。默认情况下，所有原子类型和操作是顺序一致性的（sequential consistency）。

其他排序类型定义在 std::memory_order 枚举，可被当作参数传递给 std::atomic 和 std::atomic_flag 的成员函数或以 _explicit() 为后缀的非成员函数。

> 顺序一致性是一致性模型，要求在多处理器系统中，所有指令以一定的顺序执行且所有写都立即被整个系统可见。该模型在 20 世纪 70 年代由 Leslie Lamport 首先提出，描述如下：
> "任何执行的结果都跟所有处理器的操作按照一定顺序执行一样，且单处理器操作的顺序跟程序中的顺序一样。"

不同类型的内存排序函数在以下表中可见，来自 C++ 参考网站（http://en.cppreference.com/w/cpp/atomic/memory_order）。它们工作的细节不在本书范围内，可在 C++ 标准参考

（见刚刚提及的网站）翻阅，如表 8.1 所示。

表 8.1

模型	解释
memory_order_relaxed	这是松弛操作。没有同步或排序限制，只要求原子操作。
memory_order_consume	这种内存排序的加载操作在受影响内存位置进行消费操作。在此加载操作前，依赖于现在加载的值的当前线程的读写操作不可被重排。其他释放相同原子变量的线程中对数据依赖的变量的写入对当前线程是可见的。在多数平台上，该标记仅影响编译器优化。
memory_order_acquire	这种内存排序的加载操作在受影响的内存位置进行获取操作。在此加载操作前，当前线程的读写操作不可被重排。在其他线程释放相同原子变量的所有写操作在当前线程可见。
memory_order_release	这种内存排序的存储操作执行释放操作。在此存储操作后，当前线程的读写操作不可被重排。当前线程的所有写操作对于获取相同原子变量的其他线程可见。携带原子变量依赖的写操作对消费相同原子变量的其他线程可见。
memory_order_acq_rel	这种内存排序的读 - 改 - 写操作同时是获取和释放操作。在此加载前后，当前线程的内存读写操作不可被重排。释放相同原子变量的其他线程所有写操作在修改前可见，修改对获取相同原子变量的其他线程可见。
memory_order_seq_cst	这种内存排序的任意操作同时是获取和释放操作。所有线程观察到相同顺序执行的写操作的唯一排序是存在的。

8.8.2 节的第一个示例中展示了几个线程通过同时递增重复修改共享资源（计数器）。这个例子可用类重写。这个类有包含 increment()、decrement() 和 get() 方法的原子计数器。其中 increment() 和 decrement() 修改计数器值，get() 获取计数器当前值：

```
template <typename T,
          typename I =
            typename std::enable_if<std::is_integral_v<T>>::type>
class atomic_counter
{
  std::atomic<T> counter {0};
public:
  T increment()
  {
    return counter.fetch_add(1);
  }

  T decrement()
  {
    return counter.fetch_sub(1);
  }

  T get()
  {
    return counter.load();
  }
};
```

使用这个类模板，第一个示例可被重写为如下形式且有相同结果：

```
atomic_counter<int> counter;

std::vector<std::thread> threads;
for(int i = 0; i < 10; ++i)
{
  threads.emplace_back([&counter](){
    for(int i = 0; i < 10; ++i)
      counter.increment();
    });
  }

for(auto & t : threads) t.join();

std::cout << counter.get() << '\n'; // prints 100
```

如果你需要在引用上进行原子操作，你不能使用 std::atomic。然而，在 C++20 中你可以使用新的 std::atomic_ref 类型。这个类模板会在它引用的对象上应用原子操作。这个对象必须比 std::atomic_ref 对象活得更久，且只要 std::atomic_ref 引用的对象存在，这个对象必须只通过 std::atomic_ref 实例进行访问。

std::atomic_ref 类型有以下特化：

❑ 主要模板可以用任何复制不变（trivially-copyable）类型 T（包括 bool）实例化。

❑ 所有指针类型偏特化。

❑ 整数类型（字符类型、符号与无符号整数类型和任何在 <cstdint> 头文件中被类型定义需要的其他整数类型）特化。

❑ 浮点类型 float、double 和 long double 特化。

在使用 std::atomic_ref 时，你必须记住：

❑ 访问任何 std::atomic_ref 引用的对象的子对象不是线程安全的。

❑ 通过常量 std::atomic_ref 对象来修改引用的值是可能的。

另外，在 C++20 中，有新的成员函数和非成员函数提供了高效的线程同步机制：

❑ 成员函数 wait() 和非成员函数 atomic_wait()/atomic_wait_explicit() 与 atomic_flag_wait()/atomic_flag_wait_explicit() 进行原子等待操作，阻塞线程直到被通知和原子值被改变。它的行为类似于重复比较提供的参数和 load() 返回的值，如果相等，则将阻塞直到被 notify_one() 或 notify_all() 通知，或线程被虚假唤醒不阻塞。如果比较的值不相等，则函数会立即返回。

❑ 成员函数 notify_one() 和非成员函数 atomic_notify_one() 与 atomic_flag_notify_one() 原子通知由原子等待操作阻塞的至少一个线程。如果没有那样的线程被阻塞，则函数不做任何事。

❑ 成员函数 notify_all() 和非成员函数 atomic_notify_all() 与 atomic_flag_notify_all() 使所有被原子等待操作阻塞的线程变成非阻塞，如果没有那样的线程，则函数不做任何事。

最后，需要提及的是所有来自原子操作库（std::atomic、std::atomic_ref 和 std::atomic_flag）的对象都没有数据竞争。

8.8.4　延伸阅读

❏ 阅读 8.1 节，以了解 C++ 中 std::thread 类和线程使用的基本操作。
❏ 阅读 8.2 节，以了解同步线程访问共享数据的可用机制以及工作方式。
❏ 阅读 8.7 节，以了解如何使用 std::future 类和 std::async() 函数在不同线程上异步执行函数并返回结果。

8.9　基于线程实现并行 map 和 fold

在第 3 章中，我们讨论了两个高级函数：map，将函数应用到一组范围内的元素从而转换范围或产生新范围；fold，将一组范围内的元素变成单一值。我们之前做的不同实现是顺序的。然而在并发、线程和异步任务下，我们可以利用硬件并运行并发版本函数来加速大范围或耗时转换和聚合的执行速度。在本节中，我们将看到用线程实现 map 和 fold 的可能解决方案。

8.9.1　准备工作

你需要熟悉 map 和 fold 函数的概念。推荐你阅读 3.7 节。在本节中，我们将使用 8.1 节中的各种线程功能。

为了衡量这些函数的执行时间并与线性实现比较，我们将使用 6.4 节中的 perf_timer 类模板。

 并行算法可潜在提升执行时间，但不是在所有的情况下都成立。上下文切换对线程和同步访问共享数据可能引入巨大负载。对某些实现和特定数据集，负载可能使并行版本比顺序版本花费更长时间执行。

我们将使用以下函数来确定分解工作所需要的线程数量：

```
unsigned get_no_of_threads()
{
  return std::thread::hardware_concurrency();
}
```

接下来，我们将探索第一个并行版本 map 和 fold 函数的可能实现。

8.9.2　使用方式

为了实现并行版本的 map 函数，可如下做：

1）定义接受以 begin 和 end 迭代器作为范围，并应用到所有元素的函数的模板：

```
template <typename Iter, typename F>
void parallel_map(Iter begin, Iter end, F f)
{
}
```

2）检查范围大小。如果元素数量小于预定义的阈值（此实现中为 10 000），则以顺序方式执行 map：

```
auto size = std::distance(begin, end);
if(size <= 10000)
  std::transform(begin, end, begin, std::forward<F>(f));
```

3）大范围则将工作分到多个线程，每个线程 map 为部分范围。这些部分不能有重叠，以防需要同步访问共享数据：

```
else
{
  auto no_of_threads = get_no_of_threads();
  auto part = size / no_of_threads;
  auto last = begin;
  // continued at 4. and 5.
}
```

4）开始线程，并在每个线程执行一个顺序版本 map：

```
std::vector<std::thread> threads;
for(unsigned i = 0; i < no_of_threads; ++i)
{
  if(i == no_of_threads - 1) last = end;
  else std::advance(last, part);

  threads.emplace_back(
    [=,&f]{std::transform(begin, last,
                          begin, std::forward<F>(f));});
  begin = last;
}
```

5）等待直到所有线程执行完毕：

```
for(auto & t : threads) t.join();
```

将所有之前步骤整合在一起，实现结果如下：

```
template <typename Iter, typename F>
void parallel_map(Iter begin, Iter end, F f)
{
  auto size = std::distance(begin, end);
  if(size <= 10000)
    std::transform(begin, end, begin, std::forward<F>(f));
  else
  {
```

```
    auto no_of_threads = get_no_of_threads();
    auto part = size / no_of_threads;
    auto last = begin;

    std::vector<std::thread> threads;
    for(unsigned i = 0; i < no_of_threads; ++i)
    {
      if(i == no_of_threads - 1) last = end;
      else std::advance(last, part);

      threads.emplace_back(
        [=,&f]{std::transform(begin, last,
                              begin, std::forward<F>(f));});

      begin = last;
    }

    for(auto & t : threads) t.join();
  }
}
```

为了实现并行版本的 fold 函数，可以执行如下操作：

1）定义函数模板，可接收 begin 和 end 迭代器用来指明范围、初始值和可应用范围内元素的二元函数：

```
template <typename Iter, typename R, typename F>
auto parallel_reduce(Iter begin, Iter end, R init, F op)
{
}
```

2）检查范围大小。如果元素数量小于预定义阈值（此实现中为 10 000），则以顺序方式执行 fold：

```
auto size = std::distance(begin, end);
if(size <= 10000)
  return std::accumulate(begin, end,
                         init, std::forward<F>(op));
```

3）大范围则将工作分为多个线程，每个线程折叠部分范围。这些部分不能有重叠以防需要同步访问共享数据。为了避免数据同步，结果可从传递给线程函数的引用返回：

```
else
{
  auto no_of_threads = get_no_of_threads();
  auto part = size / no_of_threads;
  auto last = begin;
  // continued with 4. and 5.
}
```

4）开始线程，并在每个线程执行一个顺序版本 fold：

```
std::vector<std::thread> threads;
std::vector<R> values(no_of_threads);
for(unsigned i = 0; i < no_of_threads; ++i)
{
  if(i == no_of_threads - 1) last = end;
  else std::advance(last, part);

  threads.emplace_back(
    [=,&op](R& result){
      result = std::accumulate(begin, last, R{},
                                std::forward<F>(op));},
    std::ref(values[i]));
  begin = last;
}
```

5）等待直到所有线程执行完毕，并将部分结果 fold 到最终结果：

```
for(auto & t : threads) t.join();

return std::accumulate(std::begin(values), std::end(values),
                        init, std::forward<F>(op));
```

将所有之前步骤整合在一起，实现结果如下：

```
template <typename Iter, typename R, typename F>
auto parallel_reduce(Iter begin, Iter end, R init, F op)
{
  auto size = std::distance(begin, end);

  if(size <= 10000)
    return std::accumulate(begin, end, init, std::forward<F>(op));
  else
  {
    auto no_of_threads = get_no_of_threads();
    auto part = size / no_of_threads;
    auto last = begin;

    std::vector<std::thread> threads;
    std::vector<R> values(no_of_threads);
    for(unsigned i = 0; i < no_of_threads; ++i)
    {
      if(i == no_of_threads - 1) last = end;
      else std::advance(last, part);

      threads.emplace_back(
        [=,&op](R& result){
          result = std::accumulate(begin, last, R{},
                                    std::forward<F>(op));},
        std::ref(values[i]));

      begin = last;
```

```
    }

    for(auto & t : threads) t.join();

    return std::accumulate(std::begin(values), std::end(values),
                           init, std::forward<F>(op));
  }
}
```

8.9.3 工作原理

map 和 fold 的并行实现在几个方面类似：

❏ 如果范围内元素数量小于 10 000，那么它们都回退用顺序版本。

❏ 它们都启动相同数量的线程。线程由静态函数 std::thread::hardware_concurrency() 确定，其返回实现支持的并行线程数量。然而，请记住这个值只是猜测而不是准确值。

❏ 没有共享数据避免了同步访问。尽管所有线程都在同一范围内的元素上工作，它们处理部分范围且不重叠。

❏ 所有这些函数都以模板函数的方式实现并接收 begin 和 end 迭代器，以定义处理范围。为了将范围分成不同部分以便给不同线程独立处理，在范围中使用了额外的迭代器。为此，我们使用了 std::advance() 来移动迭代器位置。对 vector 和 array，这种方式良好，但对 list，这类容器都十分不高效。此实现只适用于支持随机访问迭代器的范围。

在 C++ 中使用 std::transform() 和 std::accumulate()，可以很容易实现顺序版本的 map 和 fold。为了验证并行算法的准确性并检查它们是否能提高执行速度，我们可以将它们与通用算法执行进行比较。

为了测试，我们将在 1 万～ 5000 万元素的 vector 上使用 map 和 fold。此范围元素先被 map（即转换）为原来的两倍，然后通过累加元素的值将其结果 fold 到单个值。为了简便，范围内元素的值与从 1 开始的索引一致（第一个元素值为 1，第二个元素值为 2，以此类推）。以下示例用 map 和 fold 的顺序和并行版本同时在不同大小的 vector 上执行，并以表格形式输出了执行时间：

 作为练习，你可以改变元素和线程数量，看看并行版本和顺序版本的执行区别。

```
std::vector<int> sizes
{
  10000, 100000, 500000,
  1000000, 2000000, 5000000,
  10000000, 25000000, 50000000
};
```

```
std::cout
  << std::right << std::setw(8) << std::setfill(' ') << "size"
  << std::right << std::setw(8) << "s map"
  << std::right << std::setw(8) << "p map"
  << std::right << std::setw(8) << "s fold"
  << std::right << std::setw(8) << "p fold"
  << '\n';

for (auto const size : sizes)
{
  std::vector<int> v(size);
  std::iota(std::begin(v), std::end(v), 1);

  auto v1 = v;
  auto s1 = 0LL;

  auto tsm = perf_timer<>::duration([&] {
    std::transform(std::begin(v1), std::end(v1), std::begin(v1),
                   [](int const i) {return i + i; }); });
  auto tsf = perf_timer<>::duration([&] {
    s1 = std::accumulate(std::begin(v1), std::end(v1), 0LL,
                         std::plus<>()); });

  auto v2 = v;
  auto s2 = 0LL;
  auto tpm = perf_timer<>::duration([&] {
    parallel_map(std::begin(v2), std::end(v2),
                 [](int const i) {return i + i; }); });
  auto tpf = perf_timer<>::duration([&] {
    s2 = parallel_reduce(std::begin(v2), std::end(v2), 0LL,
                         std::plus<>()); });

  assert(v1 == v2);
  assert(s1 == s2);

  std::cout
    << std::right << std::setw(8) << std::setfill(' ') << size
    << std::right << std::setw(8)
    << std::chrono::duration<double, std::micro>(tsm).count()
    << std::right << std::setw(8)
    << std::chrono::duration<double, std::micro>(tpm).count()
    << std::right << std::setw(8)
    << std::chrono::duration<double, std::micro>(tsf).count()
    << std::right << std::setw(8)
    << std::chrono::duration<double, std::micro>(tpf).count()
    << '\n';
}
```

此程序可能的输出如下图表所示（运行在 Intel Core i7 处理器带 4 个物理和 8 个逻辑核心的 windows 64 位机器上）。并行版本（特别是 fold 实现）比顺序版本好很多。但这只在

vector 的长度超过一定大小时才成立。在以下表格中，我们看到 100 万元素时，顺序版本还是更快。并行版本在 vector 中的元素数量大小为 200 万或更多时，才执行更快。实际时间每次执行均有一点不同，但不同机器上运行结果可能差别很大：

size	s map	p map	s fold	p fold
10000	11	10	7	10
100000	108	1573	72	710
500000	547	2006	361	862
1000000	1146	1163	749	862
2000000	2503	1527	1677	1289
5000000	5937	3000	4203	2314
10000000	11959	6269	8269	3868
25000000	29872	13823	20961	9156
50000000	60049	27457	41374	19075

为了更直观地展示结果，我们可以以柱状图的形式表示并行版本的速度。在图 8.1 中，黑色柱状图表示并行 map 实现的速度，灰色柱状图表示并行 fold 实现的速度。正值表明并行版本更快，负值表明顺序版本更快。

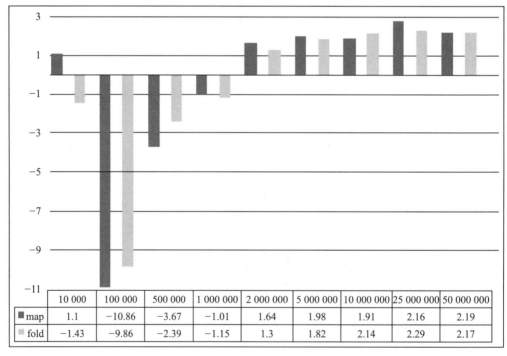

	10 000	100 000	500 000	1 000 000	2 000 000	5 000 000	10 000 000	25 000 000	50 000 000
▪ map	1.1	−10.86	−3.67	−1.01	1.64	1.98	1.91	2.16	2.19
fold	−1.43	−9.86	−2.39	−1.15	1.3	1.82	2.14	2.29	2.17

图 8.1　不同处理元素数量下并行版本 map（黑色）和 fold（灰色）的速度

从图 8.1 可以更直观地看出当元素数量超过一定阈值时（我的基准下为 200 万）并行版本比顺序版本快。

8.9.4 延伸阅读

❑ 阅读 3.7 节，以了解函数式编程高阶函数以及如何实现被广泛使用的 map 和 fold（或 reduce）函数。

❑ 阅读 8.10 节，以了解用异步函数实现函数式编程的 map 和 fold 函数。

❑ 阅读 8.11 节，以了解如何利用 C++17 里的并行算法来实现函数式编程的 map 和 fold 函数。

❑ 阅读 8.1 节，以了解 C++ 中 std::thread 类和线程使用的基本操作。

8.10 基于任务实现并行 map 和 fold

相比线程，任务（task）是高层级实现并行计算的另一种选择。std::async() 使我们不必处理底层线程细节来异步执行函数。在本节中，我们将实现并行版本的 map 和 fold 函数，如 8.9 节一样，但基于任务实现，并与线程版本进行比较。

8.10.1 准备工作

本节的解决方案和 8.9 节有很多相似之处。在继续本节前，请确保你已经阅读 8.9 节。

8.10.2 使用方式

为了实现并行版本的 map 函数，可如下做：

1）定义接受以 begin 和 end 迭代器作为范围，并应用到所有元素的函数的模板：

```
template <typename Iter, typename F>
void parallel_map(Iter begin, Iter end, F f)
{
}
```

2）检查范围大小。如果元素数量小于预定义的阈值（此实现中为 10 000），则以顺序方式执行 map：

```
auto size = std::distance(begin, end);
if(size <= 10000)
  std::transform(begin, end, begin, std::forward<F>(f));
```

3）大范围则将工作分为多个任务，每个任务 map 部分范围。这些部分不能有重叠，以防需要同步访问共享数据：

```
else
{
  auto no_of_tasks = get_no_of_threads();
  auto part = size / no_of_tasks;
  auto last = begin;
```

```
    // continued at 4. and 5.
  }
```

4）启动异步函数，并在每个函数运行一个顺序版本 `map`：

```
std::vector<std::future<void>> tasks;
for(unsigned i = 0; i < no_of_tasks; ++i)
{
  if(i == no_of_tasks - 1) last = end;
  else std::advance(last, part);

  tasks.emplace_back(std::async(
    std::launch::async,
      [=,&f]{std::transform(begin, last, begin,
                            std::forward<F>(f));}));
  begin = last;
}
```

5）等待直到所有异步函数执行完毕：

```
for(auto & t : tasks) t.wait();
```

将所有之前步骤整合在一起，实现结果如下：

```
template <typename Iter, typename F>
void parallel_map(Iter begin, Iter end, F f)
{
  auto size = std::distance(begin, end);
  if(size <= 10000)
    std::transform(begin, end, begin, std::forward<F>(f));
  else
  {
    auto no_of_tasks = get_no_of_threads();
    auto part = size / no_of_tasks;
    auto last = begin;

    std::vector<std::future<void>> tasks;
    for(unsigned i = 0; i < no_of_tasks; ++i)
    {
      if(i == no_of_tasks - 1) last = end;
      else std::advance(last, part);

      tasks.emplace_back(std::async(
        std::launch::async,
          [=,&f]{std::transform(begin, last, begin,
                                std::forward<F>(f));}));

      begin = last;
    }

    for(auto & t : tasks) t.wait();
  }
}
```

为了实现并行版本的 fold 函数，可以执行如下操作：

1）定义接收以 begin 和 end 迭代器作为范围、初始值和应用到范围内元素的二元函数：

```
template <typename Iter, typename R, typename F>
auto parallel_reduce(Iter begin, Iter end, R init, F op)
{
}
```

2）检查范围大小。如果元素数量小于预定义的阈值（此实现中为 10 000），则以顺序方式执行 fold：

```
auto size = std::distance(begin, end);
if(size <= 10000)
  return std::accumulate(begin, end, init,
                         std::forward<F>(op));
```

3）大范围则将工作分为多个任务，每个任务 fold 部分范围。这些部分不能有重叠，以防需要同步访问共享数据。为了避免数据同步，结果可从传递给异步函数的引用返回：

```
else
{
  auto no_of_tasks = get_no_of_threads();
  auto part = size / no_of_tasks;
  auto last = begin;
  // continued at 4. and 5.
}
```

4）启动异步函数，并在每个函数执行一个顺序版本 fold：

```
std::vector<std::future<R>> tasks;
for(unsigned i = 0; i < no_of_tasks; ++i)
{
  if(i == no_of_tasks - 1) last = end;
  else std::advance(last, part);

  tasks.emplace_back(
    std::async(
      std::launch::async,
      [=,&op]{return std::accumulate(
                        begin, last, R{},
                        std::forward<F>(op));}));
  begin = last;
}
```

5）等待直到所有异步函数执行完毕，并将部分结果 fold 到最终结果：

```
std::vector<R> values;
for(auto & t : tasks)
  values.push_back(t.get());

return std::accumulate(std::begin(values), std::end(values),
                       init, std::forward<F>(op));
```

将所有之前步骤整合在一起，实现结果如下：

```cpp
template <typename Iter, typename R, typename F>
auto parallel_reduce(Iter begin, Iter end, R init, F op)
{
  auto size = std::distance(begin, end);

  if(size <= 10000)
    return std::accumulate(begin, end, init, std::forward<F>(op));

else
{
  auto no_of_tasks = get_no_of_threads();
  auto part = size / no_of_tasks;
  auto last = begin;

  std::vector<std::future<R>> tasks;
  for(unsigned i = 0; i < no_of_tasks; ++i)
  {
    if(i == no_of_tasks - 1) last = end;
    else std::advance(last, part);

    tasks.emplace_back(
      std::async(
        std::launch::async,
        [=,&op]{return std::accumulate(
                        begin, last, R{},
                        std::forward<F>(op));}));

    begin = last;
  }

  std::vector<R> values;
  for(auto & t : tasks)
    values.push_back(t.get());

  return std::accumulate(std::begin(values), std::end(values),
                         init, std::forward<F>(op));
 }
}
```

8.10.3　工作原理

此实现和 8.9 节的实现只有细微区别。线程被异步函数取代，从 `std::async()` 开始，结果通过 `std::future` 返回。并行启动的异步函数数量和实现所支持的线程数量一致。由静态方法 `std::thread::hardware_concurrency()` 返回，但这个值只是建议值而不应该被认为是可靠的值。

使用异步函数方法主要有两个原因：

❑ 学习基于线程实现的并行执行函数如何修改为利用异步函数来实现，进而避免底层的线程细节。

❑ 异步函数的数量和所支持的线程数一致，可以让每个线程运行一个函数。因为上下文切换和等待时间最短，可提供并行函数的最快执行速度。

我们可用与 8.9 节相同的方法来测试新 map 和 fold 实现的性能：

```
std::vector<int> sizes
{
  10000, 100000, 500000,
  1000000, 2000000, 5000000,
  10000000, 25000000, 50000000
};

std::cout
  << std::right << std::setw(8) << std::setfill(' ') << "size"
  << std::right << std::setw(8) << "s map"
  << std::right << std::setw(8) << "p map"
  << std::right << std::setw(8) << "s fold"
  << std::right << std::setw(8) << "p fold"
  << '\n';

for(auto const size : sizes)
{
  std::vector<int> v(size);
  std::iota(std::begin(v), std::end(v), 1);

  auto v1 = v;
  auto s1 = 0LL;

  auto tsm = perf_timer<>::duration([&] {
    std::transform(std::begin(v1), std::end(v1), std::begin(v1),
                  [](int const i) {return i + i; }); });
  auto tsf = perf_timer<>::duration([&] {
    s1 = std::accumulate(std::begin(v1), std::end(v1), 0LL,
                        std::plus<>()); });

  auto v2 = v;
  auto s2 = 0LL;
  auto tpm = perf_timer<>::duration([&] {
    parallel_map(std::begin(v2), std::end(v2),
                [](int const i) {return i + i; }); });
  auto tpf = perf_timer<>::duration([&] {
    s2 = parallel_reduce(std::begin(v2), std::end(v2), 0LL,
                        std::plus<>()); });

  assert(v1 == v2);
  assert(s1 == s2);

  std::cout
    << std::right << std::setw(8) << std::setfill(' ') << size
    << std::right << std::setw(8)
```

```
          << std::chrono::duration<double, std::micro>(tsm).count()
          << std::right << std::setw(8)
          << std::chrono::duration<double, std::micro>(tpm).count()
          << std::right << std::setw(8)
          << std::chrono::duration<double, std::micro>(tsf).count()
          << std::right << std::setw(8)
          << std::chrono::duration<double, std::micro>(tpf).count()
          << '\n';
}
```

此程序可能的输出随着每次执行略有不同，不同机器间执行则可能大有不同，如下所示：

```
    size     s map    p map   s fold   p fold
   10000        11       11       11       11
  100000       117      260      113       94
  500000       576      303      571      201
 1000000      1180      573     1165      283
 2000000      2371      911     2330      519
 5000000      5942     2144     5841     1886
10000000     11954     4999    11643     2871
25000000     30525    11737    29053     9048
50000000     59665    22216    58689    12942
```

和线程的解决方案类似，并行 map 和 fold 实现的速度如图 8.2 所示。负值表示顺序版本更快：

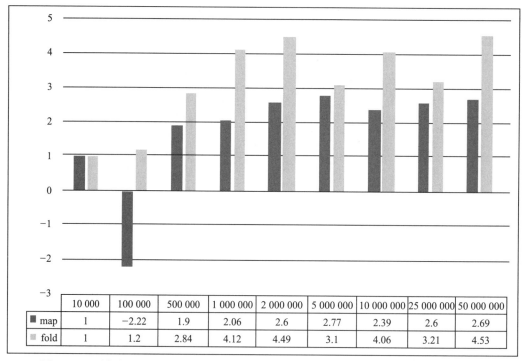

	10 000	100 000	500 000	1 000 000	2 000 000	5 000 000	10 000 000	25 000 000	50 000 000
■ map	1	−2.22	1.9	2.06	2.6	2.77	2.39	2.6	2.69
░ fold	1	1.2	2.84	4.12	4.49	3.1	4.06	3.21	4.53

图 8.2　跟顺序实现相比，基于异步函数实现的并行 map（黑色）和 fold（灰色）的速度

如果我们和基于线程实现的并行版本进行比较，可以发现执行速度快了很多，特别是 fold 函数。图 8.3 展示了基于异步函数和基于线程实现的加速比。其中，小于 1 的值表示基于线程实现更快：

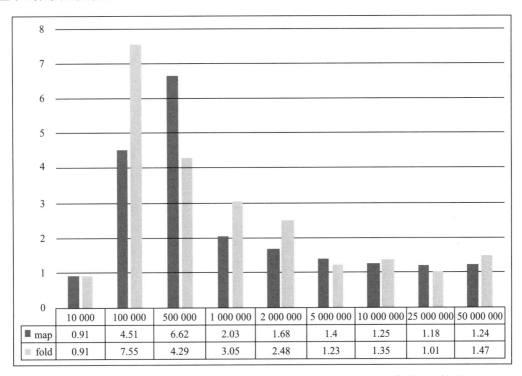

	10 000	100 000	500 000	1 000 000	2 000 000	5 000 000	10 000 000	25 000 000	50 000 000
■ map	0.91	4.51	6.62	2.03	1.68	1.4	1.25	1.18	1.24
▨ fold	0.91	7.55	4.29	3.05	2.48	1.23	1.35	1.01	1.47

图 8.3 基于异步函数和基于线程实现的并行 map（黑色）和 fold（灰色）的加速比

8.10.4 更多

之前展示的实现只是其中一种可能的并行 map 和 fold 函数实现。另一种可能的方法如下：

❑ 将待处理的范围分成两个相等的部分。
❑ 异步递归调用并行函数来处理范围的第一部分。
❑ 同步递归调用并行函数来处理范围的第二部分。
❑ 等同步递归调用结束后，在执行结束前等待异步递归调用结束。

分治算法可创建很多任务。取决于范围大小，异步调用数量可能极大地超过线程数，在此情况下，等待时间将影响整体的执行时间。

map 和 fold 函数可用分治算法实现如下：

```
template <typename Iter, typename F>
void parallel_map(Iter begin, Iter end, F f)
{
```

```
        auto size = std::distance(begin, end);

        if(size <= 10000)
        {
          std::transform(begin, end, begin, std::forward<F>(f));
        }
        else
        {
          auto middle = begin;
          std::advance(middle, size / 2);

          auto result = std::async(
            std::launch::deferred,
            parallel_map<Iter, F>,
            begin, middle, std::forward<F>(f));
          parallel_map(middle, end, std::forward<F>(f));
          result.wait();
        }
      }

      template <typename Iter, typename R, typename F>
      auto parallel_reduce(Iter begin, Iter end, R init, F op)
      {
        auto size = std::distance(begin, end);

        if(size <= 10000)
          return std::accumulate(begin, end, init, std::forward<F>(op));
    else
    {
      auto middle = begin;
      std::advance(middle, size / 2);
      auto result1 = std::async(
        std::launch::async,
        parallel_reduce<Iter, R, F>,
        begin, middle, R{}, std::forward<F>(op));
      auto result2 = parallel_reduce(middle, end, init,
                                     std::forward<F>(op));
      return result1.get() + result2;
    }
}
```

此实现的执行时间如下，与之前实现的结果相邻：

size	s map	p1 map	p2 map	s fold	p1 fold	p2 fold
10000	11	11	10	7	10	10
100000	111	275	120	72	96	426
500000	551	230	596	365	210	1802
1000000	1142	381	1209	753	303	2378
2000000	2411	981	2488	1679	503	4190
5000000	5962	2191	6237	4177	1969	7974
10000000	11961	4517	12581	8384	2966	15174

当我们比较执行时间时，可以看到此版本（之前输出中的 p2）执行时间跟顺序版本的 map 和 fold 类似，但比之前展示的第一个并行版本（p1）差很多。

8.10.5 延伸阅读

❑ 阅读 8.9 节，以了解基于裸线程实现函数式编程的 map 和 fold 函数。

❑ 阅读 8.11 节，以了解如何利用 C++17 里的并行算法来实现函数式编程的 map 和 fold 函数。

❑ 阅读 8.7 节，以了解如何使用 std::future 类和 std::async() 函数在不同线程上异步执行函数并返回结果。

8.11 基于标准并行算法实现并行 map 和 fold

在 8.9 和 8.10 节，基于线程和任务我们实现了并行 map 和 fold 函数 [在标准库里为 std::transform() 和 std::accumulate()]。然而，这些实现需要手动处理并行细节，例如将数据分成易于并行处理的部分，创建线程或任务，同步执行，并合并结果。

在 C++17 中，标准通用算法很多都并行化了。实际上，取决于提供的执行策略，同样的算法可以顺序或并行执行。在本节中，我们将学习基于标准算法实现并行 map 和 fold。

8.11.1 准备工作

在本节开始前，建议你先阅读 8.9 和 8.10 节以确保理解不同并行实现上的区别。

8.11.2 使用方式

为了基于标准算法实现并行执行，可如下做：

❑ 选择并行化的候选算法。不是所有算法在并行情况下都执行更快。确保你正确识别程序中可并行化提高的部分。通常，可利用分析工具来查找 $O(n)$ 或更差复杂性的操作。

❑ 执行策略需要引入 <execution> 头文件。

❑ 将并行执行策略（std::execution::par）作为第一个参数提供给重载的算法。

基于并行重载 std::transform() 而实现的并行 map 函数如下：

```
template <typename Iter, typename F>
void parallel_map(Iter begin, Iter end, F f)
{
    std::transform(std::execution::par,
                   begin, end,
                   begin,
                   std::forward<F>(f));
}
```

基于并行重载 `std::reduce()` 而实现的并行 `fold` 函数如下：

```
template <typename Iter, typename R, typename F>
auto parallel_reduce(Iter begin, Iter end, R init, F op)
{
    return std::reduce(std::execution::par,
                       begin, end,
                       init,
                       std::forward<F>(op));
}
```

8.11.3 工作原理

在 C++17 中，标准通用算法里的 69 个算法已经重载支持并行执行。这些重载接收执行策略作为第一个参数。来自头文件 `<execution>` 的可用执行策略如表 8.2 所示。

表　8.2

策略	开始时间	描述	全局对象
std::execution::sequenced_policy	C++17	表示算法执行不可并行化	std::execution::seq
std::execution::parallel_policy	C++17	表示算法执行可并行化	std::execution::par
std::execution::parallel_unsequenced_policy	C++17	表示算法执行可并行化和向量化	std::execution::par_unseq
std::execution::unsequenced_policy	C++20	表示算法执行可向量化	std::execution::unseq

除了已被重载的算法外，还添加了 7 个新算法，如表 8.3 所示。

表　8.3

算法	描述
std::for_each_n	根据执行策略，将函数应用到指定范围的前 N 个元素上
std::exclusive_scan	去除第 i 和的第 i 元素，求范围内元素的部分和。如果二元操作满足结合律，结果则与 std::partial_sum() 等价
std::inclusive_scan	包括第 i 和的第 i 元素，求范围内元素的部分和
std::transform_exclusive_scan	应用函数并进行 exclusive 扫描计算
std::transform_inclusive_scan	应用函数并进行 inclusive 扫描计算
std::reduce	std::accumulate() 的乱序版本
std::transform_reduce	应用函数并乱序累加（即 reduce）

在之前例子中，我们用 `std::execution::par` 作为执行策略调用 `std::transform()`

和 std::reduce()。std::reduce() 的算法和 std::accumulate() 类似，但以乱序处理元素。std::accumulate() 没有用于指定执行策略的重载，因此它只能顺序执行。

需要注意的是，算法支持并行并不意味着它执行速度比顺序版本快。执行取决于实际的硬件、数据集和具体的算法。事实上，一些算法并行化可能永远或很难比顺序化更快。因此，微软实现的排序、复制或移动元素的算法不支持并行化而在所有情况下支持顺序化。这些算法是 copy()、copy_n()、fill()、fill_n()、move()、reverse()、reverse_copy()、rotate()、rotate_copy() 和 swap_ranges()。更进一步的是，标准不保证特定执行，指定策略实际上是对执行策略的请求但没有保证。

另外，标准库允许并行算法分配内存。当其无法完成时，算法则抛出 std::bad_alloc。但是，微软的实现不同，它会回退到算法的顺序版本而不是抛出异常。

另一需要注意的重要方面是标准算法和不同类别的迭代器工作。一些要求前向迭代器，一些要求输入迭代器。然而，所有允许指定执行策略的重载算法限制前向迭代器的算法使用。

map 和 reduce 函数并行和顺序实现的执行时间比较如图 8.4 所示。

	顺序		并行算法		并行线程		并行任务	
大小	map	reduce	map	reduce	map	reduce	map	reduce
1 000 000	0.505	0.246	0.386	0.121	1.59	0.124	0.211	0.139
2 000 000	1.931	0.873	0.495	0.298	0.674	0.172	0.344	0.167
3 000 000	1.729	1.116	0.625	0.433	1.599	0.916	0.829	0.536
4 000 000	2.601	1.629	1.501	0.833	1.164	0.679	0.872	0.725
5 000 000	3.425	2.074	1.098	0.933	1.548	1.105	1.18	0.968
10 000 000	5.844	3.883	2.34	1.844	2.624	2.272	2.778	1.699
20 000 000	11.382	7.089	4.178	2.737	5.38	2.662	4.868	2.686
50 000 000	27.613	18.092	10.897	6.656	11.395	7.233	10.683	7.266
100 000 000	58.794	34.605	22.974	14.23	33.055	15.568	22.039	13.606
200 000 000	112.375	69.136	45.359	27.793	52.637	26.452	49.786	32.857
500 000 000	288.385	173.327	115.188	64.106	144.339	73.713	144.517	79.945

图 8.4 map 和 reduce 函数并行和顺序实现的执行时间比较

图 8.4 中高亮的是本节实现的函数版本。时间可能随着执行的不同而略有不同。这些时间是在四核心的 Intel XeonCPU 的机器上用 Visual C++ 2019 16.4.x 编译的发行版本上得到的。对此数据集，尽管并行版本比顺序版本执行更好，但实际上随着数据集大小的不同，哪个版本更好是会变化的。这也是为什么用并行来优化的时候，分析调优是关键。

8.11.4 更多

在此示例中，我们见到了不同的 map 和 fold（reduce）的实现。但在 C++17 中，有个标准算法 std:: transform_reduce()，将两个操作组合为单个函数调用。这个算法有顺序执行重载，也有并行化和向量化的基于策略的重载。因此，我们可利用此算法而无须像 8.8 节～ 8.10 节一样手写实现。

以下是此算法用来计算范围内所有元素的浮点数和的顺序和并行版本：

```
std::vector<int> v(size);
std::iota(std::begin(v), std::end(v), 1);

// sequential
auto sums = std::transform_reduce(
    std::begin(v), std::end(v),
    0LL,
    std::plus<>(),
    [](int const i) {return i + i; } );

// parallel
auto sump = std::transform_reduce(
    std::execution::par,
    std::begin(v), std::end(v),
    0LL,
    std::plus<>(),
    [](int const i) {return i + i; });
```

如果我们将以下表格最后两列的两个调用执行时间与分别调用 map 和 reduce 的总时间进行比较，可以看到 std::transform_reduce()，特别是并行版本，在大多数情况下执行得更好，如图 8.5 所示。

大小	顺序	并行	线程	任务	顺序	并行
					transform_reduce	
1 000 000	0.751	0.507	1.838	0.489	0.413	0.267
2 000 000	2.804	0.793	1.018	0.678	0.825	0.582
3 000 000	2.845	1.058	3.431	1.901	1.325	0.571
4 000 000	4.23	2.334	2.522	2.322	1.95	0.773
5 000 000	5.499	2.031	3.758	3.116	2.244	0.926
10 000 000	9.727	4.184	7.168	6.176	4.418	2.592
20 000 000	18.471	6.915	10.704	10.24	8.572	3.28
50 000 000	45.705	17.553	25.861	25.215	21.11	10.963
100 000 000	93.399	37.204	64.191	49.251	41.824	16.409
200 000 000	181.511	73.152	105.541	115.5	84.688	35.357
500 000 000	461.712	179.294	291.765	304.407	312.672	686.231

图 8.5 transform/reduce 模式和 C++17 标准算法 std::transform_reduce() 的执行时间的比较

8.11.5 延伸阅读

❑ 阅读 3.7 节，以了解函数式编程高阶函数以及如何实现被广泛使用的 map 和 fold（或 reduce）函数。

❑ 阅读 8.9 节，以了解基于裸线程实现函数式编程的 map 和 fold 函数。

❑ 阅读 8.10 节，以了解用异步函数实现函数式编程的 map 和 fold 函数。

8.12 使用可结合的线程和取消机制

C++11 的 std::thread 类代表单线程执行且允许多个函数同时执行。然而，它有很大的不便之处：你必须显式调用 join() 方法来等待线程执行完成。如果 std::thread 对象被销毁了但仍可结合，则 std::terminate() 被调用，这将导致一些问题。C++20 提供了改善的线程类 std::jthread（来自可结合线程），当对象被销毁但可结合时将自动调用 join()。更进一步，此类型支持通过 std::stop_source/std::stop_token 来取消并且它的析构函数在线程 join 前也会请求其停止。在本节中，你将学习如何使用这些 C++20 新类型。

8.12.1 准备工作

在你继续之前，你应该已经阅读本章 8.1 节，以确保熟悉 std::thread。为了使用 std::jthread，你需要引入 <thread> 头文件。对于 std::stop_source 和 std::stop_token，你需要引入头文件 <stop_token>。

8.12.2 使用方式

典型的使用可结合线程和相应取消机制的场景如下：

❑ 如果你想使线程对象在作用域外自动 join，则使用 std::jthread 而不是 std::thread。你仍然可使用 std::thread 类里的所有方法，比如调用 join() 来显式 join：

```
void thread_func(int i)
{
    while(i-- > 0)
    {
        std::cout << i << '\n';
    }
}

int main()
{
    std::jthread t(thread_func, 10);
}
```

❑ 如果你需要能取消线程执行，你应该如下这么做：
- 确保线程函数的第一个参数是 std::stop_token 对象。
- 在线程函数中，周期性地检查停止信号是否被 std::stop_token 对象通过 stop_requested() 请求，如果被请求则停止。
- 使用 std::jthread 在另外的线程上执行函数。

- 在调用线程里，使用 std::jthread 对象的 request_stop() 方法来请求线程函数停止并返回。

```cpp
void thread_func(std::stop_token st, int& i)
{
    while(!st.stop_requested() && i < 100)
    {
        using namespace std::chrono_literals;
        std::this_thread::sleep_for(200ms);
        i++;
    }
}

int main()
{
    int a = 0;

    std::jthread t(thread_func, std::ref(a));

    using namespace std::chrono_literals;

    std::this_thread::sleep_for(1s);

    t.request_stop();

    std::cout << a << '\n';        // prints 4
}
```

☐ 如果你需要取消多个线程的工作，则可如下做：
- 所有线程函数必须接收 std::stop_token 对象作为第一个参数。
- 所有线程函数应该周期性检查停止信号是否被 std::stop_token 对象通过调用 stop_requested() 方法请求，如果被请求则停止执行。
- 使用 std::jthread 在不同的线程上执行函数。
- 在调用线程里，创建 std::stop_source 对象。
- 在 std::stop_source 对象上通过调用 get_token() 方法获取 std::stop_token 对象，在创建 std::jthread 对象时，将其作为第一个参数传递给线程函数。
- 当你需要停止线程函数的执行时，调用 std::stop_source 对象上的 request_stop() 方法。

```cpp
void thread_func(std::stop_token st, int& i)
{
    while(!st.stop_requested() && i < 100)
    {
        using namespace std::chrono_literals;
        std::this_thread::sleep_for(200ms);
        i++;
    }
```

```
}

int main()
{
    int a = 0;
    int b = 10;

    std::stop_source st;

    std::jthread t1(thread_func, st.get_token(),
                    std::ref(a));
    std::jthread t2(thread_func, st.get_token(),
                    std::ref(b));

    using namespace std::chrono_literals;
    std::this_thread::sleep_for(1s);

    st.request_stop();

    std::cout << a << ' ' << b << '\n';        // prints 4
                                               // and 14
}
```

- 如果在 stop_source 的请求取消时，你需要执行部分代码，你可以使用 std::stop_token 对象创建的 std::stop_callback，当停止请求发送后，此回调函数将被调用（通过与 std::stop_token 关联的 std::stop_source 对象）：

```
void thread_func(std::stop_token st, int& i)
{
    while(!st.stop_requested() && i < 100)
    {
        using namespace std::chrono_literals;
        std::this_thread::sleep_for(200ms);
        i++;
    }
}

int main()
{
    int a = 0;

    std::stop_source src;
    std::stop_token token = src.get_token();
    std::stop_callback cb(token,
                          []{std::cout << "the end\n";});

    std::jthread t(thread_func, token, std::ref(a));

    using namespace std::chrono_literals;
    std::this_thread::sleep_for(1s);
```

```
    src.request_stop();

    std::cout << a << '\n';           // prints "the end" and 4
}
```

8.12.3 工作原理

std::jthread 跟 std::thread 十分类似。实际上，它尝试修复 C++11 线程中的问题。它的公共接口与 std::thread 也十分类似。所有 std::thread 中的方法在 std::jthread 中也有。然而，它在以下几个关键方面有所区别：

❏ 在内部，至少从逻辑上讲它维护了共享停止状态，允许请求线程函数停止执行。

❏ 它有几个方法用来处理相关联的取消：get_stop_source()，返回线程共享停止状态的 std::stop_source 对象；get_stop_token()，返回线程共享停止状态的 std::stop_token 对象；request_stop()，通过共享停止状态请求取消线程函数的执行。

❏ 它的析构函数的执行是：当线程 joinable，调用 request_stop() 再调用 join() 来请求停止执行，然后等待线程结束执行。

你可以像创建 std::thread 一样创建 std::jthread 对象。然而传递给 std::jthread 的可调用函数接收 std::stop_token 类型作为第一个参数。当你需要取消线程执行时，这是必需的。典型的场景包括图形用户界面里用户交互可能取消正在进行的工作，也可以预见很多其他类似的场景。此类线程函数的调用如下：

❏ 当构造 std::jthread 时，线程函数的第一个参数是 std::stop_token，它将传递给可调用函数。

❏ 如果可调用函数的第一个参数不是 std::stop_token 对象，则 std::stop_token 对象关联的 std::jthread 对象内部共享停止状态被传递给这个函数。此 token 可通过调用 get_stop_token() 获取。

函数线程必须周期性地检查 std::stop_token 对象的状态。stop_requested() 方法检查停止请求是否发送。停止请求来自 std::stop_source 对象。

如果多个 stop token 关联同一个 stop source，则停止请求对所有 stop token 可见。如果停止请求了，则它无法被撤回，且连续的停止请求没有任何意义。为了请求停止，你应该调用 request_stop() 方法。通过调用 stop_possible() 方法，你可以检查 std::stop_source 是否与停止状态关联及是否可停止请求。

如果在 stop source 请求停止时，你需要调用回调函数，那么你可以使用 std::stop_callback 类。它将 std::stop_token 对象与回调函数绑定。当 stop token 的 stop source 请求停止时，回调函数被调用。回调函数调用如下：

❏ 在同一线程中调用 request_stop()。

❑ 在构造 `std::stop_callback` 对象的线程中，在 stop callback 对象被构造前，停止请求已经被发送。

你可以给同一 stop token 创建任意数量的 `std::stop_callback` 对象。然而，这些回调函数的调用顺序是不一定的。唯一保证的是在 `std::stop_callback` 对象创建后，请求停止，它们将会同步执行。

另外重要的一点是，如果任意回调函数返回异常，`std::terminate()` 会被调用。

8.12.4 延伸阅读

❑ 阅读 8.1 节，以了解 C++ 中 `std::thread` 类和线程使用的基本操作。
❑ 阅读 8.5 节，以了解如何在生产者和消费者线程间通过条件变量来发送通知。

8.13 使用线程同步机制

C++11 线程支持库包括互斥量和条件变量，使线程可同步访问共享资源。互斥量只允许多进程中的一个线程执行，而其他需要访问共享资源的线程需要睡眠。互斥量在某些场景下是昂贵的。因此，C++20 标准提供了几个新的且更简单的同步机制：锁存器（latch）、屏障（barrier）和信号量（semaphore）。尽管这些同步机制没有提供新的用例，但更易于使用，性能更好，因为它们只内部依赖于无锁机制。

 在写这本书的时候，没有编译器支持 C++20 线程同步机制。尽管基于标准规格，但本小节的样例代码可能无法在任何编译器上测试，而且我们也无法保证它们的正确性。

8.13.1 准备工作

新 C++20 同步机制定义在新头文件中。对于 `std::latch`，你必须引入 `<latch>`；对于 `std:barrier`，必须引入 `<barrier>`；对于 `std::couting_semaphore` 和 `std::binary_semaphore`，则必须引入 `<semaphore>`。

8.13.2 使用方式

使用 C++20 同步机制，可如下做：

❑ 当你需要线程等待直到计数器被其他线程减至 0 时，可用 `std::latch`。latch 必须被非 0 值初始化并且多个线程可减其值，同时其他线程等待其值变为 0。当计数器变为 0 时，所有等待线程将被唤醒，latch 将不再被使用。以下示例中，四个线程在创建数据（保存在整型 vector 里），主线程基于 `std::latch` 等待它们完成，每个线程在完成工作后将计数器减 1：

```
int const jobs = 4;
std::latch work_done(jobs);
std::vector<int> data(jobs);
std::vector<std::jthread> threads;
for(int i = 1; i <= jobs; ++i)
{
    threads.push_back(std::jthread([&data, i, &work_done]{
        using namespace std::chrono_literals;
        std::this_thread::sleep_for(1s); // simulate work

        data[i] = create(i);    // create data

        work_done.count_down(); // decrement counter
    }));
}
work_done.wait();              // wait for all jobs to finish
process(data);                 // process data from all jobs
```

❏ 当你需要在并行任务间进行循环同步时，使用 std::barrier。你可用计数器和可选完成函数来构造 barrier。线程到达 barrier，内部计数器减一并进行阻塞。当计数器为 0 时，完成函数被调用，所有阻塞线程被唤醒，新的循环开始。在以下示例中，四个线程将创建的数据保存在整型 vector 中。当所有线程完成一个循环，数据在主线程中通过完成函数进行处理。每个线程在完成一个循环后被阻塞，直到它们被 std::barrier 对象唤醒。此过程重复 10 次：

```
int const jobs = 4;
std::vector<int> data(jobs);
int cycle = 1;
std::stop_source st;

std::barrier<std::function<void()>>
    work_done(
        jobs,                        // counter
        [&data, &cycle, &st]() {     // completion function
            process(data);           // process data from all jobs
            cycle++;
            if (cycle == 10)
                st.request_stop();   // stop after ten cycles
        });

std::vector<std::jthread> threads;
for (int i = 1; i <= jobs; ++i)
{
    threads.push_back(std::jthread(
        [&cycle, &work_done](std::stop_token st, int const i)
        {
            while (!st.stop_requested())
            {
```

```
                    // simulate work
                    using namespace std::chrono_literals;
                    std::this_thread::sleep_for(200ms);
                    // create data
                    data[i] = create(i, cycle);

                    // decrement counter
                    work_done.arrive_and_wait();            }
        }));
    }

    for (auto& t : threads) t.join();
```

☐ 当你需要限制 *N* 线程数量（如果是 binary_semaphore 则为单线程）来访问共享资源
或在不同线程间传递通知时，可使用 std::couting_semaphore<N> 或 std::binary_
semaphore。在以下示例中，四个线程创建数据并将其添加到整型 vector 尾部。为了
避免竞争条件，binary_semaphore 对象被用来限制单线程对 vector 的访问：

```
int const jobs = 4;
std::vector<int> data;

std::binary_semaphore bs;

for (int i = 1; i <= jobs; ++i)
{
    threads.push_back(std::jthread([&data, i, &bs] {
        for (int k = 1; k < 5; ++k)
        {
            // simulate work
            using namespace std::chrono_literals;
            std::this_thread::sleep_for(200ms);
            // create data
            int value = create(i, k);

            // acquire the semaphore
            bs.acquire();
            // write to the shared resource
            data.push_back(value);
            // release the semaphore
            bs.release();          }
    }));
}

process(data); // process data from all jobs
```

8.13.3 工作原理

std::latch 类实现了用来同步线程的计数器。它是无竞争类，按如下方式工作：

□ 当 latch 创建时，计数器被初始化且只能减小。

□ 线程可减小 latch 的值且可重复多次。

□ 线程可被阻塞直到 latch 计数器为 0。

□ 当计数器为 0 时，latch 被永久触发且所有在此 latch 等待的线程被唤醒。

`std::latch` 类的方法如表 8.4 所示。

表　8.4

方法	描述
count_down()	将内部计数器减少 N（默认是 1）而不阻塞调用者。此为原子操作。N 必须是不小于内部计数器值的正值；否则，行为是未定义的
try_wait()	表明内部计数器是否为 0，如果是则返回 true。有非常小的可能性，当计数器为 0 时，此函数仍会返回 false
wait()	阻塞调用线程直到内部计数器为 0。如果内部计数器已经为 0，则函数非阻塞立即返回
arrive_and_wait()	此函数与在调用 count_down() 后调用 wait() 等价。它将内部计数器减小 N（默认为 1），阻塞调用线程，直到内部计数为 0

在 8.12 节第一个示例中，我们有 `std::latch` 对象 work_done，以执行工作的线程数（或工作数）初始化。每个线程生产数据并写入共享资源，整型 vector。尽管是共享的，但因每个线程写入不同位置，所以没有竞争，因此不需要同步机制。在完成工作后，每个数据将 latch 计数器减小。主线程等待直到 latch 计数器为 0，然后它将处理线程的数据。

因为 `std::latch` 内部计数器无法被增加或重置，此同步机制只能使用一次。`std::barrier` 类似，但却是可重复使用的同步机制。barrier 允许线程阻塞直到操作完成，对多线程执行重复任务很有用。

barrier 按如下方式工作：

□ barrier 包含计数器，计数器在 barrier 构造时初始化且可被到达 barrier 的线程减小。当计数器为 0 时，它被重置为初始值，barrier 可被重用。

□ barrier 也包含完成函数，当计数器为 0 时调用。如果默认完成函数被使用，则在调用 `arrive_and_wait()` 或 `arrive_and_drop()` 时被调用。否则，完成函数在参加完成阶段的其中一个函数上调用。

□ barrier 从开始到重置的过程称为完成阶段。从同步点开始到完成步骤结束。

□ 在 barrier 构造后到达同步点的前 N 个线程是参与线程集。在之后的循环里，只有这些线程允许到达 barrier。

□ 到达同步点的线程可通过调用 `arrive_and_wait()` 决定参加完成阶段。然而，线程可调用 `arrive_and_drop()` 将其从参与集中删除。在此情况下，另一线程必须取代其在参与集中的位置。

□ 当所有参与集中的线程到达同步点时，完成阶段执行。将发生三个步骤：首先，完成函数被调用；其次，所有被阻塞的线程被唤醒；最后，barrier 计数重置，新的循环开始。

std::barrier 类的方法如表 8.5 所示。

表 8.5

方法	描述
arrive_and_wait()	到达 barrier 同步点并阻塞。调用线程必须在参与集里，否则行为是未定义的。函数只有在完成阶段结束时返回
arrive_and_drop()	到达 barrier 同步点并将线程从参与集中移除。在完成阶段结束之前，函数阻塞与否是实现相关的。调用线程必须在参与集里，否则行为是未定义的。

在 8.13.2 节第二个代码片段，我们看到了 std::barrier 的示例。在此示例中，创建了 std::barrier，并用计数器和完成函数初始化，其中计数器代表线程数。此函数处理由所有线程生产的数据，然后递增循环计数器，并在 10 次循环后请求停止线程。这基本上意味着在线程结束工作前，barrier 会执行 10 次循环。每个线程循环直到被请求停止，在每次迭代中，它们生产一些数据，写入共享整型 vector。在循环结束后，每个线程到达 barrier 同步点，递减计数器，等待其变成 0，完成函数执行。这通过调用 std:barrier 类的 arrive_and_wait() 方法完成。

C++20 线程支持库中最后一个同步机制是 semaphore。semaphore 包含可被多线程增加和减小的内部计数器。当计数器为 0 时，任何尝试减小计数器的操作将阻塞线程，直到另一线程增加计数器。

有两个 semaphore 类：std::counting_semaphore<N> 和 std::binary_semaphore。后者实际是只是 std::counting_semaphore<1> 的别名。

counting_semaphore 允许 N 个线程访问共享资源，不同于互斥量，后者只允许一个。binary_semaphore 跟互斥量类似，因为只有一个线程可访问共享资源。另一方面，互斥量跟线程绑定：给互斥量加锁的线程必须释放锁。然而，semaphore 不是这样的。semaphore 可被没有获取它的线程释放，获取 semaphore 的线程也不必释放它。

std::counting_semaphore 类的方法如表 8.6 所示。

表 8.6

方法	描述
acquire()	如果内部计数器大于 0，则递减 1。否则，阻塞直到计数器大于 0
try_acquire()	如果计数器大于 0，则尝试递减 1。如果成功，则返回 true，否则返回 false。此方法不阻塞
try_acquire_for()	如果计数器大于 0，则尝试递减 1。否则，阻塞直到计数器大于 0 或指定超时发生。如果计数器成功递减，则函数返回 true
try_acquire_until()	如果计数器大于 0，则尝试递减 1。否则，阻塞直到计数器大于 0 或超过指定时间点。如果计数器成功递减，则函数返回 true
release()	内部计数器增加指定值（默认为 1）。任何等待在此计数器大于 0 的被阻塞线程将被唤醒

上述在计数器上执行的递增或递减操作的方法都是原子执行的。

8.13.2 节中的最后一个示例展示了 `binary_semaphore` 的使用方法。一定数量的线程（示例中为 4）在循环中生产工作，并写入共享资源。不像之前的示例，它们只是简单地将其添加到整型 vector 的尾部。因此，线程间访问 vector 必须进行同步，这也是 `binary_semaphore` 的用武之地。每次循环，线程函数创造新值（需要花费些时间）。然后，值被添加到 vector 尾部。然而，线程必须调用 semaphore 的 `acquire()` 方法以保证它是唯一可继续执行并访问共享资源的线程。在写操作完成后，线程调用 semaphore 的 `release()` 方法来增加内部计数器，并允许另一个线程来访问共享资源。

semaphore 有多种用途：阻塞对共享资源的访问（类似于互斥量）；在线程间传递通知（类似于条件变量）；实现 barrier，与其他类似机制相比通常性能更好。

8.13.4　延伸阅读

❑ 阅读 8.1 节，以了解 C++ 中 `std::thread` 类和线程使用的基本操作。

❑ 阅读 8.2 节，以了解同步线程访问共享数据的可用机制以及工作方式。

❑ 阅读 8.5 节，以了解如何在生产者和消费者线程间通过条件变量来发送通知。

第 9 章 *Chapter 9*

鲁棒性和性能

当选择面向对象编程语言且性能和灵活作为关键目标时，C++ 往往是第一选择。现代 C++ 提供语言和库特性，比如右值引用、移动语义和智能指针。

当与异常处理、常量正确性、类型安全转换、资源分配和释放的良好实践结合时，C++ 可使开发人员写出更好、更具鲁棒性和更高性能的代码。本章将讨论这些必要的主题。

本章将从异常处理开始。

9.1 使用异常进行错误处理

异常用于处理程序运行时出现的异常情况。它们将控制流转移到程序的另一部分。相比于返回错误代码这种复杂且杂乱的方法，异常是一种更简单、更鲁棒的错误处理机制。在本节中，我们将看到关于抛出和处理异常的关键方面。

9.1.1 准备工作

本节要求你了解抛出异常（使用 throw 语句）和捕获异常（使用 try...catch 代码块）的机制方面的基本知识。本节将关注异常方面的良好实践，而不是 C++ 语言里的异常机制细节。

9.1.2 使用方式

使用以下实践来处理异常：

❏ 按值抛出异常：

```
void throwing_func()
{
  throw std::runtime_error("timed out");
}

void another_throwing_func()
{
  throw std::system_error(
    std::make_error_code(std::errc::timed_out));
}
```

❏ 在大多数情况下，以引用或常量引用的方式捕获异常：

```
try
{
  throwing_func();
}
catch (std::exception const & e)
{
  std::cout << e.what() << '\n';
}
```

❏ 当捕获来自类层次结构的多个异常时，以最多派生类到层次结构的基类的层次排序
catch 语句。

```
auto exprint = [](std::exception const & e)
{
  std::cout << e.what() << '\n';
};

try
{
  another_throwing_func();
}
catch (std::system_error const & e)
{
  exprint(e);
}
catch (std::runtime_error const & e)
{
  exprint(e);
}
catch (std::exception const & e)
{
  exprint(e);
}
```

❏ 不管异常的类型如何，使用 catch(...) 捕获所有异常：

```
try
```

```
{
  throwing_func();
}
catch (std::exception const & e)
{
  std::cout << e.what() << '\n';
}
catch (...)
{
  std::cout << "unknown exception" << '\n';
}
```

❑ 使用 `throw;` 来重新抛出当前异常。这可用于创建处理多个异常的单异常处理函数。如果你想隐藏异常的原始位置，可抛出异常对象（比如 `throw e;`）：

```
void handle_exception()
{
  try
  {
    throw; // throw current exception
  }
  catch (const std::logic_error & e)
  { /* ... */ }
  catch (const std::runtime_error & e)
  { /* ... */ }
  catch (const std::exception & e)
  { /* ... */ }
}

try
{
  throwing_func();
}
catch (...)
{
  handle_exception();
}
```

9.1.3 工作原理

大部分函数必须表明它们的执行成功与否。这可通过不同的方法实现。以下是几种可能：
❑ 返回错误代码（特殊值表示成功）来表明失败的具体原因：

```
int f1(int& result)
{
  if (...) return 1;
  // do something
  if (...) return 2;
  // do something more
```

```
    result = 42;
    return 0;
}
enum class error_codes {success, error_1, error_2};

error_codes f2(int& result)
{
  if (...) return error_codes::error_1;
  // do something
  if (...) return error_codes::error_2;
  // do something more
  result = 42;
  return error_codes::success;
}
```

❑ 返回布尔值来表明成功与否：

```
bool g(int& result)
{
  if (...) return false;
  // do something
  if (...) return false;
  // do something more
  result = 42;
  return true;
}
```

❑ 另一种方法是返回无效对象、null 指针或空 std::optional<T> 对象：

```
std::optional<int> h()
{
  if (...) return {};
  // do something
  if (...) return {};
  // do something more
  return 42;
}
```

在任何情况下，从函数中返回的值都需要被检查。这可能使现实世界代码复杂、凌乱、难以阅读和维护。而且，不管函数成功与否，检查函数返回值的过程一直执行。另外，只有在函数失败时，才抛出并处理异常，这种情况跟成功执行相比是非常少见的。这与返回并测试错误的代码相比，性能更好。

 异常和错误代码不是互斥的。异常应该只用于转移异常情况下的控制流，而不是用于控制程序中的数据流。

类构造函数是不返回任何值的特殊函数。它们应该返回对象，但当构造失败时它们无法通过返回值来指明这一点。构造函数应该使用异常机制来表明失败。异常和资源获取即初始化（Resource Acquisition is Initialization，RAII）配合，来保证在所有情况下资源的安全获取与释放。另外，析构函数不允许抛出异常。当这种情况发生时，程序会通过调用 `std::terminate()` 异常终止。因为另一个异常的发生，所以当栈展开时调用析构函数会发生前述情况。当异常发生时，栈从异常抛出点展开到处理异常的代码块。此过程涉及所有栈帧的所有本地对象的析构。

如果在此过程中正销毁对象的析构函数抛出异常，另一个栈展开过程应该开始，这和正在进行的栈展开冲突。因此，程序将异常终止。

处理构造函数和析构函数中的异常的经验如下：
1. 使用异常表明在构造函数里发生的错误。
2. 不要在析构函数抛出异常，也不要让异常离开析构函数。

可以抛出任何类型的异常。然而，在大多数情况下，你应该抛出临时变量并用常量引用捕获异常。以下是抛出异常的一些指导准则：

❑ 优先选择抛出标准异常，或者你自己从 `std::exception` 或其他标准异常中继承的异常。这么做的原因是标准库提供了异常类，这些异常类应该是异常的第一选择。你应该使用已经可用的异常，当没有更好的选择时，基于标准异常构建你自己的异常。这么做的主要好处是一致性且可帮助用户通过基类 `std::exception` 捕获异常。

❑ 避免抛出内嵌类型（如整型）的异常。原因是数值向用户传递的信息很少，用户必须知道它代表什么，而对象可提供更多上下文信息。比如，`throw 42;` 这条语句没有告诉用户任何信息，但 `throw access_denied_exception{};` 仅从类名传递了更多的隐式信息，且它的数据成员可携带任何有用或必要的关于异常情况的信息。

❑ 当使用带有自己异常层级的库或框架时，选择从此异常层级抛出异常或抛出自己从中派生出的异常，至少对跟其紧密联系的代码这么做。主要原因是保持代码使用库 API 的一致性。

9.1.4 更多

如 9.1.3 节所述，当你需要创建自己的异常类型时，请从可用的标准异常库中继承，除非你在使用自带异常层级的库或框架。C++ 标准定义了几个异常类别，可考虑用于这个目的：

❑ `std::logic_error` 表示程序逻辑错误的异常，如无效参数、范围边界外的索引等。它有各种标准派生类，如 `std::invalid_argument`、`std::out_of_range` 和 `std::length_error`。

❑ `std::runtime_error` 表示程序范围外或因各种因素无法预测的错误的异常，包括外部因素，如溢出和下溢或操作系统错误。C++ 标准也提供了基于 `std::runtime_error` 的派生类，包括 `std::overflow_error`、`std::underflow_error`、`std::system_error` 和 C++20 的 `std::format_error`。

❑ 带有 bad_ 前缀的异常，如 std::bad_alloc、std::bad_cast 和 std::bad_function_ call，表示程序中的各种错误，如分配内存失败、动态转换失败或调用函数失败等。

所有异常的基类是 std::exception。它有不抛异常的虚方法 what()，返回指向表示该错误描述的字符数组的指针。

当你需要从标准库继承自定义异常时，请使用适当的类别，如逻辑或运行时错误。如果没有合适的类别，那么可以从 std::exception 直接继承。以下是你可以从标准异常继承的可能解决方案：

❑ 如果你需要从 std::exception 继承，则重写虚方法 what() 来提供对该错误的描述：

```cpp
class simple_error : public std::exception
{
public:
  virtual const char* what() const noexcept override
  {
    return "simple exception";
  }
};
```

❑ 如果从 std::logic_error 或 std::runtime_error 继承，则只需要提供不依赖于运行时数据的静态描述，然后将描述文本传递给基类构造函数：

```cpp
class another_logic_error : public std::logic_error
{
public:
  another_logic_error():
    std::logic_error("simple logic exception")
  {}
};
```

❑ 如果你从 std::logic_error 或 std::runtime_error 继承，但描述信息却依赖运行时数据，则提供带参数的构造函数并利用其构建描述信息。你要么把描述信息传递给基类构造函数，要么将其从覆盖的 what() 方法返回：

```cpp
class advanced_error : public std::runtime_error
{
  int error_code;
  std::string make_message(int const e)
  {
    std::stringstream ss;
    ss << "error with code " << e;
    return ss.str();
  }
public:
  advanced_error(int const e) :
    std::runtime_error(make_message(e).c_str()),error_code(e)
  {
```

```
  }

  int error() const noexcept
  {
    return error_code;
  }
};
```

你可以访问 https://en.cppreference.com/w/cpp/error/exception 页面，以了解标准异常类的完整列表。

9.1.5 延伸阅读

❏ 阅读 8.4 节，以了解如何处理来自主线程或 join 线程的工作线程抛出的异常。
❏ 阅读 9.2 节，以了解如何告知编译器函数不应该抛出异常。

9.2 对于不抛出异常的函数使用 noexcept

异常规范是语言特性，可提高性能，但如果使用不当，则会导致程序异常终止。C++03 的异常规范（允许你表明函数可抛出的异常类型）已被弃用并被 C++11 新 noexcept 规范所替代。此规范只允许你表明函数不会抛出异常，而不是它所抛出的实际异常类型。本节将提供 C++ 中的现代异常规范及使用场景的准则。

9.2.1 使用方式

使用以下构造函数来指定或查询异常规范：
❏ 在函数声明中使用 nothrow 来表明函数不会抛出任何异常：

```
void func_no_throw() noexcept
{
}
```

❏ 在函数声明（如模板元编程）中使用 nothrow(expr) 来表明函数可能会或可能不会基于 bool 条件抛出异常：

```
template <typename T>
T generic_func_1()
  noexcept(std::is_nothrow_constructible_v<T>)
{
  return T{};
}
```

❏ 在编译时，使用 noexcept 操作符检查表达式是否已声明不抛出任何异常：

```
template <typename T>
```

```
T generic_func_2() noexcept(noexcept(T{}))
{
  return T{};
}

template <typename F, typename A>
auto func(F&& f, A&& arg) noexcept
{
  static_assert(!noexcept(f(arg)), "F is throwing!");
  return f(arg);
}

std::cout << noexcept(func_no_throw) << '\n';
```

9.2.2 工作原理

C++17 中，异常规范是函数类型的一部分，但不是函数签名的一部分，它可作为函数说明符的一部分出现。因为异常规范不是函数签名的一部分，所以两个函数签名不能仅仅因为异常规范而有所不同。在 C++17 之前，异常规范不是函数类型的一部分，只可作为lambda 说明符或顶层函数说明符的一部分出现，它们甚至不能在 typedef 或类型别名声明中出现。关于异常规范的进一步讨论，可以参见 C++17 标准。

以下几种方式可指明抛出异常过程：

❑ 如果没有异常规范，则函数可能抛出异常。

❑ noexcept(false) 等同于没有异常规范。

❑ noexcept(true) 和 noexcept 表明函数不会抛出任何异常。

❑ throw() 等同于 noexcept(true)，但已被弃用，直到 C++20 才将其完全移除。

异常规范必须小心使用，因为如果异常（直接抛出或从另一个被调用函数中抛出）在标记为 non-throw 的函数中抛出，则程序会通过调用 std::terminate() 而立即异常终止。

指向不会抛出异常的函数的指针可隐式地转换成指向会抛出异常的函数的指针，反之则不然。另外，如果虚函数有不抛出异常规范，这意味着所有覆盖函数的声明都必须保留此规范，除非覆盖函数被声明为已删除。

在编译期间，使用操作符 noexcept 可检查函数是否声明为不抛出异常。此操作符接收一个表达式，如果表达式声明不抛出异常或布尔值为 false，则此操作符返回 true。表达式被操作符检查时，不会执行。

noexcept 操作符和 noexcept 说明符在模板元编程中特别有用，用于表明对于某些类型，函数是否会抛出异常。它也可以和 static_assert 声明一起使用来检查表达式是否会违反函数不抛出异常的保证，就如 9.2.1 节中的示例所示。

关于 noexcept 操作符是如何工作的，以下代码展示了更多示例：

```
int double_it(int const i) noexcept
{
  return i + i;
}

int half_it(int const i)
{
  throw std::runtime_error("not implemented!");
}

struct foo
{
  foo() {}
};

std::cout << std::boolalpha
  << noexcept(func_no_throw()) << '\n'              // true
  << noexcept(generic_func_1<int>()) << '\n'        // true
  << noexcept(generic_func_1<std::string>()) << '\n'// true
  << noexcept(generic_func_2<int>()) << '\n'        // true
  << noexcept(generic_func_2<std::string>()) << '\n'// true
  << noexcept(generic_func_2<foo>()) << '\n'        // false
  << noexcept(double_it(42)) << '\n'                // true
  << noexcept(half_it(42)) << '\n'                  // false
  << noexcept(func(double_it, 42)) << '\n'          // true
  << noexcept(func(half_it, 42)) << '\n';           // true
```

需要指出的是，noexcept 说明符不提供异常的编译时检查。它只是告知编译器此函数不会抛出异常的一种方式。编译器可用它来做一些优化。例如 std::vector，如果 vector 元素的移动构造函数是 noexcept，则移动元素，否则就复制它们。

9.2.3 更多

就如之前提到的，noexcept 说明符声明的函数会因异常退出，而导致程序异常终止。因此，应当小心使用 noexcept 说明符。noexcept 可优化代码、提升性能，同时提供强异常保证。这样的一个例子就是库里的容器。

 强异常保证表明操作要么完全成功，要么出现异常，使程序状态保留在异常前。这保证了提交或回退的语义。

很多标准容器提供了一些强异常保证的操作。vector 的 push_back() 方法就是一个例子。此方法可通过 vector 元素的移动构造函数或移动赋值操作符而不是复制构造函数或复制赋值操作符来进行优化。然而，为了保持其强异常保证，只有当移动构造函数或移动赋值操作符不抛出异常时才能这样做。如果其中一个会抛出异常，则必须使用复制构造函数或复制赋值操作符。

如果 `std::move_if_noexcept()` 工具函数的类型参数的移动构造函数标记为 noexcept，则可以这么做。noexcept 表明移动构造函数或移动赋值操作符不会抛出异常，可能是 noexcept 最重要的使用场景。

针对异常规范，考虑以下规则：

❑ 如果函数可能抛出异常，则不要使用任何异常说明符。

❑ 只对保证不会抛出异常的函数标记 noexcept。

❑ 只对基于条件可能抛出异常的函数标记 noexcept(expression)。

这些规则很重要，因为如前面所述，从 noexcept 函数中抛出异常会调用 std::terminate() 而立即终止程序。

9.2.4 延伸阅读

❑ 阅读 9.1 节，以了解 C++ 中使用异常的最佳实践。

9.3 保证程序的常量正确性

尽管没有正式定义，常量正确性意味着不应该被修改（不变）的对象保持不变。作为开发者，你应该通过使用 const 关键字来声明参数、变量和成员函数来保证这一点。在本节中，我们将探索常量正确性的好处及如何实现它。

9.3.1 使用方式

为了保证程序的常量正确性，你通常应该声明以下为常量：

❑ 在函数中不应该被修改的函数参数：

```cpp
struct session {};

session connect(std::string const & uri,
                int const timeout = 2000)
{
  /* do something */
  return session { /* ... */ };
}
```

❑ 不变的类数据成员：

```cpp
class user_settings
{
public:
  int const min_update_interval = 15;
  /* other members */
};
```

❑ 从外部看，不会修改对象状态的类成员函数：

```
class user_settings
{
  bool show_online;
public:
  bool can_show_online() const {return show_online;}
  /* other members */
};
```

❑ 函数内的本地变量，此变量在其生命周期内都不变：

```
user_settings get_user_settings()
{
  return user_settings {};
}

void update()
{
  user_settings const us = get_user_settings();
  if(us.can_show_online()) { /* do something */ }
  /* do more */
}
```

9.3.2 工作原理

对象和成员函数声明为常量有几个重要的好处：

❑ 可以避免对对象的意外更改和故意更改，这些更改在某些情况下会导致不正确的程序行为。

❑ 使编译器可以执行更好的性能优化。

❑ 对其他用户而言，代码语义文档化。

 常量正确性不是个人风格而是 C++ 开发过程中的核心原则。

不幸的是，常量正确性没有在书籍、C++ 社区和工作环境中获得足够的重视。经验法则是，所有不应该改变的都应该被声明为常量。这应该一直遵守，而不是在你需要清理重构代码等后期开发阶段才做。

当声明参数或变量为常量时，你要么将 const 关键字放在类型前（const T c），要么放在类型之后（T const c）。两者是等价的，不管你用哪种风格，都应该从右边开始理解声明。const T c 可理解为 c 是一个 T，T 为常量，T const c 则表示 c 是一个常量 T。当遇到指针时，这会有点复杂。表 9.1 展示了不同指针声明和它们的描述。

表　9.1

表达式	描述
T* p	p是非常量T的非常量指针
const T* p	p是T的非常量指针，T为常量
T const * p	p是常量T的非常量指针（跟前一项一样）
const T * const p	p是T的常量指针，T为常量
T const * const p	p是常量T的常量指针（跟前一项一样）
T** p	p是指向非常量T的非常量指针的非常量指针
const T** p	p是指向常量T的非常量指针的非常量指针
T const ** p	和const T** p一样
const T* const * p	p是指向常量指针的非常量指针，其中常量指针指向常量T
T const * const * p	和const T* const * p一样

 const 关键字放于类型后更自然，因为它和从右到左的阅读方向一致。因此，此书中所有示例采用此风格。

对于引用，情况是类似的：const T & c 和 T const & c 是等价的，即 c 是指向常量 T 的引用。然而，T const & const c 表示的 c 是指向常量 T 的常量引用，这没有意义，因为引用（变量的别名）是隐式常量，它们无法被修改为另一个变量的别名。

指向非常量对象的非常量指针 T*，可被隐式地转换为指向常量对象的非常量指针 T const *。然而，T** 不能隐式地转换为 T const **（跟 const T** 等价）。这是因为这样做的话会导致常量对象可被指向非常量对象的指针所修改，如下例所示：

```
int const c = 42;
int* x;
int const ** p = &x; // this is an actual error
*p = &c;
*x = 0;              // this modifies c
```

如果对象是常量，只有类的常量函数可被调用。然而，声明成员函数为常量不意味着此函数只能在常量对象上调用。从外部来看，这意味着此函数不会修改对象的内部状态。这是关键部分，但它经常被误解。有内部状态的类可通过公共接口暴露给它的用户。

然而，不是所有的内部状态都可被暴露，从公共接口层面可见的状态不一定有内部状态的直接表示（如果你对订单行进行建模，内部状态有物品数量和售卖价格，那么你可能有一个公共方法，通过将数量和价格相乘来暴露定单行金额）。因此，从对象公共接口可见的对象状态是一个逻辑状态。定义常量方法是一种声明，表示函数不会改变逻辑状态。然而，编译器阻止你通过此方法修改数据成员。为了避免这个问题，应该把会被常量函数修改的数据成员声明为 mutable。

在下面示例中，computation 是有 compute() 方法的类，执行长时间运行的计算操作。因为它不影响对象的逻辑状态，所以此函数被声明为常量。然而为了避免重复计算同一输入的结果，计算的结果存储在缓存中。为了能在常量函数中修改缓存，缓存被声明为 mutable：

```cpp
class computation
{
  double compute_value(double const input) const
  {
    /* Long running operation */
    return input;
  }

  mutable std::map<double, double> cache;
public:
  double compute(double const input) const
  {
    auto it = cache.find(input);
    if(it != cache.end()) return it->second;

    auto result = compute_value(input);
    cache[input] = result;

    return result;
  }
};
```

以下类展示了类似的情况，实现了线程安全容器。共享内部数据的访问被 mutex 保护。类提供了例如加、减值的方法，也提供了 contains() 等方法，用来表明物品是否在容器中。因为此成员函数不修改对象逻辑状态，所以它被声明为常量。然而，共享内部状态必须被互斥量保护。为了对互斥量加锁、释放锁，可变操作（修改对象状态）和互斥量都必须声明为 mutable。

```cpp
template <typename T>
class container
{
  std::vector<T>    data;
  mutable std::mutex mt;
public:
  void add(T const & value)
  {
    std::lock_guard<std::mutex> lock(mt);
    data.push_back(value);
  }

  bool contains(T const & value) const
  {
    std::lock_guard<std::mutex> lock(mt);
    return std::find(std::begin(data), std::end(data), value)
           != std::end(data);
  }
};
```

mutable 说明符允许我们修改类成员，即其对象被声明为 const。这跟 std::mutex 类型的 mt 成员情况相似，即使在声明为 const 的 contains() 方法中，也可被修改。

有时，方法或操作符有常量和非常量的重载版本。一般在下标操作符或提供对内部状态直接访问的方法中比较常见。这样做的原因是，此方法应该对常量和非常量对象都可用。然而，行为却不同：对于非常量对象，方法允许客户对访问的数据进行修改，但对于常量对象，则不然。因此，非常量下标操作符返回对非常量对象的引用，常量下标操作符返回对常量对象的引用：

```cpp
class contact {};

class addressbook
{
  std::vector<contact> contacts;
public:
  contact& operator[](size_t const index);
  contact const & operator[](size_t const index) const;
};
```

 需要注意的是，如果成员函数是常量，那么即使对象是常量，由此成员函数返回的数据也可能不是常量。

9.3.3　更多

对象的 const 修饰符可通过 const_cast 转换去除，但只有当你知道这个对象不是被声明为常量时才能使用，更多信息，请阅读9.6节。

9.3.4　延伸阅读

❑ 阅读9.4节，以了解关于 constexpr 修饰符和如何定义可在编译时运算的变量和函数。
❑ 阅读9.5节，以了解 C++20 consteval 说明符，该说明符用来定义保证在编译时运算的函数。
❑ 阅读9.6节，以了解关于在 C++ 语言中进行正确转换的最佳实践。

9.4　创建编译时常量表达式

在编译时运算表达式可以改善执行时间，因为需要执行的代码少了，编译器可做额外的优化。编译时常量不仅仅是字面量（如数字或字符串），也可以是函数执行的结果。如果函数的所有输入值（不管它们是参数、局部变量或全局变量）在编译时已知，则编译器可以执行该函数并可在编译时获取其值。这就是在 C++11 中引入的广义常量表达式，在 C++14

中对其放宽了限制，在 C++20 中则对其更进一步放宽限制。关键字 constexpr（constant expression 的简称）可用于声明编译时常量对象和函数。我们在之前几章中见过几个示例。现在，我们来看看它是如何工作的。

9.4.1 准备工作

广义常量表达式在 C++14 和 C++20 中被放宽了限制，但与 C++11 相比则有一些破坏性改动。例如，在 C++11 中，constexpr 函数隐式地被声明为 const，但在 C++14 中则不然。在本节中，我们将讨论 C++20 中定义的广义常量表达式。

9.4.2 使用方式

使用 constexpr 关键字，当你想要：

❑ 定义可在编译时运算的非成员函数：

```
constexpr unsigned int factorial(unsigned int const n)
{
  return n > 1 ? n * factorial(n-1) : 1;
}
```

❑ 定义可在编译时执行的用来初始化 constexpr 对象的构造函数及编译时调用的成员函数：

```
class point3d
{
  double const x_;
  double const y_;
  double const z_;
public:
  constexpr point3d(double const x = 0,
                    double const y = 0,
                    double const z = 0)
    :x_{x}, y_{y}, z_{z}
  {}

  constexpr double get_x() const {return x_;}
  constexpr double get_y() const {return y_;}
  constexpr double get_z() const {return z_;}
};
```

❑ 定义可在编译时被运算的变量：

```
constexpr unsigned int size = factorial(6);
char buffer[size] {0};
constexpr point3d p {0, 1, 2};
constexpr auto x = p.get_x();
```

9.4.3　工作原理

const 关键字用来声明变量运行时为常量，这意味着一旦初始化，它们不可被更改。然而，运算常量表达式仍可能需要运行时计算。constexpr 关键字用来声明编译时为常量的变量或可在编译时运行的函数。constexpr 函数和对象可替换宏和硬编码字面值，而不会有性能损失。

> 函数声明为 constexpr 并不意味着它通常在编译时进行运算。它只允许在编译时运算的表达式中使用该函数。这只有当函数的输入值均可在编译时运算时才会发生。以下代码展示了同一函数的两次调用，第一次是在编译时，第二次是在运行时：
>
> ```
> constexpr unsigned int size = factorial(6);
> // compile time evaluation
>
> int n;
> std::cin >> n;
> auto result = factorial(n);
> // runtime evaluation
> ```

constexpr 的使用范围有一些限制。在 C++14 和 C++20 中，这些限制有所变化。为了保持合理的列表，这里只展示 C++20 中需要满足的要求：

❑ constexpr 的变量必须满足以下要求：
- 它的类型是字面类型。
- 它在声明的时候进行初始化。
- 用来初始化变量的表达式是常量表达式。
- 它必须有常量析构函数。这意味着它不是类类型或类类型的数组；否则，类类型必须有 constexpr 析构函数。

❑ constexpr 的函数必须满足以下要求：
- 它不是协程。
- 返回类型和它所有参数的类型都是字面类型。
- 至少有一组参数，可使函数产生常量表达式。
- 函数体必须不包含 goto 语句、标签（switch 里的 case 和 default 除外），以及非字面类型、静态或线程存储周期的局部变量。

❑ 除了前面函数的要求外，constexpr 的构造函数必须额外满足以下要求：
- 类没有虚基类；
- 初始化非静态数据成员（包括基类）的所有构造函数必须是 constexpr。

❑ 除了之前函数的要求外，C++20 之后的 constexpr 析构函数，还必须额外满足以下要求：

- 类没有虚基类；
- 析构非静态数据成员（包括基类）的所有析构函数必须是 constexpr。

 要了解不同标准版本的完整要求列表，你应该阅读 https://en.cppreference.com/w/cpp/language/constexpr 上的在线文档。

constexpr 类型的函数不是隐式的 const（在 C++14 中），因此如果函数不修改对象逻辑状态，那么你需要显式地使用 const 说明符。然而，constexpr 类型的函数是隐式的 inline（内联）。另外，声明为 constexpr 的对象隐式地为 const。以下两个声明是等价的：

```
constexpr const unsigned int size = factorial(6);
constexpr unsigned int size = factorial(6);
```

一些情况下你需要同时声明 constexpr 和 const，它们可能是声明的不同部分。在以下示例中，p 是 constexpr 指针，指向常量整型：

```
static constexpr int c = 42;
constexpr int const * p = &c;
```

引用变量也可以是 constexpr，当且仅当它们是静态存储周期对象或函数的别名。以下代码片段给出了一个示例：

```
static constexpr int const & r = c;
```

在此示例中，r 是一个 constexpr 引用，定义了编译时常量对象 c 的别名，c 则在前面的代码片段中定义。

9.4.4 更多

在 C++20 中，加入了新说明符 constinit。这个说明符用来保证静态或线程存储周期的变量有静态初始化。在 C++ 中，变量的初始化可以是静态的也可以是动态的。静态初始化要么是零初始化（对象初始值为 0），要么是常量初始化（初始值为编译时表达式）。以下代码片段展示了零和常量初始化的示例：

```
struct foo
{
  int a;
  int b;
};

struct bar
{
  int   value;
  int*  ptr;
  constexpr bar() :value{ 0 }, ptr{ nullptr }{}
};
```

```
std::string text {};    // zero-initialized to unspecified value
double arr[10];         // zero-initialized to ten 0.0
int* ptr;               // zero-initialized to nullptr
foo f = foo();          // zero-initialized to a=0, b=0

foo const fc{ 1, 2 };   // const-initialized at runtime
constexpr bar b;        // const-initialized at compile-time
```

静态存储的变量可有静态或动态初始化。如果是后者，则很难找到 bug。假设两个静态对象在不同的编译单元初始化，当其中一个对象的初始化依赖于另一对象时，它们的初始化顺序就很重要。这是因为依赖于该对象的对象必须先初始化。然而翻译单元初始化顺序是不确定的，因此这些对象的初始化顺序是没有保证的。然而，静态初始化的静态存储周期变量是在编译时初始化的。这意味着在编译单元动态初始化时可安全地使用这些对象。

这是新说明符 constinit 的用途。它保证了静态或线程局部存储的变量有静态初始化，因此它的初始化是在编译时执行的：

```
int f() { return 42; }
constexpr int g(bool const c) { return c ? 0 : f(); }

constinit int c = g(true);   // OK
constinit int d = g(false);  /* error: variable does not have
                                 a constant initializer */
```

它也可用于非初始化声明，表明线程存储期变量已经初始化了，如下所示：

```
extern thread_local constinit int data;
int get_data() { return data; }
```

 constexpr、constinit 和 consteval 说明符不能在同一声明中使用。

接下来我们将学习 consteval。

9.4.5 延伸阅读

❏ 阅读 9.5 节，以了解 C++20 consteval 说明符，它用来定义保证在编译时运算的函数。
❏ 阅读 9.3 节，以了解使用常量正确性的好处及如何实现。

9.5 创建即时函数

如果函数的所有输入在编译时可用，那么 constexpr 函数允许在编译时进行函数运算。然而，这不是一定的，就如 9.4 节中所述，constexpr 函数也可能在运行时执行。在 C++20 中，引入了新的函数类别：即时函数。这些函数被保证总是在编译时进行运算，否则它们将报错。即时函数作为宏的替代是很有用的，并且对具有反射和元类的未来语言开发可能也很重要。

9.5.1 使用方式

使用 consteval 关键字，当你想要：

❑ 定义必须在编译时运算的非成员函数或函数模板：

```
consteval unsigned int factorial(unsigned int const n)
{
  return n > 1 ? n * factorial(n-1) : 1;
}
```

❑ 定义必须在编译时执行的用来初始化 constexpr 对象的构造函数及只在编译时调用的成员函数：

```
class point3d
{
  double x_;
  double y_;
  double z_;
public:
  consteval point3d(double const x = 0,
                    double const y = 0,
                    double const z = 0)
    :x_{x}, y_{y}, z_{z}
  {}

  consteval double get_x() const {return x_;}
  consteval double get_y() const {return y_;}
  consteval double get_z() const {return z_;}
};
```

9.5.2 工作原理

consteval 说明符在 C++20 中引入。它只可用于函数或函数模板，并定义它们为即时函数。这意味着任何函数调用必须在编译时执行，并产生编译时常量表达式。如果函数不能在编译时进行运算，那么程序格式错误，编译器会报编译错误。

即时函数有以下规则：

❑ 析构函数、分配、释放函数不能是即时函数。

❑ 如果函数声明包含 consteval 说明符，则所有那个函数的声明必须包含它。

❑ consteval 说明符不能和 constexpr 或 constinit 一起使用。

❑ 即时函数是内联 constexpr 函数。因此，即时函数和函数模板必须满足与 constexpr 函数相关的要求。

如何使用 factorial() 函数如下所示，point3d 类的定义如 9.5.1 节所示：

```
constexpr unsigned int f = factorial(6);
std::cout << f << '\n';

constexpr point3d p {0, 1, 2};
std::cout << p.get_x() << ' ' << p.get_y() << ' ' << p.get_z() << '\n';
```

然而，以下示例会产生编译错误，因为即时函数 `factorial()` 和 `point3d` 的构造函数无法在编译时进行运算：

```
unsigned int n;
std::cin >> n;
const unsigned int f2 = factorial(n); // error

double x = 0, y = 1, z = 2;
constexpr point3d p2 {x, y, z};        // error
```

除非即时函数在常量表达式里，否则无法对其取地址：

```
using pfact = unsigned int(unsigned int);
pfact* pf = factorial;
constexpr unsigned int f3 = pf(42);   // error

consteval auto addr_factorial()
{
  return &factorial;
}

consteval unsigned int invoke_factorial(unsigned int const n)
{
  return addr_factorial()(n);
}

constexpr auto ptr = addr_factorial();  // ERROR: cannot take the pointer
                                        // of an immediate function
constexpr unsigned int f2 = invoke_factorial(5); // OK
```

因为即时函数在运行时不可见，它们的符号没有生成，因此调试器无法显示它们。

9.5.3　延伸阅读

❑ 阅读 9.3 节，以了解使用常量正确性的好处及如何实现。

❑ 阅读 9.4 节，以了解 `constexpr` 修饰符以及如何定义可在编译时运算的变量和函数。

9.6　执行正确类型转换

数据经常需要从一种类型转换为另一种类型。有些转换在编译时是必要的（如 `double` 转换为 `int`），其他的在运行时是必要的（如类指针在层级里上下转换）。C++ 语言支持以

(type)expression 或 type(expression) 形式与 C 类型强制转换风格兼容。然而，这种类型的转换打破了 C++ 的类型安全性。

因此，C++ 语言还提供了几个转换：static_cast、dynamic_cast、const_cast 和 reinterpret_cast。它们用于表示更明确的目的和写出更安全的代码。在本节中，我们将看到如何使用这些转换。

9.6.1　使用方式

使用以下 cast 来进行类型转换：

❑ 使用 static_cast 来进行非多态类型的转换，包括从整型到枚举类型、从浮点型到整型或从指针类型到另一指针类型的转换，如从基类到派生类（向下转换）或从派生类到基类（向上转换），但没有任何运行时检查：

```
enum options {one = 1, two, three};

int value = 1;
options op = static_cast<options>(value);

int x = 42, y = 13;
double d = static_cast<double>(x) / y;

int n = static_cast<int>(d);
```

❑ 使用 dynamic_cast 对多态类型的指针或引用进行从基类到派生类或相反方向的类型转换。在运行时进行检查，需要启用运行时类型信息（Runtime Type Information，RTTI）：

```
struct base
{
  virtual void run() {}
  virtual ~base() {}
};

struct derived : public base
{
};

derived d;
base b;

base* pb = dynamic_cast<base*>(&d);        // OK
derived* pd = dynamic_cast<derived*>(&b);  // fail

try
{
  base& rb = dynamic_cast<base&>(d);        // OK
  derived& rd = dynamic_cast<derived&>(b); // fail
```

```
}
catch (std::bad_cast const & e)
{
  std::cout << e.what() << '\n';
}
```

❑ 使用 const_cast 在具有不同 const 和 volatile 说明符的类型之间执行转换，如删除未声明 const 对象的 const：

```
void old_api(char* str, unsigned int size)
{
  // do something without changing the string
}

std::string str{"sample"};
old_api(const_cast<char*>(str.c_str()),
        static_cast<unsigned int>(str.size()));
```

❑ 使用 reinterpret_cast 对类型重启解释，如整型和指针类型的转换、从指针类型到整型的转换，或从指针类型到任何其他指针类型的转换，而不需要运行时检查：

```
class widget
{
public:
  typedef size_t data_type;

  void set_data(data_type d) { data = d; }
  data_type get_data() const { return data; }
private:
  data_type data;
};

widget w;
user_data* ud = new user_data();
// write
w.set_data(reinterpret_cast<widget::data_type>(ud));
// read
user_data* ud2 = reinterpret_cast<user_data*>(w.get_data());
```

9.6.2　工作原理

显式类型转换，有时被称为 C 风格转换或静态转换，是 C++ 兼容 C 语言的遗留问题，让你可以执行各种转换，包括：

❑ 算术类型转换。

❑ 指针类型转换。

❑ 整型和指针类型间转换。

❑ const 或 volatile 修饰符和非修饰符转换。

这种转换在多态类型或模板中不好用。因此，C++ 提供了前述示例中的四种转换。使用这些转换有几个重要的好处：

❑ 它们更好地表达了用户的用意，使编译器和其他人都能读懂代码。

❑ 它们让不同类型间（reinterpret_cast 除外）有更安全的转换。

❑ 在源代码中，它们很容易被检索到。

即使名称可能这样表示了，static_cast 也不直接等同于显式类型转换或静态转换。此转换在编译时进行并可用于隐式转换、反向隐式转换和层级类指针间的转换。它不能用于不相关指针类型间的转换。因此，在以下示例中，使用 static_cast 进行从 int* 到 double* 转换会报编译错误：

```
int* pi = new int{ 42 };
double* pd = static_cast<double*>(pi);    // compiler error
```

然而，从 base* 到 derived* 转换（base 和 derived 类在 9.6.1 节中给出）不会产生编译错误，但在尝试使用新指针时会报运行时错误：

```
base b;
derived* pd = static_cast<derived*>(&b); // compilers OK, runtime error
base* pb1 = static_cast<base*>(pd);      // OK
```

另外，static_cast 不能用于删除 const 和 volatile 修饰符。以下代码片段举例说明了这一点：

```
int const c = 42;
int* pc = static_cast<int*>(&c);          // compiler error
```

使用 dynamic_cast 可安全地对层级表达式进行向上转换、向下转换、沿着层级转换。此转换在运行时进行，并要求开启 RTTI。因此，它有运行时开销。动态类型转换只能用于指针和引用。当 dynamic_cast 用于将表达式转换为指针类型但操作失败时，结果为 null 指针。当它用于将表达式转换为引用类型但操作失败时，会抛出 std::bad_cast 异常。因此，通常将 dynamic_cast 转换为引用类型的操作放在 try...catch 代码块中。

 RTTI 是在运行时暴露对象数据类型信息的机制。只对多态类型可用（类型至少有一个虚方法，包括所有基类都应该有的虚析构函数）。RTTI 通常是可选编译器特性（或可能根本不支持），这意味着此功能可能要求使用编译器切换。

尽管动态类型转换在运行时进行，但如果你尝试对非多态类型进行转换，那么你将会得到一个编译器错误：

```
struct struct1 {};
struct struct2 {};

struct1 s1;
struct2* ps2 = dynamic_cast<struct2*>(&s1); // compiler error
```

reinterpret_cast 更像是编译器指示。它不能转换为任何 CPU 指令，它只让编译器将表达式的二进制表示解释为另一种指定类型的二进制表示。这是类型不安全转换，应该小心使用。它可用于整数类型与指针、指针类型、函数指针类型之间的转换。因为不需要检查，所以 reinterpret_cast 可成功地用于转换不相关类型之间的表达式，如从 int* 到 double*，但会产生未定义行为：

```
int* pi = new int{ 42 };
double* pd = reinterpret_cast<double*>(pi);
```

reinterpret_cast 通常用于操作系统或特定供应商 API 类型的表达式转换。很多 API 将用户数据以指针或整数类型进行存储。因此，如果需要将用户定义类型地址传递给上述 API，你需要将不相关指针类型或指针类型值转换为整数类型值。9.6.1 节提供了类似的例子，其中 widget 类将用户定义数据存储在数据成员中并提供 set_data() 和 get_data() 方法来访问它。如果需要将指针转换为 widget 中的对象，可如示例中那样使用 reinterpret_cast。

const_cast 跟 reinterpret_cast 类似，它们都是编译器指示，不会转换为 CPU 指令。它用于删除 const 或 volatile 修饰符，这是之前讨论的其他三种转换都做不了的操作。

 只有当对象没有声明为 const 或 volatile 时，才应该使用 const_cast 删除 const 或 volatile 修饰符。任何其他情况都会产生未定义行为，如下例所示：

```
int const a = 42;
int const * p = &a;
int* q = const_cast<int*>(p);
*q = 0; // undefined behavior
```

在此示例中，变量 p 指向声明为常量的对象（变量 a）。通过删除 const 修饰符来修改指针指向的对象的这种尝试将产生未定义行为。

9.6.3 更多

当以 (type)expression 形式使用显式类型转换时，需要留意，它将在以下列表中选择第一个满足特定转换要求的选项：

1）const_cast<type>(expression)

2）static_cast<type>(expression)

3）static_cast<type>(expression) + const_cast<type>(expression)

4）reinterpret_cast<type>(expression)

5）reinterpret_cast<type>(expression) + const_cast<type>(expression)

而且不像特定 C++ 转换，静态转换可用于不完全类型之间的转换。如果 type 和 expression 都是指向不完全类型的指针，那么将不指定是选择 static_cast 还是选择 reinterpret_cast。

9.6.4 延伸阅读

❑ 阅读 9.3 节，以了解使用常量正确性的好处及如何实现常量正确性。

9.7 使用 unique_ptr 拥有单独的内存资源

手动处理堆内存分配和释放是 C++ 中最有争议的特性。所有分配都必须在正确作用域里有相应匹配的删除操作。例如，如果内存分配在函数里完成且需要在函数返回时释放，则这必须发生在所有返回路径上，包括函数因为异常而返回的非正常场景。C++11 特性（如右值和移动语义）允许了智能指针的开发，这些指针可以管理内存资源并在智能指针销毁时自动释放内存资源。在本节中，我们将看到 std::unique_ptr，此智能指针拥有并管理分配在堆上的对象或一组对象，并且当智能指针在作用域外时执行清除操作。

9.7.1 准备工作

在接下来的示例中，我们将使用以下类：

```cpp
class foo
{
  int a;
  double b;
  std::string c;
public:
  foo(int const a = 0, double const b = 0, std::string const & c = "")
    :a(a), b(b), c(c)
  {}

  void print() const
  {
    std::cout << '(' << a << ',' << b << ',' << std::quoted(c) << ')'
          << '\n';
  }
};
```

在本节中，你需要熟悉移动语义和 std::move() 转换函数。unique_ptr 类在 <memory> 头文件的 std 命名空间中可用。

9.7.2 使用方式

当使用 std::unique_ptr 时，以下是你需要知道的典型操作列表：

❑ 使用重载构造函数创建 std::unique_ptr，通过指针来管理对象或一组对象。默认构造函数创建一个不管理任何对象的指针：

```cpp
std::unique_ptr<int>   pnull;
std::unique_ptr<int>   pi(new int(42));
```

```
std::unique_ptr<int[]> pa(new int[3]{ 1,2,3 });
std::unique_ptr<foo>   pf(new foo(42, 42.0, "42"));
```

❑ C++14 中可另外使用 std::make_unique() 函数模板来创建 std::unique_ptr 对象：

```
std::unique_ptr<int>   pi = std::make_unique<int>(42);
std::unique_ptr<int[]> pa = std::make_unique<int[]>(3);
std::unique_ptr<foo>   pf = std::make_unique<foo>(42, 42.0, "42");
```

❑ C++20 中可使用 std::make_unique_for_overwrite() 函数模板来创建 std::unique_ptr，以管理默认初始化的对象或一组对象。这些对象之后应该被确定的值所覆盖：

```
std::unique_ptr<int>   pi = std::make_unique_for_
overwrite<int>();
std::unique_ptr<foo[]> pa = std::make_unique_for_
overwrite<foo[]>();
```

❑ 如果默认 delete 操作符不适用于销毁托管对象或数组时，使用接收自定义 deleter 的重载构造函数：

```
struct foo_deleter
{
  void operator()(foo* pf) const
  {
    std::cout << "deleting foo..." << '\n';
    delete pf;
  }
};

std::unique_ptr<foo, foo_deleter> pf(
    new foo(42, 42.0, "42"),
    foo_deleter());
```

❑ 使用 std::move() 将对象所有权从一个 std::unique_ptr 转移到另一个上：

```
auto pi = std::make_unique<int>(42);
auto qi = std::move(pi);
assert(pi.get() == nullptr);
assert(qi.get() != nullptr);
```

❑ 访问托管对象的原始指针，如果你想要保留对象所有权就使用 get()，如果你想同时释放所有权就使用 release()：

```
void func(int* ptr)
{
  if (ptr != nullptr)
    std::cout << *ptr << '\n';
  else
    std::cout << "null" << '\n';
}
```

```
std::unique_ptr<int> pi;
func(pi.get()); // prints null

pi = std::make_unique<int>(42);
func(pi.get()); // prints 42
```

❏ 使用 operator* 和 operator-> 来解引用指向托管对象的指针：

```
auto pi = std::make_unique<int>(42);
*pi = 21;

auto pf = std::make_unique<foo>();
pf->print();
```

❏ 如果使用 std::unique_ptr 管理一组对象，则 operator[] 可用于访问数组中的
单独元素：

```
std::unique_ptr<int[]> pa = std::make_unique<int[]>(3);
for (int i = 0; i < 3; ++i)
  pa[i] = i + 1;
```

❏ 为了检查 std::unique_ptr 是否管理对象，可使用显式操作符 bool 或检查 get()
!= nullptr（即操作符 bool 所做的）：

```
std::unique_ptr<int> pi(new int(42));
if (pi) std::cout << "not null" << '\n';
```

❏ std::unique_ptr 对象可存储在容器中。由 make_unique() 返回的对象可直接被
存储。如果你想放弃托管对象的所有权到容器里的 std::unique_ptr 对象，可使
用 std::move() 将左值对象静态转换为右值对象：

```
std::vector<std::unique_ptr<foo>> data;
for (int i = 0; i < 5; i++)
  data.push_back(
std::make_unique<foo>(i, i, std::to_string(i)));

auto pf = std::make_unique<foo>(42, 42.0, "42");
data.push_back(std::move(pf));
```

9.7.3 工作原理

　　std::unique_ptr 是智能指针，它通过原始指针管理分配在堆上的一个对象或一
组对象。当智能指针在作用域外时，为其分配一个带有 operator= 的新指针，或通过
release() 方法放弃所有权，它会执行适当的析构操作。默认情况下，操作符 delete 被
用于销毁所管理的对象。然而，在构造智能指针时，用户可能想提供自定义的删除器。删
除器必须是函数对象，要么是函数，要么是函数对象的左值引用，这个可调用对象必须接
收类型为 unique_ptr<T, Deleter>::pointer 的单一参数。

C++14 添加了 `std::make_unique()` 实用函数模板来创建 `std::unique_ptr`。它避免了某些特定上下文中的内存泄漏，但它有一些限制：

❑ 它只能用于分配数组，你不能用它来初始化数组，而 `std::unique_ptr` 构造函数能这么做。

以下两代码片段是等价的：

```cpp
// allocate and initialize an array
std::unique_ptr<int[]> pa(new int[3]{ 1,2,3 });

// allocate and then initialize an array
std::unique_ptr<int[]> pa = std::make_unique<int[]>(3);
for (int i = 0; i < 3; ++i)
  pa[i] = i + 1;
```

❑ 它不能用于创建带有用户自定义删除器的 `std::unique_ptr` 对象。

如我们刚刚提到的，`make_unique()` 最主要的好处是帮助我们避免在抛出异常的某些上下文中发生内存泄漏。如果分配失败或它创建的对象的构造函数抛出任何异常，则 `make_unique()` 会抛出 `std::bad_alloc`。让我们考虑以下示例：

```cpp
void some_function(std::unique_ptr<foo> p)
{ /* do something */ }

some_function(std::unique_ptr<foo>(new foo()));
some_function(std::make_unique<foo>());
```

不管用 foo 的分配和构造发生了什么，也不管你使用 make_unique() 还是 std::unique_ptr 构造函数，都不会有内存泄漏。然而，代码稍微改变下则不然：

```cpp
void some_other_function(std::unique_ptr<foo> p, int const v)
{
}

int function_that_throws()
{
  throw std::runtime_error("not implemented");
}

// possible memory leak
some_other_function(std::unique_ptr<foo>(new foo),
                    function_that_throws());

// no possible memory leak
some_other_function(std::make_unique<foo>(),
                    function_that_throws());
```

在这个示例中，some_other_function() 有额外的参数：整型值。传递给这个函数的整型参数是另一个函数的返回值。如果这个函数调用抛出异常，则使用 std::unique_ptr 构造函数创建智能指针可能会造成内存泄漏。这是因为在调用 some_other_function() 时，编译器可能先调用 foo，然后再调用 function_that_throws()，再是 std::unique_ptr 构造函数。如果 function_that_throws() 抛出错误，则分配的 foo 会内存泄漏。如果调用顺序是 function_that_throws()，然后是 new foo() 和 unique_ptr 的构造函数，内存泄漏则不会发生。这是因为栈展开在 foo 对象分配前发生。然而，使用 make_unique() 函数，可以避免这种情况。因为只调用了 make_unique() 和 function_that_throws()。如果先调用 function_that_throws()，则 foo 对象根本不会分配。如果 make_unique() 先调用，foo 对象被构造且所有权转移给了 std::unique_ptr。如果后者调用 function_that_throws() 抛出异常，那么在栈展开时会析构 std:unique_ptr 且 foo 对象会从智能指针析构函数里销毁。

C++20 添加了新函数 std::make_unique_for_overwrite()。跟 make_unique() 类似，只不过它默认初始化对象或一组对象。此函数用于不知道类型模板参数是否可被复制的通用代码中。此函数表示创建指向对象的指针，但此对象没初始化，稍后应该会被覆盖。

常量 std::unique_ptr 对象不能将托管对象或数组的所有权转移到另一个 std::unique_ptr 对象。另外，托管对象原始指针可通过 get() 或 release() 获取访问。前者只返回底层的指针，但后者如名称所示，还会释放托管对象的所有权。调用 release() 后，std::unique_ptr 对象为空，调用 get() 将返回 nullptr。

如果 Derived 继承自 Base，管理 Derived 类对象的 std::unique_ptr 可隐式地转化为管理 Base 类对象的 std::unique_ptr。当 Base 有虚析构函数（所有基类都应该有）时，此隐式转换才安全；否则，行为未定义：

```
struct Base
{
  virtual ~Base()
  {
    std::cout << "~Base()" << '\n';
  }
};
struct Derived : public Base
{
  virtual ~Derived()
  {
    std::cout << "~Derived()" << '\n';
  }
};

std::unique_ptr<Derived> pd = std::make_unique<Derived>();
std::unique_ptr<Base> pb = std::move(pd);
```

std::unique_ptr 可存储在容器中，如 std::vector。因为任一时间只有一个 std::unique_ptr 对象拥有托管对象，所以此智能指针不能被复制到容器，它必须被移动。使用 std::move() 是可行的，static_cast 将其转换为右值引用类型。这允许将托管对象所有权转移到容器中创建的 std;:unique_ptr 对象。

9.7.4 延伸阅读

☐ 阅读 9.8 节，以了解 std::shared_ptr 类，此智能指针共享分配在堆上的对象或一组对象的所有权。

9.8 使用 shared_ptr 共享内存资源

当对象或数组必须共享时，使用 std::unique_ptr 来管理动态分配的对象或数组是不可能的。这是因为 std::unique_ptr 持有唯一的所有权。C++ 标准提供了另一个智能指针 std::shared_ptr，它与 std::unique_ptr 在很多方面相似，但不同之处在于它可与其他 std::shared_ptr 共享对象或数组的所有权。在本节中，我们将看到 std::shared_ptr 如何工作以及它与 std::unique_ptr 的区别。我们还会看下 std::weak_ptr，它是非资源所有智能指针，持有被 std::shared_ptr 管理的对象的引用。

9.8.1 准备工作

请确保你已阅读 9.7 节，并熟悉 unique_ptr 和 make_unique() 是如何工作的。我们将使用 9.7 节定义的 foo、foo_deleter、Base 和 Derived 类，并有一些引用。

shared_ptr 类、weak_ptr 类和 make_shared() 函数模板在 <memory> 头文件的 std 命名空间中可用。

 为了简洁和可读性，在本节中我们不使用全称 std::unique_ptr、std::shared_ptr 和 std::weak_ptr，而是使用 unique_ptr、shared_ptr 和 weak_ptr。

9.8.2 使用方式

当使用 shared_ptr 和 weak_ptr 时，以下是你需要了解的一系列典型操作：

☐ 使用可用重载构造函数创建通过指针管理对象的 shared_ptr。默认构造函数创建空 shared_ptr，它不管理任何对象：

```cpp
std::shared_ptr<int> pnull1;
std::shared_ptr<int> pnull2(nullptr);
std::shared_ptr<int> pi1(new int(42));
std::shared_ptr<int> pi2 = pi1;
std::shared_ptr<foo> pf1(new foo());
std::shared_ptr<foo> pf2(new foo(42, 42.0, "42"));
```

☐ 另外，C++11 开始可使用 std::make_shared() 函数模板来创建 shared_ptr 对象：

```cpp
std::shared_ptr<int> pi  = std::make_shared<int>(42);
std::shared_ptr<foo> pf1 = std::make_shared<foo>();
std::shared_ptr<foo> pf2 = std::make_shared<foo>(42, 42.0,
"42");
```

❑ C++20 中可使用 std::make_shared_for_overwrite() 函数模板来创建 shared_
ptr 管理默认初始化的对象或一组对象。这些对象之后应该会被确定的值所覆盖：

```
std::shared_ptr<int> pi = std::make_shared_for_overwrite<int>();
std::shared_ptr<foo[]> pa = std::make_shared_for_
overwrite<foo[]>(3);
```

❑ 如果默认 delete 操作不适用于销毁托管对象，则可使用接受自定义删除器的重载
构造函数：

```
std::shared_ptr<foo> pf1(new foo(42, 42.0, "42"),
                         foo_deleter());
std::shared_ptr<foo> pf2(
    new foo(42, 42.0, "42"),
    [](foo* p) {
      std::cout << "deleting foo from lambda..." << '\n';
      delete p;});
```

❑ 在管理一组对象时，通常要指定删除器。删除器要么是数组的 std::default_delete
的偏特化，要么是接受指向模板类型指针的任意函数：

```
std::shared_ptr<int> pa1(
  new int[3]{ 1, 2, 3 },
  std::default_delete<int[]>());

std::shared_ptr<int> pa2(
  new int[3]{ 1, 2, 3 },
  [](auto p) {delete[] p; });
```

❑ 使用 get() 函数来访问托管对象的原始指针：

```
void func(int* ptr)
{
  if (ptr != nullptr)
    std::cout << *ptr << '\n';
  else
    std::cout << "null" << '\n';
}

std::shared_ptr<int> pi;
func(pi.get());

pi = std::make_shared<int>(42);
func(pi.get());
```

❑ 使用 operator* 和 operator-> 来解引用托管对象的指针：

```
std::shared_ptr<int> pi = std::make_shared<int>(42);
*pi = 21;

std::shared_ptr<foo> pf = std::make_shared<foo>(42, 42.0, "42");
pf->print();
```

❑ 如果 shared_ptr 管理一组对象，operator[ ] 可用来访问数组中的元素。这只在 C++17 中可用：

```
std::shared_ptr<int[]> pa1(
  new int[3]{ 1, 2, 3 },
  std::default_delete<int[]>());

for (int i = 0; i < 3; ++i)
  pa1[i] *= 2;
```

❑ 为了检查 shared_ptr 是否管理对象，可使用显式操作符 bool 或检查 get() != nullptr（即操作符 bool 所做的）：

```
std::shared_ptr<int> pnull;
if (pnull) std::cout << "not null" << '\n';

std::shared_ptr<int> pi(new int(42));
if (pi) std::cout << "not null" << '\n';
```

❑ shared_ptr 对象可存储在容器中，如 std::vector：

```
std::vector<std::shared_ptr<foo>> data;
for (int i = 0; i < 5; i++)
  data.push_back(
    std::make_shared<foo>(i, i, std::to_string(i)));

auto pf = std::make_shared<foo>(42, 42.0, "42");
data.push_back(std::move(pf));
assert(!pf);
```

❑ 使用 weak_ptr 来维持对共享对象的非所有权的引用，之后可通过 weak_ptr 构造的 shared_ptr 来访问：

```
auto sp1 = std::make_shared<int>(42);
assert(sp1.use_count() == 1);

std::weak_ptr<int> wpi = sp1;
assert(sp1.use_count() == 1);

auto sp2 = wpi.lock();
assert(sp1.use_count() == 2);
assert(sp2.use_count() == 2);

sp1.reset();
assert(sp1.use_count() == 0);
assert(sp2.use_count() == 1);
```

❑ 当需要创建 shared_ptr 对象来管理对象，但此对象已经被其他 shared_ptr 对象管理时，可使用 std::enable_share_from_this 类模板作为此类型的基类：

```
struct Apprentice;

struct Master : std::enable_shared_from_this<Master>
{
  ~Master() { std::cout << "~Master" << '\n'; }
  void take_apprentice(std::shared_ptr<Apprentice> a);
private:
  std::shared_ptr<Apprentice> apprentice;
};

struct Apprentice
{
  ~Apprentice() { std::cout << "~Apprentice" << '\n'; }
  void take_master(std::weak_ptr<Master> m);
private:
  std::weak_ptr<Master> master;
};

void Master::take_apprentice(std::shared_ptr<Apprentice> a)
{
  apprentice = a;
  apprentice->take_master(shared_from_this());
}

void Apprentice::take_master(std::weak_ptr<Master> m)
{
  master = m;
}

auto m = std::make_shared<Master>();
auto a = std::make_shared<Apprentice>();
m->take_apprentice(a);
```

9.8.3 工作原理

shared_ptr 和 unique_ptr 在很多方面相似，然而却有不同的目的：共享对象或数组的所有权。两个或更多 shared_ptr 智能指针可管理同一个动态分配对象或数组，当智能指针在作用域外或用 operator= 赋予新指针或通过 reset() 方法重置时会自动析构。默认情况下，对象被 operator delete 销毁，然而，用户可向构造函数提供自定义删除器，而 std::make_shared() 则做不到。如果 shared_ptr 用于管理一组对象，则自定义删除器必须被提供。在此情况下，你可使用 std::default_delete<T[ ]>（std::default_delete 类模板的偏特化），其使用 operator delete[ ] 来删除动态分配的数组。

C++11 开始可用的 std::make_shared()，不像从 C++14 开始才可用的 std::make_unique()，除非你需要自定义删除器，否则你应该使用 std::make_shared() 来创建智能指针。主要原因和 make_unique() 类似：避免异常抛出时某些上下文中可能的内存泄漏。要了解更多的信息，可阅读 9.7 节对 std::make_unique() 的解释。

C++20 提供了新函数 std::make_shared_for_overwrite()。跟 make_shared() 类似，只不过它默认初始化对象或一组对象。此函数可用于不知道类型模板参数是否可被复制的通用代码中。此函数表示创建指向对象的指针，此对象没被初始化但稍后应该会被覆盖。

另外，和 unique_ptr 类似，如果 Derived 类继承自 Base，管理 Derived 类对象的 shared_ptr 可隐式地转换为管理 Base 类对象的 shared_ptr。只有当 Base 有虚析构函数（当对象通过基类指针或引用多态删除时所有基类都应该有）时，此隐式转换才安全；否则，行为未定义。C++17 添加了几个新的非成员函数：std::static_pointer_cast()、std::dynamic_pointer_cast()、std::const_pointer_cast() 和 std::reinterpret_pointer_cast()。它们将 static_cast、dynamic_cast、const_cast 和 reinterpret_cast 应用于存储的指针，返回新的指向指定类型的 shared_ptr。

在以下示例中，Base 和 Derived 是我们在 9.7 节中使用的类：

```cpp
std::shared_ptr<Derived> pd = std::make_shared<Derived>();
std::shared_ptr<Base> pb = pd;

std::static_pointer_cast<Derived>(pb)->print();
```

在有些场景下，你需要共享对象的智能指针，但不需要所有权。假设你对树状结构建模，节点有对子节点的引用并由 shared_ptr 对象表示。另外，节点需要保持对父节点的引用。如果引用也是 shared_ptr，它会创建循环引用，没有对象可被自动析构。

weak_ptr 是用来打破上述循环依赖的智能指针。它持有由 shared_ptr 管理的对象或数组的非所有权的引用。weak_ptr 可从 shared_ptr 对象创建。为了访问托管对象，你需要获取临时 shared_ptr 对象。为此，我们需要使用 lock() 方法。此方法自动检查引用对象是否存在，如果对象不存在，则返回空 shared_ptr 对象；如果对象存在，则返回拥有此对象的 shared_ptr 对象。因为 weak_ptr 是非所有权智能指针，引用对象可在 weak_ptr 超出作用域前或所有 shared_ptr 对象被销毁、重置或被赋给其他指针时被销毁。expired() 方法用来检查引用对象是否还可用。

在 9.8.2 节中，前面的示例模型展示了 master-apprentice 关系。有一个 Master 类和一个 Apprentice 类。Master 类有一个 Apprentice 类的引用，以及一个 take_apprentice() 方法来设置 Apprentice 对象。Apprentice 类有一个 Master 类的引用，以及一个 take_master() 方法来设置 Master 对象。为了避免循环依赖，其中一个引用必须用 weak_ptr 表示。在示例中，Master 类有 shared_ptr 来管理 Apprentice 对象，Apprentice 类有一个 weak_ptr 来跟踪 Master 对象的引用。然而，这个示例会复杂一些，因为 Apprentice::take_master() 方法是从 Master::take_apprentice() 调用的，并且需要 weak_ptr<Master>。为了在 Master 类中调用，我们必须能够在 Master 类中使用 this 指针创建 shared_ptr<Master>。唯一安全的方式是使用 std::enable_shared_from_this。

当你需要创建当前对象（this 指针）的 shared_ptr，且此对象已经被其他 shared_ptr 管理时，std::enable_shared_from_this 类模板必须作为这些类的基类来使用。它的类型模板参数必须是它的派生类，如同奇异递归模板模式。它有两个方法：shared_from_this()，返回共享 this 对象所有权的 shared_ptr；weak_from_this()，返回 this 对象的非所有权引用的 weak_ptr。后者只在 C++17 中可用。这些方法只能在由已经存在的 shared_ptr 管理的对象上调用。否则，在 C++17 中会抛出 std::bad_weak_ptr 异常，在 C++17 前，行为未定义。

不使用 std::enabled_shared_from_this 而直接创建 shared_ptr<T>(this) 会导致多个 shared_ptr 对象独立管理同一对象，而互相不知道。当这发生时，对象会被不同的 shared_ptr 对象多次销毁。

9.8.4　延伸阅读

❑ 阅读 9.7 节，以了解 std::unique_ptr 类，其表示拥有管理分配在堆上的对象或一组对象的智能指针。

9.9　实现移动语义

移动语义是现代 C++ 提升性能的关键特性。它们支持移动而不是复制那些复制成本较高的资源或对象。然而，它要求类实现移动构造函数和赋值操作符。在某些情景下，编译器会提供它们，但实际上，通常你需要自己显式实现它们。在本节中，我们将看到如何实现移动构造函数和赋值操作符。

9.9.1　准备工作

你应该有关于右值引用和特殊类函数（构造函数、赋值操作符和析构函数）的基本知识。我们将展示如何基于以下 Buffer 类实现移动构造函数和赋值操作符：

```
class Buffer
{
  unsigned char* ptr;
  size_t length;
public:
  Buffer(): ptr(nullptr), length(0)
  {}

  explicit Buffer(size_t const size):
    ptr(new unsigned char[size] {0}), length(size)
  {}

  ~Buffer()
```

```
  {
    delete[] ptr;
  }

  Buffer(Buffer const& other):
    ptr(new unsigned char[other.length]),
    length(other.length)
  {
    std::copy(other.ptr, other.ptr + other.length, ptr);
  }

  Buffer& operator=(Buffer const& other)
  {
    if (this != &other)
    {
      delete[] ptr;

      ptr = new unsigned char[other.length];
      length = other.length;

      std::copy(other.ptr, other.ptr + other.length, ptr);
    }

    return *this;
  }

  size_t size() const { return length;}
  unsigned char* data() const { return ptr; }
};
```

让我们继续，你将学习到如何修改此类使其可从移动语义中获利。

9.9.2 使用方式

为了实现类的移动构造函数，如下做：

1）写一个接受此类类型右值引用的构造函数：

```
Buffer(Buffer&& other)
{
}
```

2）将右值引用的所有数据成员赋值到当前对象。这可以在如下构造函数主体中，或在初始化列表中（更好的方式）完成：

```
ptr = other.ptr;
length = other.length;
```

3）将右值引用的所有数据成员赋予默认值：

```
other.ptr = nullptr;
other.length = 0;
```

将它们放在一起，`Buffer` 类的移动构造函数如下：

```
Buffer(Buffer&& other)
{
  ptr = other.ptr;
  length = other.length;

  other.ptr = nullptr;
  other.length = 0;
}
```

为了实现类的移动赋值操作，请执行如下步骤：

1）写一个接受此类类型右值引用的赋值操作符并返回引用：

```
Buffer& operator=(Buffer&& other)
{
}
```

2）检查右值引用没有指向 `this` 同一对象，如果它们不同，则执行步骤 3～步骤 5：

```
if (this != &other)
{
}
```

3）从当前对象处理所有资源（如内存、句柄等）：

```
delete[] ptr;
```

4）将右值引用的所有数据成员赋值给当前对象：

```
ptr = other.ptr;
length = other.length;
```

5）将右值引用的所有数据成员赋予默认值：

```
other.ptr = nullptr;
other.length = 0;
```

6）无论步骤 3）～步骤 5）执行与否，返回当前对象的引用：

```
return *this;
```

将它们放在一起，`Buffer` 类的移动赋值操作符如下：

```
Buffer& operator=(Buffer&& other)
{
  if (this != &other)
  {
    delete[] ptr;

    ptr = other.ptr;
```

```
    length = other.length;

    other.ptr = nullptr;
    other.length = 0;
  }

  return *this;
}
```

9.9.3 工作原理

除非用户定义的复制构造函数、移动构造函数、复制赋值操作符、移动赋值操作符或析构函数已经存在，否则编译器默认提供移动构造函数和移动赋值操作符。当编译器提供它们时，它们智能地移动成员。移动构造函数将递归调用类数据成员的移动构造函数。类似地，移动赋值操作符递归调用类数据成员的移动赋值操作符。

移动对于太大以至于不能复制的对象（如字符串或容器）或不能被复制的对象（如 unique_ptr 智能指针）有性能提升。不是所有类都应该实现复制和移动语义。有些类只应该可移动，另一些类可同时复制和移动。另外，类能复制却不能移动是没有意义的，尽管技术上可以这么做。

不是所有类型都能从移动语义上获利。对于内置类型（如 bool、int 或 double）、数组或 POD，移动实际上是复制操作。另外，移动语义对于右值（临时对象）有性能提升。右值是没有名称的对象，在表达式运算期间临时存在，在下一分号则销毁：

```
T a;
T b = a;
T c = a + b;
```

在前面示例中，a、b 和 c 是左值，它们是有名称的对象，在生命周期内，名称可指向此对象。另外，当你运算表达式 a+b，编译器创建临时对象（此例中赋值给 c），然后销毁（当遇到分号时）。这些临时对象被称为右值，因为它们通常出现在赋值表达式的右边。C++11 中，我们可通过右值引用 && 来引用这些对象。

在右值语境下，移动语义很重要。这是因为它允许你从将被销毁的临时对象中获取资源的所有权，当移动操作完成后，用户不需要再使用它。另外，左值不能被移动，它们只能被复制。这是因为它们在移动操作后，还需要被访问，用户期望对象在相同的状态。例如，在前一示例中，表达式 b=a 将 a 赋值给 b。

在此操作完成后，左值对象 a 还能被用户使用且应该处于之前同样的状态。另外，a+b 的结果是临时的，它的数据可以被安全地移动到 c。

移动构造函数区别于复制构造函数，因为它接收类类型 T 的右值引用（T&&），与之相反，复制构造函数 T 则接受左值引用（T const &）。类似地，移动赋值接受右值引用 T& operator=(T&&)，与之相反，复制赋值接受左值引用 T& operator=(T const &)，即两者都返回 T& 类引用。编译器基于参数类型、右值或左值，以选择合适的构造函数或赋值操作符。

当移动构造函数或移动赋值操作符存在，右值被自动移动。左值也可移动，但需要显式的静态转换为右值引用。这可通过 std::move() 函数完成，它执行了 static_cast<T&&>：

```
std::vector<Buffer> c;
c.push_back(Buffer(100));  // move

Buffer b(200);
c.push_back(b);            // copy
c.push_back(std::move(b)); // move
```

对象移动后，它必须保持有效状态。然而，并不要求这个状态是什么。为了一致性，你应该将所有成员设置为默认值（数字类型为 0，指针为 nullptr，布尔类型为 false 等）。

以下示例展示了 Buffer 对象不同的构造和赋值方式：

```
Buffer b1;                 // default constructor
Buffer b2(100);            // explicit constructor
Buffer b3(b2);             // copy constructor
b1 = b3;                   // assignment operator
Buffer b4(std::move(b1));  // move constructor
b3 = std::move(b4);        // move assignment
```

在对象 b1、b2、b3 和 b4 的创建或赋值中用到的构造函数和赋值操作符在每行的注释中可见。

9.9.4　更多

如 Buffer 示例所见，实现移动构造函数和移动赋值操作符的代码很相似（移动构造函数代码在移动赋值操作符中可见）。这可通过在移动构造函数中调用移动赋值操作符来避免：

```
Buffer(Buffer&& other) : ptr(nullptr), length(0)
{
  *this = std::move(other);
}
```

在此示例中，有两点必须注意：

❑ 在构造函数初始化列表中的成员初始化是必要的，因为这些成员可能被后续的移动操作符所使用（如 ptr 成员）。

❑ 静态转换 other 为右值引用。没有显式转换，复制赋值操作符被调用。这是因为即使右值作为参数传递给构造函数，当它被赋予名称时，它也会被绑定为左值。因此，other 实际上是左值，为了调用移动赋值操作符，它必须转换为右值引用。

9.9.5　延伸阅读

❑ 阅读 3.1 节，以了解在特殊成员函数上的 default 修饰符的使用及如何用 delete 修饰符定义已删除函数。

9.10　基于 operator<=> 的一致性比较

C++ 语言定义了 6 种关系操作符用来比较：==、!=、<、<=、> 和 >=。尽管 != 能用 == 来实现、<=、>= 和 > 能用 < 来实现，但如果你想要用户定义类型支持相等比较，则你需要同时实现 == 和 !=。如果你需要支持排序，则你需要实现 <、<=、> 和 >=。

这意味着如果你想要你的类型 T 可比较，则需要实现 6 个函数，如果你想要将它们与另一类型 U 进行比较，则需要实现 12 个函数，如果想要将 U 类型和你的 T 类型进行比较，则需要实现 18 个函数，以此类推。C++20 新标准引入新的三路比较操作符 <=>，将实现函数数量缩减为一个或两个或相乘的数量（取决于和其他类型的比较），因此三路比较又以太空船操作符广为人知。新操作符帮助我们写更少的代码，对关系做更好的描述，避免了手动实现比较操作符而导致的潜在性能问题。

9.10.1　准备工作

在定义或实现三路比较操作符时，引入头文件 <compare> 是必要的。此 C++20 新头文件是标准通用库里的一部分，提供了实现比较的类、函数和概念。

9.10.2　使用方式

以 C++20 中的最佳方式实现比较，可如下做：

❑ 如果你想要类型支持相等比较（== 和 !=），则只实现 == 操作符且返回 bool。你可以默认实现，这样编译器将进行逐个成员的比较：

```cpp
class foo
{
  int value;
public:
  foo(int const v):value(v){}

  bool operator==(foo const&) const = default;
};
```

❑ 如果你想要类型支持相等和排序比较，则默认成员比较可以实现，然后只定义 <=> 操作符，返回 auto，并默认其实现：

```cpp
class foo
{
  int value;
public:
  foo(int const v) :value(v) {}

  auto operator<=>(foo const&) const = default;
};
```

❑ 如果你想要类型支持相等和排序比较，则需要进行自定义比较，然后实现 == 操作符

（相等比较）和 `<=>` 操作符（排序比较）：

```
class foo
{
  int value;
public:
  foo(int const v) :value(v) {}

  bool operator==(foo const& other) const
  { return value == other.value; }

  auto operator<=>(foo const& other) const
  { return value <=> other.value; }
};
```

在实现三路比较操作符时，请遵循以下准则：

❑ 只实现三路比较操作符，但通常使用二路比较操作符 `<`、`<=`、`>` 和 `>=` 进行值比较。

❑ 以成员函数的形式实现三路比较操作符，即使你想要比较的第一个操作符是除你的类之外的其他类型。

❑ 只有当你想要显式转换参数时（意味着比较的两个对象都不是你的类类型），才以非成员函数的方式实现三路比较操作符。

9.10.3 工作原理

新三路比较操作符跟 `memcmp()`/`strcmp()` C 函数和 `std::string:compare()` 方法类似。这些函数接受两个参数，如果第一个比第二个小，则返回小于 0 的整型值；如果相等，则返回 0；如果第一个比第二个大，则返回大于 0 的整型值。三路比较操作符不返回整型值，但返回比较分类类型的值。

可以是以下其中一个：

❑ `std::strong_ordering` 表示三路比较操作符支持所有 6 种关系操作符，不允许不可比较值（意味着 a<b、a==b 和 a>b 中至少一个为 true），隐含可替代性。如果 a==b 且 f 是只读取比较突出状态（通过参数公共常量成员访问）的函数，那么 f(a)==f(b)。

❑ `std::weak_ordering` 支持所有 6 种关系操作符，不支持不可比较值（意味着 a<b、a==b 和 a>b 没有一个为 true），不隐含可替代性。定义弱排序的类型的典型例子是大小写不敏感字符串类型。

❑ `std::partial_ordering` 支持所有 6 种关系操作符，但不隐含可替代性，可能其中一个值不可比较（比如，浮点数 NaN 不能和其他值比较）。

`std:strong_ordering` 是这些分类类型中最严格的。它不能隐式地从其他分类类型转换而来，但它可隐式地转换为 `std::weak_ordering` 和 `std::partial_ordering`。`std::weak_ordering` 也可隐式转换为 `std::partial_ordering`。我们将其特性总结在表 9.2 中。

表　9.2

分类	操作符	可替代性	可比较值	隐式转换
std::strong_ordering	==、!=、<、<=、>、>=	是	是	↓
std::weak_ordering	==、!=、<、<=、>、>=	否	是	↓
std::partial_ordering	==、!=、<、<=、>、>=	否	否	

这些比较分类有可隐式地与字面零（不是值为 0 的整数变量）进行比较的值。它们的值列在表 9.3 中。

表　9.3

分类	数字值			非数字值
	−1	0	1	
strong_ordering	小于	等于、相等	大于	
weak_ordering	小于	相等	大于	
partial_ordering	小于	相等	大于	非排序的

为了更好地理解其如何工作，让我们来看以下示例：

```cpp
class cost_unit_t
{
  // data members
public:
  std::strong_ordering operator<=>(cost_unit_t const & other) const
noexcept = default;
};

class project_t : public cost_unit_t
{
  int        id;
  int        type;
  std::string name;
public:
  bool operator==(project_t const& other) const noexcept
  {
    return (cost_unit_t&)(*this) == (cost_unit_t&)other &&
           name == other.name &&
           type == other.type &&
           id == other.id;
  }

  std::strong_ordering operator<=>(project_t const & other) const
noexcept
  {
    // compare the base class members
    if (auto cmp = (cost_unit_t&)(*this) <=> (cost_unit_t&)other;
        cmp != 0)
      return cmp;

    // compare this class members in custom order
```

```
    if (auto cmp = name.compare(other.name); cmp != 0)
      return cmp < 0 ? std::strong_ordering::less :
                       std::strong_ordering::greater;
    if (auto cmp = type <=> other.type; cmp != 0)
      return cmp;
    return id <=> other.id;
  }
};
```

这里，cost_unit_t 是包含一些（非指定）数据成员并定义了 <=> 操作符的默认实现的基类。这意味着编译还提供了 == 和 != 操作符，不仅仅是 <、<=、> 和 >=。cost_unit_t 从 project_t 派生，后者包含几个数据字段：项目的标识、类型和名称。然而，此类型我们不能提供操作符的默认实现，因为我们不想进行成员比较，但以自定义排序：首先是名称，其次是类型，最后是标识。因此，我们实现了 == 操作符（返回 bool 并测试成员字段是否相等）和 <=> 操作符（返回 std::strong_ordering 并使用 <=> 操作符对两参数值比较）。

以下代码片段展示了 employee_t 类型，对公司雇员进行建模。雇员有一个经理，作为经理的雇员有管理的人。概念上，此类型如下所示：

```
struct employee_t
{
  bool is_managed_by(employee_t const&) const { /* ... */ }
  bool is_manager_of(employee_t const&) const { /* ... */ }
  bool is_same(employee_t const&) const       { /* ... */ }

  bool operator==(employee_t const & other) const
  {
    return is_same(other);
  }

  std::partial_ordering operator<=>(employee_t const& other) const
noexcept
  {
    if (is_same(other))
      return std::partial_ordering::equivalent;
    if (is_managed_by(other))
      return std::partial_ordering::less;
    if (is_manager_of(other))
      return std::partial_ordering::greater;
    return std::partial_ordering::unordered;
  }
};
```

is_same()、is_manager_of() 和 is_managed_by() 方法返回两个雇员的关系。然而，雇员间没有关系是可能的。例如，不同组的雇员或同一组但不在同一管理线上的雇员。这里，我们实现了相等和排序。然而，因为我们不能对所有雇员进行比较，<=> 操作符必须返回 std::partial_ordering 值。如果是相同的雇员，则返回 partial_ordering::equivalent；如果当前雇员被另一雇员经理管理，则返回 partial_ordering::less ；如果当前雇员是另一雇员的经理，则返回 partial_ordering:greater；其他情况，则返回 partial_ordering::unordered。

让我们再看一个例子来理解三路比较操作符是如何工作的。在以下示例中，ipv4 类对 IP 版本 4 地址进行了建模。它支持对其他 ipv4 类型对象和 unsiged long 值（因为 to_unlong() 方法将 IP 地址转换为 32 位无符号整数值）进行比较：

```
struct ipv4
{
  explicit ipv4(unsigned char const a=0, unsigned char const b=0,
                unsigned char const c=0, unsigned char const d=0)
noexcept :
    data{ a,b,c,d }
  {}

  unsigned long to_ulong() const noexcept
  {
    return
      (static_cast<unsigned long>(data[0]) << 24) |
      (static_cast<unsigned long>(data[1]) << 16) |
      (static_cast<unsigned long>(data[2]) << 8) |
      static_cast<unsigned long>(data[3]);
  }

  auto operator<=>(ipv4 const&) const noexcept = default;

  bool operator==(unsigned long const other) const noexcept
  {
    return to_ulong() == other;
  }

  std::strong_ordering
  operator<=>(unsigned long const other) const noexcept
  {
    return to_ulong() <=> other;
  }
private:
  std::array<unsigned char, 4> data;
};
```

在此示例中，我们重载了 <=> 操作符，允许它默认实现。但我们显式实现了 operator== 和 operator<=> 的重载，将 ipv4 对象和 unsigned long 值进行比较。因为这些操作符，我们可以如下任意写：

```
ipv4 ip(127, 0, 0, 1);
if(ip == 0x7F000001) {}
if(ip != 0x7F000001) {}
if(0x7F000001 == ip) {}
if(0x7F000001 != ip) {}
```

```
if(ip < 0x7F000001)  {}
if(0x7F000001 < ip)  {}
```

两件事需要注意：首先是尽管我们只重载了 == 操作符，我们也可以使用 != 操作符；其次，尽管我们重载了 == 操作符和 <=> 操作符来将 ipv4 值和 unsigned long 值进行比较，我们也可将 unsigned long 值和 ipv4 值进行比较。这意味着表达式 a@b，其中 @ 是二路关系操作符。它对 a@b、a<=b 和 b<=>a 进行名称查询。表 9.4 展示了关系操作符可能的变换列表。

表 9.4

a==b	b==a	
a != b	!(a==b)	!(b==a)
a <=> b	0 <=> (b <=> a)	
a < b	(a <=> b) < 0	0 > (b <=> a)
a <= b	(a <=> b) <= 0	0 >= (b <=> a)
a > b	(a <=> b) > 0	0 < (b <=> a)
a >= b	(a <=> b) >= 0	0 <= (b <=> a)

当你需要支持不同形式下的比较时，这极大地减少了你必须显式提供的重载数量。三路比较操作符可以以成员或非成员函数的方式实现。通常来说，你应该选择成员函数实现。

非成员函数形式应该在只有你想要对参数进行隐式转换时才使用。示例如下所示：

```
struct A { int i; };

struct B
{
  B(A a) : i(a.i) { }
  int i;
};

inline auto
operator<=>(B const& lhs, B const& rhs) noexcept
{
  return lhs.i <=> rhs.i;
}

assert(A{ 2 } < A{ 1 });
```

尽管类型 B 定义了 <=> 操作符，因为它是非成员函数且 A 可隐式转换为 B，所以我们对 A 类型对象进行比较。

9.10.4 延伸阅读

❑ 阅读 1.14 节，以了解如何使用类模板而不需要指定模板参数。
❑ 阅读 9.3 节，以了解使用常量正确性的好处及如何实现。

Chapter 10 | 第 10 章

模式和惯用法

设计模式是对软件开发中出现的常见问题的通用可重复的解决方案。惯用法是模式、算法或在一个或多个编程语言中组织代码的方法。设计方面有很多很棒的书。本章的目的不是重述它们，而是展示如何实现几个有用的模式和惯用法，主要集中在现代 C++ 的可读性、性能和鲁棒性方面。

10.1 节展示避免重复使用 if-else 语句的简单机制。让我们来探索是此机制是如何工作的。

10.1 在工厂模式中避免重复的 **if...else** 语句

我们通常会写重复的 **if...else** 语句（或相等的 **switch** 语句）做相似的事情，通常通过很少的变化以及复制和粘贴一些小的改动来完成。随着不同条件的增加，代码变得既难阅读也难维护。重复的 **if...else** 语句可通过不同的技术进行替代，如多态性。在本节中，我们将看到如何通过函数映射，用工厂模式来避免 **if...else** 语句（工厂是用来创建其他对象的函数或对象）。

10.1.1 准备工作

本节中，我们将考虑以下问题：建立能处理各种格式图片的系统，如 bitmap、PNG、JPG 等。显然，细节不在本节讨论范围内，我们关心的部分是创建能处理不同图片格式的对象。因此，我们将考虑以下类的层级：

```
class Image {};
class BitmapImage : public Image {};
```

```
class PngImage    : public Image {};
class JpgImage    : public Image {};
```

另外，我们定义了工厂类的接口用来创建前述类，同时我们给出使用 if...else 的典型实现：

```
struct IImageFactory
{
  virtual std::unique_ptr<Image> Create(std::string_view type) = 0;
};

struct ImageFactory : public IImageFactory
{
  std::unique_ptr<Image>
  Create(std::string_view type) override
  {
    if (type == "bmp")
      return std::make_unique<BitmapImage>();
    else if (type == "png")
      return std::make_unique<PngImage>();
    else if (type == "jpg")
      return std::make_unique<JpgImage>();
    return nullptr;
  }
};
```

本节的目的是如何重构来避免重复的 if...else 语句。

10.1.2 使用方式

对前面的工作进行如下步骤重构来避免使用 if...else 语句：

1）实现工厂接口：

```
struct ImageFactory : public IImageFactory
{
  std::unique_ptr<Image> Create(std::string_view type) override
  {
    // continued with 2. and 3.
  }
};
```

2）定义 map，其中 key 为需要创建的对象类型，值为创建对象的函数：

```
static std::map<
  std::string,
  std::function<std::unique_ptr<Image>()>> mapping
{
  { "bmp", []() {return std::make_unique<BitmapImage>(); } },
  { "png", []() {return std::make_unique<PngImage>(); } },
  { "jpg", []() {return std::make_unique<JpgImage>(); } }
};
```

3）为了创建对象，查找 map 里的对象类型，如果找到，则使用关联的函数来创建此类型的实例：

```
auto it = mapping.find(type.data());
if (it != mapping.end())
  return it->second();
return nullptr;
```

10.1.3 工作原理

第一次实现的重复的 if...else 语句是十分类似的——它们检查 type 参数的值并创建适当的 Image 类的实例。如果检查的参数为整数类型（如枚举类型），后续的 if...else 语句也可以以 switch 语句的形式实现。代码如下所示：

```
auto factory = ImageFactory{};
auto image = factory.Create("png");
```

不管实现是使用 if...else 语句还是 switch，重构以避免重复的检查是简单的。在重构后的代码中，我们使用 map，其 key 类型为 std::string 表示类型，即图片格式的名称。值为 std::function<std::unique_ptr<Image>()>。这是对不接受参数并返回 std::unique_ptr<Image>（派生类的 unique_ptr 隐式地转换为基类的 unique_ptr）的函数的封装。

现在我们有函数的 map 来创建对象，工厂实际的实现更为简单：在 map 中检查要创建对象类型，如果存在，则使用 map 中关联值作为实际函数来创建对象；如果对象类型不在 map 中，则返回 nullptr。

重构对用户代码而言是透明的，用户使用工厂的方式没有改变。另外，这种方法确实需要更多的内存来处理静态 map，对某些应用程序的类来说，如 IoT，可能是重要的方面。这里展示的示例是相对简单的，因为我们的目的是展示概念。在真实世界代码中，不同方式创建对象可能是需要的，如使用不同数量的参数和不同类型的参数。然而，这不是特定于重构的实现，使用 if...else/switch 语句的解决方案也需要考虑这一点。因此，实际当中，if...else 语句能处理的问题，map 方法也能处理。

10.1.4 更多

在之前的实现中，map 是对虚函数的局部静态变量，但它也可以是类的成员或全局成员。以下实现中的 map 定义为类的静态成员。对象不是基于格式名称创建的，而是根据 typeid 操作符返回的类型信息：

```
struct IImageFactoryByType
{
  virtual std::unique_ptr<Image> Create(
    std::type_info const & type)  = 0;
};
```

```
struct ImageFactoryByType : public IImageFactoryByType
{
  std::unique_ptr<Image> Create(std::type_info const & type)
  override
  {
    auto it = mapping.find(&type);
    if (it != mapping.end())
      return it->second();
    return nullptr;
  }
private:
  static std::map<
    std::type_info const *,
    std::function<std::unique_ptr<Image>()>> mapping;
};

std::map<
  std::type_info const *,
  std::function<std::unique_ptr<Image>()>> ImageFactoryByType::mapping
{
  {&typeid(BitmapImage),[](){
      return std::make_unique<BitmapImage>();}},
  {&typeid(PngImage),   [](){
      return std::make_unique<PngImage>();}},
  {&typeid(JpgImage),   [](){
      return std::make_unique<JpgImage>();}}
};
```

此例中，用户代码略有不同，因为我们传递 typeid 操作符返回的值，如 typeid(PngImage)，
而不是传递表示创建对象类型的名称：

```
auto factory = ImageFactoryByType{};
auto movie = factory.Create(typeid(PngImage));
```

这种方式可以说更有鲁棒性，因为 map 的 key 不是更容易出错的字符串。本节建议将
此模式作为常见问题的解决方案，不是实际的实现。在绝大多数模式中，可以有不同的实
现方式，取决于你根据情况选择最适合的方式。

10.1.5 延伸阅读

❑ 阅读 10.2 节，以了解将实现细节从接口中分离的技术。

❑ 阅读 9.7 节，以了解 std::unique_ptr 类，其表示拥有并管理分配在堆上的另一个
对象或一组对象的智能指针。

10.2 实现 pimpl 惯用法

pimpl 代表指向实现的指针（也以柴郡猫惯用法或编译器防火墙惯用法知名），是用来将
实现细节从接口中分离的不透明指针技术。好处是改变实现不需要修改接口，因此可避免

重新编译使用此接口的代码。当只有实现细节变化时，库使用 pimpl 惯用法在其 ABI 上，可使其与老版本向后兼容。在本节中，我们将看到如何使用现代 C++ 特性实现 pimpl 惯用法。

10.2.1　准备工作

读者需要熟悉智能指针和 `std::string_view`，两者都在本书前面章节中有过讨论。

为了以实际示例展示 pimpl 惯用法，我们考虑以下类，然后将其以 pimpl 惯用法重构：

```cpp
class control
{
  std::string text;
  int width = 0;
  int height = 0;
  bool visible = true;

  void draw()
  {
    std::cout
      << "control " << '\n'
      << " visible: " << std::boolalpha << visible <<
        std::noboolalpha << '\n'
      << " size: " << width << ", " << height << '\n'
      << " text: " << text << '\n';
  }
public:
  void set_text(std::string_view t)
  {
    text = t.data();
    draw();
  }

  void resize(int const w, int const h)
  {
    width = w;
    height = h;
    draw();
  }

  void show()
  {
    visible = true;
    draw();
  }

  void hide()
  {
    visible = false;
    draw();
  }
};
```

这个类表示控制台，有文本、大小和可见性的属性。每当这些属性变化时，控制台重绘。在这模拟的实现中，绘画意味着将属性的值输出到控制台上。

10.2.2　使用方式

遵循以下步骤来实现 pimpl 惯用法，通过重构之前显示的 control 类来举例说明：

1）将所有私有成员（数据和函数）放到不同的类中。我们称其为 pimpl 类，原始的类为公共类。

2）在公共类的头文件中，放置 pimpl 类的前置声明：

```
// in control.h
class control_pimpl;
```

3）在公共类定义中，使用 unique_ptr 声明指向 pimpl 类的指针。这应该是这个类唯一的私有数据成员：

```
class control
{
  std::unique_ptr<
    control_pimpl, void(*)(control_pimpl*)> pimpl;
  public:
    control();
    void set_text(std::string_view text);
    void resize(int const w, int const h);
    void show();
    void hide();
};
```

4）将 pimpl 类定义放在公共类的源文件中。pimpl 类模仿公共类的公共接口：

```
// in control.cpp
class control_pimpl
{
  std::string text;
  int width = 0;
  int height = 0;
  bool visible = true;

  void draw()
  {
    std::cout
      << "control " << '\n'
      << " visible: " << std::boolalpha << visible
      << std::noboolalpha << '\n'
      << " size: " << width << ", " << height << '\n'
      << " text: " << text << '\n';
  }

public:
```

```cpp
    void set_text(std::string_view t)
    {
      text = t.data();
      draw();
    }

    void resize(int const w, int const h)
    {
      width = w;
      height = h;
      draw();
    }

    void show()
    {
      visible = true;
      draw();
    }

    void hide()
    {
      visible = false;
      draw();
    }
};
```

5）pimpl 类在在公共类的构造函数中实例化：

```cpp
control::control() :
  pimpl(new control_pimpl(),
        [](control_pimpl* pimpl) {delete pimpl; })
{}
```

6）公共类成员函数调用相应的 pimpl 类的成员函数：

```cpp
void control::set_text(std::string_view text)
{
  pimpl->set_text(text);
}

void control::resize(int const w, int const h)
{
  pimpl->resize(w, h);
}

void control::show()
{
  pimpl->show();
}

void control::hide()
{
```

```
    pimpl->hide();
}
```

10.2.3 工作原理

pimpl 惯用法使类的内部实现能够向该类所属的库或模块的客户端隐藏。这有几个好处：

❑ 用户可以看到类清晰的接口。

❑ 改变内部实现不影响公共接口，库的新版本可向后兼容（当公共接口不变时）。

❑ 当内部实现改变时，使用 pimpl 惯用法的用户不需要重新编译。这使编译时间缩短。

❑ 头文件不需要包含私有实现中使用的类型和函数的头文件。这也使编译时间缩短。

以上提及的好处不是免费的，有几个缺点需要提及：

❑ 需要编写和维护更多的代码。

❑ 代码可以说更不可读，因为间接加了一层，且实现的细节需要在其他文件中查找。在本节中，pimpl 类的定义在公共类的源文件中提供，但实际上，它可以出现在不同的文件中。

❑ 因为从公共类到 pimpl 类中间接加了一层，所以有一点运行时上的开销，但实际上影响很小。

❑ 此方法对保护成员不可用，因为成员需要对派生类可用。

❑ 此方法对必须出现在类中的私有虚函数不可用，因为它们需要覆盖基类中函数或在派生类中覆盖可用。

> 作为一条经验法则，当实现 pimpl 惯用法时，总是将除了虚函数以外的所有私有数据和函数成员放到 pimpl 类，将保护数据成员与函数和所有私有虚函数放到公共类中。

在本节示例中，control_pimpl 类基本上和原始 control 类一样。实际上，类越大（包括虚函数和保护数据，以及函数和成员），pimpl 类和非 pimpl 类不是完全相同的。而且实际上，pimpl 类可能需要有指向公共类的指针，以便调用没有移动到 pimpl 类上的成员。

关于重构 control 类的实现，指向 control_pimpl 对象的指针由 unique_ptr 管理。对于这个指针的声明，我们使用自定义删除器：

```
std::unique_ptr<control_pimpl, void(*)(control_pimpl*)> pimpl;
```

这么做的原因是 control 类有个由编译器默认定义的析构函数，某种程度上 control_pimpl 类还是不完整的（即在头文件中）。使用 unique_ptr 时会有错误，无法删除不完整类型。这个问题可通过两种方法解决：

❑ 在 control_pimpl 类完整定义可用后，提供 control 类显式实现的用户定义的析构函数（即使以 default 声明）。

❑ 正如我们在此示例中所做的，给 unique_ptr 提供自定义删除器。

10.2.4 更多

原始 control 类既可复制也可移动：

```
control c;
c.resize(100, 20);
c.set_text("sample");
c.hide();

control c2 = c;            // copy
c2.show();

control c3 = std::move(c2); // move
c3.hide();
```

重构的 control 类只能移动，无法复制。以下代码实现了能同时复制和移动的 control 类：

```
class control_copyable
{
  std::unique_ptr<control_pimpl, void(*)(control_pimpl*)> pimpl;
public:
  control_copyable();
  control_copyable(control_copyable && op) noexcept;
  control_copyable& operator=(control_copyable && op) noexcept;
  control_copyable(const control_copyable& op);
  control_copyable& operator=(const control_copyable& op);

  void set_text(std::string_view text);
  void resize(int const w, int const h);
  void show();
  void hide();
};

control_copyable::control_copyable() :
  pimpl(new control_pimpl(),
        [](control_pimpl* pimpl) {delete pimpl; })
{}

control_copyable::control_copyable(control_copyable &&)
   noexcept = default;
control_copyable& control_copyable::operator=(control_copyable &&)
   noexcept = default;

control_copyable::control_copyable(const control_copyable& op)
   : pimpl(new control_pimpl(*op.pimpl),
           [](control_pimpl* pimpl) {delete pimpl; })
{}

control_copyable& control_copyable::operator=(
   const control_copyable& op)
{
```

```
  if (this != &op)
  {
    pimpl = std::unique_ptr<control_pimpl,void(*)(control_pimpl*)>(
              new control_pimpl(*op.pimpl),
              [](control_pimpl* pimpl) {delete pimpl; });
  }
  return *this;
}

// the other member functions
```

control_copyable 类是可复制和可移动的，为此我们提供了复制构造函数和复制赋值操作符，移动构造函数和移动赋值操作符。后者是默认定义的，但前者是显式实现的，以从待复制的对象创建新的 control_pimpl 对象。

10.2.5 延伸阅读

❑ 阅读 9.7 节，以了解 std::unique_ptr 类，其表示拥有管理分配在堆上的另一个对象或一组对象的智能指针。

10.3 实现命名参数惯用法

C++ 只支持位置参数，这意味着传递给函数的参数是基于参数位置的。其他语言还支持命名参数——在调用时指定参数名称。这在参数有默认值时特别有用。函数可能有带默认值的参数，尽管它们通常出现在非默认参数的后面。

然而，如果你只想提供值给部分默认参数，除非给函数参数列表中位于这些部分默认参数前的参数都提供值，否则无法这么做。

命名参数惯用法技术提供了模拟命名参数的方法来解决这个问题。在本节中，我们将探索这个技术。

10.3.1 准备工作

为了展示命名参数惯用法，我们将使用以下代码片段中的 control 类：

```
class control
{
  int id_;
  std::string text_;
  int width_;
  int height_;
  bool visible_;
public:
  control(
    int const id,
```

```
    std::string_view text = "",
    int const width = 0,
    int const height = 0,
    bool const visible = false):
      id_(id), text_(text),
      width_(width), height_(height),
      visible_(visible)
  {}
};
```

control 类表示虚拟控制台，如按钮或输入框，有诸如数字标识、文本、大小和可见性等属性。这些都提供给构造函数，除了 ID，其他都有默认值。实际上，这样的类会有更多属性，如文本刷、背景刷、边框样式、字体大小、字体类型等。

10.3.2 使用方式

为了实现函数（通常带有很多默认参数）的命名参数惯用法，如下做：

1）创建封装函数参数的类：

```
class control_properties
{
  int id_;
  std::string text_;
  int width_ = 0;
  int height_ = 0;
  bool visible_ = false;
};
```

2）将需要访问这些属性的类或函数声明为 friend，以避免写 getter：

```
friend class control;
```

3）原函数中没有默认值的所有位置参数，都应该变成类构造函数里的没有默认值的位置参数：

```
public:
  control_properties(int const id) :id_(id)
  {}
```

4）对于原函数中有默认值的所有位置参数，应该有函数（同样的名字）内部设置其值并返回类的引用：

```
public:
  control_properties& text(std::string_view t)
  { text_ = t.data(); return *this; }

  control_properties& width(int const w)
  { width_ = w; return *this; }
```

```
control_properties& height(int const h)
{ height_ = h; return *this; }

control_properties& visible(bool const v)
{ visible_ = v; return *this; }
```

5）原函数需要被修改或提供重载，来接受新类的参数，以从此类中可读取属性值：

```
control(control_properties const & cp):
  id_(cp.id_),
  text_(cp.text_),
  width_(cp.width_),
  height_(cp.height_),
  visible_(cp.visible_)
{}
```

如果把这些全部整合在一起，结果如下所示：

```
class control;

class control_properties
{
  int id_;
  std::string text_;
  int width_ = 0;
  int height_ = 0;
  bool visible_ = false;

  friend class control;
public:
  control_properties(int const id) :id_(id)
  {}

  control_properties& text(std::string_view t)
  { text_ = t.data(); return *this; }

  control_properties& width(int const w)
  { width_ = w; return *this; }

  control_properties& height(int const h)
  { height_ = h; return *this; }

  control_properties& visible(bool const v)
  { visible_ = v; return *this; }
};

class control
{
  int         id_;
  std::string text_;
  int         width_;
```

```
    int        height_;
    bool       visible_;
public:
    control(control_properties const & cp):
      id_(cp.id_),
      text_(cp.text_),
      width_(cp.width_),
      height_(cp.height_),
      visible_(cp.visible_)
    {}
};
```

10.3.3　工作原理

最初的 control 类的构造函数有很多参数。在真实世界代码中，你能找到有更多参数的示例。实际上，可能的解决方案是，将通用布尔类型属性以比特标志组合，然后则可以以单个整型参数传递（如 control 的边框样式，它定义边框可见位置：上、下、左、右或任意这四个的组合）。创建最初实现的 control 对象如下所示：

```
control c(1044, "sample", 100, 20, true);
```

命名参数惯用法允许你使用名称，以任意顺序只指定想要的参数值，这比固定位置顺序更直观。

尽管实现此惯用法不只有单一策略，本节的示例是很典型的。control 类属性，作为构造函数的参数，被放到独立的 control_properties 类，类 control 作为友元类允许访问 control_properties 的私有数据成员而不需要提供 getter。副作用是限制了 control_properties 在 control 类之外的使用。control 类构造函数的必要参数也是 control_properties 构造函数的必要参数。对于所有其他有默认值的参数，control_properties 类定义了具有相关名称的函数来将数据成员设置为提供的参数，并返回 control_properties 的指针。这使用户能够以任意顺序链接对这些函数的调用。

control 类的构造函数被新的构造函数替代，新构造函数具有对 control_properties 对象的常量引用的单一参数，其数据成员被复制到 control 对象的数据成员。

以这种用命名参数惯用法方式来创建 control 对象的代码片段如下：

```
control c(control_properties(1044)
          .visible(true)
          .height(20)
          .width(100));
```

10.3.4　延伸阅读

❏ 阅读 10.4 节，以了解通过（公共）接口非虚和虚函数私有的方式来促进接口和实现分离的惯用法。

❑ 阅读 10.5 节，以了解限制友元只访问类特定、私有部分的简单机制。

10.4 基于非虚接口惯用法将接口与实现分离

通过允许派生类修改基类的实现，虚函数为类提供了特殊功能。当派生类通过指向基类的指针或引用调用覆盖虚函数时，最终会调用派生类中的覆盖实现。另外，自定义是实现细节，而好的设计将接口从实现中分离出来。

非虚接口惯用法，由 Herb Sutter 在 *C/C++ Users Journal* 上的一篇关于虚态的文章中提出，推荐通过（公共）接口非虚和虚函数私有来分离接口和实现。

公共虚接口防止类在接口上强制前置和后置条件。期望基类实例的用户不能保证公共虚方法的预期行为得到传递，因为它会在派生类中覆盖。此惯用法帮助执行接口承诺的契约。

10.4.1 准备工作

读者需要熟悉关于虚函数的方面，如定义与覆盖虚函数、抽象类和纯虚修饰符。

10.4.2 使用方式

实现此惯用法要求遵循以下几个简单设计准则，由 Herb Sutter 在 *C/C++ Users Journal*, 19(9) 中，于 2001 年九月制定：

1）（公共）接口非虚。

2）虚函数私有。

3）只有当基类实现必须从派生类中调用，才使虚函数保护。

4）基类析构函数要么虚公有，要么非虚保护。

以下简单层级 `control` 的示例，遵循了这四条准则：

```cpp
class control
{
private:
  virtual void paint() = 0;
protected:
  virtual void erase_background()
  {
    std::cout << "erasing control background..." << '\n';
  }
public:
  void draw()
  {
    erase_background();
    paint();
  }
}
```

```
    virtual ~control() {}
};

class button : public control
{
private:
  virtual void paint() override
  {
    std::cout << "painting button..." << '\n';
  }
protected:
  virtual void erase_background() override
  {
    control::erase_background();
    std::cout << "erasing button background..." << '\n';
  }
};

class checkbox : public button
{
private:
  virtual void paint() override
  {
    std::cout << "painting checkbox..." << '\n';
  }
protected:
  virtual void erase_background() override
  {
    button::erase_background();
    std::cout << "erasing checkbox background..." << '\n';
  }
};
```

10.4.3　工作原理

NVI 惯用法使用模板方法设计模式，允许派生类自定义基类功能（算法）的部分（步骤）。这通过将整体算法分成更小的部分，每部分由虚函数实现来完成。基类可提供或不提供默认实现，派生类在覆盖实现的同时维护整体结构和算法的含义。

NVI 惯用法的核心准则是虚函数不应该是公有的，它们应该在派生类需要调用基类实现时私有或保护。类对于用户公共可访问的接口，应该只包含非虚函数。这有几个好处：

❑ 将接口从实现细节中分离开，不再需要暴露给用户。

❑ 改变实现细节不需要修改公共接口，也不需要修改用户代码，因此基类更有鲁棒性。

❑ 允许类对接口单独控制。如果公共接口包含虚函数，派生类可更改承诺的功能，因此类不能保证它的前置和后置条件。当没有虚函数（除了析构函数）可被用户访问，类可在接口上强制执行前置和后置条件。

特别注意此惯用法必须要有类的析构函数。基类析构函数应该是虚函数，这样对象才能多态地删除（通过指向基类的指针或引用）。当析构函数不是虚函数时，多态地析构对象会产生未定义行为。然而不是所有基类都想要多态地删除。对这些特殊情况，基类析构不应该是虚函数。然而，它也不应该是公有的，而是保护的。

10.3 节的示例定义了代表可视控制类的层级：

❏ control 是基类，但有派生类，如 button 和 checkbox（一种按钮类型，因此从此类中派生）。

❏ control 类定义的唯一功能是绘制控制。draw() 方法是非虚的，但它调用两个虚函数，erase_background() 和 paint()，来实现绘制控制的两个阶段。

❏ erase_background() 是保护虚函数，因为派生类需要在它们自己的实现中调用。

❏ paint() 是私有纯虚方法。派生类必须实现它，但不应该调用基类中的实现。

❏ control 类的析构函数是公有的且是虚函数，因为对象期望被多态地删除。

这些类使用示例如下。这些类的实例由指向基类的智能指针管理：

```
std::vector<std::unique_ptr<control>> controls;

controls.emplace_back(std::make_unique<button>());
controls.emplace_back(std::make_unique<checkbox>());

for (auto& c : controls)
  c->draw();
```

程序输出如下：

```
erasing control background...
erasing button background...
painting button...
erasing control background...
erasing button background...
erasing checkbox background...
painting checkbox...
destroying button...
destroying control...
destroying checkbox...
destroying button...
destroying
```

当公有函数调用实际实现的非公有虚函数时，NVI 惯用法引入另一间接层级。在前一示例中，draw() 方法调用了几个其他函数，但在很多情况下，应该只调用一个：

```
class control
{
```

```
protected:
  virtual void initialize_impl()
  {
    std::cout << "initializing control..." << '\n';
  }
public:
  void initialize()
  {
    initialize_impl();
  }
};

class button : public control
{
protected:
  virtual void initialize_impl()
  {
    control::initialize_impl();
    std::cout << "initializing button..." << '\n';
  }
};
```

在此示例中，类 `control` 有个额外的方法 `initialize()`（类前面内容没展示，以保持简洁性），该方法调用非公有虚函数 `initialize_impl()`，在不同派生类中的实现各有不同。这不会产生额外开销，因为这么简单的函数很可能被编译器内联。

10.4.4　延伸阅读

❑ 阅读 1.7 节，以了解如何指明虚函数覆盖另一虚函数，以及如何指明虚函数不能在派生类中覆盖。

10.5　用律师与委托人惯用法处理友元

通过友元声明，给予函数与类访问类中非公有部分通常被认为是不好的设计，因为友元违背了封装，将类和函数捆在一起。友元，不管它们是类还是函数，可访问一个类的所有私有部分，尽管它们可能只需要访问部分。

律师与委托人（attorney-client）惯用法提供了限制友元访问类特定私有部分的简单机制。

10.5.1　准备工作

为了展示如何实现此惯用法，我们将考虑以下类：`Client`，有部分私有数据和函数成员（这里公共接口不重要）；`Friend`，应该只访问部分私有，如 `data1` 和 `action1()`，但却能访问所有数据：

```
class Client
{
  int data_1;
  int data_2;

  void action1() {}
  void action2() {}

  friend class Friend;
public:
  // public interface
};

class Friend
{
public:
  void access_client_data(Client& c)
  {
    c.action1();
    c.action2();
    auto d1 = c.data_1;
    auto d2 = c.data_1;
  }
};
```

为了理解此惯用法，你必须熟悉 C++ 语言中友元是如何声明与使用的。

10.5.2　使用方式

按照以下步骤来限制友元访问类的私有部分：

1）在 Client 类中，为友元提供访问私有部分的权限，为中间类 Attorney 声明友元：

```
class Client
{
  int data_1;
  int data_2;

  void action1() {}
  void action2() {}

  friend class Attorney;
public:
  // public interface
};
```

2）创建只包含私有（内联）函数（可访问用户私有部分）的类。中间类允许真正友元访问它的私有部分：

```
class Attorney
```

```
{
  static inline void run_action1(Client& c)
  {
    c.action1();
  }

  static inline int get_data1(Client& c)
  {
    return c.data_1;
  }

  friend class Friend;
};
```

3）在 Friend 类中，通过 Attorney 类间接只访问部分 Client 类私有部分：

```
class Friend
{
public:
  void access_client_data(Client& c)
  {
    Attorney::run_action1(c);
    auto d1 = Attorney::get_data1(c);
  }
};
```

10.5.3　工作原理

律师与委托人惯用法通过引入中间人律师来限制访问用户的私有部分，展示了简单的机制。用户类为律师提供友元，律师提供对用户部分数据和函数的访问，而不是直接为使用其内部状态的类提供友元。该惯用法通过定义私有静态函数来实现。通常，它包含内联函数，避免了律师类引入间接层级导致的运行时开销。通过使用律师的私有部分，用户友元访问它的私有部分。此惯用法之所以叫律师与委托人，因为它跟律师和委托人的关系类似，律师知道所有委托人的秘密，但只暴露部分给第三方。

实际上，如果不同友元类或函数必须访问不同私有部分，那么为一个委托人类创建多个律师类是必需的。

另外，友元是不可继承的，这意味着已经是类 B 友元的类或函数，不是 B 的派生类 D 的友元。然而，D 中覆盖的虚函数仍可通过友元类指向 B 的指针或引用来多态访问。示例如下所示，在 F 中调用 run() 方法将输出 base 和 derived：

```
class B
{
  virtual void execute() { std::cout << "base" << '\n'; }
  friend class BAttorney;
};
```

```
class D : public B
{
  virtual void execute() override
  { std::cout << "derived" << '\n'; }
};

class BAttorney
{
  static inline void execute(B& b)
  {
    b.execute();
  }
  friend class F;
};
class F
{
public:
  void run()
  {
    B;
    BAttorney::execute(b); // prints 'base'

    D;
    BAttorney::execute(d); // prints 'derived'
  }
};

F;
f.run();
```

　　使用设计模式通常需要权衡，此惯用法也是如此。在有些场景中使用此模式将在开发、测试和维护中增加太多的负担。然而，这个模式对某些应用类型而言是有极大的价值的，比如可扩展框架。

10.5.4　延伸阅读

❑ 阅读 10.2 节，以了解将实现细节从接口中分离的技术。

10.6　基于奇异递归模板模式的静态多态

　　多态给予同一接口拥有多种形式的能力。虚函数允许派生类覆盖基类的实现。它们代表了最常见形式的多态，称为运行时多态，因为从类层次结构中调用特定虚拟函数的决定发生在运行时。又称晚绑定，因为函数调用的绑定在之后程序运行时发生。与之相反的称为早绑定、静态多态或编译时多态，因为这在编译时通过函数或操作符重载发生。

另外，奇异递归模板模式（Curiously Recurring Template Pattern，CRTP）在编译时模拟基于虚函数的运行时多态，通过用派生类参数化的基类模板派生类来实现。此技术被广泛使用，包括微软 Active Template Library（ATL）和 Windows Template Library (WTL)。在本节中，我们将探索 CRTP 模式并学习它是如何实现与如何工作的。

10.6.1 准备工作

为了展示 CRTP 是如何工作的，我们重新回顾在 10.4 节实现的 control 类层级。我们将定义一组 control 类，它们有绘制控制功能，（我们示例中的）操作分两阶段完成：擦除背景然后绘制控制。为了简洁性，在我们的实现中，这些操作将只输出文本到控制台上。

10.6.2 使用方式

为了基于奇异递归模板模式实现静态多态，如下做：

1）提供类模板作为其他类的基类，可被当作编译时多态。多态函数从此类中调用；

```
template <class T>
class control
{
public:
  void draw()
  {
    static_cast<T*>(this)->erase_background();
    static_cast<T*>(this)->paint();
  }
};
```

2）派生类使用类模板作为其基类，派生类也是基类的模板参数。派生类实现由基类调用的函数：

```
class button : public control<button>
{
public:
  void erase_background()
  {
    std::cout << "erasing button background..." << '\n';
  }

  void paint()
  {
    std::cout << "painting button..." << '\n';
  }
};

class checkbox : public control<checkbox>
{
public:
```

```
  void erase_background()
  {
    std::cout << "erasing checkbox background..."
              << '\n';
  }

  void paint()
  {
    std::cout << "painting checkbox..." << '\n';
  }
};
```

3）函数模板通过指向基类模板的指针或引用来多态处理派生类

```
template <class T>
void draw_control(control<T>& c)
{
  c.draw();
}

button b;
draw_control(b);

checkbox c;
draw_control(c);
```

10.6.3　工作原理

虚函数有性能问题，特别当它们比较小且频繁在循环里调用时。现代硬件对大部分情况不敏感，但在有些应用类别中，性能是至关重要的且任何性能提升都很重要。奇异递归模板模式模拟虚函数在编译时调用，通过元编译将其翻译为函数重载实现。

此模式乍一看可能有点怪，但它是完全合法的。想法是从模板基类中派生，然后将派生类作为类型模板参数传递给基类。基类再调用派生类的函数。在我们的示例中，control<button>::draw() 在 button 类被编译器知悉前声明。然而，control 类是模板类，这意味着只有当编译器遇到使用它的代码时才进行实例化。那时，button 类（在此示例中）已经被定义且被编译器所知，因此调用 button:erase_background() 和 button::paint() 是可行的。

为了调用派生类中的函数，我们必须先获取指向派生类的指针。这通过 static_cast 转换完成，如 static_cast<T*>(this)->erase_background() 中所示。如果这要调用多次，则代码可通过提供私有函数来完成而被简化：

```
template <class T>
class control
{
  T* derived() { return static_cast<T*>(this); }
```

```
public:
  void draw()
  {
    derived()->erase_background();
    derived()->paint();
  }
};
```

在使用 CRTP 时你必须注意几个陷阱：

☐ 在基类模板中调用的派生类中的所有函数都必须是公有的；否则基类特化必须声明为派生类的友元：

```
class button : public control<button>
{
private:
  friend class control<button>;
  void erase_background()
  {
    std::cout << "erasing button background..." << '\n';
  }

  void paint()
  {
    std::cout << "painting button..." << '\n';
  }
};
```

☐ 不可能将 CRTP 类型对象保存在同类型容器（如 vector 或 list）中，因为每个基类都是唯一类型（如 control<button> 和 control<checkbox>）。如果这确实是需要的，那么有个方法可以实现。这将在后面讨论和展示。

☐ 当使用此技术时，因为模板被实例化，所以程序大小可能增长。

10.6.4 更多

当实现 CRPT 的类型对象需要保存在同类型容器中时，一个额外的惯用法需要被使用。基类模板必须从有纯虚函数（和虚公有析构函数）类中派生。为了在 control 类上举例解释，以下更改是必要的：

```
class controlbase
{
public:
  virtual void draw() = 0;
  virtual ~controlbase() {}
};


template <class T>
class control : public controlbase
```

```
{
public:
  virtual void draw() override
  {
    static_cast<T*>(this)->erase_background();
    static_cast<T*>(this)->paint();
  }
};
```

派生类（如 button 和 checkbox）不需要被更改。然后，我们将指向抽象类的指针保存在容器（如 std::vector）中，如下所示：

```
void draw_controls(std::vector<std::unique_ptr<controlbase>>& v)
{
  for (auto & c : v)
  {
    c->draw();
  }
}

std::vector<std::unique_ptr<controlbase>> v;
v.emplace_back(std::make_unique<button>());
v.emplace_back(std::make_unique<checkbox>());

draw_controls(v);
```

10.6.5　延伸阅读

❑ 阅读 10.2 节，以了解将实现细节从接口中分离的技术。
❑ 阅读 10.4 节，以了解通过（公共）接口非虚和虚函数私有的方式来促进接口和实现分离的惯用法。

10.7　实现线程安全单例

单例可能是最广为人所知的设计模式了。它限制类只能实例化一个对象，这在某些情况下是必要的。尽管很多使用单例的情况是反面模式，但可通过其他设计避免。

单例意味着类的单例在整个程序中可用，单一实例很可能在不同的线程中可访问。因此，当你实现单例时，你应该使它线程安全。

在 C++11 前，这么做不是简单的事，双检查锁技术是典型的方法。然而，Scott Meyers 和 Andrei Alexandrescu 在“C++ and the Perils of Double-Checked Locking”文章中展示，此模式不能保证在可移植 C++ 中实现单例线程安全。幸运的是，C++11 中有所改变，本节将展示在现代 C++ 中如何编写线程安全单例。

10.7.1 准备工作

在本节中，你需要知道静态存储周期、内部链接和 `deleted` 和 `defaulted` 函数如何工作。你应该阅读了 10.6 节，如果你还没阅读或不熟悉那个模式，请阅读，因为本节后面我们将使用它。

10.7.2 使用方式

为了实现线程安全单例，如下做：

1）定义 Singleton 类：

```
class Singleton
{
};
```

2）使默认构造函数私有：

```
private:
  Singleton() {}
```

3）使复制构造函数和复制赋值操作符分别 `public` 和 `delete`：

```
public:
  Singleton(Singleton const &) = delete;
  Singleton& operator=(Singleton const&) = delete;
```

4）创建并返回单例的函数应该是静态的，且应返回类类型的引用。它应该声明类类型的静态对象并返回引用：

```
public:
  static Singleton& instance()
  {
    static Singleton single;
    return single;
  }
```

10.7.3 工作原理

因为单例不应该由用户直接创建，所以所有构造函数要么是私有的，要么是公有的，且 `deleted`。默认构造函数是私有的，且不 `deleted`，因为类的实例必须在类的代码中创建。静态函数 `instance()` 在此实现中返回类的单一实例。

 尽管大部分实现返回指针，但返回引用更好，因为没有场景需要函数返回 null 指针（空对象）。

`instance()` 的实现第一眼可能看起来简单且不是线程安全的，特别是当你熟悉双检查锁模式（Double-Checked Locking Pattern，DCLP）。在 C++11 中，因为对象在静态存储周期初始化的关键细节，所以这不再需要。初始化只发生一次，即使同一时间多个线程尝试初始化同一静态对象。DCLP 的责任从用户转移到编译器上，尽管编译器可使用其他技术保证这一结果。

《C++ 标准》的 6.7.4 段落中定义了静态对象初始化规则（高亮部分与并行初始化相关）：

"在任何其他初始化发生前，静态存储周期（3.7.1 节）或线程存储周期（3.7.2 节）的所有块域变量的零初始化（8.5 节）会先执行。在块进入前，静态存储周期的区域实体的常量初始化（3.6.2 节）会先发生。在相同条件下，静态或线程存储周期的其他块域变量早初始化会执行。此实现在命名空间域（3.6.2 节）里的静态或线程存储周期中对变量进行静态初始化。否则，此变量在第一次声明时初始化，此变量在完成初始化时，即被认为初始化。如果初始化抛出异常，初始化没有完成，则它在下一次进入声明时再次初始化。如果变量正在初始化时，变量同时声明了，则并行执行会等待变量初始化完成。如果变量正在初始化时，变量递归声明了，则此行为是未定义的。"

本地静态对象有存储周期，但它只在第一次使用时实例化一次（在第一次调用方法 `instance()` 时）。当程序退出时，对象解除分配。返回指针而不是引用的唯一可能的好处是可在在程序退出前的某一时间点删除单例，然后再创建它。这也没有太多的意义，因为它违背了类的单一、全局实例，在程序中可在任意地方任意时间点访问的想法。

10.7.4　更多

在大型代码的场景中你可能需要多于一个实例。为了避免重复写相同模式多次，你可以以通用方法实现，为此，我们需要应用 10.6 节的奇异递归模板模式。实际的单例以类模板形式实现。`instance()` 方法创建并返回类型模板参数对象，即派生类：

```
template <class T>
class SingletonBase
{
protected:
  SingletonBase() {}
public:
  SingletonBase(SingletonBase const &) = delete;
  SingletonBase& operator=(SingletonBase const&) = delete;

  static T& instance()
  {
    static T single;
    return single;
  }
};

class Single : public SingletonBase<Single>
{
```

```
  Single() {}
  friend class SingletonBase<Single>;
public:
  void demo() { std::cout << "demo" << '\n'; }
};
```

前面 Singleton 类变成了 SingletonBase 类模板。默认构造函数不是私有的但是是保护的，因为它需要从派生类中访问。此示例中，需要单一对象实例化的类是 single。它的构造函数必须私有，但基类模板必须可访问 Single 的默认构造函数。因此，SingletonBase<Single> 是 Single 类的友元。

10.7.5 延伸阅读

- ❏ 阅读 10.6 节，以了解 CRTP 模式，允许在编译时模拟运行时多态，通过将派生类作为基类模板参数的派生类来实现。
- ❏ 阅读 3.1 节，以了解 default 修饰符在特殊成员函数上的使用和如何使用 delete 修饰符定义删除的函数。

第 11 章 *Chapter 11*

测 试 框 架

测试代码是软件开发中重要的部分。尽管 C++ 标准中没有测试方面的支持，但有各种各样的测试框架来单元测试 C++ 代码。本章的目的是让你开始使用几个先进且广泛使用的测试框架，帮你写出可移植测试代码。本章中谈及的框架为 Boost.Test、Google Test 和 Catch2。

这三个测试框架被选择的原因是它们广泛的用途、丰富的功能、简易的编写和执行测试、可扩展性和可定制化。表 11.1 简要展示了这三个测试框架的特性比较：

表 11.1

特性	Boost.Test	Google Test	Catch 2
易于安装	是	是	是
只有头文件	是	否	是
编译的库	是	是	是
易于编写测试	是	是	是
自动测试注册	是	是	是
支持测试套件	是	是	否（通过标记间接支持）
支持固件	是 (setup/teardown)	是 (setup/teardown)	是（多种方式）
丰富的断言	是	是	是
非致命的断言	是	是	是
多种输出格式	是（包括 HRF、XML）	是（包括 HRF、XML）	是（包括 HRF、XML）
过滤测试执行	是	是	是
许可证	Boost	Apache 2.0	Boost

每个框架的所有特性之后都会详细讨论。第一个要看的框架是 Boost.Test。

11.1 开始使用 Boost.Test

Boost.Test 是最悠久、最流行的 C++ 测试框架之一。它提供了易于使用的 API，用于写测试并将其组织成测试用例和测试套件。对断言、异常处理、固件和其他测试框架的重要特性有良好的支持。

在接下来的几节中，我们将探索最重要的特性来编写单元测试。在本节中，我们将看到如何安装测试框架并创建简单的测试项目。

11.1.1 准备工作

Boost.Test 测试框架有一个基于宏的 API。尽管你只需要使用提供的宏编写测试代码，但对宏的良好的理解有助于你更好地使用框架。

11.1.2 使用方式

设置使用 Boost.Test 的环境，可如下做：

1）从 http://www.boost.org/ 下载最新版本的 Boost 库。

2）解压缩档案内容。

3）使用提供的工具和脚本构建库，以便使用静态或共享库变体。如果你只计划头文件版本库，那么这一步不是必需的。

为了使用 Boost.Test 库的头文件变体来创建你第一个测试程序，可如下做：

1）创建一个新的、空的 C++ 项目。

2）根据你的开发环境进行必需的设置，使 boost main 文件夹对项目可用，包含头文件。

3）添加源文件到项目中，内容如下：

```
#define BOOST_TEST_MODULE My first test module
#include <boost/test/included/unit_test.hpp>

BOOST_AUTO_TEST_CASE(first_test_function)
{
  int a = 42;
  BOOST_TEST(a > 0);
}
```

4）构建并运行项目。

11.1.3 工作原理

在 http://www.boost.org/ 中，Boost.Test 库可与其他 Boost 库一起下载。本书中，我使用版本 1.73，但我们讨论的特性大概率在很多将来的版本中也可用。Test 库有三个变体：

❑ 单头文件：这使你不需要构建库而编写测试程序，你只需要引入单个头文件。它的限制是对于此模块，你只能有一个编译单元。然而，你仍可将模块分成多个头文件，这样你可以将不同测试套件分到不同文件中。

❑ 静态库：这使你将模块分到不同编译单元，但库需要先构建为静态库。

❑ 共享库：这跟静态库情况一样。然而，它的好处是对于有很多测试模块的程序，此库只链接一次，而不是每个模块一次，因此生成的程序更小。然而，在这种情况下，共享库必须在运行时可用。

简单起见，本书中我们使用单头文件变体。对于静态和共享库变体，你需要构建库。下载的档案包含构建库的脚本。然而，确切的步骤取决于平台和编译器，它们不会在这里覆盖，但可在网上找到。

为了使用这个库，有几个术语和概念你需要理解：

❑ 测试模块是用来执行测试的程序。有两种类型的模块：单文件（当你使用单头文件变体时）和多文件（当你使用静态或共享变体时）。

❑ 测试断言是由测试模块检查的条件。

❑ 测试用例是一个或多个测试断言的组合，由测试模块独立执行和监视，因此，如果它失败或泄漏未捕获的异常，其他测试的执行不会停止。

❑ 测试套件是一个或多个测试用例或测试套件的合集。

❑ 测试单元是一个测试用例或测试套件。

❑ 测试树是测试单元的层次结构。在此结构中，测试用例是叶节点，测试套件是非叶节点。

❑ 测试运行器是组件，在被提供测试树后，执行必要的初始化、测试和结果报告。

❑ 测试报告是由测试运行器从执行测试中生成的报告。

❑ 测试日志是测试模块在执行期间发生的所有事件的记录。

❑ 测试设置是测试模块的部分职责，包括框架初始化、测试树构造和单个测试用例的设置。

❑ 测试清理是测试模块的部分职责，用于清理操作。

❑ 测试固件是为了避免重复的代码，由多个测试单元所调用的一对设置和清理操作。

在上述概念被定义后，可解释较早前罗列的示例代码：

1）`#define BOOST_TEST_MODULE My first test module` 定义了模块初始化根和主测试套件名称。在你引入任何库头文件前，这必须被定义。

2）`#include <boost/test/included/unit_test.hpp>` 引入单头文件库，包括其他必需的头文件。

3）`BOOST_AUTO_TEST_CASE(first_test_function)` 声明了测试用例而无须参数（`first_test_function`），并自动注册在测试树中，作为测试套件的一部分。在此示例中，测试套件是由 `BOOST_TEST_MODULE` 定义的主测试套件。

4）`BOOST_TEST(true);` 执行测试断言。

执行此测试模块的输出如下：

```
Running 1 test case...
*** No errors detected
```

11.1.4 更多

如果你不想要库生成 main() 函数，而是想要自己写，那么在你引入库任何头文件前，你需要定义更多的宏——BOOST_TEST_NO_MAIN 和 BOOST_TEST_ALTERNATIVE_INIT_API。然后，在你提供的 main() 函数中，调用默认测试运行器 unit_test_main()，并提供默认初始化函数 init_unit_test() 作为参数，如以下代码片段所示：

```cpp
#define BOOST_TEST_MODULE My first test module
#define BOOST_TEST_NO_MAIN
#define BOOST_TEST_ALTERNATIVE_INIT_API
#include <boost/test/included/unit_test.hpp>

BOOST_AUTO_TEST_CASE(first_test_function)
{
  int a = 42;
  BOOST_TEST(a > 0);
}

int main(int argc, char* argv[])
{
  return boost::unit_test::unit_test_main(init_unit_test, argc, argv);
}
```

自定义测试执行器初始化函数是可能的。在此情况下，你必须删除 BOOST_TEST_MODULE 宏定义，并且写一个不接收参数并返回 bool 值的初始化函数：

```cpp
#define BOOST_TEST_NO_MAIN
#define BOOST_TEST_ALTERNATIVE_INIT_API
#include <boost/test/included/unit_test.hpp>
#include <iostream>

BOOST_AUTO_TEST_CASE(first_test_function)
{
  int a = 42;
  BOOST_TEST(a > 0);
}

bool custom_init_unit_test()
{
  std::cout << "test runner custom init\n";
  return true;
}

int main(int argc, char* argv[])
{
  return boost::unit_test::unit_test_main(
    custom_init_unit_test, argc, argv);
}
```

自定义函数而你自己不写 main() 函数是可能的。在此情况下, BOOST_TEST_ NO_MAIN 宏不应该被定义且初始化函数应该调用 init_unit_test()。

11.1.5 延伸阅读

❏ 阅读 11.2 节, 以了解如何使用单头文件版本的 Boost.Test 库来创建测试套件和测试 用例, 以及如何运行测试。

11.2 基于 Boost.Test 编写和运行测试

库提供自动和手动方式来注册测试用例和测试套件, 并由测试运行器执行。自动测试 是最简单的方法, 因为它使你通过声明测试单元来构建测试树。在本节中, 我们将看到如 何使用单头文件版本的库来创建测试套件和测试用例, 以及如何运行测试。

11.2.1 准备工作

为了举例解释创建测试套件和测试用例, 我们将使用以下类, 该类表示一个三维点。 这个实现包含访问点属性的方法、比较操作符、流输出操作符和修改点位置的方法:

```
class point3d
{
  int x_;
  int y_;
  int z_;
public:
  point3d(int const x = 0,
          int const y = 0,
          int const z = 0):x_(x), y_(y), z_(z) {}

  int x() const { return x_; }
  point3d& x(int const x) { x_ = x; return *this; }

  int y() const { return y_; }
  point3d& y(int const y) { y_ = y; return *this; }

  int z() const { return z_; }
  point3d& z(int const z) { z_ = z; return *this; }

  bool operator==(point3d const & pt) const
  {
    return x_ == pt.x_ && y_ == pt.y_ && z_ == pt.z_;
  }

  bool operator!=(point3d const & pt) const
  {
```

```
    return !(*this == pt);
  }

  bool operator<(point3d const & pt) const
  {
    return x_ < pt.x_ || y_ < pt.y_ || z_ < pt.z_;
  }

  friend std::ostream& operator<<(std::ostream& stream,
                                  point3d const & pt)
  {
    stream << "(" << pt.x_ << "," << pt.y_ << "," << pt.z_ << ")";
    return stream;
  }

  void offset(int const offsetx, int const offsety,
              int const offsetz)
  {
    x_ += offsetx;
    y_ += offsety;
    z_ += offsetz;
  }

  static point3d origin() { return point3d{}; }
};
```

在你深入之前，请注意本节的测试用例故意包含错误测试，因而会产生失败。

11.2.2　使用方式

使用以下宏来创建测试单元：

❑ 使用 BOOST_AUTO_TEST_SUITE(name) 和 BOOST_AUTO_TEST_SUITE_END() 来创建测试套件：

```
BOOST_AUTO_TEST_SUITE(test_construction)
// test cases
BOOST_AUTO_TEST_SUITE_END()
```

❑ 使用 BOOST_AUTO_TEST_CASE(name) 来创建测试用例。测试用例在 BOOST_AUTO_TEST_SUITE(name) 和 BOOST_AUTO_TEST_SUITE_END() 间定义，如以下代码片段所示：

```
BOOST_AUTO_TEST_CASE(test_constructor)
{
  auto p = point3d{ 1,2,3 };
  BOOST_TEST(p.x() == 1);
  BOOST_TEST(p.y() == 2);
  BOOST_TEST(p.z() == 4); // will fail
}
```

```
BOOST_AUTO_TEST_CASE(test_origin)
{
  auto p = point3d::origin();
  BOOST_TEST(p.x() == 0);
  BOOST_TEST(p.y() == 0);
  BOOST_TEST(p.z() == 0);
}
```

❏ 为了创建嵌套测试套件，要将测试套件定义在另一测试套件里：

```
BOOST_AUTO_TEST_SUITE(test_operations)
BOOST_AUTO_TEST_SUITE(test_methods)

BOOST_AUTO_TEST_CASE(test_offset)

{
  auto p = point3d{ 1,2,3 };
  p.offset(1, 1, 1);
  BOOST_TEST(p.x() == 2);
  BOOST_TEST(p.y() == 3);
  BOOST_TEST(p.z() == 3); // will fail
}

BOOST_AUTO_TEST_SUITE_END()
BOOST_AUTO_TEST_SUITE_END()
```

❏ 为了给测试套件添加装饰器，要为测试单元宏添加额外的参数。装饰器包括描述、标签、前置条件、依赖、固件等。参考如下代码片段：

```
BOOST_AUTO_TEST_SUITE(test_operations)
BOOST_AUTO_TEST_SUITE(test_operators)

BOOST_AUTO_TEST_CASE(
  test_equal,
  *boost::unit_test::description("test operator==")
  *boost::unit_test::label("opeq"))
{
  auto p1 = point3d{ 1,2,3 };
  auto p2 = point3d{ 1,2,3 };
  auto p3 = point3d{ 3,2,1 };
  BOOST_TEST(p1 == p2);
  BOOST_TEST(p1 == p3); // will fail
}

BOOST_AUTO_TEST_CASE(
  test_not_equal,
  *boost::unit_test::description("test operator!=")
  *boost::unit_test::label("opeq")
  *boost::unit_test::depends_on(
    "test_operations/test_operators/test_equal"))
{
```

```
  auto p1 = point3d{ 1,2,3 };
  auto p2 = point3d{ 3,2,1 };
  BOOST_TEST(p1 != p2);
}

BOOST_AUTO_TEST_CASE(test_less)
{
  auto p1 = point3d{ 1,2,3 };
  auto p2 = point3d{ 1,2,3 };
  auto p3 = point3d{ 3,2,1 };
  BOOST_TEST(!(p1 < p2));
  BOOST_TEST(p1 < p3);
}

BOOST_AUTO_TEST_SUITE_END()
BOOST_AUTO_TEST_SUITE_END()
```

要执行这些测试，如下做（这是 Windows 特定的命令行，但用 Linux 或 macOS 特定命令行替代应该是容易的）：

❏ 执行整个测试树，不用任何参数运行程序（测试模块）：

```
chapter11bt_02.exe

Running 6 test cases...
f:/chapter11bt_02/main.cpp(12): error: in "test_construction/test_
constructor": check p.z() == 4 has failed [3 != 4]
f:/chapter11bt_02/main.cpp(35): error: in "test_operations/test_
methods/test_offset": check p.z() == 3 has failed [4 != 3]
f:/chapter11bt_02/main.cpp(55): error: in "test_operations/test_
operators/test_equal": check p1 == p3 has failed [(1,2,3) !=
(3,2,1)]
*** 3 failures are detected in the test module "Testing point 3d"
```

❏ 执行单个测试套件，使用参数 run_test 指定测试套件路径来运行程序：

```
chapter11bt_02.exe --run_test=test_construction

Running 2 test cases...
f:/chapter11bt_02/main.cpp(12): error: in "test_construction/test_
constructor": check p.z() == 4 has failed [3 != 4]
*** 1 failure is detected in the test module "Testing point 3d"
```

❏ 执行单个测试用例，使用参数 run_test 指定测试用例路径来运行程序：

```
chapter11bt_02.exe --run_test=test_construction/test_origin
Running 1 test case...
*** No errors detected
```

❏ 执行定义在同一标签下的测试套件和测试用例合集，使用参数 run_test 以前缀 @ 指定标签名称来运行程序：

```
chapter11bt_02.exe --run_test=@opeq

Running 2 test cases...
f:/chapter11bt_02/main.cpp(56): error: in "test_operations/test_
operators/test_equal": check p1 == p3 has failed [(1,2,3) !=
(3,2,1)]
*** 1 failure is detected in the test module "Testing point 3d"
```

11.2.3　工作原理

测试树从测试套件和测试用例中构造。测试套件能包含一个或多个测试用例和其他嵌套测试套件。测试套件和命名空间相似，它们可在同一文件或不同文件中停止和重启多次。测试套件的自动注册是通过宏 BOOST_AUTO_TEST_SUITE 和 BOOST_AUTO_TEST_SUITE_END 完成的，其中 BOOST_AUTO_TEST_SUITE 需要名称。测试用例的自动注册是通过 BOOST_AUTO_TEST_CASE 完成的。测试单元（不管它们是测试用例还是套件）成为最近测试套件的成员。定义在文件范围级别的测试单元成为主测试套件成员——由 BOOST_TEST_MODULE 声明创建的隐式测试套件。

测试套件和测试用例都可由一系列属性装饰，这些属性影响在测试模块执行期间测试单元是如何处理的。目前支持的装饰器如下：

❏ depends_on：这表明当前测试单元和指定测试单元间的依赖。

❏ description：这提供了对测试单元的语义描述。

❏ enabled/disabled：这设置测试单元默认运行状态为 true 或 false。

❏ enable_if：这设置测试单元默认运行状态为 true 或 false，取决于编译时表达式的运算。

❏ expected_failures：这表明对测试单元失败的期望。

❏ fixture：这指定在测试单元执行前后所调用的一对函数（startup 和 clearnup）。

❏ label：这可将测试单元和标签关联。同样的标签可用于多个测试单元，一个测试单元可有多个标签。

❏ precondition：这将前置条件与测试单元结合，可用于运行时决定测试单元的运行状态。

❏ timeout：以墙上时钟时间，对单元测试指定超时。如果测试运行长于指定的超时时间，测试失败。

❏ tolerance：装饰的测试单元中，此装饰器指定浮点类类型 FTP 默认比较容忍度。

如果测试用例执行产生未处理异常，框架会捕获异常并以失败来终止测试用例的执行。然而，框架提供了几个宏用来测试特定代码是否会抛出异常。更多信息见 11.3 节。

组成模块测试树的测试单元可完全或部分执行。两种情况下，为了执行测试单元，都要执行（二进制）程序，即整个测试模块。为了只执行部分测试单元，要使用 --run_test

命令行选项（或 `--t`，如果你使用更短的名字）。此选项允许你筛选测试单元并指定路径或标签。路径由一个测试套件和测试用例名称的序列组成，如 `test_construction` 或 `test_operations/test_methods/test_offset`。标签是由 `label` 装饰器定义的名字，由前缀 @ 作为 `run_test` 参数。此参数是可重复的，即在上面你可指定多个过滤器。

11.2.4 延伸阅读

- ❑ 阅读 11.1 节，以了解如何安装 Boost.Test 框架以及如何创建简单的测试项目。
- ❑ 阅读 11.3 节，以了解 Boost.Test 库中的丰富断言宏。

11.3 基于 Boost.Test 的断言

一个测试用例包含一个或多个测试。Boost.Test 库提供一系列 API，以宏的形式来写测试。在 11.2 节中，你学了一点 `BOOST_TEST` 宏，它是库中最重要、最广泛使用的宏。在本节中，我们将讨论使用 `BOOST_TEST` 的更多细节。

11.3.1 准备工作

你应该熟悉写测试套件和测试用例，此话题我们在 11.2 节已覆盖。

11.3.2 使用方式

以下列出了一些最常用的用于编写测试的 API：

❑ `BOOST_TEST`，形式普通，用于大部分测试：

```cpp
int a = 2, b = 4;
BOOST_TEST(a == b);

BOOST_TEST(4.201 == 4.200);

std::string s1{ "sample" };
std::string s2{ "text" };
BOOST_TEST(s1 == s2, "not equal");
```

❑ `BOOST_TEST` 同 `tolerance()` 运算子，用来表明浮点数比较的容忍度：

```cpp
BOOST_TEST(4.201 == 4.200,
           boost::test_tools::tolerance(0.001));
```

❑ `BOOST_TEST` 同 `per_element()` 运算子，用来对容器（甚至不同类型）内元素进行比较：

```cpp
std::vector<int> v{ 1,2,3 };
std::list<short> l{ 1,2,3 };
```

```
BOOST_TEST(v == 1, boost::test_tools::per_element());
```

❑ BOOST_TEST 同三元运算符和使用逻辑 || 或 && 的复合语句,要求额外一组括号:

```
BOOST_TEST((a > 0 ? true : false));
BOOST_TEST((a > 2 && b < 5));
```

❑ BOOST_ERROR 用来无条件使测试失败并在报告中生成信息。这与 BOOST_TEST(false, message) 等价:

```
BOOST_ERROR("this test will fail");
```

❑ BOOST_TEST_WARN 用来在报告中产生告警,以防测试失败,这不会增加遇到的错误数量或停止测试用例的执行:

```
BOOST_TEST_WARN(a == 4, "something is not right");
```

❑ BOOST_TEST_REQUIRE 用来保证满足测试用例前置条件,否则测试用例执行被停止:

```
BOOST_TEST_REQUIRE(a == 4, "this is critical");
```

❑ BOOST_FAIL 用于无条件停止测试用例执行,增加遇到错误的数量并在报告中产生信息。这同 BOOST_TEST_REQUIRE(false, message) 等价:

```
BOOST_FAIL("must be implemented");
```

❑ BOOST_IS_DEFINED 用于在运行时检查特定的预处理器符号是否被定义。它同 BOOST_TEST 一起使用,用于验证和日志记录:

```
BOOST_TEST(BOOST_IS_DEFINED(UNICODE));
```

11.3.3 工作原理

库定义了不同种类的宏和运算子来执行测试断言。最常使用的是 BOOST_TEST。这个宏简化了表达式运算,如果它失败了,则会增加错误数量,但会继续测试用例的执行。它实际上有三个变体:

❑ BOOST_TEST_CEHCK 和 BOOST_TEST 一样,如 11.2 节所述,用于执行检查。

❑ BOOST_TEST_WARN 用于断言提供信息,但不增加错误数量,也不停止测试用例的执行。

❑ BOOST_TEST_REQUIRE 用于保证满足测试用例继续执行的前置条件。失败时,此宏会增加错误计数且停止测试用例执行。

测试宏的通用形式是 BOOST_TEST(statement)。此宏提供了丰富且灵活的报告能力。默认情况下,它不仅显示语句,还显示操作数的值,便于快速识别失败原因。

然而,用户可提供另外的失败描述。在此情景下,消息在测试报告中记录:

```
BOOST_TEST(a == b);
// error: in "regular_tests": check a == b has failed [2 != 4]

BOOST_TEST(a == b, "not equal");
// error: in "regular_tests": not equal
```

此宏也允许你控制特殊支持的比较过程，如下所示：

❑ 第一，浮点数比较，容忍度可定义用于测试相等。

❑ 第二，支持使用不同方法来进行容器比较：默认比较（使用重载操作符 ==）、每个元素比较和字典比较（使用字典序）。每个元素比较允许根据容器前向迭代器对不同容器类型（如 vector 和 list）进行比较，它也考虑到了容器大小（意味着首先比较大小，且只有它们大小相等时才继续元素的比较）。

❑ 第三，支持操作数比特位比较。失败时，框架报告比较失败时的比特位下标。

BOOST_TEST 宏有一些限制。它不能用于使用逗号的复合语句，因为那样的语句会被预处理器或三元操作符拦截并处理，也不能用于使用逻辑操作符 || 和 && 的复合语句。后者有个解决方法：第二对括号，如 BOOST_TEST((statement))。

一些宏用于测试特定的表达式是否会在运算期间抛出异常。在以下内容中，<level> 是 CHECK、WARN 或 REQUIRE：

❑ BOOST_<level>_NO_THROW(expr) 检查异常是否从 expr 表达式中抛出。任何异常在 expr 表达式运算期间抛出时都由此断言捕获，并不传递给测试主体。如果任何异常发生，则断言失败。

❑ BOOST_<level>_THROW(expr, exception_type) 检查是否从 expr 表达式中抛出 exception_type 异常。如果表达式 expr 不抛出任何异常，则此断言失败。除了 exception_type 类型以外的异常不会由此断言捕获，并可传递给测试主体。在测试用例中未捕获的异常，被异常监视器捕获，但它们会导致失败的测试用例。

❑ BOOST_<level>_EXCEPTION(expr, exception_type, predicate) 检查是否从 expr 表达式中抛出 exception_type 异常。如果抛出，那么它将表达式传递给谓语做进一步检查。如果没有异常抛出或除了 exception_type 类型外的异常抛出，则此断言行为则和 BOOST_<level>_THROW 一样。

本节只讨论了用于测试的最通用 API 和它们的典型用法。然而，库提供了很多 API。要想进一步了解，可查看在线文档。版本 1.73 可查看 https://www.boost.org/doc/libs/1_73_0/libs/test/doc/html/index.html。

11.3.4　延伸阅读

❑ 阅读 11.2 节，以了解如何使用单头文件版本的 Boost.Test 库来创建测试套件和测试用例，以及如何运行测试。

11.4 基于 Boost.Test 使用测试固件

测试模块越大，测试用例就越相似，测试用例更可能要求相同的设置、清理，也许还需要相同的数据。包含这些的组件叫做测试固件或测试上下文。为了建立运行测试的良好环境，固件是很重要的，这样结果才可重复。例子包括在执行前复制特定文件集到一些位置，在执行后删除它们，或从特定数据源加载数据。

Boost.Test 为测试用例、测试套件或模块（全局）提供定义测试固件的几个方法。在本节中，我们将看到固件是如何工作的。

11.4.1 准备工作

本节中的示例对特定测试单元固件使用了如下类和函数：

```cpp
struct standard_fixture
{
  standard_fixture()  {BOOST_TEST_MESSAGE("setup");}
  ~standard_fixture() {BOOST_TEST_MESSAGE("cleanup");}
  int n {42};
};

struct extended_fixture
{
  std::string name;
  int         data;

  extended_fixture(std::string const & n = "") : name(n), data(0)
  {
    BOOST_TEST_MESSAGE("setup "+ name);
  }

  ~extended_fixture()
  {
    BOOST_TEST_MESSAGE("cleanup "+ name);
  }
};

void fixture_setup()
{
  BOOST_TEST_MESSAGE("fixture setup");
}

void fixture_cleanup()
{
  BOOST_TEST_MESSAGE("fixture cleanup");
}
```

前两个类的构造函数表示设置函数，析构函数表示拆除函数。示例最后，有一对 `fixture_setup()` 和 `fixture_cleanup()` 函数，表示测试的设置和清理函数。

11.4.2 使用方式

对一个或多个测试单元，使用如下方法定义测试固件：

❑ 使用 BOOST_FIXTURE_TEST_CASE 宏给特定测试用例定义固件：

```
BOOST_FIXTURE_TEST_CASE(test_case, extended_fixture)
{
  data++;
  BOOST_TEST(data == 1);
}
```

❑ 使用 BOOST_FIXTURE_TEST_SUITE 给测试套件的所有测试用例定义固件：

```
BOOST_FIXTURE_TEST_SUITE(suite1, extended_fixture)

BOOST_AUTO_TEST_CASE(case1)
{
  BOOST_TEST(data == 0);
}

BOOST_AUTO_TEST_CASE(case2)
{
  data++;
  BOOST_TEST(data == 1);
}

BOOST_AUTO_TEST_SUITE_END()
```

❑ 使用 BOOST_FIXTURE_TEST_SUITE 给测试套件中除了一个或多个测试单元外的所有测试单元定义固件。你可用 BOOST_FIXTURE_TEST_CASE 对特定测试用例的测试单元进行覆盖，可用 BOOST_FIXTURE_TEST_SUITE 对嵌套测试套件做同样的事：

```
BOOST_FIXTURE_TEST_SUITE(suite2, extended_fixture)

BOOST_AUTO_TEST_CASE(case1)
{
  BOOST_TEST(data == 0);
}

BOOST_FIXTURE_TEST_CASE(case2, standard_fixture)
{
  BOOST_TEST(n == 42);
}

BOOST_AUTO_TEST_SUITE_END()
```

❑ 使用 boost::unit_test::fixture 同 BOOST_AUTO_TEST_SUITE 和 BOOST_AUTO_TEST_CASE 宏一起，给测试用例或测试套件定义多于一个的固件：

```
BOOST_AUTO_TEST_CASE(test_case_multifix,
  * boost::unit_test::fixture<extended_fixture>
      (std::string("fix1"))
  * boost::unit_test::fixture<extended_fixture>
      (std::string("fix2"))
  * boost::unit_test::fixture<standard_fixture>())
{
  BOOST_TEST(true);
}
```

❑ 使用 boost::unit_test::fixture，在固件中使用进行设置与清理操作的函数：

```
BOOST_AUTO_TEST_CASE(test_case_funcfix,
  * boost::unit_test::fixture(&fixture_setup,
                             &fixture_cleanup))
{
  BOOST_TEST(true);
}
```

❑ 使用 BOOST_GLOBAL_FIXTURE，给模块定义固件：

```
BOOST_GLOBAL_FIXTURE(standard_fixture);
```

11.4.3 工作原理

库支持几个固件模型：

❑ 类模型，其中构造函数作为设置函数，析构函数作为清理函数。扩展模型允许构造函数带有一个参数。在之前示例中，standard_fixture 实现了第一个模型，而 extended_fixture 实现了第二个模型。

❑ 一对自由函数：一个定义设置，另一个（可选）实现了清理代码。在之前示例中，当我们讨论 fixture_setup() 和 fixture_cleanup() 时遇到。

以类形式实现的固件也有数据成员，这些成员对测试单元可见。如果为测试套件定义了固件，则对此测试套件下所有的测试单元都可见。然而，在测试套件中的测试单元重新定义固件是可能的。此情况下，离测试单元最近作用域被定义的固件，对测试单元可用。

一个测试单元定义多个固件是可能的。然而，这是通过 boost::unit_test::fixture() 装饰器而不是宏实现的。在此情况下，测试套件和测试用例通过 BOOST_TEST_SUITE/ BOOST_AUTO_TEST_SUITE 和 BOOST_TEST_CASE/BOOST_AUTO_TEST_CASE 宏 定 义。 如前部分所见，多个 fixture() 装饰器可通过 operator* 组合在一起。这种方式的缺点是，如果你和带有成员数据的类一起使用固件装饰器，则这些成员对测试单元不可见。

当测试用例被执行时，每个测试用例会生成新的固件对象，当测试用例结束时对象被销毁。

固件状态在不同测试用例间不共享。因此，对每个测试用例，固件构造函数和析构函数只调用一次。你必须保证这些特殊函数，不包含每个模块只能运行一次的代码。如果是这种情况，你应该给整个模块设计全局固件。

全局固件使用通用测试类模型（带默认构造函数的模型）；你可设定任意数量的全局固件（如果需要的话，允许你按类型组织设置和清理）。全局固件使用 BOOST_GLOBAL_FIXTURE 宏定义，它们必须定义在测试文件域（不在任何测试单元中）

11.4.4 延伸阅读

❏ 阅读 11.2 节，以了解如何使用单头文件版本的 Boost.Test 库来创建测试套件和测试用例，以及如何运行测试。

11.5 基于 Boost.Test 控制输出

框架提供自定义测试日志和测试报告显示的能力，并可格式化结果。目前支持两种：人类可读格式和 XML（也有 JUNIT 格式的测试日志）。然而，创建并添加你自己的格式是可能的。

输出显示的配置可在运行时完成，通过命令行切换，并且在编译时通过不同 API 切换。在测试执行期间，框架将所有事件收集在日志中。最后，生成报告表示不同级别细节的执行汇总。如果失败了，报告包含关于位置和原因的细节信息，包括实际和预期的值。这帮助开发者快速识别错误。在本节中，我们将看到如何控制日志和报告中的输出和格式，我们通过运行时命令行选项实现。

11.5.1 准备工作

本节中展示的示例，我们将会使用如下测试模块：

```cpp
#define BOOST_TEST_MODULE Controlling output
#include <boost/test/included/unit_test.hpp>

BOOST_AUTO_TEST_CASE(test_case)
{
  BOOST_TEST(true);
}

BOOST_AUTO_TEST_SUITE(test_suite)

BOOST_AUTO_TEST_CASE(test_case)
{
  int a = 42;
  BOOST_TEST(a == 0);
```

```
    }

BOOST_AUTO_TEST_SUITE_END()
```

接下来将展示如何通过命令行选项控制测试日志和测试报告输出。

11.5.2 使用方式

为了控制测试日志输出，如下做：

❑ 使用 --log_format=<format> 或 -f <format> 命令行选项来指定日志格式。可能的格式包括 HRF（默认值）、XML 和 JUNIT。

❑ 使用 --log_level=<level> 或 -l <level> 命令行选项来指定日志级别。可能的日志级别包括 error（HRF 和 XML 默认值）、warning、all 和 success（JUNIT 默认值）。

❑ 使用 --log_sink=<stream or file name> 或 -k <stream or file name> 命令行选项来指定框架测试日志输出的位置。可能的选项包括 stdout（HRF 和 XML）、stderr 或任意文件名（JUNIT 默认值）。

为了控制测试报告输出，如下做：

❑ 使用 --report_format=<format> 或 -m <format> 命令行选项来指定报告格式。可能的格式包括 HRF（默认值）和 XML。

❑ 使用 -report_level=<format> 或 -r <format> 命令行选项来指定报告级别。可能的格式包括 confirm（默认值）、no（没有报告）、short 和 detailed。

❑ 使用 --report_sink=<stream or file name> 或 -e <stream or file name> 命令行选项来指定框架报告日志输出位置。可能的选项包括 stderr（默认值）、stdout 或任意文件名。

11.5.3 工作原理

当你在控制台 / 终端运行测试模块时，你将同时看到测试日志和测试报告，测试报告在测试日志之后。在之前展示的测试模块，默认输出如下。前三行表示测试日志，最后一行表示测试报告：

```
Running 2 test cases...
f:/chapter11bt_05/main.cpp(14): error: in "test_suite/test_case":
check a == 0 has failed [42 != 0]

*** 1 failure is detected in the test module "Controlling output"
```

测试日志和测试报告的内容有几种格式可用。默认是人类可读格式（Human-Readable Format，HRF），然而，框架对测试日志也提供 XML 和 JUNIT 格式。这是用于自动化工具的格式，如持续构建或集成工具。除了这些选项，对测试日志，你可实现你自己的格式，这通过实现派生自 boost::unit_test::unit_test_log_formatter 的类来实现。

以下示例展示了如何使用 XML（粗体突出）来格式化测试日志（第一个示例）和测试报告（第二个示例）：

```
chapter11bt_05.exe -f XML
<TestLog><Error file="f:/chapter11bt_05/main.cpp"
line="14"><![CDATA[check a == 0 has failed [42 != 0]]]>
</Error></TestLog>
*** 1 failure is detected in the test module "Controlling output"


chapter11bt_05.exe -m XML
Running 2 test cases...
f:/chapter11bt_05/main.cpp(14): error: in "test_suite/test_case":
check a == 0 has failed [42 != 0]
<TestResult><TestSuite name="Controlling output" result="failed"
assertions_passed="1" assertions_failed="1" warnings failed="0"
expected_failures="0" test_cases_passed="1"
test_cases_passed_with_warnings="0" test_cases_failed="1"
test_cases_skipped="0" test_cases_aborted="0"></TestSuite>
</TestResult>
```

日志或报告级别表示输出详细程度。日志可能的详细程度值如表 11.2 所示，从最低到最高排序。表格中的高级别包括在它上面级别的所有信息。

表　11.2

级别	报告的消息
Nothing	不记录任何信息
fatal_error	系统或用户致命错误和在 REQUIRE 级别（如 BOOST_TEST_REQUIRE 和 BOOST_REQUIRE_）失败断言的信息
system_error	系统非致命错误
cpp_exception	C++ 未捕获异常
Error	CHECK 级别（BOOST_TEST 和 BOOST_CHECK_）失败的断言
Warning	WARN 级别（BOOST_TEST_WARN 和 BOOST_WARN_）失败的断言
Message	BOOST_TEST_MESSAGE 生成的消息
test_suite	开始的通知和每个测试单元结束状态
all/success	所有消息，包括通过的断言

测试报告可用的格式描述如下表 11.3 所示。

表　11.3

级别	描述
no	没有报告产生
confirm	通过测试： *** 没有错误被检测到 忽略测试： *** <name> 测试套件被跳过，细节见标准输出

（续）

级别	描述
confirm	中断测试： *** <name> 测试套件被中断，细节见标准输出 没有失败断言的失败测试： *** 在 <name> 测试套件中检测到错误，细节见标准输出 失败测试： *** 在 <name> 测试套件中检测到 N 个失败 有失败预期的失败测试： *** 在 <name> 测试套件中检测到 N 个失败（M 个失败是预期的）
detailed	报告结果以层级形式（每个测试单元作为父测试单元报告一部分）展示，但只出现相关信息。没有失败断言的测试用例不出现在报告中 测试用例 / 套件 <name> 通过 / 跳过 / 中断 / 失败： 在 M 个通过中有 N 个断言 在 M 个失败中有 N 个断言 在 M 个失败中有 N 个告警 期望 X 个失败
short	跟细节类似，但报告信息只包含主测试套件

标准输出流（stdout）是测试日志写入的默认位置，标准错误流（stderr）是测试报告写入的默认位置。然而，测试日志和测试报告都可重定向到别的流或文件。

除这些选项外，通过命令行选项 --report_memory_leaks_to=<file name> 指定另一文件用来报告内存泄漏是可能的。如果此选项不在且内存泄漏被检测到，则它们在标准错误流中报告。

11.5.4　更多

除了本小节讨论的选项外，框架提供了额外的编译时 API 来控制输出。对这些 API 全面详细的描述及本节描述的特性，可查询框架文档 https://www.boost.org/doc/libs/1_73_0/libs/test/doc/html/index.html。

11.5.5　延伸阅读

❑ 阅读 11.2 节，以了解如何使用单头文件版本的 Boost.Test 库来创建测试套件和测试用例，以及如何运行测试。
❑ 阅读 11.3 节，来探索 Boost.Test 库中丰富的断言宏集。

11.6　开始使用 Google Test

Google Test 是 C++ 最广泛使用的测试框架之一。Chromium 项目和 LLVM 编译器是用其作为单元测试的项目之一。Google Test 使开发者在多平台、多编译器下写单元测试。Google Test 是可移植、轻量的框架。它有简单全面的 API，基于断言写测试。这里，测试组成测试套件，测试套件组成测试程序。

框架提供了有用的特性，如重复测试多次，在第一次失败时打断测试以调用调试器。不管异常启用与否，断言都能工作。11.7 节我们将研究此框架最重要的特性。本节将展示如何安装此框架并设置你第一个测试项目。

11.6.1　准备工作

Google Test 框架和 Boost.Test 一样，是基于宏的 API。尽管你只需要使用提供的宏来写测试，但对宏良好的理解有助于更好地使用框架。

11.6.2　使用方式

为了设置你的环境，以便于使用 Google Test，如下做：

1）从 https://github.com/google/googletest 复制或下载 Git 仓库。

2）一旦你下载仓库，解压档案内容。

3）使用提供的构建脚本构建框架。

为了创建你的第一个基于 Google Test 的测试程序，如下做：

1）创建一个新的、空的 C++ 项目。

2）根据你的开发环境进行必需的特定设置，使框架的头文件夹（include）对项目可用，包含头文件。

3）链接项目到 **gtest** 共享库。

4）添加新源文件到项目中，内容如下：

```cpp
#include <gtest/gtest.h>

TEST(FirstTestSuite, FirstTest)
{
  int a = 42;
  ASSERT_TRUE(a > 0);
}

int main(int argc, char **argv)
{
  ::testing::InitGoogleTest(&argc, argv);
  return RUN_ALL_TESTS();
}
```

5）构建并运行项目。

11.6.3　工作原理

Google Test 框架提供了简单、易于使用的宏，用于创建测试和写断言。测试的结构与其他测试框架（如 Boost.Test）相比，也有所简化。测试组合成测试套件，测试套件组合成测试程序。

 关于术语的几个方面值得提及。传统上说，Google Test 不使用术语测试套件。Google Test 里的测试用例基本上是测试套件，并且它和 Boost.Test 里的测试套件等同。另外，测试函数和测试用例等同。因为这可能有些混乱，Google Test 将遵守由国际软件测试资质认证委员会（International Software Testing Qualifications Board，ISTQB）使用的通用术语，测试用例和测试套件开始在它的代码和文档中代替。在本书中，我们将使用这些术语。

框架提供了丰富的断言（包括致命和非致命的）对异常处理有非常好的支持，以定制化测试的执行及生成输出的方式。然而，和 Boost.Test 库不同，Google Test 中的测试套件不能包含其他测试套件，但只能包含测试函数。

框架的文档在 GitHub 的项目页面上可见。在本书中，我使用 Google Test 框架版本 1.10，但这里展示的代码，在之前版本中也能工作，预期在后续框架版本中也能用。前面部分展示的代码样例包含如下部分：

1）#include <gtest/gtest.h> 引入框架主要的头文件。

2）TEST(FirstTestSuite, FirstTest) 声明 FirstTest 测试作为测试套件 FirstTestSuite 的一部分。这些名称必须是有效的 C++ 标识符，但不允许包含下划线。测试函数的真正名称是通过测试套件和测试名称用下划线连接的。在我们的示例中，名称是 FirstTestSuite_FirstTest。不同测试套件的测试可能有相同个体的名称。测试函数没有参数且返回 void。多个测试可组合到同一测试套件下。

3）ASSERT_TRUE(a>0); 是断言宏，如果条件运算结果为 false，则产生致命错误并从当前函数返回。框架定义了更多的断言宏，我们将在 11.8 节中看到。

4）::testing::InitGoogleTest(&argc, argv); 初始化框架，并且必须在 RUN_ALL_TESTS() 前调用。

5）return RUN_ALL_TESTS(); 自动检测且调用由 TEST() 或 TEST_F() 宏定义的所有测试。宏的返回值用于 main() 函数的返回值。这是重要的，因为自动测试服务决定测试程序结果，是根据 main() 函数的返回值而不是输出到 stdout 或 stderr 流的输出。RUN_ALL_TESTS() 宏必须只调用一次，不支持调用 RUN_ALL_TESTS() 调用多次，因为它与框架的一些高级特性冲突。

这个测试程序的执行结果如下：

```
[==========] Running 1 test from 1 test suite.
[----------] Global test environment set-up.
[----------] 1 test from FirstTestCase
[ RUN      ] FirstTestCase.FirstTestFunction
[       OK ] FirstTestCase.FirstTestFunction (1 ms)
[----------] 1 test from FirstTestCase (1 ms total)
```

```
[----------] Global test environment tear-down
[==========] 1 test from 1 test suite ran. (2 ms total)
[  PASSED  ] 1 test.
```

对很多测试程序而言，main() 函数的内容同 11.6.2 节的示例展示的一样。为避免编写 main() 函数，框架提供了基本的实现，你可将程序与 gtest_main 共享库链接。

11.6.4 更多

Google Test 框架也能和其他测试框架一起使用。你可以用其他测试框架（如 Boost.Test 或 CppUnit）编写测试，用 Google Test 断言宏。要这么做的话，需要从代码或命令行，设置 throw_on_failure 标志，并带上 --gtest_throw_on_failure 参数。另外，也可使用 GTEST_THROW_ON_FAILURE 环境变量并初始化框架，如以下代码片段所示：

```cpp
#include "gtest/gtest.h"

int main(int argc, char** argv)
{
  ::testing::GTEST_FLAG(throw_on_failure) = true;
  ::testing::InitGoogleTest(&argc, argv);
}
```

当你打开 throw_on_failure 选项，失败的断言会输出错误信息并抛出异常，主机测试框架捕获并将其当成失败。如果异常没有启动，失败的 Google Test 断言将告诉你的程序以非零值代码退出，也会被主机测试框架当成失败。

11.6.5 延伸阅读

❑ 阅读 11.7 节，以了解如何基于 Google Test 库创建测试和测试套件，以及如何运行测试。
❑ 阅读 11.8 节，以了解 Google Test 库的不同种类断言宏。

11.7 基于 Google Test 编写和运行测试

在 11.6 节，我们简单了解了基于 Google Test 框架如何写简单的测试。多个测试可组合进测试套件，一个或多个测试套件可组合进测试程序。在本节中，我们将看到如何创建和运行测试。

11.7.1 准备工作

关于本节中的示例代码，我们将使用在 11.2 节讨论过的 point3d 类。

11.7.2 使用方式

使用以下宏来创建测试：

❏ TEST(TestSuiteName, TestName) 定义 TestName 的测试作为测试套件 TestSuiteName 的一部分：

```
TEST(TestConstruction, TestConstructor)
{
  auto p = point3d{ 1,2,3 };
  ASSERT_EQ(p.x(), 1);
  ASSERT_EQ(p.x(), 2);
  ASSERT_EQ(p.x(), 3);
}
TEST(TestConstruction, TestOrigin)
{
  auto p = point3d::origin();
  ASSERT_EQ(p.x(), 0);
  ASSERT_EQ(p.x(), 0);
  ASSERT_EQ(p.x(), 0);
}
```

❏ TEST_F(TestSuiteWithFixture, TestName) 定义了测试 TestName 作为基于固件 TestSuiteWithFixture 的测试套件的一部分。你将在 11.9 节找到更多关于它如何工作的细节。

为了执行测试，如下做：

❏ 使用 RUN_ALL_TESTS() 宏运行测试程序里定义的所有测试。这必须在框架初始化后从 main() 函数里只调用一次。

❏ 使用 --gtest_filter=<filter> 命令行选项筛选运行的测试。

❏ 使用 --gtest_repeat=<count> 命令行选项运行所选择的测试指定次数。

❏ 使用 --gtest_break_on_failure 命令行选项，当第一个测试失败时，将调试器挂载以调试测试程序。

11.7.3 工作原理

定义测试（作为测试用例的部分）有几个可用的宏。最常用的是 TEST 和 TEST_F。后者和固件一起使用，固件细节将在 11.9 节讨论。其他用于定义测试的宏包括用于编写类型测试的 TYPED_TEST，以及用于写类型参数化测试的 TYPED_TEST_P。然而，还有更多高级话题在本书范围之外。TEST 和 TEST_F 宏接收两个参数：第一个是测试套件名称，第二个是测试名称。这两个名称组成测试全名，它们必须是有效的 C++ 标签符，它们不应该包含下划线。不同测试套件可包含同一名称的测试（因为测试全名还是唯一的）。两个宏都会自动注册测试到框架，因此，不需要用户显式输入。

测试可失败或成功。如果断言失败或未捕获异常发生，则测试失败。除这两种情况外，测试成功。

调用 RUN_ALL_TESTS() 运行测试。然而，你在测试程序只可调用一次，且只可在框

架调用 `::testing::InitGoogleTest()` 完成初始化后调用。此宏会运行测试程序里所有的测试。然而，只选择部分测试运行是可能的。你可通过设置环境变量 `GTEST_FILTER` 并使用适当的过滤器或将过滤器作为命令行参数传给 `--gtest_filter` 标志实现。如果这两者任意一个存在，框架则只运行全名符合过滤器条件的测试。过滤器可包含通配符 `*` 来匹配任意字符串，`?` 符号来匹配任意字符。否定模式（应该被忽略）由连字符（`-`）引入。过滤器的示例如表 11.4 所示。

表 11.4

过滤器	描述
`--gtest_filter=*`	运行所有测试
`--gtest_filter=TestConstruction.*`	运行 TestConstruction 测试套件中的所有测试
`--gtest_filter=TestOperations.*-TestOperations.TestLess`	除了测试 TestLess 外，运行测试套件 TestOperations 中的所有测试
`--gtest_filter=*Operations*:*Construction*`	运行全名包含 Operations 或 Construction 的测试

以下是一个测试程序的输出，该程序包含前面使用命令行参数调用时显示的测试 `--gtest_filter=TestConstruction.*-TestConstruction.TestConstructor`：

```
Note: Google Test filter = TestConstruction.*-TestConstruction.
TestConstructor
[==========] Running 1 test from 1 test suite.
[----------] Global test environment set-up.
[----------] 1 test from TestConstruction
[ RUN      ] TestConstruction.TestOrigin
[       OK ] TestConstruction.TestOrigin (0 ms)
[----------] 1 test from TestConstruction (0 ms total)

[----------] Global test environment tear-down
[==========] 1 test from 1 test suite ran. (2 ms total)
[  PASSED  ] 1 test.
```

你通过 `DISABLED_` 前缀的测试来禁用一些测试是可能的，也可以通过同样的方法来禁用相同标识符名称的测试套件，这将禁用此测试套件内的所有测试。示例如下：

```
TEST(TestConstruction, DISABLED_TestConversionConstructor)
{ /* ... */ }
TEST(DISABLED_TestComparisons, TestEquality)
{ /* ... */ }
TEST(DISABLED_TestComparisons, TestInequality)
{ /* ... */ }
```

这些测试不会被执行。然而，你在输出统计中会收到关于禁用测试的数量的报告。

记住，此特性仅适用于临时禁用测试。这在你需要执行部分导致测试失败的代码改动，但没有时间马上修复时有用。因此，此特性应该明智而谨慎地使用。

11.7.4 延伸阅读

❑ 阅读 11.6 节，以了解如何安装 Google Test 框架，以及如何创建简单测试项目。

❑ 阅读 11.8 节，以了解 Google Test 库的不同种类断言宏。

❑ 阅读 11.9 节，以了解如何在使用 Google Test 库时定义测试固件。

11.8 基于 Google Test 的断言

Google Test 框架提供了丰富的致命和非致命断言宏（类似于函数调用）来验证测试代码。当这些断言失败时，框架会显示原文件、行号、相关错误信息（包括自定义错误信息）来帮助开发者快速定位失败代码。我们已经看到一些如何使用 ASSERT_TRUE 宏的简单示例。在本节中，我们将看到其他可用的宏。

11.8.1 使用方式

使用以下宏来验证代码：

❑ 使用 ASSERT_TRUE(condition) 或 EXPECT_TRUE(condition) 来检查条件是否为 true，使用 ASSERT_FALSE(condition) 或 EXPECT_FALSE(condition) 来检查条件是否为 false，如以下代码所示：

```
EXPECT_TRUE(2 + 2 == 2 * 2);
EXPECT_FALSE(1 == 2);

ASSERT_TRUE(2 + 2 == 2 * 2);
ASSERT_FALSE(1 == 2);
```

❑ 使用 ASSERT_XX(val1,val2) 或 EXPECT_XX(val1, val2) 来比较两个值，XX 是以下其中一个：EQ(val1==val2)、NE(val1 != val2)、LT(val1 < val2)、LE(val1 <= val2)、GT(val1 > val2) 或 GE(val1 >= val2)。示例如以下代码片段所示：

```
auto a = 42, b = 10;
EXPECT_EQ(a, 42);
EXPECT_NE(a, b);
EXPECT_LT(b, a);
EXPECT_LE(b, 11);
EXPECT_GT(a, b);
EXPECT_GE(b, 10);
```

❑ 使用 ASSERT_STRXX(str1, str2) 或 EXPECT_STRXX(str1, str2) 来比较两个 null 结尾的字符串，XX 是以下其中一个：EQ（字符串有相同内容）、NE（字符串没有相同内容）、CASEEQ（忽略大小写字符串有相同内容）和 CASENE（忽略大小写字符串没有相同内容）。示例如以下代码片段所示：

```
auto str = "sample";
EXPECT_STREQ(str, "sample");
EXPECT_STRNE(str, "simple");
ASSERT_STRCASEEQ(str, "SAMPLE");
ASSERT_STRCASENE(str, "SIMPLE");
```

❑ 使用 ASSERT_FLOAT_EQ(val1,val2) 或 EXPECT_FLOAT_EQ(val1, val2) 来检查两个 float 值是否几乎相同；使用 ASSERT_DOUBLE_EQ(val1,val2) 或 EXPECT_DOUBLE_EQ(val1,val2) 来检查两个 double 值是否几乎相同。它们应该只有最多 4 个 ULP（units in the last place，最后单位）的区别。使用 ASSERT_NEAR(val1, val2, abserr) 来检查两个值间的差异是否不大于指定的绝对值：

```
EXPECT_FLOAT_EQ(1.9999999f, 1.9999998f);
ASSERT_FLOAT_EQ(1.9999999f, 1.9999998f);
```

❑ 使用 ASSERT_THROW(statement, exception_type) 或 EXPECT_THROW(statement, exception_type) 来检查语句是否会抛出指定类型的异常；使用 ASSERT_ANY_THROW(statement) 或 EXPECT_ANY_THROW(statement) 来检查语句是否会抛出任何类型的异常；使用 ASSERT_NO_THROW(statement) 或 EXPECT_NO_THROW(statement) 来检查语句是否会抛出异常。

```
void function_that_throws()
{
  throw std::runtime_error("error");
}

void function_no_throw()
{
}

TEST(TestAssertions, Exceptions)
{
  EXPECT_THROW(function_that_throws(),
            std::runtime_error);
  EXPECT_ANY_THROW(function_that_throws());
  EXPECT_NO_THROW(function_no_throw());

  ASSERT_THROW(function_that_throws(),
            std::runtime_error);
  ASSERT_ANY_THROW(function_that_throws());
  ASSERT_NO_THROW(function_no_throw());
}
```

❑ 使用 ASSERT_PRED1(pred, val) 或 EXPECT_PRED1(pred, val) 来检查 pred(val) 是否返回 true；使用 ASSERT_PRED2(pred, val1, val2) 或 EXPECT_PRED2(pred, val1, val2) 来检查 pred(va1, val2) 是否返回 true 等。对 n 元谓语函数或算子，

使用以下内容：

```
bool is_positive(int const val)
{
  return val != 0;
}

bool is_double(int const val1, int const val2)
{
  return val2 + val2 == val1;
}

TEST(TestAssertions, Predicates)
{
  EXPECT_PRED1(is_positive, 42);
  EXPECT_PRED2(is_double, 42, 21);

  ASSERT_PRED1(is_positive, 42);
  ASSERT_PRED2(is_double, 42, 21);
}
```

❑ 使用 ASSERT_HRESULT_SUCCEED(expr) 或 EXPECT_HRESULT_SUCCEED(expr) 来检查 expr 是否成功 HRESULT；使用 ASSERT_HRESULT_FAILED(expr) 或 EXPECT_HRESULT_FALIED(expr) 来检查 expr 是否失败 HRESULT。这些断言是用于 Windows 的。

❑ 使用 FAIL() 来生成致命失败；使用 ADD_FAILURE() 或 ADD_FAILURE_AT(filename, line) 来生成非致命失败：

```
ADD_FAILURE();
ADD_FAILURE_AT(__FILE__, __LINE__);
```

11.8.2 工作原理

所有断言存在两个版本：

❑ ASSERT_*：生成致命失败，阻止当前测试函数的后续执行。

❑ EXPECT_*：生成非致命失败，意味着即使断言失败，测试函数会继续执行。

如果不符合的条件不是关键性错误，或如果你想要测试函数继续执行，以获取尽可能多的错误信息时，使用 EXPECT_* 断言。在其他情况下，使用 ASSERT_* 版本的测试断言。

在框架的在线文档中，你会找到这里展示的断言的更多细节。文档可在 Github 上的 https://github.com/google/googletest 中找到，这也是项目的位置。需要特别注意浮点数比较是必要的。因为四舍五入（小数部分不能以二的幂逆有限总和来表示），浮点值不能刚好匹配。因此，比较在相对误差内完成。宏 ASSERT_EQ/EXPECT_EQ 不适用于比较浮点数，框架提供了另一组断言。ASSERT_FLOAT_EQ/ASSERT_DOUBLE_EQ 和 EXPECT_FLOAT_EQ/EXPECT_DOUBLE_EQ 来进行默认 4UPL 错误的比较。

ULP是用来衡量浮点数之间距离的单位，即最低有效位值1。更多信息，阅读 Bruce Dawson 的文章 "Comparing Floating Point Numbers, 2012 Edition"：https://randomascii.wordpress.com/2012/02/25/comparing-floating-point-numbers-2012-edition/。

11.8.3　延伸阅读

❑ 阅读 11.7 节，以了解如何基于 Google Test 库创建测试和测试套件，以及如何运行测试。

11.9　基于 Google Test 使用测试固件

框架提供对固件的支持，固件可作为可重用组件用于测试套件中的所有测试。它也提供测试执行的全局环境。在本节中，你会逐步学习如何定义和使用测试固件及如何设置测试环境。

11.9.1　准备工作

现在你应该熟悉用 Google Test 框架编写和运行测试，这在 11.7 节讨论过。

11.9.2　使用方式

创建和使用测试固件，如下做：

1）从 ::testing::Test 类中创建派生类：

```
class TestFixture : public ::testing::Test
{
};
```

2）使用构造函数初始化固件并使用析构函数清理：

```
protected:
  TestFixture()
  {
    std::cout << "constructing fixture\n";
    data.resize(10);
    std::iota(std::begin(data), std::end(data), 1);
  }

  ~TestFixture()
  {
    std::cout << "destroying fixture\n";
  }
```

3）或者，你可以覆盖虚方法 SetUp() 和 TearDown() 来实现同样的目的。

4）添加数据和函数成员到类，并使其对测试可用：

```
protected:
  std::vector<int> data;
```

5）使用 TEST_F 来定义使用固件的测试，指定固件类名作为测试套件名称：

```
TEST_F(TestFixture, TestData)
{
  ASSERT_EQ(data.size(), 10);
  ASSERT_EQ(data[0], 1);
  ASSERT_EQ(data[data.size()-1], data.size());
}
```

自定义执行测试的环境设置，如下做：

1）从 ::testing::Environment 创建派生类：

```
class TestEnvironment : public ::testing::Environment
{
};
```

2）覆盖虚方法 SetUp() 和 TearDown() 来执行设置和清理操作：

```
public:
  virtual void SetUp() override
  {
    std::cout << "environment setup\n";
  }

  virtual void TearDown() override
  {
    std::cout << "environment cleanup\n";
  }

  int n{ 42 };
```

3）在调用 RUN_ALL_TESTS() 前调用 ::testing::AddGlobalTestEnvironment() 来注册环境：

```
int main(int argc, char **argv)
{
  ::testing::InitGoogleTest(&argc, argv);
  ::testing::AddGlobalTestEnvironment(new TestEnvironment{});
  return RUN_ALL_TESTS();
}
```

11.9.3 工作原理

测试固件使用户在多个测试间共享数据配置。固件对象在测试间不共享。每个测试有不同的测试固件对象与测试函数关联。框架为来自固件的每个测试执行以下操作：

1）创建新固件对象。

2）调用它的虚方法 SetUp()。

3）执行测试。

4）调用固件的 TearDown() 虚方法。

5）销毁固件对象。

有两个方法可以设置和清理固件对象：使用构造函数和析构函数或使用 Setup() 和 TearDown() 虚方法。大多数情况下，优先选择第一种方式。尽管，虚方法的使用在一些情景下更适合：

❑ 当 teardown 操作抛出异常时，因为异常不允许离开析构函数。

❑ 如果你需要在清理期间使用断言宏，并且使用 --gtest_throw_on_failure 标志，该标志在失败发生时，决定抛出的宏。

❑ 如果你需要调用虚方法（可在派生类中覆盖），则不应该在构造函数和析构函数中调用虚方法。

使用固件的测试必须使用 TEST_F 宏来定义（_F 代表固件）。尝试用 TEST 宏来声明会产生编译错误。

测试执行的环境可被自定义。机制与测试固件类似：你从基类 testing::Environment 派生，并覆盖 SetUp() 和 TearDown() 虚函数。这些派生环境类实例必须调用 testing::AddGlobalTestEnvironment() 注册到框架，然而，这必须在你运行测试前完成。你可注册尽可能多的实例，SetUp() 方法以对象注册的顺序调用，TearDown() 方法以相反的顺序调用。你必须动态地传递实例化对象到这个函数。框架会获取对象的所有权并在程序终止前销毁它们，因此，你不需要自己删除它们。

环境对象对测试不可用，其目的也不是提供数据给测试。它们的用途是自定义执行测试的全局环境。

11.9.4 延伸阅读

❑ 阅读 11.7 节，以了解如何基于 Google Test 库创建测试和测试套件，以及如何运行测试。

11.10 基于 Google Test 控制输出

在默认情况下，Google Test 程序的输出到标准流，以人类可读形式打印。框架提供了自定义输出的选项，包括基于 JUNIT 格式输出 XML 到磁盘文件。本节将探索可用于控制输出的选项。

11.10.1 准备工作

我们考虑使用以下测试程序：

```
#include <gtest/gtest.h>

TEST(Sample, Test)
{
  auto a = 42;
  ASSERT_EQ(a, 0);
}

int main(int argc, char **argv)
{
  ::testing::InitGoogleTest(&argc, argv);
  return RUN_ALL_TESTS();
}
```

它的输出如下:

```
[==========] Running 1 test from 1 test suite.
[----------] Global test environment set-up.
[----------] 1 test from Sample
[ RUN      ] Sample.Test
f:\chapter11gt_05\main.cpp(6): error: Expected equality of these values:
  a
    Which is: 42
  0
[  FAILED  ] Sample.Test (1 ms)
[----------] 1 test from Sample (1 ms total)
[----------] Global test environment tear-down
[==========] 1 test from 1 test suite ran. (3 ms total)
[  PASSED  ] 0 tests.
[  FAILED  ] 1 test, listed below:
[  FAILED  ] Sample.Test

 1 FAILED TEST
```

我们将使用此简单测试程序来演示控制程序输出的各种各样的选项,我们将在11.10.2节举例解释。

11.10.2 使用方式

为了控制测试程序的输出,你可以如下做:

❑ 使用 `--gtest_output` 命令行选项或 `GTEST_OUTPUT` 环境变量,并用 `xml:filepath` 字符串指定 XML 报告写入的文件位置:

```
chapter11gt_05.exe --gtest_output=xml:report.xml

<?xml version="1.0" encoding="UTF-8"?>
<testsuites tests="1" failures="1" disabled="0" errors="0"
            time="0.007" timestamp="2020-05-18T19:00:17"
            name="AllTests">
  <testsuite name="Sample" tests="1" failures="1" disabled="0"
```

```
                errors="0" time="0.002"
                timestamp="2020-05-18T19:00:17">
        <testcase name="Test" status="run" result="completed" time="0"
                timestamp="2020-05-18T19:00:17" classname="Sample">
            <failure message="f:\chapter11gt_05\main.cpp:6&#x0A;Expected
equality of these values:&#x0A;  a&#x0A;   Which is: 42&#x0A;  0"
type=""><![CDATA[f:\chapter11gt_05\main.cpp:6
Expected equality of these values:
  a
    Which is: 42
  0]]></failure>
        </testcase>
    </testsuite>
</testsuites>
```

❑ 使用 `--gtest_color` 命令行选项或 `GTEST_COLOR` 环境变量并指定 `auto`、`yes` 或
`no` 来表明报告是否应该使用颜色输出到控制台：

```
chapter11gt_05.exe --gtest_color=no
```

❑ 使用 `--gtest_print_time` 命令行选项或 `GTEST_PRINT_TIME` 环境变量，用值 `0`
来抑制每次测试执行的输出时间：

```
chapter11gt_05.exe --gtest_print_time=0

[==========] Running 1 test from 1 test suite.
[----------] Global test environment set-up.
[----------] 1 test from Sample
[ RUN      ] Sample.Test
f:\chapter11gt_05\main.cpp(6): error: Expected equality of these
values:
  a
    Which is: 42
  0
[  FAILED  ] Sample.Test
[----------] Global test environment tear-down
[==========] 1 test from 1 test suite ran.
[  PASSED  ] 0 tests.
[  FAILED  ] 1 test, listed below:
[  FAILED  ] Sample.Test

 1 FAILED TEST
```

11.10.3　工作原理

生成 XML 格式的报告不影响人类可读的报告输出到终端。输出路径可指定文件或文件
夹（执行程序名称的文件被创建——如果前面运行已存在，则带数字后缀的新文件被创建），
或没有，报告则将写入当前文件夹中名为 `test_detail.xml` 的文件。

XML 报告格式基于 JUnitReport Ant 任务并包含如下主要元素：

❏ `<testsuites>`：这是根元素，它与整个测试程序相对应。

❏ `<testsuite>`：对应测试套件。

❏ `<testcase>`：对应测试函数，Google Test 函数跟其他框架里的测试用例等价。

在默认情况下，框架报告每个测试执行的时间。就如之前所示，此特性可通过使用 `--gtest_print_time` 命令行选项或 `GTEST_PRINT_TIME` 环境变量来抑制。

11.10.4　延伸阅读

❏ 阅读 11.7 节，以了解如何基于 Google Test 库创建测试和测试套件，以及如何运行测试。

❏ 阅读 11.9 节，以了解如何在使用 Google Test 库时定义测试固件。

11.11　开始使用 Catch2

Catch2 是 C++ 和 Objective-C 多范式的测试框架。名称 Catch2 继承自 Catch（框架的第一个版本）表示 C++ Automated Test Cases in Headers。它可让开发者基于将测试函数组成测试用例的传统风格，或 given-when-then 的行为驱动开发（Behavior-Driven Development，BDD）风格来编写测试。测试自动注册，并且框架提供了几个断言宏，其中两个最常用：一个是名为 `REQUIRE` 的致命断言，另一个是名为 `CHECK` 的非致命断言。它们都执行表达式左手边和右手边值的分解，在失败时会记录。不像它的第一个版本，Catch2 不再支持 C++03。接下来我们将学习如何基于 Catch2 编写单元测试。

11.11.1　准备工作

Catch2 测试框架有基于宏的 API。尽管你只需要使用提供的宏来编写测试，但对宏良好的理解对更好地使用框架是有帮助的。

11.11.2　使用方式

为了设置使用 Catch2 测试框架的环境，如下做：

1）从 https://github.com/catchorg/Catch2 的 Git 仓库复制或下载。

2）一旦下载完仓库，解压档案内容。

基于 Catch2 创建你第一个测试程序，如下做：

1）创建一个新的、空的 C++ 项目。

2）根据你的开发环境进行必需的设置，使 `single_header` 文件夹对项目可用，包含头文件。

3）添加源文件到项目中，内容如下：

```
#define CATCH_CONFIG_MAIN
#include "catch2/catch.hpp"
```

```
TEST_CASE("first_test_case", "[learn][catch]")
{
  SECTION("first_test_function")
  {
    auto i{ 42 };
    REQUIRE(i == 42);
  }
}
```

4）构建并运行项目。

11.11.3 工作原理

Catch2 使开发者以自注册函数来写测试用例；它甚至提供了 `main()` 函数的默认实现，这样你能集中精力编写测试代码，而编写更少的设置代码。测试用例分成几个片段互相隔离执行。框架不遵循 setup-test-teardown 架构。测试用例片段（或最内部的，因为片段可嵌套）同包含它们的片段一起，是可执行测试的单元。因为数据、Setup 和 teardown 代码可在不同层级重用，所以不再需要固件。

测试用例和片段使用字符串识别，而不是使用标识符（大多数框架如此做）。测试用例被打标签，因此测试可基于标签来执行或列出。测试结果以人类可读文本形式输出，然而，它们也可导出为 XML，使用 Catch2 特定格式或 JUNIT ANT 格式，以便与持续交付系统集成。测试执行可参数化，以便在失败时（在 Windows 和 Mac 上）打断，因此你可以挂载调试器来审查程序。

框架易于安装和使用。有两个选择：单头文件（在 `single_header/catch2` 文件夹中）或头文件和源码文件集（在 `include` 文件夹中）。在这两种情况下，你的测试程序中都必须引入的头文件是 `catch.hpp`。然而，如果你不想使用单头文件版本，你必须构建库，并将其链接到你的项目。在本书中，我们使用库的单头文件实现。

之前所示示例代码有如下几部分：

1）`#define CATCH_CONFIG_MAIN` 定义宏，指示框架提供 `main()` 函数默认实现。

2）`#include "catch2/catch.hpp"` 引入库的单头文件。

3）`TEST_CASE("first_test_case", "[learn][catch]")` 定义名为 `first_test_case` 的测试用例，其有几个关联标签：`learn` 和 `catch`。标签用于运行或列出测试用例。多个测试用例可用同一标签。

4）`SECTION("first_test_function")`，定义片段，即测试函数 `first_test_function` 作为外层测试用例的一部分。

5）`REQUIRE(i == 42);` 是断言，用于告诉测试如果条件不满足，则失败。

运行程序的输出如下：

```
===============================================================
All tests passed (1 assertion in 1 test cases)
```

11.11.4　更多

如之前所述，框架可让我们基于 give-when-then 的 BDD 风格来写测试。这通过几个别名来实现：SCENARIO 取代 TEST_CASE 而 GIVE、WHEN、AND_WHEN、THEN 和 AND_THEN 取代 SECTION。基于此风格，我们重写之前示例如下：

```
SCENARIO("first_scenario", "[learn][catch]")
{
  GIVEN("an integer")
  {
    auto i = 0;
    WHEN("assigned a value")
    {
      i = 42;
      THEN("the value can be read back")
      {
        REQUIRE(i == 42);
      }
    }
  }
}
```

当执行成功时，程序有以下输出：

```
===============================================================================
All tests passed (1 assertion in 1 test cases)
```

然而，一旦失败（我们假设得到错误条件：i==0），失败的表达式以及左手和右手边值将被输出，如以下片段所示：

```
-------------------------------------------------------------------------------
f:\chapter11ca_01\main.cpp(11)
...............................................................................

f:\chapter11ca_01\main.cpp(13): FAILED:
  REQUIRE( i == 0 )
with expansion:
  42 == 0


===============================================================================
test cases: 1 | 1 failed
assertions: 1 | 1 failed
```

这里展示的输出和接下来内容的其他片段，相比实际控制台的输出有稍微删减和压缩，这样易于在本书中列出。

11.11.5　延伸阅读

❏ 阅读 11.12 节，以了解如何基于 Catch2 库创建测试（要么使用基于测试用例的传统风格，要么基于场景的 BDD 风格），以及如何运行测试。

❏ 阅读 11.13 节，以了解 Catch2 库中各种各样的断言宏。

11.12 基于 Catch2 编写和运行测试

Catch2 框架让你能够使用基于测试用例和函数的传统风格或基于场景和 given-when-then 的 BDD 风格写测试。测试被定义为测试用例的单独片段，你想嵌套多深就多深。不管你选择哪种风格，测试都基于两个基本宏。本节将展示这些宏是什么及它们是如何工作的。

11.12.1 使用方式

基于测试用例和测试函数的传统风格写测试，如下做：

❏ 使用 TEST_CASE 宏定义测试用例，测试用例有可选名称（字符串）及关联的标签列表：

```
TEST_CASE("test construction", "[create]")
{
  // define sections here
}
```

❏ 使用 SECTION 宏定义测试用例下的测试函数，名称是字符串：

```
TEST_CASE("test construction", "[create]")
{
  SECTION("test constructor")
  {
    auto p = point3d{ 1,2,3 };
    REQUIRE(p.x() == 1);
    REQUIRE(p.y() == 2);
    REQUIRE(p.z() == 4);
  }
}
```

❏ 如果你想重用 Setup 和 teardown 代码或以层级结构组织测试，则可定义嵌套片段：

```
TEST_CASE("test operations", "[modify]")
{
  SECTION("test methods")
  {
    SECTION("test offset")
    {
      auto p = point3d{ 1,2,3 };
      p.offset(1, 1, 1);
      REQUIRE(p.x() == 2);
      REQUIRE(p.y() == 3);
      REQUIRE(p.z() == 3);
    }
  }
}
```

基于 BDD 风格写测试，如下：

❏ 使用 SCENARIO 宏定义场景，指定名称：

```
SCENARIO("modify existing object")
{
  // define sections here
}
```

❑ 使用 GIVEN、WHEN 和 THEN 宏在场景内定义嵌套部分，给每个指定名称：

```
SCENARIO("modify existing object")
{
  GIVEN("a default constructed point")
  {
    auto p = point3d{};
    REQUIRE(p.x() == 0);
    REQUIRE(p.y() == 0);
    REQUIRE(p.z() == 0);

    WHEN("increased with 1 unit on all dimensions")
    {
      p.offset(1, 1, 1);

      THEN("all coordinates are equal to 1")
      {
        REQUIRE(p.x() == 1);
        REQUIRE(p.y() == 1);
        REQUIRE(p.z() == 1);
      }
    }
  }
}
```

执行测试，如下做：

❑ 为了执行你的程序（除了隐藏的）的所有测试，不带任何命令行参数（以下代码中描述的）运行测试程序。

❑ 为了只执行指定的测试用例，提供过滤器作为命令行参数。这可包含测试用例名称、通配符、标签名称和标签表达式：

```
chapter11ca_02.exe "test construction"

test construction
    test constructor
-----------------------------------------------
f:\chapter11ca_02\main.cpp(7)
...............................................
f:\chapter11ca_02\main.cpp(12): FAILED:
  REQUIRE( p.z() == 4 )
with expansion:
  3 == 4


===============================================
test cases: 1 | 1 failed
assertions: 6 | 5 passed | 1 failed
```

❑ 为了只执行特定片段（或片段集），使用命令行参数 `--section` 或 `-c`，基于片段名称（多个片段可使用多次）：

```
chapter11ca_02.exe "test construction" --section "test origin"
Filters: test construction
===============================================
All tests passed (3 assertions in 1 test case)
```

❑ 为了指定测试用例运行顺序，使用命令行参数 `--order` 的值 `dec1`（声明的顺序）、`lex`（名称的字典顺序）或 `rand`（`std::random_shuffle()` 决定的随机顺序）。示例如下：

```
chapter11ca_02.exe --order lex
```

11.12.2　工作原理

测试用例是自注册的，除了定义测试用例和测试函数外，不要求开发者进行额外工作来设置测试程序。测试函数被定义为测试用例片段（使用 `SECTION` 宏）且它们是可嵌套的。

片段嵌套深度没有限制。测试用例和测试函数（即片段）组成测试树，测试用例作为根节点，最内部片段作为叶节点。当测试程序执行时，叶结点片段被执行。每个叶结点片段的执行与其他叶结点片段独立。然而，执行路径从根测试用例开始，向下朝最内部片段继续。路径上遇到的所有代码每次运行都全部执行。这意味着当多个片段共享通用代码（来自父片段或测试用例）时，每个片段的相同代码执行一次，而不需要在执行间共享任何数据。一方面，这不需要特定的固件。另一方面，每个片段可用多个固件，这是很多测试框架缺少的特性。

BDD 风格的测试用例基于同样的两个宏：`TEST_CASE` 和 `SECTION`，并且有测试片段的能力。实际上，宏 `SCENARIO` 是 `TEST_CASE` 的重定义，`GIVEN`、`WHEN`、`AND_WHEN`、`THEN` 和 `AND_THEN` 是 `SECTION` 的重定义：

```
#define SCENARIO( ... ) TEST_CASE( "Scenario: " __VA_ARGS__ )

#define GIVEN( desc )      INTERNAL_CATCH_DYNAMIC_SECTION( "    Given: "
<< desc )
#define AND_GIVEN( desc ) INTERNAL_CATCH_DYNAMIC_SECTION( "And given: "
<< desc )
#define WHEN( desc )       INTERNAL_CATCH_DYNAMIC_SECTION( "     When: "
<< desc )
#define AND_WHEN( desc )  INTERNAL_CATCH_DYNAMIC_SECTION( " And when: "
<< desc )
#define THEN( desc )       INTERNAL_CATCH_DYNAMIC_SECTION( "     Then: "
<< desc )
#define AND_THEN( desc )  INTERNAL_CATCH_DYNAMIC_SECTION( "      And: "
<< desc )
```

当你执行测试程序时，所有定义的测试都会执行。然而，隐藏的测试除外，这通过

以 `./` 开始的名称或以时期开始的标签来指定。强制运行隐藏的测试也是可能的，这通过提供命令行参数 `[.]` 或 `[hide]` 完成。

过滤执行的测试用例是可能的。这可通过名称或标签来完成。表 11.5 展示了一些可能的选项。

表　11.5

参数	描述
`"test construction"`	名为 `test construction` 的测试用例
`test*`	以 `test` 开始的所有测试用例
`~"test construction"`	除了 `test construction` 外的所有测试用例
`~*equal*`	除了包含除了 `equal` 外的所有测试用例
`a* ~ab* abc`	以 `a` 开始，不以 `ab` 开始，但包含 `abc` 的所有测试用例
`[modify]`	所有 `[modify]` 标签的测试用例
`[modify],[compare][op]`	`[modify]` 标签或 `[compare]` 和 `[op]` 标签的所有测试用例
`-#sourcefile`	文件 `sourcefile.cpp` 里的所有测试

通过命令行参数 `--section` 或 `-c`，指定一个或多个片段名称，来执行特定测试函数是可能的。然而，通配符不支持此选项。如果你指定片段执行，需要注意从根测试用例到选择片段的整个测试路径将被执行。而且，如果你不先指定一个测试用例或一组测试用例，那么所有测试用例将被执行。

11.12.3　延伸阅读

❑ 阅读 11.11 节，以了解如何安装 Catch2 框架，以及如何创建简单的测试项目。
❑ 阅读 11.13 节，以了解 Catch2 库中各种各样的断言宏。

11.13　基于 Catch2 的断言

与其他测试框架不同，Catch2 没有提供很多的断言宏。它有两个主要宏：REQUIRE，产生致命错误，在失败时停止测试用例的执行；CHECK，产生非致命错误，失败时测试用例继续执行。我们还定义了一些额外的宏，在本节中，我们将了解它们是如何工作的。

11.13.1　准备工作

你现在应该已经熟悉基于 Catch2 编写测试用例和测试函数，这部分内容我们在 11.12 节中已讨论过。

11.13.2　使用方式

以下内容包含 Catch2 框架可选的断言：
❑ 使用 `CHECK(expr)` 来检查 `expr` 是否为 true，当失败时继续执行：`REQUIRE(expr)`

来保证 expr 为 true，如果失败则停止测试的执行：

```
int a = 42;
CHECK(a == 42);
REQUIRE(a == 42);
```

❑ 使用 CHECK_FALSE(expr) 和 REQUIRE_FALSE(expr) 来保证 expr 为 false，如果失败则产生非致命或致命错误：

```
int a = 42;
CHECK_FALSE(a > 100);
REQUIRE_FALSE(a > 100);
```

❑ 使用 Approx 类对一定近似范围内的浮点数值进行比较。epsilon() 方法设置值可相差的最大百分比（值在 0 和 1 之间）：

```
double a = 42.5;
CHECK(42.0 == Approx(a).epsilon(0.02));
REQUIRE(42.0 == Approx(a).epsilon(0.02));
```

❑ 使用 CHECK_NOTHROW(expr)/REQUIRE_NOTHROW(expr) 来验证 expr 不会抛出任何错误；使用 CHECK_THROW(expr)/REQUIRE_THROW(expr) 来验证 expr 会抛出任意类型的错误；使用 CHECK_THROW_AS(expr, exctype)/REQUIRE_THROW_AS(expr, exctype) 来验证 expr 抛出 exctype 类型的异常；使用 CHECK_THROW_WITH(expression, string or string matcher)/REQUIRE_THROW_WITH(expression, string or string matcher) 来验证 expr 抛出异常的描述和指定字符串匹配：

```
void function_that_throws()
{
  throw std::runtime_error("error");
}

void function_no_throw()
{
}
SECTION("expressions")
{
  CHECK_NOTHROW(function_no_throw());
  REQUIRE_NOTHROW(function_no_throw());

  CHECK_THROWS(function_that_throws());
  REQUIRE_THROWS(function_that_throws());

  CHECK_THROWS_AS(function_that_throws(),
                  std::runtime_error);
  REQUIRE_THROWS_AS(function_that_throws(),
                    std::runtime_error);
```

```
CHECK_THROWS_WITH(function_that_throws(),
                  "error");
REQUIRE_THROWS_WITH(function_that_throws(),
        Catch::Matchers::Contains("error"));
}
```

❑ 使用 CHECK_THAT(value, matcher expression)/REQUIRE_THAT(expr, matcher expression) 来检查对指定值的匹配器表达式运算是否为 true：

```
std::string text = "this is an example";
CHECK_THAT(
  text,
  Catch::Matchers::Contains("EXAMPLE", Catch::CaseSensitive::No));
REQUIRE_THAT(
  text,
  Catch::Matchers::StartsWith("this") &&
  Catch::Matchers::Contains("an"));
```

❑ 使用 FAIL(message) 来报告消息并使测试用例失败；使用 WARN(message) 来记录消息但不停止测试用例的执行；使用 INFO(message) 记录消息到缓冲，但只在下次断言失败时报告。

11.13.3 工作原理

REQUIRE/CATCH 宏家族将表达式分解为左右手边术语，且在失败时，报告失败的位置（源文件和行）、表达式、左右手边的值：

```
f:\chapter11ca_03\main.cpp(19): FAILED:
  REQUIRE( a == 1 )
with expansion:
  42 == 1
```

然而，这些宏不支持由逻辑操作符（如 && 和 ||）组成的复杂表达式。以下示例是错误的：

```
REQUIRE(a < 10 || a %2 == 0);   // error
```

解决方法是创建变量保存表达式运算结果，并在断言宏中使用。然而在此情况下，输出表达式元素展开的能力就没了：

```
auto expr = a < 10 || a % 2 == 0;
REQUIRE(expr);
```

另一方法是使用另一组括号。然而，这也会阻止分解工作：

```
REQUIRE((a < 10 || a %2 == 0)); // OK
```

需要特殊处理浮点数值。框架提供了 Approx 的类。通过 double 能构造的值，它重载了等号 / 不等号和比较操作符。这两个值的差值可以是不同的或被指定为特定值的百分比，而认为相等。这通过成员函数 epsilon() 设置。这个值必须在 0 和 1 之间（如，0.05 表示 5%）。epsilon 默认值为 std::numeric_limits<float>::epsilon()*100。

匹配器与两组断言一起工作，分别是 CHECK_THAT/REQUIRE_THAT 和 CHECK_THROW_WITH/REQUIRE_THROW_WITH。匹配器可扩展且可组合，用于执行值匹配。框架提供了几个匹配器，包括：

- ❏ 字符串：StartsWith、EndsWith、Contains、Equals 和 Matches。
- ❏ std::vector：Contains、VectorContains、Equals、UnorderedEquals 和 Approx。
- ❏ 浮点数值：WithinAbsMatcher、WithinUlpMatcher 和 WithinRelMatch。
- ❏ 异常：ExceptionMessageMatcher。

> Contains() 和 VectorContains() 的区别是，Contains() 在另一 vector 中搜索 vector，而 VectorContains() 在 vector 中搜索单个元素。

你可以创建自己的匹配器，要么从框架已有能力中扩展，要么基于你自己的类型。有两件事是必要的：

1）匹配器类从 Catch::MatcherBase<T> 派生，T 是要比较的类型。两个虚函数必须被覆盖：match()，接受值来匹配并返回布尔值表明匹配是否成功；describe()，不需要参数但返回描述匹配器的字符串。

2）从测试代码中调用的构建者函数

以下示例给贯穿本书的 point3d 类定义了匹配器，以检查给定的 3D 点是否在三维空间的线上：

```cpp
class OnTheLine : public Catch::MatcherBase<point3d>
{
  point3d const p1;
  point3d const p2;
public:
  OnTheLine(point3d const & p1, point3d const & p2):
    p1(p1), p2(p2)
  {}

  virtual bool match(point3d const & p) const override
  {
    auto rx = p2.x() - p1.x() != 0 ?
              (p.x() - p1.x()) / (p2.x() - p1.x()) : 0;
    auto ry = p2.y() - p1.y() != 0 ?
              (p.y() - p1.y()) / (p2.y() - p1.y()) : 0;
    auto rz = p2.z() - p1.z() != 0 ?
              (p.z() - p1.z()) / (p2.z() - p1.z()) : 0;

    return
      Approx(rx).epsilon(0.01) == ry &&
```

```
          Approx(ry).epsilon(0.01) == rz;
    }
  protected:
    virtual std::string describe() const
    {
      std::ostringstream ss;
      ss << "on the line between " << p1 << " and " << p2;
      return ss.str();
    }
};

inline OnTheLine IsOnTheLine(point3d const & p1,
                             point3d const & p2)
{
  return OnTheLine {p1, p2};
}
```

以下测试用例包含了如何使用此自定义匹配器的示例：

```
TEST_CASE("matchers")
{
  SECTION("point origin")
  {
    point3d p { 2,2,2 };
    REQUIRE_THAT(p, IsOnTheLine(point3d{ 0,0,0 },
                                point3d{ 3,3,3 }));
  }
}
```

这个测试通过之前实现的自定义匹配器 IsOnTheLine()，保证了点 {2，2，2} 在由点 {0，0，0} 和点 {3，3，3} 定义的线上。

11.13.4 延伸阅读

❑ 阅读 11.12 节，以了解如何基于 Catch2 库创建测试（要么使用基于测试用例的传统风格，要么基于场景的 BDD 风格），以及如何运行测试。

11.14 基于 Catch2 控制输出

和本书讨论的其他测试框架一样，Catch2 将测试程序执行结果以人类可读格式报告到 stdout 标准流。支持额外的选项，如基于 XML 格式报告或写入文件。在本节中，我们将了解使用 Catch2 时控制输出的主要可用选项。

11.14.1 准备工作

为了举例阐释测试程序输出可被更改的方法，使用如下测试用例：

```
TEST_CASE("case1")
{
  SECTION("function1")
  {
    REQUIRE(true);
  }
}

TEST_CASE("case2")
{
  SECTION("function2")
  {
    REQUIRE(false);
  }
}
```

运行这两个测试用例的输出如下所示：

```
-------------------------------------------------------------
case2
  function2
-------------------------------------------------------------
f:\chapter11ca_04\main.cpp(14)
...............................................................
f:\chapter11ca_04\main.cpp(16): FAILED:
  REQUIRE( false )
===============================================================
test cases: 2 | 1 passed | 1 failed
assertions: 2 | 1 passed | 1 failed
```

接下来我们将探索 Catch2 测试程序控制输出的部分选项。

11.14.2　使用方式

在使用 Catch2 时，要控制测试程序输出，你可以如下做：

❑ 使用命令行参数 -r 或 --reporter <reporter> 来指定报告器对结果使用的格式和结构。框架支持的默认选项有 console、compact、xml 和 junit：

```
chapter11ca_04.exe -r junit

<?xml version="1.0" encoding="UTF-8"?>
<testsuites>
  <testsuite name="chapter11ca_04.exe" errors="0"
             failures="1"
             tests="2" hostname="tbd"
             time="0.002039"
             timestamp="2020-05-02T21:17:04Z">
    <testcase classname="case1" name="function1"
              time="0.00016"/>
```

```
    <testcase classname="case2"
              name="function2" time="0.00024">
      <failure message="false" type="REQUIRE">
        at f:\chapter11ca_04\main.cpp(16)
      </failure>
    </testcase>
    <system-out/>
    <system-err/>
  </testsuite>
</testsuites>
```

❑ 使用命令行参数 -s 或 --success 来显示成功测试用例的结果：

```
chapter11ca_04.exe -s

-------------------------------------------------
case1
  function1
-------------------------------------------------
f:\chapter11ca_04\main.cpp(6)
.................................................
f:\chapter11ca_04\main.cpp(8):
PASSED:
  REQUIRE( true )
-------------------------------------------------
case2
  function2
-------------------------------------------------
f:\chapter11ca_04\main.cpp(14)
.................................................
f:\chapter11ca_04\main.cpp(16):
FAILED:
  REQUIRE( false )
=================================================
test cases: 2 | 1 passed | 1 failed
assertions: 2 | 1 passed | 1 failed
```

❑ 使用命令行参数 -o 或 --out <filename> 将所有输出发送到文件而不是标准流：

```
chapter11ca_04.exe -o test_report.log
```

❑ 使用命令行参数 -d 或 --duration <yes/no> 来显示每个测试用例执行的时间：

```
chapter11ca_04.exe -d yes

0.000 s: scenario1
0.000 s: case1
-------------------------------------------------
case2
  scenario2
-------------------------------------------------
```

```
f:\chapter11ca_04\main.cpp(14)
...............................................
f:\chapter11ca_04\main.cpp(16):
FAILED:
  REQUIRE( false )


0.003 s: scenario2
0.000 s: case2
0.000 s: case2
===============================================
test cases: 2 | 1 passed | 1 failed
assertions: 2 | 1 passed | 1 failed
```

11.14.3 工作原理

除了默认用于报告测试程序执行结果的人类可读格式外，Catch2 框架支持两种 XML 格式：

❑ Catch2 特定 XML 格式（通过 -r xml 指定）。

❑ 类似 JUnit XML 格式，遵循 JUnit ANT 任务结构（通过 -r junit 指定）。

当单元测试执行且结果可用后，前者报告器流式输出 XML 内容。它可作为 XSLT 转换器的输入来为实例生成 HTML 报告。后者报告器在输出前需要收集所有程序执行数据，以便于组织报告。JUnit XML 格式对第三方工作（如持续集成服务）很有用。

几个额外的报告器在单独头文件中提供。它们需要被拉进项目且显式地引入到测试程序（所有额外报告器头文件的名称格式为 catch_reporter_*.hpp）源码中。这些额外可用的报告器是：

❑ TeamCity 报告器（通过 -r teamcity 指定），将 TeamCity 服务消息写入标准输出流。只适用于集成 TeamCity。它是流报告器，数据可用就可写入。

❑ Automake 报告器（通过 -r automake 指定），将通过 make check 生成的 automake 期望的元标签写入。

❑ Test Anything Protocol（TAP）报告器（通过 -r tap 指定）。

❑ SonarQube 报告器（通过 -r sonarqube 指定），使用 SonarQube 通用测试数据 XML 格式写入。

以下示例展示了如何引入 TeamCity 头文件以便使用 TeamCity 报告器生成报告：

```
#define CATCH_CONFIG_MAIN
#include "catch.hpp"
#include "catch_reporter_teamcity.hpp"
```

测试报告默认输出为标准输出流 stdout（即使数据显式写入 stderr，最终也会重定向于 stdout）。然而，输出写入文件是可能的。这些格式选项可组合。看一下以下命令：

```
chapter11ca_04.exe -r junit -o test_report.xml
```

此命令指明报告器应该使用 JUnit XML 格式且保存到文件 `test_report.xml` 中。

11.14.4　延伸阅读

❏ 阅读 11.11 节，以了解如何安装 Catch2 框架，以及如何创建简单的测试项目。

❏ 阅读 11.12 节，以了解如何基于 Catch2 库创建测试（要么使用基于测试用例的传统风格，要么基于场景的 BDD 风格），以及如何运行测试。

C++20 核心特性

新 C++20 标准是 C++ 语言发展过程中重要的一步。C++20 给语言和标准库带来了很多新的特性。有些在之前章节中已经讨论了，如文本格式库、chrono 库日历扩展、线程支持库的改动及其他很多特性。然而，最影响语言特性的是模块、概念、协程和新范围库。这些特性的规范是很冗长的，在本书中很难覆盖详细细节。因此，在本章中，我们将了解最重要的方面以及这些特性的用例。本章目的是帮助你开始使用这些特性。

本章从学习模块开始，模块是 C++ 语言在几十年间最颠覆性的改变。

12.1　模块的使用

模块是 C++20 中最重要的变化之一。这是 C++ 语言及编写代码、使用代码方式的根本变化。模块在源文件中可用，其从使用它们的编译单元中单独编译。

模块有几个优点，特别跟头文件相比：

❑ 它们只导入一次且与导入的顺序无关。

❑ 它们不需要将接口和实现分离在不同的源文件，尽管这是可能的。

❑ 模块有减少编译时间的潜力，在某些情况下，可极大减少编译时间。模块导出的实体，在二进制文件中描述，相比传统预编译头文件，编译器可以处理得更快。

❑ 文件可用于构建和其他语言互操作的 C++ 代码。

在本节中，你将学习如何开始模块的使用。

12.1.1 准备工作

在写作本书的时候，主要编译器（VC++、Clang、GCC）提供尚未完成、实验性质的模块支持。构建系统（如 CMake）在适配模块方面有点落后。因为不同编译器有不同方式、不同编译器选项来支持模块，所以本书不会提供如何构建示例的细节。读者需要查阅特定编译器的在线文档。

> 本书中附带的源码，包括用于构建本节源码及后面内容中使用 Visual C++2019 16.5 编译器的脚本。

有几种模块类型文件：模块接口单元、模块接口分区和模块实现分区。在本节中，我们指的是第一种；其他两种我们将在后面内容中学习。

12.1.2 使用方式

当你模块化代码时，可以如下做：

❑ 使用 `import` 指令导入模块，紧跟着模块名。标准库尽管还没模块化，但可作为编译器特定模块存在。以下代码片段使用了 Visual C++ 的 `std.core` 模块，它包含了标准库里大多数功能，包括流式库：

```
import std.core;

int main()
{
  std::cout << "Hello, World!\n";
}
```

❑ 通过创建包含函数、类型、常量和宏的模块接口单元（Module Interface Unit, MIU）来导出模块。它们的声明必须以关键字 `export` 开头。VC++ 模块接口单元文件的扩展必须是 `.ixx`。Clang 接受不同的扩展名，包括 `.cpp`、`.cppm`，甚至 `.ixx`。以下示例导出名为 `point` 的类模板、用于计算两点距离的 `distance()` 函数，以及用户自定义字面常量操作符 `_ip`，其从字符串形式 "0,0" 或 "12,-3" 中创建 `point` 类型的对象：

```
// --- geometry.ixx/.cppm ---
export module geometry;

import std.core;

export template <class T,
    typename = typename std::enable_if_t<std::is_arithmetic_v<T>,
T>>
```

```
struct point
{
   T x;
   T y;
};
export using int_point = point<int>;

export constexpr int_point int_point_zero{ 0,0 };

export template <class T>
double distance(point<T> const& p1,
                point<T> const& p2)
{
   return std::sqrt((p2.x - p1.x) * (p2.x - p1.x) +
                    (p2.y - p1.y) * (p2.y - p1.y));
}

namespace geometry_literals
{
   export int_point operator ""_ip(const char* ptr,
                                   std::size_t size)
   {
      int x = 0, y = 0;
      while (*ptr != ',' && *ptr != ' ')
        x = x * 10 + (*ptr++ - '0');
      while (*ptr == ',' || *ptr == ' ') ptr++;
      while (*ptr != 0)
        y = y * 10 + (*ptr++ - '0');
      return { x, y };
   }
}

// --- main.cpp ---

import std.core;
import geometry;

int main()
{
   int_point p{ 3, 4 };
   std::cout << distance(int_point_zero, p) << '\n';

   {
      using namespace geometry_literals;
      std::cout << distance("0,0"_ip, "30,40"_ip) << '\n';
   }
}
```

❑ 使用 import 指令导入头文件内容。以下示例使用前一示例所示的同一类型和函数：

```cpp
// --- geometry.h ---
#pragma once

#include <cmath>

template <class T,
    typename = typename std::enable_if_t<std::is_arithmetic_v<T>,
T>>
struct point
{
    T x;
    T y;
};

using int_point = point<int>;

constexpr int_point int_point_zero{ 0,0 };

template <class T>
double distance(point<T> const& p1,
                point<T> const& p2)
{
    return std::sqrt((p2.x - p1.x) * (p2.x - p1.x) +
                     (p2.y - p1.y) * (p2.y - p1.y));
}

namespace geometry_literals
{
    int_point operator ""_ip(const char* ptr,
                             std::size_t size)
    {
        int x = 0, y = 0;
        while (*ptr != ',' && *ptr != ' ')
            x = x * 10 + (*ptr++ - '0');
        while (*ptr == ',' || *ptr == ' ') ptr++;
        while (*ptr != 0)
            y = y * 10 + (*ptr++ - '0');
        return { x, y };
    }
}

// --- main.cpp ---
import std.core;
import "geometry.h";

int main()
{
    int_point p{ 3, 4 };
    std::cout << distance(int_point_zero, p) << '\n';
```

```
   {
       using namespace geometry_literals;
       std::cout << distance("0,0"_ip, "30,40"_ip) << '\n';
   }
}
```

12.1.3 工作原理

模块单元由几个部分组成，强制或可选：

❑ 由 module; 语句引入的全局模块片段。这部分是可选的，如果存在，则可能只包含预处理器指令。所有添加到这里的都属于全局模块，是全局模块片段和所有不是模块的编译单元的合集。

❑ 模块声明，是必需的声明，形式为 export module name;。

❑ 模块前言，是可选的，只包含导入声明。

❑ 模块范围，是单元的内容，以模块声明开始，直到模块单元结束。

图 12.1 展示了模块包含之前提及的所有部分。在左边，我们有模块的源码；在右边，我们解释了模块部分。

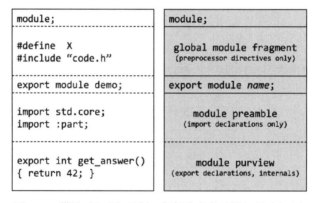

图 12.1 模块（左边）示例，每部分高亮且被解释（右边）

模块可导出任何实体，如函数、类和常量。每次导出都以 export 关键字在前面。这个关键字通常是第一个关键字，在其他 class/struct、template 或 using 前。在 12.1.2 节的 geometry 模块中提供了几个示例：

❑ 类模板 point，表示二维空间里的点。

❑ int_point 是 point<int> 的别名。

❑ 编译时常量为 int_point_zero。

❑ 函数模板 distance()，计算两点间的距离。

❑ 用户自定义字面操作 _ip，从诸如 "3,4" 字符串中创建 int_point 对象。

使用模块而不使用头文件的编译单元，除了将 #include 预处理器指令替换为 import

指令外，不需要其他更改。此外，用同样的 import 指令，头文件也可如模块一样导入，就如之前示例所示。

模块和命名空间之间没有关系。这两个是正交的概念。模块 geometry 导出用户自定义字面 ""_ip 到命名空间 geometry_literals，同时模块中其他的导出在全局命名空间可用。

模块名称和单元文件名称也没有关系。尽管任何文件名有同样的效果，geometry 模块在 geometry.ixx/.cppm 文件中定义。建议你遵循一致的命名规范，使用模块名作为模块文件名。另外，模块单元的扩展名因编译器而异，尽管当模块支持成熟后，将来可能会有变化。

标准库还没模块化，尽管这很可能在标准库未来版本中发生。然而，编译器已经将其模块化实现了。Clang 编译器为每个头文件提供了不同的模块。另外，Visual C++ 编译器为标准库提供了以下模块：

❑ std.regex：<regex> 头文件的内容。

❑ std.filesystem：<filesystem> 头文件的内容。

❑ std.memory：<memory> 头文件的内容。

❑ std.threading：头文件 <atomic>、<condition_variable>、<future>、<mutex>、<shared_mutex> 和 <thread> 的内容。

❑ std.core：C++ 标准库剩下头文件的内容。

如你从这些模块名（如 std.core 或 std.regex）中所见，模块名可以是一系列由点（.）拼接的标识符。点除了将名称分为代表逻辑层次部分外，如 company.project.module，没有其他作用。相比下划线（如 std_core 或 std_regex），点的使用可以说提供了更好的可读性，下划线也是合法的，和其他一样组成了标识符。

12.1.4 延伸阅读

❑ 阅读 12.2 节，以了解接口和实现分区。

12.2 理解模块分区

模块的源码可能会越来越大，以至于难以维护。而且，模块可由逻辑上互相独立的部分组合在一起。为此，模块支持将部分（即分区）组合在一起。模块单元（即导出实体的分区）称为模块接口分区。

然而，也有内部分区不导出任何东西。这样的分区单元被称为模块实现分区。在本节中，你将学习如何使用接口，以及如何实现分区。

12.2.1 准备工作

在继续本节前，你应该阅读 12.1 节。你需要熟悉之前讨论过的模块基础及代码示例，在本节中我们将继续沿用。

12.2.2　使用方式

你可将模块分成如下几个分区：

❑ 每个分区单元必须以语句 export module modulename:partitionname; 开始。
只有全局模块片段先于此声明：

```cpp
// --- geometry-core.ixx/.cppm ---
export module geometry:core;

import std.core;

export template <class T,
   typename = typename std::enable_if_t<std::is_arithmetic_v<T>,
T>>
struct point
{
   T x;
   T y;
};
export using int_point = point<int>;

export constexpr int_point int_point_zero{ 0,0 };

export template <class T>
double distance(point<T> const& p1,
                point<T> const& p2)
{
   return std::sqrt((p2.x - p1.x) * (p2.x - p1.x) +
                    (p2.y - p1.y) * (p2.y - p1.y));
}
// --- geometry-literals.ixx/.cppm ---
export module geometry:literals;

import :core;

namespace geometry_literals
{
   export int_point operator ""_ip(const char* ptr,
                                   std::size_t size)
   {
      int x = 0, y = 0;
      while (*ptr != ',' && *ptr != ' ')
         x = x * 10 + (*ptr++ - '0');
      while (*ptr == ',' || *ptr == ' ') ptr++;
      while (*ptr != 0)
         y = y * 10 + (*ptr++ - '0');
      return { x, y };
   }
}
```

❑ 在主要模块接口单元，导入，然后使用 export import : partitionname 语句导出分区，如以下示例所示：

```
// --- geometry.ixx/.cppm ---
export module geometry;

export import :core;
export import :literals;
```

❑ 如果模块是从单模块单元构建的，则导入多个分区组成模块的代码将只看到整体模块：

```
// --- main.cpp ---
import std.core;
import geometry;

int main()
{
    int_point p{ 3, 4 };
    std::cout << distance(int_point_zero, p) << '\n';
    {
        using namespace geometry_literals;
        std::cout << distance("0,0"_ip, "30,40"_ip) << '\n';
    }
}
```

❑ 创建不导出任何东西但包含同一模块使用的代码的内部分区是可能的。这样的分区必须以语句 module modulename:partitionname; 开始（没有 export 关键字）。不同编译器可能对包含内部分区的文件要求不同的扩展。对于 VC++，扩展必须是 .cpp：

```
// --- geometry-details.cpp --
module geometry:details;

import std.core;

std::pair<int, int> split(const char* ptr,
                          std::size_t size)
{
  int x = 0, y = 0;
  while (*ptr != ',' && *ptr != ' ')
    x = x * 10 + (*ptr++ - '0');
  while (*ptr == ',' || *ptr == ' ') ptr++;
  while (*ptr != 0)
    y = y * 10 + (*ptr++ - '0');
  return { x, y };
}
// --- geometry-literals.ixx/.cppm ---
export module geometry:literals;

import :core;
import :details;
```

```
namespace geometry_literals
{
  export int_point operator ""_ip(const char* ptr,
                                  std::size_t size)
  {
    auto [x, y] = split(ptr, size);
    return {x, y};
  }
}
```

12.2.3 工作原理

之前展示的代码基于 12.1 节模块的示例。geometry 模块分为两个不同分区，分别是 core 和 literals。

然而，当你声明分区时，你必须以 modulename:partitionname 的形式来使用，如 geometry:core 和 geometry:literals。当你导入分区到模块其他地方，这不是必要的。这可从主分区单元 geometry.ixx 和模块接口分区 geometry-literals.ixx 可见。为了便于阐述，代码片段如下：

```
// --- geometry-literals.ixx/.cppm ---
export module geometry:literals;

// import the core partition
import :core;


// --- geometry.ixx/.cppm ---
export module geometry;

// import the core partition and then export it
export import :core;

// import the literals partition and then export it
export import :literals;
```

尽管模块分区是独立的文件，但在使用模块时，它们不作为独立模块或子模块对编译单元可用。它们以单一、聚合模块导出。如果你将 main.cpp 文件中的源码和 12.2.2 节的进行比较，你会看到没有区别。

 对模块接口单元而言，包含分区的文件命名没有规则。然而，编译器可要求不同扩展名或支持特定命名规范。例如，VC++ 使用规范 <module-name>-<partition-name>.ixx，该规范用来简化构建命令。

分区，就像模块，可能包含不从模块导出的代码。分区可能完全不导出，它只是内部分区。这样的分区叫模块实现分区。模块声明中没有使用 export 关键字的分区被定义为模块实现分区。

内部分区的一个示例是之前展示的 `geometry:details` 分区。它提供了帮助函数，称为 `split()`，将字符串中以逗号分隔的两个整数解析。这个分区然后被导入 `geometry:literals` 分区，其中 `split()` 函数用来实现用户自定义字面 `_ip`。

12.2.4　更多

分区是模块的部分。然而，它们不是子模块。它们在模块外逻辑上不存在。C++ 语言中没有子模块的概念。本节中所展示的使用分区的代码可以使用模块稍作改写：

```cpp
// --- geometry-core.ixx ---
export module geometry.core;

import std.core;

export template <class T,
    typename = typename std::enable_if_t<std::is_arithmetic_v<T>, T>>
struct point
{
    T x;
    T y;
};

export using int_point = point<int>;

export constexpr int_point int_point_zero{ 0,0 };

export template <class T>
double distance(point<T> const& p1,
                point<T> const& p2)
{
    return std::sqrt(
        (p2.x - p1.x) * (p2.x - p1.x) +
        (p2.y - p1.y) * (p2.y - p1.y));
}

// --- geometry-literals.ixx ---
export module geometry.literals;

import geometry.core;

namespace geometry_literals
{
    export int_point operator ""_ip(const char* ptr,
                                    std::size_t size)
    {
        int x = 0, y = 0;
        while (*ptr != ',' && *ptr != ' ')
            x = x * 10 + (*ptr++ - '0');
        while (*ptr == ',' || *ptr == ' ') ptr++;
```

```
        while (*ptr != 0)
            y = y * 10 + (*ptr++ - '0');
        return { x, y };
    }
}


// --- geometry.ixx ---
export module geometry;

export import geometry.core;
export import geometry.literals;
```

在这个示例中，我们有三个模块：geometry.core、geometry.literals 和 geometry。这里，geometry 导入，然后重新导出前两个的所有实体。因此，main.cpp 里的代码不需要更改。单独导入 geometry 模块，我们可以访问 geometry.core 和 geometry.literals 模块的内容。

然而，如果我们不再定义 geometry 模块，那么我们需要显式导入两个模块，如以下代码片段所示：

```
import std.core;
import geometry.core;
import geometry.literals;

int main()
{
    int_point p{ 3, 4 };
    std::cout << distance(int_point_zero, p) << '\n';
    {
        using namespace geometry_literals;
        std::cout << distance("0,0"_ip, "30,40"_ip) << '\n';
    }
}
```

选择分区或多个模块来组织你的代码应该取决于你项目的特殊性。如果你使用多个小模块，则你应该对导入有更好粒度的控制。当你开发大型库时这是很重要的，因为用户应该只导入他们使用的（当他们只需要部分功能时，不应导入大型模块）。

12.2.5　延伸阅读

❑ 阅读 12.1 节，以了解 C++20 模块的基础。

12.3　基于概念指定模板参数要求

模板元编程是 C++ 语言中重要的部分，促进了通用库的发展，包括标准库。然而，模板元编程不是简单的。相反，复杂任务是枯燥的且没有足够经验很难正确完成。实际上，由 Bjarne Stroustrup 和 Herb Sutter 最初创建的 C++ 核心准则中，有一条准则是"只在你真的需要时才使用模板元编程"，理由是：

"模板元编程很难写对，它降低了编译速度且通常很难维护。"

模板元编程重要的方面是类模板参数的约束规范，该规范用于限制模板可实例化的类型。C++20 概念库被设计用来解决这一问题。概念是一组有名称的约束，约束是对模板参数的要求。这些用来选择适合的函数重载和模板特化。

在本节中，我们将了解如何使用 C++20 概念来对模板参数指定要求。

12.3.1 准备工作

在我们学习概念之前，让我们考虑以下类模板 NumericalValue，其用来保存整型或浮点型的值。C++11 的实现利用了 `std::enable_if` 来指定 T 模板参数的要求：

```
template <typename T,
          typename = typename std::enable_if_t<std::is_arithmetic_v<T>,
T>>
struct NumericalValue
{
  T value;
};

template <typename T>
NumericalValue<T> wrap(T value) { return { value }; }

template <typename T>
T unwrap(NumericalValue<T> t)   { return t.value; }

auto nv = wrap(42);
std::cout << nv.value << '\n';   // prints 42

auto v = unwrap(nv);
std::cout << v << '\n';          // prints 42

using namespace std::string_literals;
auto ns = wrap("42"s);           // error
```

这一代码片段将会是本节展示示例的基础。

12.3.2 使用方式

你可如下指定模板参数的要求：

❏ 使用 `concept` 关键字，以如下形式来创建概念：

```
template <class T>
concept Numerical = std::is_arithmetic_v<T>;
```

❑ 或者，你可以使用头文件 `<concepts>`（或其他标准库头文件）里的标准概念：

```cpp
template <class T>
concept Numerical = std::integral<T> || std::floating_point<T>;
```

❑ 在函数模板、类模板或变量模板中，不使用 `class` 或 `typename` 关键字而使用概念名称：

```cpp
template <Numerical T>
struct NumericalValue
{
  T value;
};

template <Numerical T>
NumericalValue<T> wrap(T value) { return { value }; }

template <Numerical T>
T unwrap(NumericalValue<T> t)   { return t.value; }
```

❑ 实例化类模板并调用函数模板，不需要其他语法上的改变：

```cpp
auto nv = wrap(42);
std::cout << nv.value << '\n';   // prints 42

auto v = unwrap(nv);
std::cout << v << '\n';          // prints 42

using namespace std::string_literals;
auto ns = wrap("42"s);           // error
```

12.3.3 工作原理

概念是通常定义在命名空间里的一组一个或多个约束。概念的定义与变量模板类似。以下代码片段展示了变量模板中概念的使用：

```cpp
template <class T>
concept Real = std::is_floating_point_v<T>;
template<Real T>
constexpr T pi = T(3.1415926535897932385L);

std::cout << pi<double> << '\n';
std::cout << pi<int>    << '\n'; // error
```

概念不能自我约束，也不能递归自引用。在目前展示的示例中，`Numerical` 和 `Real` 概念由单一、原子约束组成。然而，概念可从多个约束中创建。使用 `&&` 逻辑操作符从两个约束中创建的约束叫逻辑与，而使用 `||` 逻辑操作符从两个约束中创建的约束叫逻辑或。

在 12.3.2 节定义的 `Numerical` 概念基于 `std::is_arithmetic_v` 类型特性。然而，我们可以有两个概念（`Real` 和 `Integral`），如下所示：

```
template <class T>
concept Integral = std::is_integral_v<T>;

template <class T>
concept Real = std::is_floating_point_v<T>;
```

从这两个概念中，使用 || 逻辑操作符，我们可组成 Numerical 概念。结果是逻辑或：

```
template <class T>
concept Numerical = Integral<T> || Real<T>;
```

语义上，Numerical 概念的这两个版本没有区别，尽管它们定义的方式有所不同。

为了理解逻辑与，我们看下另一个例子。考虑两个基类，IComparableToInt 和 IConvertibleToInt，应该被支持和 int 比较或转换为 int 的类所派生。这些定义如下：

```
struct IComparableToInt
{
  virtual bool CompareTo(int const o) = 0;
};

struct IConvertibleToInt
{
  virtual int ConvertTo() = 0;
};
```

一些类可能都实现，其他可能只实现一种。这里的 SmartNumericalValue<T> 类都实现了，DullNumericalValue<T> 只实现了 IConvertibleToInt 类：

```
template <typename T>
struct SmartNumericalValue : public IComparableToInt, IConvertibleToInt
{
  T value;

  SmartNumericalValue(T v) :value(v) {}

  bool CompareTo(int const o) override
  { return static_cast<int>(value) == o; }

  int ConvertTo() override
  { return static_cast<int>(value); }
};

template <typename T>
struct DullNumericalValue : public IConvertibleToInt
{
  T value;

  DullNumericalValue(T v) :value(v) {}

  int ConvertTo() override
```

```
  { return static_cast<int>(value); }
};
```

我们想做的是写一个只接收可比较和转换为 `int` 参数的函数模板。`IComparableAnd-Convertible` 概念是 `IntComparable` 和 `IntConvertible` 概念的逻辑与。它们可被实现如下：

```
template <class T>
concept IntComparable = std::is_base_of_v<IComparableToInt, T>;

template <class T>
concept IntConvertible = std::is_base_of_v<IConvertibleToInt, T>;
template <class T>
concept IntComparableAndConvertible = IntComparable<T> &&
IntConvertible<T>;

template <IntComparableAndConvertible T>
void print(T o)
{
  std::cout << o.value << '\n';
}
```

逻辑与和逻辑或是从左向右运算且是短路的。这意味着对于逻辑与，右边约束只当左边约束满足时运算；对于逻辑或，右边约束只当左边约束不满足时运算。

 第三种约束类别是原子约束。这些由表达式 E 和 E 中类型参数与约束实体模板参数映射（即参数映射）组成。原子约束在约束正规化时形成，约束正规化是将约束表达式转换为一系列自动约束逻辑与和逻辑或的过程。原子约束通过将参数映射和模板参数替换进表达式 E 进行检查。结果必须是类型为 `bool` 的有效 prvalue 的常量表达式；否则，约束不满足。

标准库定义了一系列概念，可用于在模板参数上定义编译时要求。尽管这些大部分概念强加了语法和语义的要求，编译器通常只保证前者。当语义要求不满足时，程序被认为是不规范的，且编译器不被要求提供关于此问题的诊断。标准概念在几个方面可用：

❑ 在概念库，在 `<concept>` 头文件和 `std` 命名空间中。这包括语言核心概念（如 `same_as`、`integral`、`floating_point`、`copy_constructible` 和 `move_constructible`）、比较概念（如 `equality_comparable` 和 `totally_ordered`）、对象概念（如 `copyable`、`moveable` 和 `regular`）和可调用概念（如 `invocable` 和 `predicate`）。

❑ 在算法库，在 `<iterator>` 头文件和 `std` 命名空间中。这包括算法要求（如 `sortable`、`premutable` 和 `mergeable`）和间接可调用概念（如 `indirect_unary_predicate` 和 `indirect_binary_predicate`）。

❏ 在范围库，在 `<ranges>` 头文件和 `std::range` 命名空间中。这包括范围特定的概念，如 `range`、`view`、`input_range`、`output_range`、`forward_range` 和 `random_access_range`。

12.3.4 更多

在本节中定义的概念已经使用了可用的类型特性。然而，在很多情况下，模板参数上的要求不能以这种方式定义。因此，概念可基于要求表达式来定义，其为 bool 类型的 prvalue 表达式，描述模板参数要求。这将是 12.4 节的话题。

12.3.5 延伸阅读

❏ 阅读 12.4 节，以了解原地约束。

12.4 使用要求表达式和要求条款

12.3 节中，我们介绍了概念和约束的话题，并通过几个只基于已存在的类型特性的示例来学习它们。而且，我们不使用模板声明里的 `typename` 或 `class` 关键字，而是使用概念名，以简洁语法来指定概念。然而，基于要求表达式，定义更复杂的概念是可能的。类型 bool 的 prvalue 在一些模板参数上对约束进行描述。

在本节中，我们将学习如何编写要求表达式和在模板参数上指定约束的另一种方法。

12.4.1 准备工作

12.3 节定义的类模板 `NumericalValue<T>` 和函数模板 `wrap()` 将在本节展示的代码片段中使用。

12.4.2 使用方式

为了指定模板参数的要求，你可以使用基于 `requires` 关键字的要求表达式，如下所示：

❏ 使用简单表达式，让编译器验证正确性。在以下片段中，操作符 + 必须有 T 模板参数的重载：

```
template <typename T>
concept Addable = requires (T a, T b) {a + b;};

template <Addable T>
T add(T a, T b)
{
  return a + b;
}
```

```
add(1, 2);              // OK, integers
add("1"s, "2"s);  // OK, std::string user-defined literals

NumericalValue<int> a{1};
NumericalValue<int> b{2};
add(a, b); // error: no matching function for call to 'add'
          // 'NumericalValue<int>' does not satisfy 'Addable'
```

❑ 使用简单表达式来要求特定函数的存在。在以下片段中，wrap() 函数（被 T 模板参
数的一个参数重载）必须存在：

```
template <typename T>
concept Wrapable = requires(T x) { wrap(x); };

template <Wrapable T>
void do_wrap(T x)
{
  [[maybe_unused]] auto v = wrap(x);
}

do_wrap(42);     // OK, can wrap an int
do_wrap(42.0);   // OK, can wrap a double
do_wrap("42"s); // error, cannot wrap a std::string
```

❑ 使用类型要求，通过关键字 typename（接下来是类型名称）来指定要求，如成员名
称、类模板特化或模板别名替换。在以下片段中，T 模板参数必须有两个内部类型
value_type 和 iterator。而且，接收一个 T 参数的两个函数 begin() 和 end()
必须存在：

```
template <typename T>
concept Container = requires(T x)
{
  typename T::value_type;
  typename T::iterator;
  begin(x);
  end(x);
};

template <Container T>
void pass_container(T const & c)
{
  for(auto const & x : c)
    std::cout << x << '\n';
}

std::vector<int> v { 1, 2, 3};
std::array<int, 3> a {1, 2, 3};
int arr[] {1,2,3};
```

```
pass_container(v);   // OK
pass_container(a);   // OK
pass_container(arr); // error: 'int [3]' does not satisfy
                     // 'Container'
```

❑ 使用复合要求来指定表达式要求和表达式运算结果。以下示例中，必须有 `wrap()` 函数，它接收 T 模板参数类型的参数，且调用函数的结果必须是 `NumericalValue<T>` 类型：

```
template <typename T>
concept NumericalWrapable =
requires(T x)
{
  {wrap(x)} -> std::same_as<NumericalValue<T>>;
};

template <NumericalWrapable T>
void do_wrap_numerical(T x)
{
  [[maybe_unused]] auto v = wrap(x);
}

template <typename T>
class any_wrapper
{
public:
  T value;
};

any_wrapper<std::string> wrap(std::string s)
{
  return any_wrapper<std::string>{s};
}

// OK, wrap(int) returns NumericalValue<int>
do_wrap_numerical(42);

// error, wrap(string) returns any_wrapper<string>
do_wrap_numerical("42"s);
```

模板参数上的约束也可通过 `requires` 关键字语法来指定。这种叫作要求条款，可如下使用：

❑ 在模板参数列表后使用要求条款：

```
template <typename T> requires Addable<T>
T add(T a, T b)
{
  return a + b;
}
```

❑ 或者，在函数声明的最后元素后使用要求条款：

```
template <typename T>
T add(T a, T b) requires Addable<T>
{
  return a + b;
}
```

❑ 将要求表达式和要求条款组合，而不使用已命名概念。在此情况下，requires 关键字出现两次，如下代码片段所示：

```
template <typename T>
T add(T a, T b) requires requires (T a, T b) {a + b;}
{
  return a + b;
}
```

12.4.3 工作原理

新 requires 关键字有多种用途。一方面，它用于引入在模板参数上指定约束的要求条款。另一方面，它用于定义 bool 类型的 prvalue 的要求表达式，在模板参数上定义约束。

> 如果你不熟悉 C++ 值分类（lvalue、rvalue、prvalue、xvalue、glvalue），建议你查询 https://en.cppreference.com/w/cpp/language/value_category。术语 prvalue，意味着纯 rvalue，指 rvalue 不是 xvalue（将亡值）。一个例子是调用返回类型不是引用的函数的结果。

在要求条款中，requires 关键字必须跟随着 bool 类型的常量表达式。表达式必须是在括号中的主表达式（如 std::is_arithemetic_v<T> 或 std::integral<T>），或者通过 && 或 || 操作符连接起来的一系列表达式。

要求表达式形式为 requires (parameters-list) {requirements}。参数列表可选且可被完全省略（包括括号）。特定要求可能如下：

❑ 模板参数在作用域内。

❑ 本地参数在 parameters-list 中引入。

❑ 其他可见声明在其包围的上下文中。

要求表达式的要求序列可能包含以下类型的要求：

❑ 简单要求：有任意表达式不以 requires 关键字开头。编译器只检查语言正确性。

❑ 类型要求：有表达式以关键字 typename 开头，跟随着有效的类型名。这使编译器验证特定嵌套名字存在，或者类模板特化或模板别名替换存在。

❑ 复合要求：形式为 {expression} noexcept->type-constraint。noexcept 关键字可选，表示表达式不可能抛出异常。返回类型的要求，由 -> 引入，也是可选的。然而如果它存在，那么 decltype(expression) 必须满足 type-constraint 的强加约束。

❑ 嵌套要求：有更多复杂表达式作为要求表达式来指定约束，其也可成为另一个嵌套要求。以关键字 requires 开头的要求被认为是嵌套要求。

在它们运算前，每个名称概念和每个要求表达式主体被替换，直到获取一系列的原子约束的逻辑与和逻辑或。这个过程叫作正规化。编译器执行的正规化和分析的实际细节在本书范围之外。

12.4.4　延伸阅读

❑ 阅读 12.3 节，以了解 C++20 概念的基础。

12.5　基于 range 库遍历集合

C++ 标准库提供了三个重要支柱——容器、迭代器和算法——使我们能够使用集合工作。因为这些是通用算法，用于和迭代器工作，迭代器定义了范围。这些算法通常要求显式编写，有时候需要复杂的代码来实现简单的任务。C++20 范围库被设计以用于解决这个问题，通过提供处理范围内元素的组件来实现。这些组件包括范围适配器（或视图），以及与范围而不是迭代器一起工作的约束算法。在本节中，我们将看到一些视图和算法及它们是如何简化代码的。

12.5.1　准备工作

在以下代码片段中，我们使用 is_prime() 的函数，其接收一个整型并返回布尔类型，以表明数字是否为素数。一个简单的实现如下：

```cpp
bool is_prime(int const number)
{
  if (number != 2)
  {
    if (number < 2 || number % 2 == 0) return false;
    auto root = std::sqrt(number);
    for (int i = 3; i <= root; i += 2)
      if (number % i == 0) return false;
  }
  return true;
}
```

 对于有效率的算法，在本书的讨论范围外，我推荐 Miller–Rabin 素数测试。

范围库在新的 `<ranges>` 头文件，`std::ranges` 命名空间中可用。简单起见，以下命名空间别名在本节中使用：

```
namespace rv = std::ranges::views;
namespace rg = std::ranges;
```

接下来我们将探索范围库的各种使用。

12.5.2 使用方式

范围库可通过范围操作来遍历，如下所示：

☐ 使用 `iota_view/views::iota`，生成一系列相邻整型。以下片段输出所有从 1 到 9 的整数：

```
for (auto i : rv::iota(1, 10))
  std::cout << i << ' ';
```

☐ 使用 `filter_view/views::filter`，保留满足谓语的元素，过滤范围内元素。第一个片段输出了从 1 到 99 的所有素数。然而，第二个片段，从整数 vector 中输出了所有素数：

```
// prints 2 3 5 7 11 13 ... 79 83 89 97
for (auto i : rv::iota(1, 100) | rv::filter(is_prime))
  std::cout << i << ' ';

// prints 2 3 5 13
std::vector<int> nums{ 1, 1, 2, 3, 5, 8, 13, 21 };
for (auto i : nums | rv::filter(is_prime))
  std::cout << i << ' ';
```

☐ 使用 `transform_view/views::transform`，应用一元函数到每个元素，将范围元素转换。以下片段输出从 1 到 99 的所有素数的后一数字：

```
// prints 3 4 6 8 12 14 ... 80 84 90 98
for (auto i : rv::iota(1, 100) |
              rv::filter(is_prime) |
              rv::transform([](int const n) {return n + 1; }))
  std::cout << i << ' ';
```

☐ 使用 `take_view/views::take`，只保留视图前 N 个元素。以下片段只输出了从 1 到 99 的前 10 个素数：

```
// prints 2 3 5 7 11 13 17 19 23 29
for (auto i : rv::iota(1, 100) |
              rv::filter(is_prime) |
              rv::take(10))
  std::cout << i << ' ';
```

❑ 使用 reverse_view/views::reverse，反向遍历范围。第一个片段输出了从 99 到
  1（降序）的前 10 个素数，第二个片段输出了从 1 到 99（升序）的最后 10 个素数：

```
// prints 97 89 83 79 73 71 67 61 59 53
for (auto i : rv::iota(1, 100) |
              rv::reverse |
              rv::filter(is_prime) |
              rv::take(10))
  std::cout << i << ' ';
// prints 53 59 61 67 71 73 79 83 89 97
for (auto i : rv::iota(1, 100) |
              rv::reverse |
              rv::filter(is_prime) |
              rv::take(10) |
              rv::reverse)
  std::cout << i << ' ';
```

❑ 使用 drop_view/view::drop，跳过范围内前 N 个元素。片段以升序输出了从 1 到
  99 的素数，但跳过了序列中前 10 个和后 10 个素数：

```
// prints 31 37 41 43 47
for (auto i : rv::iota(1, 100) |
              rv::filter(is_prime) |
              rv::drop(10) |
              rv::reverse |
              rv::drop(10) |
              rv::reverse)
  std::cout << i << ' ';
```

范围库也可基于范围而不是迭代器来调用算法。很多算法为此重载。示例如下：

❑ 确认范围元素最大值：

```
std::vector<int> v{ 5, 2, 7, 1, 4, 2, 9, 5 };
auto m = rg::max(v); // 9
```

❑ 对范围排序：

```
rg::sort(v); // 1 2 2 4 5 5 7 9
```

❑ 复制范围。以下代码片段复制范围元素到标准输出流：

```
rg::copy(v, std::ostream_iterator<int>(std::cout, " "));
```

❑ 反序范围元素：

```
rg::reverse(v);
```

❑ 计数范围元素（使用谓语验证）：

```
auto primes = rg::count_if(v, is_prime);
```

12.5.3 工作原理

C++20 范围库提供了处理范围元素的各种组件。这些包括：

❑ 范围概念，如 range 和 view。

❑ 范围访问函数，如 begin()、end()、size()、empty() 和 data()。

❑ 创建元素序列的范围工厂，如 empty_view、single_view 和 iota_view。

❑ 范围适配器或视图，从范围中创建延迟运算视图，如 filter_view、transform_
view、take_view 和 drop_view。

范围定义为一系列元素，其可通过迭代器和哨兵遍历。范围有不同类型，取决于定义
范围迭代器的能力。表 12.1 所示的概念定义了不同类型的范围。

表 12.1

概念	迭代器类型	能力
input_range	input_iterator	可读遍历至少一次
output_range	output_iterator	可写遍历
forward_range	forward_iterator	可多次遍历
bidirectional_range	bidirectional_iterator	还可反向遍历
random_access_range	random_access_iterator	在时间常数内随机访问元素
contiguous_range	contiguous_iterator	元素在内存里连续存储

因为 forward_iterator 满足 input_iterator 要求，bidirectional_iterator
满足 forward_iterator 要求，诸如此类（前述表格中从上到下），所以范围也是。
forward_range 满足 input_range 的要求，bidirectional_range 满足 forward_
range 要求，诸如此类。除了之前表格所列的范围概念外，还有其他的范围概念。值得提
及的是 sized_range，要求范围必须在时间常数内知道其大小。

标准容器满足不同范围概念的要求。它们中最重要的罗列在表 12.2 中。

表 12.2

	输入范围	正向范围	双向范围	随机访问范围	连续范围
forward_list	是	是			
list	是	是	是		
dequeue	是	是	是	是	
array	是	是	是	是	是
vector	是	是	是	是	是
set	是	是	是		
map	是	是	是		
multiset	是	是	是		
multimap	是	是	是		
unordered_set	是	是			
unordered_map	是	是			
unordered_multiset	是	是			
unordered_multimap	是	是			

范围库的中心概念是范围适配器，也称为视图。视图是范围元素非所有权的封装，要求时间常数来复制、移动或赋值。视图是范围适配的组合。然而，只有当视图被迭代时，这些适配才缓慢地发生。

在 12.5.2 节，我们看到了使用不同视图的示例：filter、transform、take、drop 和 reverse。库里一共有 16 种视图可用。所有视图在命名空间 std::ranges 中，名称如 filter_view、transform_view、take_view、drop_view 和 reverse_view。然而，为了使用简洁性，这些视图可以使用 views::filter、views::transform、views::take、views::drop 和 views::reverse 等表达式形式。注意表达的类型和值未指定，这些由编译器实现细节决定。

为了理解视图是如何工作的，让我们看一下以下示例：

```
std::vector<int> nums{ 1, 1, 2, 3, 5, 8, 13, 21 };
auto v = nums | rv::filter(is_prime) | rv::take(3) | rv::reverse;
for (auto i : v) std::cout << i << ' ';
```

代码片段中对象 v 表示视图。直到我们开始遍历元素时，它才运算适配的范围。在此示例中，通过 for 语句完成。这些视图被称为延迟视图。管道操作符（|）被重载用来简化视图的组合。

视图的组合等同于如下：

```
auto v = rv::reverse(rv::take(rv::filter(nums, is_prime), 3));
```

通常来说，要遵循以下规则：
❑ 如果适配器 A 只接收一个参数、范围 R，那么 A(R) 和 R|A 是一样的。
❑ 如果适配器 A 接收多个参数、范围 R 和 args...，那么以下三个等价：A(R, args...)、A(args...)(R) 和 R|A(args...)。

除了范围和范围适配器（或视图）外，通用算法的重载在 C++20 也可用，在同一个 std::ranges 命名空间中。这些重载称为约束算法。范围可被提供单个参数（如本节示例所示）或一个迭代器 – 哨兵对。同时，这些重载的返回类型提供了额外的信息，这些信息在算法执行过程中计算。

12.5.4　更多

标准范围库基于 ranges-v3 库设计，ranges-v3 由 Eric Niebler 创建，并可在 Github 的 https://github.com/ericniebler/range-v3 上访问。这个库提供了很多范围适配器（视图）和转变的操作（如排序、删除、重排序等）。range-v3 库到 C++20 范围库的过渡是很顺畅的。实际上，本节中提供的示例在两个库中都能工作。所有你需要做的事是引入适当的头文件并使用 range-v3 特定的命名空间：

```
#include "range/v3/view.hpp"
```

```
#include "range/v3/algorithm/sort.hpp"
#include "range/v3/algorithm/copy.hpp"
#include "range/v3/algorithm/reverse.hpp"
#include "range/v3/algorithm/count_if.hpp"
#include "range/v3/algorithm/max.hpp"

namespace rv = ranges::views;
namespace rg = ranges;
```

在这些替换后，12.5.2 节中所有代码片段可使用 C++17 合规编译器继续工作。

12.5.5   延伸阅读

❏ 阅读 12.6 节，以了解如何基于用户自定义范围适配器来扩展范围库的能力。
❏ 阅读 12.3 节，以了解 C++20 概念的基础。

12.6   创建你自己的 range 视图

C++20 范围库简化了处理范围元素。如 12.5 节所示，库里定义的 16 种范围（视图）提供了有用操作。然而，你可创建你自己的视图，并和标准视图一起使用。在本节中，你将学习创建方法。我们会创建 trim 的视图，给定范围和一元谓语，返回新范围，而不需要前后元素满足谓语。

12.6.1   准备工作

在本节中，我们使用之前使用过的命名空间别名，rg 是 std::ranges 的别名，rv 是 std::ranges::views 的别名。

12.6.2   使用方式

为了创建视图，如下做：

❏ 创建 trim_view 类模板，从 std::ranges::view_interface 中派生：

```
template<rg::input_range R, typename P>
    requires rg::view<R>
class trim_view :
    public rg::view_interface<trim_view<R, P>>
{
};
```

❏ 定义类的内部状态，至少需要包括 begin 和 end 迭代器，以及由视图适配的可视范围。对于此适配器，我们还需要谓语和布尔变量，用于标记迭代器运算与否：

```
private:
```

```
  R base_ {};
  P pred_;
mutable rg::iterator_t<R> begin_ {std::begin(base_)};
mutable rg::iterator_t<R> end_   {std::end(base_)};
mutable bool evaluated_ = false;

void ensure_evaluated() const
{
  if(!evaluated_)
  {
    while(begin_ != std::end(base_) && pred_(*begin_))
    {begin_ = std::next(begin_);}
    while(end_ != begin_ && pred_(*std::prev(end_)))
    {end_ = std::prev(end_);}
    evaluated_ = true;
  }
}
```

❏ 定义默认构造函数（可用 defaulted）和带必要参数的 constexpr 构造函数。第一个
参数通常是 range。对此视图，其他参数是谓语：

```
public:
  trim_view() = default;

  constexpr trim_view(R base, P pred)
    : base_(std::move(base))
    , pred_(std::move(pred))
    , begin_(std::begin(base_))
    , end_(std::end(base_))
  {}
```

❏ 提供对内部数据的访问，如 base range 和谓语：

```
constexpr R base() const &        {return base_;}
constexpr R base() &&             {return std::move(base_);}
constexpr P const & pred() const { return pred_; }
```

❏ 提供获取 begin 和 end 迭代器的函数。为保证视图是延迟的，迭代器应当只在第一次
使用时运算：

```
constexpr auto begin() const
{ ensure_evaluated(); return begin_; }
constexpr auto end() const
{ ensure_evaluated(); return end_ ; }
```

❏ 提供其他有用的成员，如返回 range 大小的函数：

```
constexpr auto size() requires rg::sized_range<R>
{ return std::distance(begin_, end_); }
constexpr auto size() const requires rg::sized_range<const R>
{ return std::distance(begin_, end_); }
```

把它们整合一起，结果如下：

```cpp
template<rg::input_range R, typename P> requires rg::view<R>
class trim_view : public rg::view_interface<trim_view<R, P>>
{
private:
  R base_ {};
  P pred_;
  mutable rg::iterator_t<R> begin_ {std::begin(base_)};
  mutable rg::iterator_t<R> end_   {std::end(base_)};
  mutable bool evaluated_ = false;

private:
  void ensure_evaluated() const
  {
    if(!evaluated_)
    {
      while(begin_ != std::end(base_) && pred_(*begin_))
      {begin_ = std::next(begin_);}
      while(end_ != begin_ && pred_(*std::prev(end_)))
      {end_ = std::prev(end_);}
      evaluated_ = true;
    }
  }

public:
  trim_view() = default;

  constexpr trim_view(R base, P pred)
    : base_(std::move(base))
    , pred_(std::move(pred))
    , begin_(std::begin(base_))
    , end_(std::end(base_))
  {}
  constexpr R base() const &        {return base_;}
  constexpr R base() &&             {return std::move(base_);}
  constexpr P const & pred() const { return pred_; }

  constexpr auto begin() const
  { ensure_evaluated(); return begin_; }
  constexpr auto end() const
  { ensure_evaluated(); return end_ ; }

  constexpr auto size() requires rg::sized_range<R>
  { return std::distance(begin_, end_); }
  constexpr auto size() const requires rg::sized_range<const R>
  { return std::distance(begin_, end_); }
};
```

为了简化用户自定义视图和标准视图的组合，以及简化使用，完成以下操作：

❑ 为 `trim_view` 类模板的类模板参数推导，创建用户自定义推导指导：

```cpp
template<class R, typename P>
trim_view(R&& base, P pred)
  -> trim_view<rg::views::all_t<R>, P>;
```

❑ 创建用适当参数实例化 `trim_view` 适配器的函数对象。因为它们展示实现细节，在独立命名空间可用：

```cpp
namespace details
{
  template <typename P>
  struct trim_view_range_adaptor_closure
  {
    P pred_;
    constexpr trim_view_range_adaptor_closure(P pred)
      : pred_(pred)
    {}

    template <rg::viewable_range R>
    constexpr auto operator()(R && r) const
    {
      return trim_view(std::forward<R>(r), pred_);
    }
  };

  struct trim_view_range_adaptor
  {
    template<rg::viewable_range R, typename P>
    constexpr auto operator () (R && r, P pred)
    {
      return trim_view( std::forward<R>(r), pred ) ;
    }

    template <typename P>
    constexpr auto operator () (P pred)
    {
      return trim_view_range_adaptor_closure(pred);
    }
  };
}
```

❑ 为之前定义的 `trim_view_range_adaptor_closure` 类重载管道操作符：

```cpp
namespace details
{
  template <rg::viewable_range R, typename P>
  constexpr auto operator | (
    R&& r,
    trim_view_range_adaptor_closure<P> const & a)
  {
```

```
    return a(std::forward<R>(r)) ;
  }
}
```

❑ 创建用于创建 **trim_view** 实例的 **trim_view_range_adaptor** 类型的对象。在 views 命名空间完成，和范围库命令空间类似：

```
namespace views
{
  inline static details::trim_view_range_adaptor trim;
}
```

12.6.3 工作原理

我们这里定义的 **trim_view** 类模板派生自 **std::ranges::view_interface** 类模板。这是基于奇异递归模板模式的范围库里的用来定义视图的帮助类。**trim_view** 有两个模板参数：范围类型（必须满足 **std::ranges::input_range** 概念）和谓语类型。

trim_view 类内部保存了 base range 和谓语。而且，它要求 begin 和 end（哨兵）迭代器。这些迭代器必须指向范围中不满足谓语的第一个元素和最后一个元素之后的元素。然而，因为视图是延迟对象，这些迭代器在它们遍历范围前，不应该被解引用。图 12.2 展示了整数范围里迭代器的位置，视图必须从范围 {1,1,2,3,5,6,4,7,7,9} 里删除奇数：

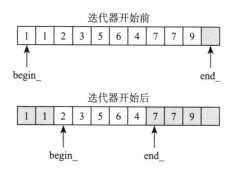

图 12.2 范围可视的概念性展示，迭代器开始前（上图）和之后（下图）的 begin 和 end 迭代器位置

我们可使用 **trim_class** 类编写如下代码片段：

```
auto is_odd = [](int const n){return n%2 == 1;};
std::vector<int> n { 1,1,2,3,5,6,4,7,7,9 };

auto v = trim_view(n, is_odd);
rg::copy(v, std::ostream_iterator<int>(std::cout, " "));
// prints 2 3 5 6 4

for(auto i : rv::reverse(trim_view(n, is_odd)))
  std::cout << i << ' ';
// prints 4 6 5 3 2
```

使用 `trim_view` 类和其他视图组合，可通过使用声明在 `details` 命名空间的函数对象来简化，其中 `details` 命名空间表示实现细节。然而，利用重载管道操作符（|），可重写之前代码如下：

```
auto v = n | views::trim(is_odd);
rg::copy(v, std::ostream_iterator<int>(std::cout, " "));

for(auto i : n | views::trim(is_odd) | rv::reverse)
  std::cout << i << ' ';
```

值得一提的是 range-v3 库确实包含名为 `trim` 的范围视图，但它没有移植到 C++20 范围库。这在未来版本标准库里可能发生。

12.6.4　延伸阅读

❏ 阅读 12.5 节，以了解 C++ 范围库的基础。
❏ 阅读 12.3 节，以了解 C++20 概念的基础。
❏ 阅读 10.6 节，以了解 CRTP 如何工作。

12.7　为异步计算创建协程任务类型

C++20 标准主要部分是协程。简单来说，协程是可以暂停和恢复的函数。协程是另一种编写异步代码的方法。它们帮助简化异步 I/O 代码、延迟计算或事件驱动应用。当协程暂停时，执行返回给调用者并恢复协程所需的数据与栈分开存储。因此，C++20 协程被称为无栈（slackless）。不幸的是，C++20 没有定义真正的协程类型，只有用于构建它们的框架。这使得不依赖第三方组件，基于协程来写异步代码变得困难。

在本节中，你将学习如何编写协程任务类型，该类型表示当等待任务时开始执行的异步计算。

12.7.1　准备工作

协程框架的几个标准库类型和函数定义在 `<coroutine>` 头文件的 `std` 命名空间中可用。然而，在写作本书的时候，除了实验特性，不是所有编译器都支持协程。因此，如果你使用 VC++ 或 Clang，你需要引入 `<experimental/coroutine>` 头文件且使用 `std::experimental` 命名空间。在本节展示的样例中，`stdco` 是 `std` 或 `std::experimental` 命名空间的别名。

本节的目标是创建任务类型用于编写异步函数，如下所示：

```
task<int> get_answer()
{
  co_return 42;
}
```

```
task<> print_answer()
{
  auto t = co_await get_answer();
  std::cout << "the answer is " << t << '\n';
}

template <typename T>
void execute(T&& t)
{
  while (!t.is_ready()) t.resume();
};

int main()
{
  auto t = get_answer();
  execute(t);
  std::cout << "the answer is " << t.value() << '\n';

  execute(print_answer());
}
```

12.7.2　使用方式

为了创建支持协程返回空（task<>）、值（task<T>）或引用（task<T&>）的任务类型，你应该如下做：

❑ 创建 promise_base 类，内容如下：

```
namespace details
{
  struct promise_base
  {
    auto initial_suspend() noexcept
    { return stdco::suspend_always{}; }

    auto final_suspend() noexcept
    { return stdco::suspend_always{}; }

    void unhandled_exception()
    { std::terminate(); }
  };
}
```

❑ 创建从 promise_base 派生的类模板 promise，该类模板添加 get_return_object() 和 return_value() 方法，并保存从协程返回的值：

```
namespace details
{
  template <typename T>
  struct promise final : public promise_base
```

```
{
  auto get_return_object()
  {
    return stdco::coroutine_handle<promise<T>>::
            from_promise(*this);
  }

  template<typename V,
            typename = std::enable_if_t<
              std::is_convertible_v<V&&, T>>>
  auto return_value(V&& value)
  noexcept(std::is_nothrow_constructible_v<T, V&&>)
  {
    value_ = value;
    return stdco::suspend_always{};
  }

  T get_value() const noexcept { return value_; }
private:
  T value_;
};
}
```

❑ 以 void 类型特化 promise 类模板，并提供 get_return_object() 和 return_
  void() 方法的实现：

```
namespace details
{
  template <>
  struct promise<void> final : public promise_base
  {
    auto get_return_object()
    {
      return stdco::coroutine_handle<promise<void>>::
              from_promise(*this);
    }

    void return_void() noexcept {}
  };
}
```

❑ 以类型 T& 特化 promise 类模板。为 get_return_object() 和 return_value()
  方法提供实现，并保存由协程返回的指向引用的指针：

```
namespace details
{
  template <typename T>
  struct promise<T&> final : public promise_base
  {
    auto get_return_object()
    {
```

```
          return stdco::coroutine_handle<promise<T&>>::
                  from_promise(*this);
      }

      void return_value(T& value) noexcept
      {
        value_ = std::addressof(value);
      }
      T& get_value() const noexcept { return *value_; }

    private:
      T* value_ = nullptr;
    };
}
```

❑ 创建 task 类模板，基本内容如下。这个类型必须有内部类型 promise_type，必须能处理执行的协程。task_awaiter 和类成员如下所列：

```
template <typename T = void>
struct task
{
  using promise_type = details::promise<T>;

  // task_awaiter

  // members

private:
  stdco::coroutine_handle<promise_type> handle_ = nullptr;
};
```

❑ 创建 awaitable 类 task_awaiter，实现了 await_ready()、await_suspend() 和 await_resume() 方法：

```
struct task_awaiter
{
  task_awaiter(stdco::coroutine_handle<promise_type> coroutine)
  noexcept
    : handle_(coroutine)
  {}

  bool await_ready() const noexcept
  {
    return !handle_ || handle_.done();
  }

  void await_suspend(
    stdco::coroutine_handle<> continuation) noexcept
  {
    handle_.resume();
```

```
  }

  decltype(auto) await_resume()
  {
    if (!handle_)
      throw std::runtime_error{ "broken promise" };

    return handle_.promise().get_value();
  }

  friend class task<T>;
private:
  stdco::coroutine_handle<promise_type> handle_;
};
```

❑ 提供类成员（包括转换构造函数）、移动构造函数和移动赋值构造函数、析构函数、
co_await 操作符、用于检查协程是否结束的方法、恢复暂停协程的方法，以及从协
程中获取返回值的方法：

```
explicit task(stdco::coroutine_handle<promise_type> handle)
  : handle_(handle)
{
}

~task()
{
  if (handle_) handle_.destroy();
}

task(task&& t) noexcept : handle_(t.handle_)
{
  t.handle_ = nullptr;
}

task& operator=(task&& other) noexcept
{
  if (std::addressof(other) != this)
  {
    if (handle_) handle_.destroy();
    handle_ = other.handle_;
    other.handle_ = nullptr;
  }

  return *this;
}

task(task const &) = delete;
task& operator=(task const &) = delete;

T value() const noexcept
```

```
{ return handle_.promise().get_value(); }

void resume() noexcept
{ handle_.resume(); }

bool is_ready() noexcept
{ return !handle_ || handle_.done(); }

auto operator co_await() const& noexcept
{
  return task_awaiter{ handle_ };
}
```

12.7.3 工作原理

函数是执行一条或多条语句的代码块。你可将其赋值给变量、作为参数传递它们、获取它们的地址，当然也可调用它们。这些特性使函数成为 C++ 语言里的第一等公民。函数有时又称为子程序。另外，协程是支持两个额外操作（暂停和恢复执行）的函数。

在 C++20 中，如果函数使用任意如下内容，则为协程：

❏ co_await 操作符，暂停执行直到恢复。

❏ co_return 关键字，完成执行并可选地返回值。

❏ co_yield 关键字，暂停执行并返回值。

然而，不是每个函数都能是协程。以下不能是协程：

❏ 构造函数和析构函数。

❏ constexpr 函数。

❏ 参数数量可变的函数。

❏ 返回 auto 或概念类型的函数。

❏ main() 函数。

协程由以下三部分构成：

❏ promise 对象，在协程里被操纵，用于从协程中传递返回值或异常。

❏ 协程处理，在协程外操纵，用于恢复执行或销毁协程帧。

❏ 协程帧，通常在堆上分配且包含 promise 对象、按值复制的协程参数、本地变量、生命周期超过现在暂停点的临时对象和暂停点的代表，这样暂停和恢复才能进行。

promise 对象可以是实现如表 12.3 所示的编译器期望接口的任何类型。

表 12.3

默认构造函数	promise 必须是可默认构造的
initial_suspend()	表明暂停是否在最初暂停点发生
final_suspend()	表明暂停是否在最后暂停点发生
unhandled_exception()	当异常被传递出协程外时调用
get_return_object()	函数的返回值

（续）

默认构造函数	promise 必须是可默认构造的
return_value(v)	启动 co_return_ v 语句
return_void()	启动 co_return 语句
yield_value(v)	启动 co_yield v 语句

我们所见的为 promise 类型所实现的 initial_suspend() 和 final_suspend() 返回 std::suspend_always 实例。这是两个标准定义的等待类的其中一个，另一个是 std::suspend_never。它们的实现如下：

```
struct suspend_always
{
  bool await_ready() noexcept { return false; }
  void await_suspend(coroutine_handle<>) noexcept {}
  void await_resume() noexcept {}
};

struct suspend_never
{
  bool await_ready() noexcept { return true; }
  void await_suspend(coroutine_handle<>) noexcept {}
  void await_resume() noexcept {}
};
```

这些类型实现了 awaitable 概念，启动了 co_await 操作符。这个概念要求三个函数。它们可以是自由函数或类成员函数，如表 12.4 所示。

表　12.4

await_ready()	表明结果是否准备好了。如果返回值是 false（或可转换为 false 的值），那么 await_suspend() 被调用。
await_suspend()	调度协程恢复或销毁
await_resume()	为整个 co_await e 表达式提供结果

本节构建的 Task<T> 类型有几个成员：

❑ 接收 std::coroutine_handle<T> 类型的参数的显式构造函数，此构造函数表示协程非所有权句柄。

❑ 销毁协程帧的析构函数。

❑ 移动构造函数和移动赋值操作符。

❑ 删除的复制构造函数和复制赋值操作符，使类只能移动。

❑ co_await 操作符，返回实现 awaitable 概念的 task_awaiter 值。

❑ is_ready()，返回表明协程值是否准备好的布尔值的方法。

❑ resume()，恢复协程执行的方法。

❑ value()，返回 promise 对象持有值的方法。

❑ 称为 promise_type（名称是强制的）的内部 promise 类型。

如果在协程执行过程中发生异常，且异常没有在协程中处理，那么 promise 的 unhandled_exception() 方法会被调用。在简单的实现中，此场景没有被处理，程序调用 std::terminate() 异常终止。在 12.8 节中，我们将看到用于处理异常的 awaitable 实现。

让我们以如下协程作为示例，了解编译器是如何处理的：

```cpp
task<> print_answer()
{
  auto t = co_await get_answer();
  std::cout << "the answer is " << t << '\n';
}
```

因为我们在本节中构建的所有机制，编译器将代码转换为以下代码片段（此代码片段是伪代码）：

```cpp
task<> print_answer()
{
  __frame* context;

  task<>::task_awaiter t = operator co_await(get_answer());

  if(!t.await_ready())
  {
    coroutine_handle<> resume_co =
      coroutine_handle<>::from_address(context);

    y.await_suspend(resume_co);

    __suspend_resume_point_1:
  }

  auto value = t.await_resume();

  std::cout << "the answer is " << value << '\n';
}
```

如之前所述，main() 函数是不能为协程的函数的其中一个。因此，在 main() 里使用 co_await 操作符是不可能的。这意味着在 main() 中必须以不同的方式等待协程完成。

这在函数模板 execute() 的帮助下处理，其运行以下循环：

```cpp
while (!t.is_ready()) t.resume();
```

此循环保证协程在每次暂停点后恢复，直到它最终完成。

12.7.4　更多

C++20 标准不提供任何协程类型，而且自己实现是麻烦的任务。幸运的是，第三方库能提供这些抽象。如库 cppcoro，它是开源的实验性库，基于 C++20 标准中描述的协程提供了通用原语集。库在 https://github.com/lewissbaker/cppcoro 可用。在这些组件中，它提供的是 task<T> 协程类型，与我们在本节中构造的类似。使用 cppcoro::task<T> 类型，我们可重写示例如下：

```cpp
#include <iostream>
#include <cppcoro/task.hpp>
#include <cppcoro/sync_wait.hpp>

cppcoro::task<int> get_answer()
{
  co_return 42;
}

cppcoro::task<> print_answer()
{
  auto t = co_await get_answer();
  std::cout << "the answer is " << t << '\n';
}

cppcoro::task<> demo()
{
  auto t = co_await get_answer();
  std::cout << "the answer is " << t << '\n';

  co_await print_answer();
}
int main()
{
  cppcoro::sync_wait(demo());
}
```

如你所见，代码与我们在 12.7.1 节所编写的十分相似。改变是很小的。通过使用 cppcoro 库或其他类似的库，你不需要关心协程类型实现的细节，而只需要关注它们的使用。

12.7.5 延伸阅读

❑ 阅读 12.8 节，以了解如何启用 co_yield 的使用，从协程中返回多个值。

12.8 为序列值创建协程生成器类型

在 12.7 节中，我们看到了如何创建协程任务进行异步计算。我们使用 co_await 操作符来暂停执行直到恢复，使用 co_return 关键字完成执行并返回值。然而，另一个关键字，co_yield 也定义函数为协程。它暂停协程执行并返回值。它使协程返回多个值，每次恢复返回一个值。为支持此特性，需要另一种类型的协程。这种类型叫生成器。概念上来说，它和流一样，以延迟方式（当遍历时）生成一系列类型为 T 的值。在本节中，我们将看到如何实现简单的生成器。

12.8.1 准备工作

本节的目标是创建生成器协程类型，来帮助我们写出如下代码：

```cpp
generator<int> iota(int start = 0, int step = 1) noexcept
{
  auto value = start;
  for (int i = 0;; ++i)
  {
    co_yield value;
    value += step;
  }
}

generator<std::optional<int>> iota_n(
  int start = 0, int step = 1,
  int n = std::numeric_limits<int>::max()) noexcept
{
  auto value = start;
  for (int i = 0; i < n; ++i)
  {
    co_yield value;
    value += step;
  }
}

generator<int> fibonacci() noexcept
{
  int a = 0, b = 1;
  while (true)
  {
    co_yield b;
    auto tmp = a;
    a = b;
    b += tmp;
  }
}

int main()
{
  for (auto i : iota())
  {
    std::cout << i << ' ';
    if (i >= 10) break;
  }

  for (auto i : iota_n(0, 1, 10))
  {
    if (!i.has_value()) break;
    std::cout << i.value() << ' ';
  }
```

```
    int c = 1;
    for (auto i : fibonacci())
    {
      std::cout << i << ' ';
      if (++c > 10) break;
    }
  }
```

在你继续阅读本节前，建议你先阅读12.7节。

12.8.2 使用方式

为了创建支持同步延迟生成一系列值的生成器协程类型，你应该如下做：

❑ 创建 generator 的类模板，如下所示（每部分细节以以下项目符号展示）：

```
template <typename T>
struct generator
{
  // struct promise_type

  // struct iterator

  // member functions

  // iterators
private:
  stdco::coroutine_handle<promise_type> handle_ = nullptr;
};
```

❑ 创建 promise_type（名称是强制的）的内部类，如下所示：

```
struct promise_type
{
  T const*            value_;
  std::exception_ptr  eptr_;

  auto get_return_object()
  { return generator{ *this }; }

  auto initial_suspend() noexcept
  { return stdco::suspend_always{}; }

  auto final_suspend() noexcept
  { return stdco::suspend_always{}; }

  void unhandled_exception() noexcept
  {
    eptr_ = std::current_exception();
  }
```

```cpp
void rethrow_if_exception()
{
    if (eptr_)
    {
        std::rethrow_exception(eptr_);
    }
}

auto yield_value(T const& v)
{
    value_ = std::addressof(v);
    return stdco::suspend_always{};
}

void return_void() {}

template <typename U>
U&& await_transform(U&& v)
{
    return std::forward<U>(v);
}
};
```

❑ 创建内部类 `iterator`，如下所示：

```cpp
struct iterator
{
  using iterator_category = std::input_iterator_tag;
  using difference_type   = ptrdiff_t;
  using value_type        = T;
  using reference         = T const&;
  using pointer           = T const*;
  stdco::coroutine_handle<promise_type> handle_ = nullptr;

  iterator() = default;
  iterator(nullptr_t) : handle_(nullptr) {}

  iterator(stdco::coroutine_handle<promise_type> arg)
    : handle_(arg)
  {}

  iterator& operator++()
  {
      handle_.resume();
      if (handle_.done())
      {
          std::exchange(handle_, {}).promise()
                            .rethrow_if_exception();
      }

      return *this;
```

```
   }

   void operator++(int)
   {
      ++* this;
   }

   bool operator==(iterator const& _Right) const
   {
      return handle_ == _Right.handle_;
   }

   bool operator!=(iterator const& _Right) const
   {
      return !(*this == _Right);
   }

   reference operator*() const
   {
      return *handle_.promise().value_;
   }

   pointer operator->() const
   {
      return std::addressof(handle_.promise().value_);
   }
};
```

❑ 提供默认构造函数、接收 promise_type 对象的显式构造函数、移动构造函数和移动赋值操作符和析构函数。删除复制构造函数和复制赋值操作符，这样类型就只能移动：

```
explicit generator(promise_type& p)
  : handle_(
      stdco::coroutine_handle<promise_type>::from_promise(p))
{}

generator() = default;
generator(generator const&) = delete;
generator& operator=(generator const&) = delete;

generator(generator&& other) : handle_(other.handle_)
{
  other.handle_ = nullptr;
}

generator& operator=(generator&& other)
{
  if (this != std::addressof(other))
  {
```

```
      handle_ = other.handle_;
      other.handle_ = nullptr;
    }
    return *this;
  }

  ~generator()
  {
    if (handle_)
    {
      handle_.destroy();
    }
  }
}
```

❑ 提供 begin() 和 end() 函数以遍历生成器序列：

```
  iterator begin()
  {
    if (handle_)
    {
      handle_.resume();
      if (handle_.done())
      {
        handle_.promise().rethrow_if_exception();
        return { nullptr };
      }
    }

    return { handle_ };
  }

  iterator end()
  {
    return { nullptr };
  }
```

12.8.3　工作原理

本节中实现的 promise 类型和 12.7 节中的类似，尽管它们有一些不同：

❑ 它作为内部类型 promise_type 实现，因为协程框架要求协程类型有此名称的内部 promise 类型。

❑ 它支持协程未获取异常的处理。在 12.7 节中，此场景未被处理，并且 unhandled_ exception() 会调用 std::terminate()，以异常终止此进程。然而，这个实现重试指向当前异常的指针，并将其保存在 std::exception_ptr 对象。当遍历生成的序列时（当调用 begin() 或增加迭代器时），异常被重新抛出。

❑ yield_value() 替换函数 return_value() 和 return_void()。当 co_yield expr 表达被解析时调用 yield_value()。

生成器类与 12.7 节的任务类有一些相似之处：

❑ 它是默认可构造的。

❑ 它可从 promise 对象中构造。

❑ 它不支持复制构造函数或复制赋值操作。

❑ 它支持移动构造函数和移动赋值操作。

❑ 它的析构函数会销毁协程帧。

这个类没有重载 co_await 操作符，因为在生成器上等待没有意义，但它提供了函数 begin() 和 end()，在遍历值的序列时返回迭代器对象。生成器被称为延迟的，因为它直到协程恢复后才生成值，通过调用 begin() 或递增迭代器。协程创建时是暂停的，当只调用 begin() 函数时才开始第一次执行。执行继续直到第一个 co_yield 语句或直到协程完成执行。类似地，递增迭代器会恢复协程执行，直到下一个 co_yield 语句或协程完成。

以下示例展示了生成几个整数值的生成器。它不使用循环而是使用重复 co_yield 语句来完成：

```
generator<int> get_values() noexcept
{
  co_yield 1;
  co_yield 2;
  co_yield 3;
}

int main()
{
  for (auto i : get_values())
  {
    std::cout << i << ' ';
  }
}
```

重要的事是协程只能用 co_yield 关键字，并同步生成值。在协程中使用 co_await 操作符在此特定实现中不支持。为了通过使用 co_await 操作符暂停执行，需要不同的实现。

12.8.4 更多

之前小节提及的 cppcoro 库，有类型 generator<T> 可用于替换我们这里创建的类型。实际上，用 cppcoro::generator<T> 替代我们的 generator<T>，之前展示的代码片段可如期继续工作。而且，cppcoro 库支持 async_generator<T> 类型，该类型支持 co_await 操作符，因此可异步生成值；还支持 recursive_generator<T> 类型，该类型有效支持外层序列元素的内嵌序列元素的生成。

12.8.5 延伸阅读

❑ 阅读 12.7 节，以了解 C++20 协程。

参 考 资 料

网站

- C++ reference http://en.cppreference.com/w/
- ISO C++ https://isocpp.org/
- More C++ Idioms https://en.wikibooks.org/wiki/More_C%2B%2B_Idioms
- Boost http://www.boost.org/
- Catch2 https://github.com/catchorg/Catch2
- Google Test https://github.com/google/googletest
- CppCoro https://github.com/lewissbaker/cppcoro
- range-v3 https://github.com/ericniebler/range-v3

论文和书籍

- David Abrahams, 2001. *Lessons Learned from Specifying Exception-Safety for the C++ Standard Library* http://www.boost.org/community/exception_safety.html
- Michael Afanasiev, 2016. *Combining Static and Dynamic Polymorphism with C++ Mixin classes* https://michael-afanasiev.github.io/2016/08/03/Combining-Static-and-Dynamic-Polymorphism-with-C++-Template-Mixins.html
- Alex Allain, 2011. *Constexpr - Generalized Constant Expressions in C++11* http://www.cprogramming.com/c++11/c++11-compile-time-processing-with-constexpr.html
- Matthew H. Austern, 2001. *The Standard Librarian: Defining a Facet* http://www.drdobbs.com/the-standard-librarian-defining-a-facet/184403785
- Thomas Badie, 2012. *C++11: A generic Singleton* http://enki-tech.blogspot.ro/2012/08/c11-generic-singleton.html
- Lewis Baker, 2019. *Coroutine Theory* https://lewissbaker.github.io/2017/09/25/coroutine-theory
- Lewis Baker, 2017. *C++ Coroutines: Understanding operator co_await* https://lewissbaker.github.io/2017/11/17/understanding-operator-co-await
- Eli Bendersky, 2016. *The promises and challenges of std::async task-based parallelism in C++11* http://eli.thegreenplace.net/2016/the-promises-and-

challenges-of-stdasync-task-based-parallelism-in-c11/

- Eli Bendersky, 2011. *The Curiously Recurring Template Pattern in C++* http://eli.thegreenplace.net/2011/05/17/the-curiously-recurring-template-pattern-in-c

- Joshua Bloch, 2008. *Effective Java (2nd Edition)* Addison-Wesley

- Fernando Luis Cacciola Carballal, 2007. *Boost.Optional* http://www.boost.org/doc/libs/1_63_0/libs/optional/doc/html/index.html

- Bruce Dawson, 2012. *Comparing Floating Point Numbers, 2012 Edition* https://randomascii.wordpress.com/2012/02/25/comparing-floating-point-numbers-2012-edition/

- Kent Fagerjord. 2016. *How to build Boost 1.62 with Visual Studio 2015* https://studiofreya.com/2016/09/29/how-to-build-boost-1-62-with-visual-studio-2015/

- Bartlomiej Filipek, 2018. *The Amazing Performance of C++17 Parallel Algorithms, is it Possible?* https://www.bfilipek.com/2018/11/parallel-alg-perf.html

- Eric Friedman and Itay Maman, 2003. *Boost.Variant* http://www.boost.org/doc/libs/1_63_0/doc/html/variant.html

- Vanand Gasparyan, 2019. *A little bit of code [C++20 Ranges]* https://itnext.io/a-little-bit-of-code-c-20-ranges-c6a6f7eae401

- Wilfried Goesgens, 2015. *Comparison: Lockless programming with atomics in C++ 11 vs. mutex and RW-locks* https://www.arangodb.com/2015/02/comparing-atomic-mutex-rwlocks/

- Corentin Jabot, 2018. *A can of span* https://cor3ntin.github.io/posts/span/

- Corentin Jabot, 2020. *A Universal I/O Abstraction for C++* https://cor3ntin.github.io/posts/iouring/

- Kevlin Henney, 2001. *Boost.Any* http://www.boost.org/doc/libs/1_63_0/doc/html/any.html

- Howard Hinnant, *(library on GitHub)* https://github.com/HowardHinnant/date

- Nicolai M. Josuttis 2012. *The C++ Standard Library: Utilities* http://www.informit.com/articles/article.aspx?p=1881386&seqNum=2

- Nicolai Josutis, 2012. *The C++ Standard Library, 2nd Edition* Addison Wesley Danny Kalev, 2012. *Using constexpr to Improve Security, Performance and Encapsulation in C++* http://blog.smartbear.com/c-plus-plus/using-constexpr-to-improve-security-performance-and-encapsulation-in-c/

- Danny Kalev, 2012. *C++11 Tutorial: Introducing the Move Constructor and the Move Assignment Operator* http://blog.smartbear.com/c-plus-plus/c11-tutorial-introducing-the-move-constructor-and-the-move-assignment-operator/

- David Kieras, 2013. *Why std::binary_search of std::list Works, But You Shouldn't Use It!* EECS 381

- Matt Kline 2017. *Comparing Floating-Point Numbers Is Tricky,* http://bitbashing.io/comparing-floats.html

- Andrzej Krzemienski, 2016. *Another polymorphism* https://akrzemi1.wordpress.com/2016/02/27/another-polymorphism/

- Andrzej Krzemienski, 2011. *Using noexcept* `https://akrzemi1.wordpress.com/2011/06/10/using-noexcept/`

- Andrzej Krzemienski, 2014. *noexcept--what for?* `https://akrzemi1.wordpress.com/2014/04/24/noexcept-what-for/`

- Andrzej Krzemienski, 2013. *noexcept destructors* `https://akrzemi1.wordpress.com/2013/08/20/noexcept-destructors/`

- John Maddock and Steve Cleary, 2000. *C++ Type Traits* `http://www.drdobbs.com/cpp/c-type-traits/184404270`

- Arne Mertz, 2016. *Modern C++ Features – constexpr* `https://arne-mertz.de/2016/06/constexpr/`

- Scott Meyers, 2014. *Effective Modern C++, O'Reilly*

- Scott Meyers and Andrei Alexandrescu, 2004. *C++ and the Perils of Double-Checked Locking* `http://www.aristeia.com/Papers/DDJ_Jul_Aug_2004_revised.pdf`

- Bartosz Milewski, 2009. *Broken promises–C++0x futures* `https://bartoszmilewski.com/2009/03/03/broken-promises-c0x-futures/`

- Bartosz Milewski, 2008. *Who ordered sequential consistency?* `https://bartoszmilewski.com/2008/11/11/who-ordered-sequential-consistency/`

- Bartosz Milewski, 2008. *C++ atomics and memory ordering* `https://bartoszmilewski.com/2008/12/01/c-atomics-and-memory-ordering/`

- Oliver Mueller, 2014. *Testing C++ With A New Catch* `http://blog.coldflake.com/posts/Testing-C++-with-a-new-Catch/`

- Jonathan Müller, 2018. *Mathematics behind Comparison #1: Equality and Equivalence Relations* `https://foonathan.net/2018/06/equivalence-relations/`

- Ashwin Nanjappa, 2014. *How to build Boost using Visual Studio* `https://codeyarns.com/2014/06/06/how-to-build-boost-using-visual-studio/`

- Billy O'Neal, 2018. *Using C++17 Parallel Algorithms for Better Performance* `https://devblogs.microsoft.com/cppblog/using-c17-parallel-algorithms-for-better-performance/`

- M.E. O'Neill, 2015. *C++ Seeding Surprises* `http://www.pcg-random.org/posts/cpp-seeding-surprises.html`

- M.E. O'Neill, 2015. *Developing a seed_seq Alternative* `http://www.pcg-random.org/posts/developing-a-seed_seq-alternative.html`

- M.E. O'Neill, 2015. *Everything You Never Wanted to Know about C++'s random_device* `http://www.pcg-random.org/posts/cpps-random_device.html`

- M.E. O'Neill, 2015. *Simple Portable C++ Seed Entropy* `http://www.pcg-random.org/posts/simple-portable-cpp-seed-entropy.html`

- John Pearce, *Floating Point Numbers* `http://www.cs.sjsu.edu/~pearce/modules/lectures/co/ds/floats.htm`

- Jeff Preshing, 2013. *Double-Checked Locking is Fixed In C++11* `http://preshing.com/20130930/double-checked-locking-is-fixed-in-cpp11/`

- Rick Regan, 2010. *Hexadecimal Floating-Point Constants* `http://www.exploringbinary.com/hexadecimal-floating-point-constants/`

- Barry Revzin, 2019. *Comparisons in C++20* `https://brevzin.github.io/`

c++/2019/07/28/comparisons-cpp20/

- Eugene Sadovoi, 2015. *Building and configuring boost in Visual Studio (MSBuild)* https://www.codeproject.com/Articles/882581/Building-and-configuring-boost-in-Visual-Studio-MS

- David Sankel, 2015. *A variant for the everyday Joe* http://davidsankel.com/c/a-variant-for-the-everyday-joe/

- Arpan Sen, 2010. *A quick introduction to the Google C++ Testing Framework* http://www.ibm.com/developerworks/aix/library/au-googletestingframework.html

- Bjarne Stroustrup, 2000. *Standard-Library Exception Safety* Addison Wesley http://stroustrup.com/3rd_safe.pdf

- Herb Sutter, 2013. *GotW #90 Solution: Factories* https://herbsutter.com/2013/05/30/gotw-90-solution-factories/

- Herb Sutter, 2002. *A Pragmatic Look at Exception Specifications* C/C++ Users Journal, 20(7) http://www.gotw.ca/publications/mill22.htm

- Herb Sutter, 2012. *GotW #102: Exception-Safe Function Calls* https://herbsutter.com/gotw/_102/

- Herb Sutter, 2013. *My Favorite C++ 10-Liner* https://channel9.msdn.com/Events/GoingNative/2013/My-Favorite-Cpp-10-Liner

- Herb Sutter, 2001. *Virtuality*, C/C++ Users Journal, 19(9) http://www.gotw.ca/publications/mill18.htm

- Andrey Upadyshev, 2015. *PIMPL, Rule of Zero and Scott Meyers* http://oliora.github.io/2015/12/29/pimpl-and-rule-of-zero.html

- Todd Veldhuizen, 2000. *Techniques for Scientific C++* http://www.cs.indiana.edu/pub/techreports/TR542.pdf

- Baptiste Wicht, 2014. *Catch: A powerful yet simple C++ test framework* https://baptiste-wicht.com/posts/2014/07/catch-powerful-yet-simple-cpp-test-framework.html

- Anthony Williams, 2009. *Multithreading in C++0x part 7: Locking multiple mutexes without deadlock* https://www.justsoftwaresolutions.co.uk/threading/multithreading-in-c++0x-part-7-locking-multiple-mutexes.html

- Anthony Williams, 2008. *Peterson's lock with C++0x atomics* https://www.justsoftwaresolutions.co.uk/threading/petersons_lock_with_C++0x_atomics.html

- Benjamin Wolsey, 2010. *C++ facets* http://benjaminwolsey.de/node/78

- Victor Zverovich, 2019. *std::format in C++20* https://www.zverovich.net/2019/07/23/std-format-cpp20.html

推 荐 阅 读

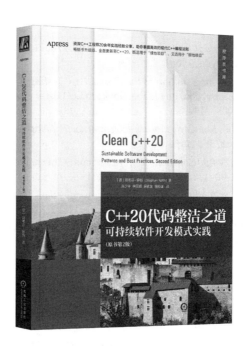

C++20代码整洁之道：可持续软件开发模式实践（原书第2版）

作者：[德] 斯蒂芬·罗斯（Stephan Roth） 译者：连少华 李国诚 吴毓龙 谢郑逸 ISBN：978-7-111-72526-8

资深C++工程师20余年实践经验分享，助你掌握高效的现代C++编程法则

畅销书升级版，全面更新至C++20

既适用于"绿地项目"，又适用于"棕地项目"

内容简介

本书全面更新至C++20,介绍C++20代码整洁之道，以及如何使用现代C++编写可维护、可扩展且可持久的软件，旨在帮助C++开发人员编写可理解的、灵活的、可维护的高效C++代码。本书涵盖了单元测试、整洁代码的基本原则、整洁代码的基本规范、现代C++的高级概念、模块化编程、函数式编程、测试驱动开发和经典的设计模式与习惯用法等多个主题，通过示例展示了如何编写可理解的、灵活的、可维护的和高效的C++代码。本书适合具有一定C++编程基础、旨在提高开发整洁代码的能力的开发人员阅读。